21世纪高等学校计算机类课程创新规划教材 · 微课版

Java Web 编程技术（第3版）

微课版

◎ 沈泽刚 编著

清华大学出版社
北京

内容简介

本书介绍基于Java的Web编程技术，主要内容包括：Java Web技术概述；Servlet核心技术；JSP技术基础、页面生命周期、作用域对象、MVC设计模式；会话管理、文件的上传和下载；JDBC以及数据源和DAO设计模式；表达式语言；JSTL和自定义标签；Web监听器和过滤器；Web安全性基础；AJAX技术应用；Struts 2、Hibernate 5和Spring 5轻量级Java EE框架技术及整合开发。

本书全面地体现了Java Web编程技术的发展特性，注重理论学习和实际应用的充分结合。本书提供电子课件、源程序代码、教学大纲及部分章节的教学视频。每章提供了一定数量的思考与练习题，供读者复习参考。本书可作为高等学校计算机及相关专业Web编程技术、JSP程序设计及Java EE开发等课程教材，也可供从事Java Web应用开发技术人员参考。

图书在版编目(CIP)数据

Java Web编程技术：微课版/沈泽刚编著.—3版.—北京：清华大学出版社，2019(2024.9重印)
(21世纪高等学校计算机类课程创新规划教材·微课版)
ISBN 978-7-302-51142-7

Ⅰ.①J… Ⅱ.①沈… Ⅲ.①JAVA语言－程序设计－高等学校－教材 Ⅳ.①TP312.8

中国版本图书馆CIP数据核字(2018)第201949号

责任编辑：魏江江　薛　阳
封面设计：刘　键
责任校对：梁　毅
责任印制：宋　林

出版发行：清华大学出版社
网　　址：https://www.tup.com.cn，https://www.wqxuetang.com
地　　址：北京清华大学学研大厦A座　　**邮　　编**：100084
社 总 机：010-83470000　　**邮　　购**：010-62786544
投稿与读者服务：010-62776969，c-service@tup.tsinghua.edu.cn
质量反馈：010-62772015，zhiliang@tup.tsinghua.edu.cn
课件下载：https://www.tup.com.cn，010-83470236
印 装 者：三河市铭诚印务有限公司
经　　销：全国新华书店
开　　本：185mm×260mm　**印　　张**：30.25　**字　　数**：735千字
版　　次：2010年3月第1版　2019年4月第3版　**印　　次**：2024年9月第11次印刷
印　　数：50001～50500
定　　价：79.50元

产品编号：079448-01

前　言

Java Web是基于Java技术解决互联网Web相关领域的技术总和，包括Web服务器和Web客户端两部分。Java在服务器端的应用非常丰富，例如Servlet、JSP和第三方框架等。Java技术对Web领域的发展注入了强大的动力。

基于Java的Web应用开发技术已成为目前Web开发的主流技术。本书以Servlet 4.0和JSP 2.3规范为基础，详细介绍应用Java技术开发Web应用的相关技术及编程方法。

本书较全面地体现了应用Java技术开发Web应用的发展特性，涉及当前应用广泛的开发规范，结构清晰，应用实例丰富，实现了理论学习和具体应用的充分结合。内容包括：

第1章介绍Java Web应用开发的基础知识，包括网络基本概念、Web前端技术、服务器资源等，还介绍了Tomcat服务器和Eclipse IDE的安装、配置以及Servlet与JSP开发。

第2章介绍Servlet核心技术，包括常用Servlet API、Servlet生命周期、分析请求和发送响应、Web应用部署描述文件、ServletConfig接口与ServletContext接口等。

第3章介绍JSP技术基础，包括JSP的各种语法元素、JSP页面的生命周期、JSP的隐含对象、页面作用域、组件包含技术、JavaBeans应用以及MVC设计模式等。

第4章介绍会话管理技术，包括HttpSession、Cookie、URL重写以及隐藏表单域。另外，本章还介绍文件的上传与下载。

第5章介绍JDBC数据库访问技术，包括使用JDBC和数据源访问数据库的方法以及DAO设计模式。

第6章介绍表达式语言(EL)的使用。

第7章介绍JSTL(标准标签库)的使用和自定义标签的开发。

第8章介绍Java Web高级应用，包括Web监听器、Web过滤器以及Servlet多线程问题等。

第9章介绍Java Web应用开发中的安全性问题。

第10章介绍AJAX技术及其应用。

第11～13章介绍目前流行的轻量级Java EE框架，包括Struts 2框架、Hibernate 5框架和Spring 5框架的基础知识及三大框架的整合开发。

本书知识点全面，体系结构清晰，重点突出、文字准确，内容组织循序渐进，并有大量精选的示例和配套素材，使读者学习起来容易理解和掌握。

本书每章附有一定量的思考和练习题。本书还提供了教学课件、程序源代码以及部分教学视频等资源，可扫描封底课件二维码免费下载。本书技术交流QQ群为288639486。

本书的出版得到了清华大学出版社魏江江主任的大力支持与合作,在此表示衷心感谢。本书写作过程中参考了大量文献,在此向这些文献作者表示衷心感谢。由于作者水平有限,书中难免存在不妥和错误之处,恳请广大读者和同行批评指正。

编　者

2019 年 1 月

源码下载

目　录

第1章　Java Web 技术概述

本章目标

- 熟悉 Internet 与万维网的有关概念；
- 理解 Web 的运行机制；
- 熟悉 Web 有关的前端技术；
- 了解服务器资源类型；
- 掌握 Tomcat 服务器、Eclipse IDE 的安装与配置；
- 学会动态 Web 项目的建立、运行与部署；
- 掌握 Servlet 和 JSP 页面的开发与运行。

目前 Internet 已经普及到整个社会，其中 Web 应用已经成为 Internet 上最受欢迎的应用，正是由于它的出现，Internet 普及推广速度大大提高。Web 技术已经成为 Internet 上最重要的技术之一，Web 应用越来越广泛，Web 开发也是软件开发的重要组成部分。本章首先介绍 Internet 与 Web 的基本概念、HTTP 及相关技术，然后介绍 Tomcat 服务器和 Eclipse 开发环境的安装，最后介绍动态 Web 项目的建立与部署。

1.1　Internet 与万维网

Internet 正式中文译名为“因特网”，也被人们称为“国际互联网”。它是由成千上万台计算机互相连接、基于 TCP/IP 协议进行通信的全球网络。它覆盖了全球绝大多数的国家和地区，存储了丰富的信息资源，是世界上最大的计算机网络。

Internet 与万维网

1.1.1　主机和 IP 地址

连接到 Internet 上的所有计算机，从大型机到微型机都以独立的身份出现，我们称它为主机。为实现各主机间的通信，每台主机都必须有一个唯一的网络地址，叫 IP 地址。目前常用的 IP 地址用 4 个字节 32 位二进制数表示，如某计算机的 IP 地址可表示为 10101100 00010000 11111110 00000001。为便于记忆，将它们分为 4 组，每组 8 位一个字节，由小数点分开，且将每个字节的二进制用十进制数表示，如上述地址可表示为 172.16.254.1，这种书写方法叫做点分十进制表示法。用点分开的每个字节的十进制整数数值范围是 0～255。IP 地址分为 IPv4 与 IPv6 两个版本。IPv6 采用 128 位地址长度，这种

IP 地址有效地解决了地址短缺问题。

有一个特殊的主机名和 IP 地址，localhost 主机名表示本地主机，它对应的 IP 地址是 127.0.0.1，这个地址主要用于本地测试。IPv6 有与 IPv4 类似的回环地址，由节点自己使用，回环地址表示为 0:0:0:0:0:0:0:1 或压缩格式为::1。

1.1.2 域名和 DNS

不管用哪种方法表示 IP 地址，这些数字都很难记住，为了方便人们记忆，在 Internet 中经常使用域名来表示主机。域名(domain name)是由一串用点分隔的名字组成的某台主机或一组主机的名称，用于在数据传输时标识主机的位置。域名系统采用分层结构，每个域名由多个域组成，域与域之间用“.”分开，最末的域称为顶级域，其他的域称为子域，每个域都有一个有明确意义的名字，分别叫做顶级域名和子域名。

例如，tsinghua.edu.cn 是一个域名，它由几个不同的部分组成，这几个部分彼此之间具有层次关系。其中最后的.cn 是域名的第一层，.edu 是第二层，.tsinghua 是真正的域名，处在第三层，当然还可以有第四层，域名从后到前的层次结构类似于一个倒立的树状结构。其中第一层的.cn 是地理顶级域名。

由于 IP 地址是 Internet 内部使用的地址，因此当 Internet 主机间进行通信时必须采用 IP 地址进行寻址，所以当使用域名时必须把域名转换成 IP 地址。这种转换操作由一个名为“域名服务器”的软件系统来完成，该域名服务器实现了域名系统(Domain Name System，DNS)。域名服务器中保存有网络中所有主机的域名和对应的 IP 地址，并具有将域名转换为 IP 地址的功能。如要访问清华大学(www.tsinghua.edu.cn)网站，必须通过 DNS 将域名的 IP 地址 121.52.160.5 得到，才能进行通信。

1.1.3 万维网

WWW 是 World Wide Web 的简称，称为万维网，也简称为 Web。Web 技术诞生于欧洲原子能研究中心(CERN)。1989 年 3 月，CERN 的物理学家 Tim Berners-Lee 提出了一个新的因特网应用，命名为 Web，其目的是让全世界的科学家能利用因特网交换文档。同年他编写了第一个浏览器与服务器软件。1991 年，CERN 正式发布了 Web 技术。

万维网的出现使更多的人们开始了解计算机网络，通过 Web 使用网络，享受网络带来的好处。Web 对用户和用户的机器要求都很低，用户机器只要安装浏览器软件就可以访问 Web，而用户只要了解浏览器的简单操作就可以在 Web 上查找信息、交换电子邮件、聊天、玩游戏等。现在，Web 提供了大量的信息和服务，涉及人们日常生活的各个方面，很多人已经越来越离不开 Web 了。

Web 是基于客户/服务器(C/S)的一种体系结构，客户在计算机上使用浏览器向 Web 服务器发出请求，服务器响应客户请求，向客户送回所请求的网页，客户在浏览器窗口上显示网页的内容。

Web 体系结构主要由三部分构成：

(1) Web 服务器。用户要访问 Web 页面或其他资源，必须事先有一个服务器来提供 Web 页面和这些资源，这种服务器就是 Web 服务器。

(2) Web 客户端。它是运行在客户端的一种软件。用户一般是通过浏览器访问 Web

资源的。

(3) 通信协议。客户端和服务器之间进行通信采用 HTTP 协议。HTTP 协议是浏览器和 Web 服务器通信的基础,是应用层协议。

1.1.4 服务器和浏览器

在万维网上,如果一台连接到 Internet 的计算机希望给其他 Internet 系统提供信息,则它必须运行服务器软件,这种软件称为 Web 服务器。如果一个系统希望访问服务器提供的信息,则它必须运行客户软件。对 Web 系统来说,客户软件通常是 Web 浏览器。

1. Web 服务器

Web 服务器是向浏览器提供服务的程序,主要功能是提供网上信息浏览服务。Web 服务器应用层使用 HTTP 协议,信息内容采用 HTML 文档格式,信息定位使用 URL。

最常用的 Web 服务器是 Apache 服务器,它是 Apache 软件基金会(Apache Software Foundation)提供的开放源代码软件,是一个非常优秀的专业的 Web 服务器。最初,该服务器主要运行在 UNIX 和 Linux 平台上,现在也可以运行在 Windows 平台上。Apache 服务器已经发展成为 Internet 上最流行的 Web 服务器。据 Netcraft Web Server Survey 于 2013 年 4 月的调查显示,目前在 Internet 上有 51%的 Web 站点使用 Apache 服务器。

另一种比较流行的 Web 服务器是 Microsoft 公司开发的专门运行在 Windows 平台上的 IIS 服务器,该服务器占市场份额的 20%左右。

本书使用的 Tomcat 也是一种常用的 Web 服务器,它具有 Web 服务器的功能,同时也是 Web 容器,可以运行 Servlet 和 JSP。

2. Web 浏览器

浏览器是 Web 服务的客户端程序,可向 Web 服务器发送各种请求,并对从服务器发来的网页和各种多媒体数据格式进行解释、显示和播放。浏览器的主要功能是解析网页文件内容并正确显示,网页一般是 HTML 格式。常见的浏览器有 Internet Explorer、Firefox、Chrome 和 Opera,浏览器是最常使用的客户端程序。

微软的 Internet Explorer(IE)是当今最流行的浏览器,目前在浏览器市场仍占绝对优势。Google Chrome 浏览器是由 Google 公司开发的网页浏览器。该浏览器是基于其他开源软件开发,包括 WebKit,目标是提升稳定性、速度和安全性,并创造出简单且有效率的使用者界面。已成长为第二大流行的浏览器。

Firefox 是由 Mozilla 发展而来的浏览器,于 2004 年发布, Firefox 是一款免费的可用于 Windows、Linux 和 Mac 的开源 Web 浏览器。Opera 是挪威人发明的浏览器。它快速小巧、符合工业标准、适用于多种操作系统。对于小型设备如手机和掌上电脑来说,Opera 是首选的浏览器。

据来自 Net Applications 2015 年 8 月浏览器市场占有率的统计,浏览器排列顺序为 IE、Chrome、Firefox、Safari、Opera,它们的市场份额分别为 52.17%、29.49%、11.68%、4.97%、1.27%。

1.1.5 HTTP 与 URL

Web 服务器使用 HTTP 协议,信息内容采用 HTML 文档格式,信息定位使用 URL。

1. HTTP

HTTP(Hypertext Transfer Protocol)称为超文本传输协议,它是 Web 使用的协议。该协议详细规定了 Web 客户与服务器之间如何通信。它是一个基于请求-响应(request-response)的协议,这种请求-响应的过程如图 1.1 所示。

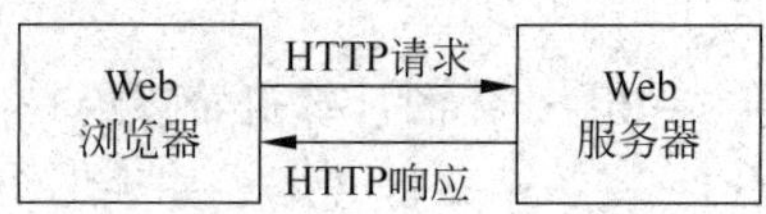

图 1.1　HTTP 请求-响应示意图

在这里,客户首先通过浏览器程序建立到 Web 服务器的连接并向服务器发送 HTTP 请求消息。Web 服务器接收到客户的请求后,对请求进行处理,然后向客户发回 HTTP 响应。客户接收服务器发送的响应消息,对消息进行处理并关闭连接。

例如,在浏览器的地址栏中输入 http://www.baidu.com/,按 Enter 键,浏览器就会创建一个 HTTP 请求消息,使用 DNS 获得 www.baidu.com 主机的 IP 地址,创建一条 TCP 连接,通过这条 TCP 连接将 HTTP 消息发送给服务器,并从服务器接收回一条消息,该消息中包含将显示在浏览器客户区中的消息。

Web 服务器处理客户端请求有两种方式:一是静态请求,客户端所需请求的资源不需要进行任何处理,直接作为 HTTP 响应返回。二是动态请求,客户端所需请求的资源需要在服务器端委托给一些服务器端技术进行处理,如 CGI、JSP、ASP 等,然后将处理结果作为 HTTP 响应返回。

2. URL

Web 服务器上的资源是通过 URL 标识的。URL(Uniform Resource Locator)称为统一资源定位器,指 Internet 上位于某个主机上的资源。资源包括 HTML 文件、图像文件和程序等。例如,下面是一些合法的 URL。

```
http://www.baidu.com/index.html
http://www.mydomain.com/files/sales/report.html
http://localhost:8080/helloweb/hello.jsp
```

URL 通常由 4 部分组成:协议名称、所在主机的 DNS 名或 IP 地址、可选的端口号和资源的名称。端口号和资源名称可以省略。

(1) 最常使用的协议是 HTTP 协议,其他常用协议包括 FTP 协议、TELNET 协议、MAIL 协议和 FILE 协议等。

(2) DNS 即为服务器的域名,如 www.tsinghua.edu.cn。也可以使用主机的 IP 地址。

(3) 端口号标明该服务是在哪个端口上提供的。一些常见的服务都有固定的端口号,如 HTTP 服务的默认端口号为 80,如果访问在默认端口号上提供的服务,端口号可以缺省。

(4) URL 的最后一部分为资源在服务器上的相对路径和名称,如/index.html,它表示服务器上根目录下的 index.html 文件。

3. URI

URI(Uniform Resource Identifier)称为统一资源标识符,是以特定语法标识一个资源的字符串。URI 由模式和模式特有的部分组成，它们之间用冒号隔开，一般格式如下：

```
schema:schema - specific - part
```

URI 的常见模式包括：FILE(表示本地磁盘文件)、FTP(FTP 服务器)、HTTP(使用 HTTP 协议的 Web 服务器)、MAIL(电子邮件地址)等。

URI 的模式特有部分没有特定的语法，但很多都具有层次结构的形式，例如：

```
//authority/path?query
```

有两种类型的 URI：URL 和 URN，而 URI 是 URL 与 URN 的超集。URN(Uniform Resource Name)称为统一资源名称。与 URL 不同，它是没有指向某个位置的某个资源名称，也不指定如何访问资源。URN 的一般形式为：

```
urn:namespace:resource_name
```

namespace 表示命名空间，它是某个授权机构维护的某类资源的集合名。*resource_name* 是集合中的资源名。例如，urn:ISBN:1565928709 标识了 ISBN 命名空间的一个资源，它标识了一本书。

1.2 Web 前端技术

Web 技术通常分为客户端技术和服务器端技术。客户端技术也称前端技术，包括 HTML、CSS 和 JavaScript 等。服务器端技术包括 CGI、Servlet 等。本节简单介绍前端技术。

Web 前端技术

1.2.1 HTML 与 XML

HTML 是 HyperText Markup Language 的缩写，含义是超文本标记语言，它是一种用来创建超文本文档的标记语言。所谓超文本是指用 HTML 编写的文档中可以包含指向其他文档或资源的链接，该链接也称为超链接(hyperlink)。通过超链接，用户可以很容易访问所链接的资源。

HTML 文档一般包含两类信息：一类是标记信息，包含在标签中，由一对尖括号(<和>)作为定界符，其中是元素名和属性。另一类信息是文档的字符数据，它们位于标签的外部，一般是需要浏览器显示的信息。标签一般有开始标签和结束标签，开始标签内的单词名称为元素名称。每个 HTML 文档有一个根元素< html >，其中包含< head >元素，< head >元素中又包含< title >元素，这称为元素的嵌套。有些元素还可以有属性，属性通过属性名和值来表示。HTML 目前的最新版本是 HTML 5。HTML 标准中定义了大量的元素，表 1-1 列出了其中最常用的元素。关于这些元素的详细使用方法请参考有关文献。

表 1-1 最常用的 HTML 标签

标 签 名	说 明	标 签 名	说 明
< html >	HTML 文档的开始	< br >	换行
< head >	文档的头部	< hr >	水平线

续表

标 签 名	说 明	标 签 名	说 明
<title>	文档的标题	<a>	锚
<meta>	HTML 文档的元信息	<img>	图像
<link>	文档与外部资源的关系	<table>	表格
<script>	客户端脚本	<tr>	表格中的行
<style>	样式信息	<td>	表格中的单元
<body>	文档的主体	<form>	表单
<h1>~<h6>	标题	<input>	输入控件
<p>	段落	<li>	列表的项目
<b>	粗体字	<div>	文档中的节、块或区域

下面是一个包含表单的 HTML 文档。

程序 1.1 register. html

```
<!DOCTYPE html>
<html>
<head>
    <meta charset="UTF-8">
    <title>用户注册</title>
</head>
<body>
<form action="user-register" method="post">
  <p>用户注册</p>
  <p>姓名:<input type="text" name="name" size="15"></p>
  <p>年龄:<input type="text" name="age" size="5"></p>
  <p>性别:<input type="radio" name ="sex" value="male">男
      <input type="radio" name ="sex" value="female">女</p>
  <p>兴趣:<input type="checkbox" name="hobby" value="read">文学
      <input type="checkbox" name="hobby" value="sport">体育
      <input type="checkbox" name="hobby" value="computer">电脑</p>
  <p>学历:<select name="education">
      <option value="bachelor">学士</option>
      <option value="master">硕士</option>
      <option value="doctor">博士</option>
      </select>
  </p>
  <p> 邮件地址:<input type="text" name="email" size="20"></p>
  <p><input type="submit" name="submit" value="提交">
      <input type="reset" name="reset" value="重置"></p>
</form>
</body>
</html>
```

在 HTML5 中,页面的第一行是文档类型声明,这里使用<! DOCTYPE html>来说明该文档是一个 HTML5 文档,当浏览器下载解析时就能够按照 HTML5 的语法规则来解析这个页面，从而使文档以 HTML5 的形式显示出来。页面中的< meta >标签用来描述文档的元数据，例如作者、版权、关键字、日期以及页面使用的字符编码等。在 HTML5 中，使用该标签的 charset 属性指定页面中的字符编码，推荐使用 UTF-8，语法为< meta charset="UTF-8">。UTF-8 是一种对 Unicode(万维码)字符的编码方案，它使用 1～4 个字节为字符编码，用在网页上可以在同一个页面中显示中文、英文以及其他国家的文字。页面使用< form >标签定义了一个表单，表单通常用来接收用户的输入。表单标签中可包含各种输入域，如文本框、文本区、按钮和列表框等。关于标签域和 HTML 其他标签这里不详细讨论，读者可参阅其他文献。

页面运行结果如图 1.2 所示。

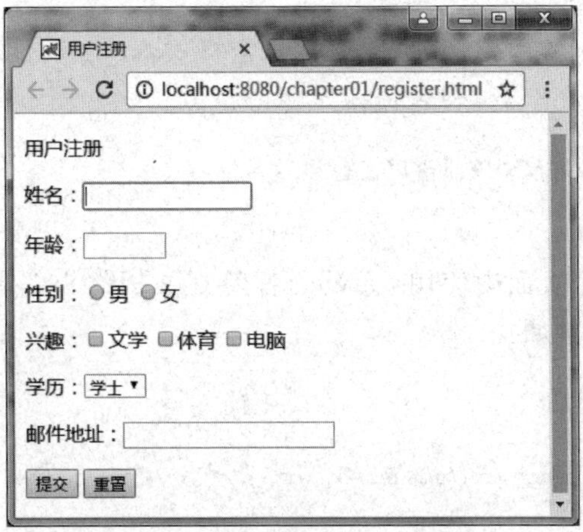

图 1.2　带表单的 HTML 页面

XML(eXtensible Markup Language)称为可扩展标记语言，是 W3C 于 1998 年推出的一种用于数据描述的元标记语言的国际标准。相对于 HTML，XML 具有如下的一些特点：

- 可扩展性。XML 不是标记语言，它本身并不包含任何标记。它允许用户自己定义标记和属性，可以有各种定制的数据格式。
- 更多的结构和语义。XML 侧重于对文档内容的描述，而不是文档的显示。用户定义的标记描述了数据的语义，便于数据的理解和机器处理。HTML 只能表示文档的格式，而用 XML 可以描述文档的结构和内涵。
- 自描述性。对数据的描述和数据本身都包含在文档中，使数据具有很大的灵活性。
- 数据与显示分离。XML 所关心的是数据本身的语义，而不是数据的显示，所以可以在 XML 数据上定义多种显示形式。

XML 作为 W3C 推出的通用国际标准，采用基于文本的标记语言，既可用于机器访问处理，也能供人类阅读理解。用 XML 来描述数据，虽然比传统二进制格式会牺牲一些处理效率和存储空间，但是换来的却是数据的通用性、可交换性和可维护性，这对跨平台的分布式网络环境中的计算机应用至关重要。

XML 已经成为 Internet 上 Web 数据交换的标准。XML 与 HTML 相似之处是它们都使用标记来描述文档。但是，它们在许多方面是不同的。HTML 主要描述文档如何在 Web 浏览器中显示，XML 主要描述数据的内容及它们的结构关系。XML 主要是为程序共享和交换数据的。XML 可与 HTML 互操作并可转换成 HTML 在 Web 浏览器上显示。

1.2.2 CSS

CSS(Cascading Style Sheets)是层叠样式表的意思,它是一种用来表现 HTML 或 XML 等文件样式的语言。CSS 是能够真正做到网页表现与内容分离的一种样式设计语言。相对于传统 HTML 的表现而言,CSS 能够对网页中的对象的位置进行像素级的精确控制,支持几乎所有的字体字号样式,拥有对网页对象和模型样式的编辑能力,并能够进行初步交互设计。

有以下三种方法可以在网页上使用样式表。

1. 内联样式

内联样式是在元素标签内使用 style 属性指定样式,style 属性可以包含任何 CSS 样式声明,如下面代码使用 color 属性设置段落字体颜色。

```
<p style="color:#0000ff">该段落以蓝色显示.</p>
```

2. 内部样式表

内部样式表是在单个页面中使用<style>标签在文档的头部定义样式表,这种样式只能被定义它的页面使用,例如:

```
<style type="text/css">
    h1 {color:#f00}
    body{background-image:url(images/bg.gif)}
</style>
```

3. 外部样式表

外部样式表是把声明的样式保存在样式文件中,当某个页面需要样式时,通过<link>标签或<style>标签连接外部样式表文件。外部样式表以.css 作为文件扩展名,例如 styles.css。

程序 1.2 是一个典型的 HTML 文件,它包含多种 HTML 标签,该页面使用了样式表文件 css/style.css,同时使用<div>元素实现页面布局。

程序 1.2 index.html

```
<!DOCTYPE html>
<html>
<head>
<meta charset="UTF-8">
<title>百斯特电子商城</title>
<link href="css\style.css" rel="stylesheet" type="text/css" />
</head>
<body>
<div id="container">
    <div id="header"><img alt="Here is a logo." src="images/head.jpg" />
    </div>
    <div id="topmenu">
        <form action="LoginServlet" method="post" name="login">
        <p>用户名<input type="text" name="username" size="13" />
```

```
        密 码 <input type="password" name="password" size="13" />
        <input type="submit" name="Submit" value="登 录">
        <input type="button" name="register" value="注 册"
                onclick="check();">
        <input type="button" name="myorder" value="我的订单" />
        <input type="button" name="shopcart" value="查看购物车" />
      </form>
  </div>
  <div id="middle">
      <div id="leftmenu">
        <p align="center"><b>商品分类</b></p>
        <ul>
          <li><a href="goods.do?catalog=mobilephone">手机数码</a></li>
          <li><a href="goods.do?catalog=electrical">家用电器</a></li>
          <li><a href="goods.do?catalog=automobile">汽车用品</a></li>
          <li><a href="goods.do?catalog=clothes">服饰鞋帽</a></li>
          <li><a href="goods.do?catalog=health">运动健康</a></li>
        </ul>
      </div>
      <div id="content">
        <table>
          <tr><td><img src="images/phone.jpg"><td><p>
            三星 S5830 领取手机节优惠券,立减 100 元!再送: 200 元移动手机卡!
            派派价: 2068 元</p></td>
          <td><img src="images/comp.jpg"></td><td><p>
            联想(Lenovo)G460AL-ITH 14.0 英寸笔记本电脑(i3-370M 2G 500G 512
            独显 DVD 刻录 摄像头 Win7)特价: 3199 元!</p></td>
          </tr>
        </table>
      </div>
  </div>
  <div id="footer">
     <hr size="1" color="blue"/>
     版权所有 &copy; 2018 百斯特电子商城有限责任公司,8899123.
  </div>
</div>
</body>
</html>
```

页面运行结果如图 1.3 所示。

上述页面使用的样式表文件 css/style.css 如下。

程序 1.3　style.css

```
@CHARSET "UTF-8";
body {
     font-family:Verdana; font-size:14px; margin:10;}
#container {
    margin:0 auto; width:100%;
}
#header {
```

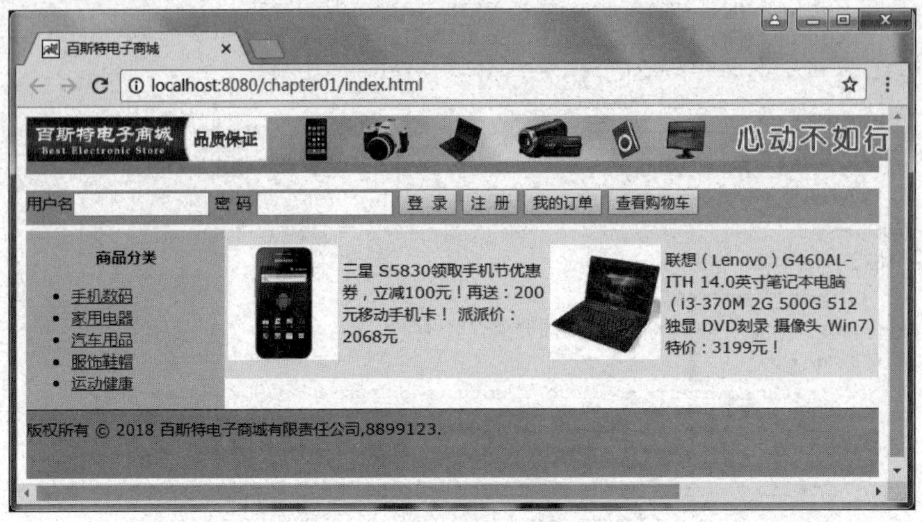

图 1.3　一个简单的 Web 页面

```
    height:50px; background:#9c6; margin-bottom:5px;
}
#topmenu {
    height:30px; background:#c0c0c0; margin-bottom:5px;
}
#middle {
    margin-bottom:5px;
}
#leftmenu {
    float:left; width:180px; background:#cf9;
}
#content {
    background:#ffa;
}
#footer {
    height:60px; background:#9c6;
    clear:both;
}
```

1.2.3　JavaScript

JavaScript 是一种广泛用于客户端 Web 开发的脚本语言，常用来给 HTML 网页添加动态功能，比如响应用户的各种操作。JavaScript 是一种基于对象和事件驱动并具有相对安全性的客户端脚本语言，使用 JavaScript 能够对页面中的所有元素进行控制，所以它非常适合设计交互式页面。在 HTML 页面中通过<script>标签定义 JavaScript 脚本。<script>标签内既可以包含脚本语句，也可以通过 src 属性指向外部脚本文件。

```
<script type="text/javascript" src="js/check.js"></script>
```

下面的 HTML 页面嵌入 JavaScript 脚本代码，实现对用户输入数据的校验。

程序 1.4　inputCheck. html

```
<!DOCTYPE html>
<html>
<head>
<meta charset = "UTF-8">
<title>用户注册</title>
<script type = "text/javascript">
  function custCheck(){
    var custName = document.getElementById("custName");
    var email = document.getElementById("email");
    var phone = document.getElementById("phone");
    if(custName.value == ""){
      alert("客户名不能为空!");
      return false;
    }else if(email.value.indexOf("@") == -1){
       alert("电子邮件中应包含@字符!");
       return false;
    }else if(phone.value.length!= 8){
       alert("电话号码应是 8 位数字!");
       return false;
    }
  }
</script>
<style type = "text/css">
     *, input {font-size:11pt;color:black}
</style>
</head>
<body>
<form action = "/helloweb/inputCustomer"
       method = "post" onsubmit = "return custCheck()">
请输入客户信息:
<table>
    <tr><td>客户名:</td>
          <td><input type = "text" name = "custName" id = "custName"></td>
    </tr>
      <tr><td>Email 地址:</td>
          <td><input type = "text" name = "email" id = "email"></td>
</tr>
<tr><td>电话:</td>
    <td><input type = "text" name = "phone" id = "phone"></td>
</tr>
</table>
<input type = "submit" value = "确定">
<input type = "reset" value = "重置">
</form>
</body>
</html>
```

该 HTML 页面中,通过<script>和</script>在页面中嵌入了 JavaScript 语言代码。这里定义了一个名为 custCheck 的函数,然后在页面的表单中,通过表单元素的 onsubmit 事件调用该函数,函数检查用户输入的数据,如果输入错误将弹出警告框。图 1.4 是该页面运行结果及电话号码域输入错误弹出的警告框。

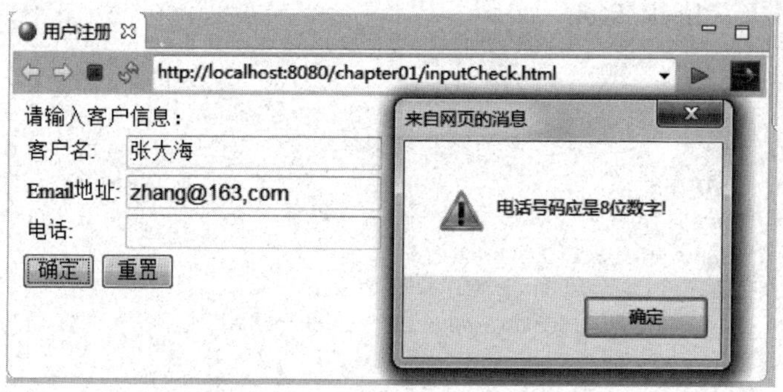

图 1.4 inputCheck.html 页面的执行

这里需要注意,客户端动态文档的技术与服务器端动态文档的技术是完全不同的。对于采用服务器端动态文档技术的页面,代码是在服务器端执行的。对于采用客户端动态文档技术的页面,代码是在客户端执行的。

提示:若使用 HTML5 创建表单,可以通过指定输入域 required 属性实现输入验证。例如,<input type="text" name="firstName" required />,表示该字段不能为空。

1.3 服务器资源

Web 应用程序是由完成特定任务的各种 Web 组件构成的并通过 Web 服务器提供给外界访问。在实际应用中,Web 应用程序是由多个 Servlet 程序、JSP 页面、HTML 文件以及图像文件等组成的。所有这些组件相互协调为用户提供一组完整的服务。

1.3.1 静态资源与动态资源

可以把 Web 资源分为静态的和动态的。如果资源本身没有任何处理功能它就是静态的,如果资源有自己的处理能力,它就是动态的。Web 应用程序通常是静态资源和动态资源的混合。正是由于动态资源才使 Web 应用程序具有与一般应用程序几乎同样的交互性。Web 应用程序中的动态资源通常向用户提供动态内容并使他们通过浏览器执行业务逻辑。

例如,当浏览器向 http://www.myserver.com/myfile.html 发送一个请求,Web 服务器就在 myserver.com 上查找 myfile.html 文件,找到后把该文件内容发送给浏览器,它是静态资源。

然而,当浏览器向 http://www.myserver.com/show-product 发送一个请求,Web 服务器就将请求转发给名为 show-product 的程序,该程序将执行生成 HTML 文档并把它发送给浏览器,该程序就是一个动态资源。

1.3.2 静态文档和动态文档

Web 文档是一种重要的 Web 资源,它通常是使用某种语言(如 HTML、JSP 等)编写的页面文件,因此也称为 Web 页面。Web 文档又分为静态文档和动态文档。

在 Web 发展的早期,Web 文档只是一种以文件的形式存放在服务器端的文档。客户发出对该文档的请求,服务器返回这个文件。这种文档称为静态文档(static document)。

静态文档创建完后存放在 Web 服务器中，在被用户浏览的过程中，其内容不会改变，因此用户每次对静态文档的访问所得的结果都是相同的。

静态文档的最大优点是简单。由于 HTML 是一种排版语言，因此静态文档可以由不懂程序设计的人员来创建。静态文档的缺点是不够灵活。当信息变化时，就要由文档的作者手工对文档修改。显然对变化频繁的文档不适合使用静态文档。

动态文档(dynamic document)是指文档的内容可根据需要动态生成。动态文档技术又分为服务器端动态文档技术和客户端动态文档技术。

1.3.3 服务器端动态文档技术

目前，在服务器端动态生成 Web 页面有多种方法。

1. CGI 技术

公共网关接口(Common Gateway Interface，CGI)技术是在服务器端生成动态 Web 文档的传统方法。CGI 是一种标准化的接口，允许 Web 服务器与后台程序和脚本通信，这些后台程序和脚本能够接收输入信息(例如，来自表单)，访问数据库，最后生成 HTML 页面作为响应。服务器进程(httpd)在接收到一个对 CGI 程序的请求时，并不返回该文件，而是执行该文件，然后将执行结果发送回服务器。从 CGI 程序到服务器的连接是通过标准输出实现的，所以 CGI 程序发送给标准输出的任何内容都可以发送给服务器，服务器再将其发送给客户浏览器。

CGI 编程的主要优点体现在其灵活性上，可以用任何语言编写 CGI 程序。在实际应用中，通常用 Perl 脚本语言来编写 CGI 程序。尽管 CGI 提供了一种模块化的设计方法，但它也有一些缺点。使用 CGI 方法的主要问题是效率低。对 CGI 程序的每次调用都创建一个操作系统进程，当多个用户同时访问 CGI 程序时，将加重处理器的负载。尤其是对于繁忙的 Web 站点并且当脚本需要执行连接数据库时效率非常低。此外，脚本使用文件输入输出(I/O)与服务器通信，这大大增加了响应的时间。

2. Servlet 技术——Java 解决方案

一个更好的方法是使服务器支持单独的可执行模块，当服务器启动时该模块就装入内存并只初始化一次。然后，就可以通过已经驻留在内存的、准备提供服务的模块副本为每个请求提供服务。目前，大多数产品级的服务器已经支持这种模块，这些独立的可执行的模块称为服务器扩展。在非 Java 平台上，服务器扩展是通过服务器销售商提供的本地语言 API 编写的。在 Java 平台上，服务器扩展是使用 Servlet API 编写的，服务器扩展模块叫做 Servlet 容器(container)，或称 Web 容器。Tomcat 就是一个 Web 容器，它在整个 Web 应用系统中处于中间层的地位，如图 1.5 所示。

图 1.5 中给出 Web 应用系统的各种不同的组件构成，其中 HTML 文件存储在文件系统中，Servlet 和 JSP 运行在 Web 容器中，业务数据存储在数据库中。

浏览器向 Web 服务器发送请求。如果请求的目标是 HTML 文件，Web 服务器可以直接处理。如果请求的是 Servlet 或 JSP 页面，Web 服务器将请求转发给 Web 容器，容器将查找并执行该 Servlet 或 JSP 页面，Servlet 和 JSP 页面都可以产生动态输出。

3. 动态 Web 页面技术

在服务器端动态生成 Web 文档有多种方法。一种常见的实现动态文档技术是在 Web

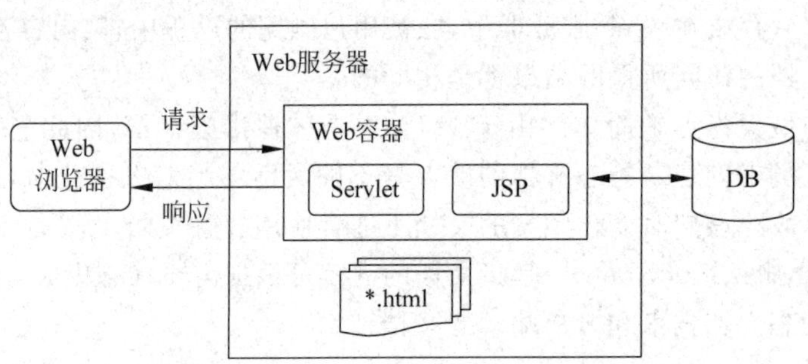

图 1.5　基于 Servlet 技术的 Web 应用结构

页面中嵌入某种语言的脚本,然后让服务器来执行这些脚本以便生成最终发送给客户的页面。目前比较流行的技术有 ASP.NET 技术、PHP 技术和 JSP 技术。

ASP(Active Server Page)称为活动服务器页面,是 Microsoft 公司推出的一种开发动态 Web 文档的技术。它使用 Visual Basic Script 或 Jscript 脚本语言来生成动态内容。

PHP(Hypertext Preprocessor)称为超文本预处理器,它是一种 HTML 内嵌式的语言。它的语法混合了 C、Java、Perl 的语法,它可比 CGI 或 Perl 更快速地执行动态网页。

JSP 是 JavaServer Pages 的缩写,含义是 Java 服务器页面,它与 PHP 非常相似,只不过页面中的动态部分是用 Java 语言编写的。使用这种技术的文件的扩展名为 jsp。

使用不同的技术在 HTML 页面中嵌入脚本是类似的。脚本被嵌入到特定的标签内,其他内容都是正常的 HTML 代码。

CGI、ASP、PHP 和 JSP 脚本解决了处理表单以及与服务器上的数据库进行交互的问题。它们都可以接受来自表单的信息,在数据库中查找信息,然后利用查找的结果生成 HTML 页面。它们所不能做的是响应鼠标移动事件,或者直接与用户交互。为了达到这个目的,有必要在 HTML 页面中嵌入脚本。这可通过在页面中嵌入 JavaScript 脚本实现,这种技术称为客户端动态页面技术。

1.4　Tomcat 服务器

Java Web 应用程序需要运行在 Web 容器中。市场上可以得到多种 Web 容器,其中包括 Apache 的 Tomcat、Eclipse Jetty、Caucho Technology 的 Resin、Macromedia 的 JRun、Oracle 的 WebLogic 和 IBM 的 WebSphere 等。其中有些如 WebLogic、WebSphere 不仅仅是 Web 容器,它们也提供对 EJB、JMS 以及其他 Java EE 技术的支持。

Tomcat 服务器

Tomcat 是 Apache 软件基金会(Apache Software Foundation,ASF)的开源产品,是 Servlet 和 JSP 技术的实现。Tomcat 服务器的最新版本 Tomcat 9,实现了 Servlet 4.0 和 JSP 2.3 的规范,它具有作为 Web 服务器运行的能力,因此不需要一个单独的 Web 服务器。本书所有程序都在 Tomcat 服务器中运行。

1.4.1　Tomcat 的下载与安装

可以到 http://tomcat.apache.org/网站下载各种版本的 Tomcat 服务器。可下载

Windows 可执行的安装文件或压缩文件。本书假设下载的是在 64 位的 Windows 7 平台上可执行的安装文件，文件名为 apache-tomcat-9.0.2.exe，下面介绍 Tomcat 服务器的安装、配置方法。

提示：如果下载的是压缩文件，将压缩文件解压到一个目录中，执行 bin 中 startup.bat 命令或双击 tomcat9w.exe 即可启动 Tomcat 服务器。

安装 Tomcat 服务器必须先安装 Java 运行时环境(Java Runtime Enviroment，JRE)。本书需要安装最新的 Java SE8，这里假设已在 C:\Program Files \Java\jre1.8.0_131 目录下安装了 JRE。下面说明 Tomcat 9 的安装过程。

双击下载的可执行文件，在出现的界面中选择安装的类型。这里选择完全安装，在 Select the types of install 下拉框中选择 Full，然后单击 Next 按钮，出现如图 1.6 所示的界面。

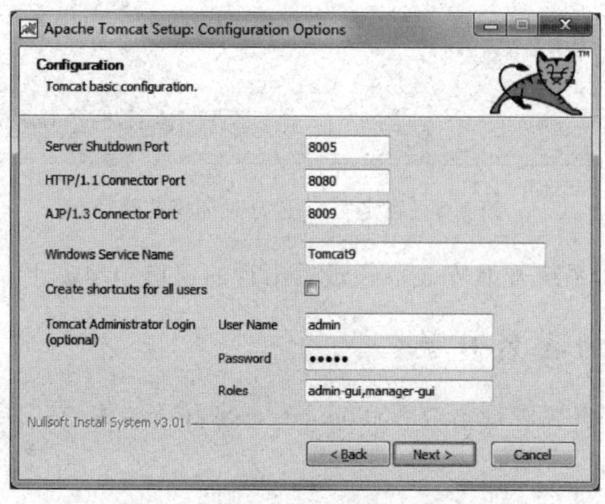

图 1.6　指定端口号、用户名和口令

这里要求用户输入服务器的端口号、管理员的用户名和口令。Tomcat 默认的端口号为 8080，管理员的用户名和口令都填为 admin。

单击 Next 按钮，出现如图 1.7 所示的对话框，这里需要指定 Java 虚拟机的运行环境的安装路径。

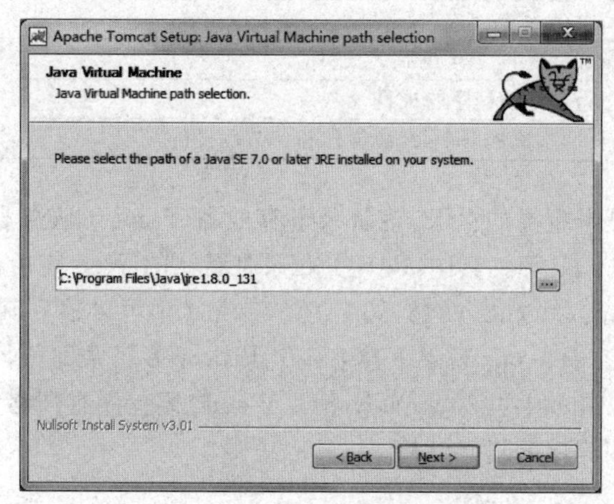

图 1.7　设置 Tomcat 安装路径

接下来出现如图 1.8 所示的对话框,这里要求用户指定 Tomcat 软件的安装路径,默认路径是 C:\Program Files\Apache Software Foundation\Tomcat 9.0。该目录为 Tomcat 的安装目录,下文中用< *tomcat-install* >表示。

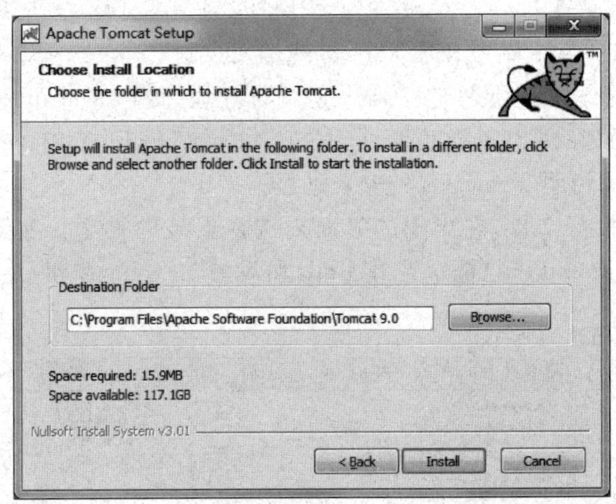

图 1.8　指定 Java 运行时环境的路径

单击 Install 按钮,系统开始安装。在最后出现的窗口中单击 Finish 按钮结束安装。

1.4.2　Tomcat 的安装目录

安装结束后,打开资源管理器查看 Tomcat 安装目录结构,在 Tomcat 安装目录中包含如表 1-2 所示的子目录。

表 1-2　Tomcat 的目录结构及其用途

目　录	说　明
/bin	存放启动和关闭 Tomcat 的脚本文件
/conf	存放 Tomcat 服务器的各种配置文件,其中包括 servler. xml、tomcat-users. xml 和 web. xml 等文件
/lib	存放 Tomcat 服务器及所有 Web 应用程序都可以访问的库文件
/logs	存放 Tomcat 的日志文件
/temp	存放 Tomcat 运行时产生的临时文件
/webapps	存放所有 Web 应用程序的根目录
/work	存放 JSP 页面生成的 Servlet 源文件和字节码文件

这里,webapps 是最重要的目录,该目录下存放着 Tomcat 服务器中所有的 Web 应用程序,如 examples、ROOT 等。其中,ROOT 目录是默认的 Web 应用程序,访问默认应用程序使用的 URL 为 http://localhost:8080/。在 Tomcat 中可以建立其他 Web 应用程序,如 helloweb,这只需要在/webapps 目录下建立一个 helloweb 目录即可,访问该 Web 应用程序的 URL 为 http://localhost:8080/helloweb/。Web 应用程序有严格的目录结构,1.4.6 节将详细介绍 Web 应用程序的目录结构。

1.4.3 Tomcat 的启动和停止

在使用 Tomcat 服务器开发 Web 应用程序时，经常需要重新启动服务器。这可通过 < *tomcat-install* >\bin 中的 tomcat9w. exe 工具实现，双击该文件，打开如图 1.9 所示的 Apache Tomcat 属性对话框。

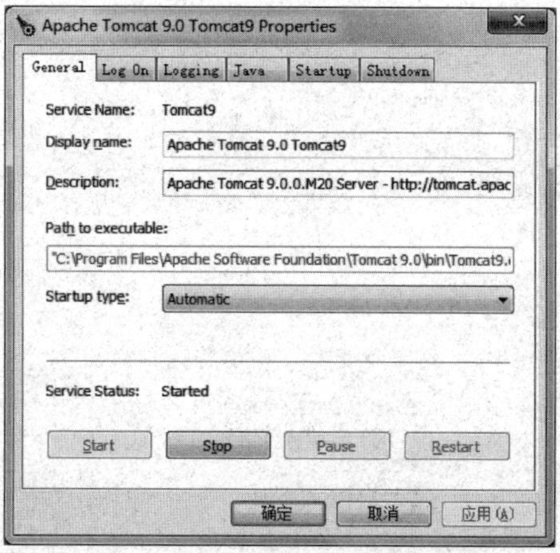

图 1.9 Apache Tomcat 属性对话框

该对话框主要设置 Tomcat 的各种属性，它也可以用来方便地停止和重新启动 Tomcat。单击 General 页面的 Stop 按钮即停止服务器，再单击 Start 按钮即重新启动服务器。

Tomcat 安装程序在操作系统中安装一个服务。可以打开“控制面板”中“管理工具”的“服务”窗口查看服务的启动情况，在这里也可以启动或停止 Tomcat 服务器。

1.4.4 测试 Tomcat

打开浏览器，在地址栏输入 http://localhost:8080/，如能看到图 1.10 所示的页面，说明 Tomcat 服务器已经启动并工作正常。注意，Tomcat 默认端口为 8080，若在安装时指定了其他端口，应使用指定的端口号。

在该页面中提供了一些链接可以访问有关资源。如通过 Servlets Examples 和 JSP Examples 链接可以查看 Servlet 和 JSP 实例程序的运行，通过 Manager App 链接可以进入 Tomcat 管理程序等。

1.4.5 修改 Tomcat 的服务端口

在 Tomcat 安装时如果没有修改端口号，则默认的端口号为 8080。这样，在访问服务器资源时需要在 URL 中给出端口号。为了方便，可以将端口号修改为 80，这样就不用给出端口号了。要修改 Tomcat 的端口号需要编辑< *tomcat-install* >\conf\server. xml 文件，将 Connector 元素的 port 属性从 8080 改为 80，并重新启动服务器。在 server. xml 文件中，Connector 元素最初的内容如下：

```
<Connector connectionTimeout = "20000"
```

```
port = "8080" protocol = "HTTP/1.1"
redirectPort = "8443" />
```

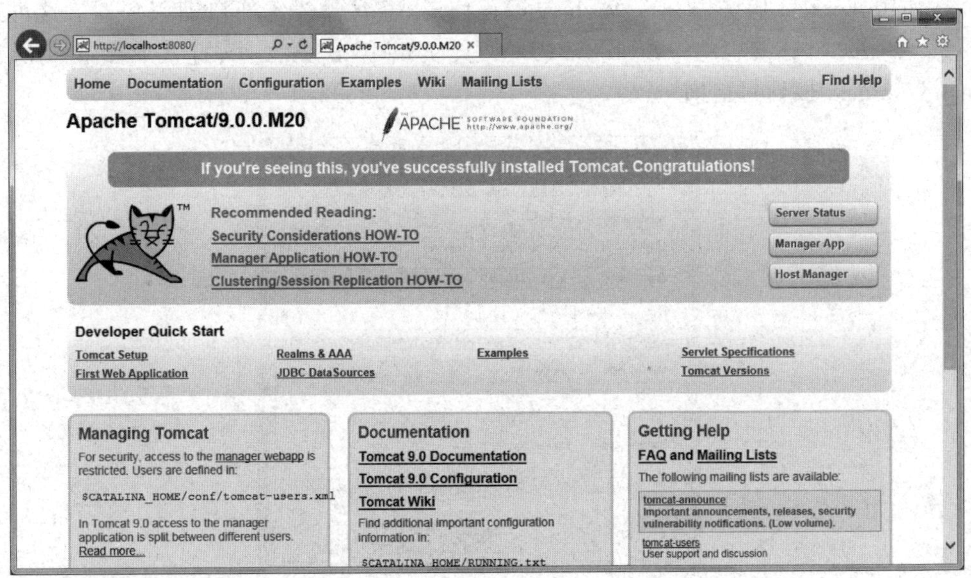

图 1.10　Tomcat 9 的欢迎页面

将 port 属性值改为 80 即可。将连接器的端口号修改为 80 后，再访问 Web 应用时就不用指定端口号了。

1.4.6　Web 应用程序及结构

Web 应用程序是一种可以通过浏览器访问的应用程序。Web 应用程序的一个最大好处是用户很容易访问应用程序。用户只要有浏览器即可，不需要再安装其他软件。Web 应用程序驻留在 Web 服务器上，它的所有资源被保存在一个结构化的目录中，目录结构是按照资源和文件的位置严格定义的。

Tomcat 安装目录的 webapps 目录是所有 Web 应用程序的根目录。假如要建立一个名为 helloweb 的 Web 应用程序，就应该在 webapps 中建立一个 helloweb 目录。图 1.11 是 helloweb 应用程序的一个可能的目录结构。

1. 文档根目录

每个 Web 应用程序都有一个文档根目录(document root)，它是应用程序所在的目录。图 1.11 的 helloweb 目录就是 helloweb 应用程序的文档根目录。应用程序所有可以被公开访问的文件(如 HTML 文件、JSP 文件或 Java Applet)都应该放在该目录或其子目录中。通常把该目录中的文件组织在多个子目录中。例如，HTML 文件存放在 html 目录中，JSP 页面存放在 jsp 目录中，而图像文件存放在 images 目录中，这样方便对文件进行管理。

要访问 Web 应用程序中的资源，需要给出文档根目录路径。假设服务器主机名为 www.myserver.com，如果要访问 helloweb 应用程序根目录下的 index.html 文件，应该使用下面的 URL：

```
http://www.myserver.com/helloweb/index.html
```

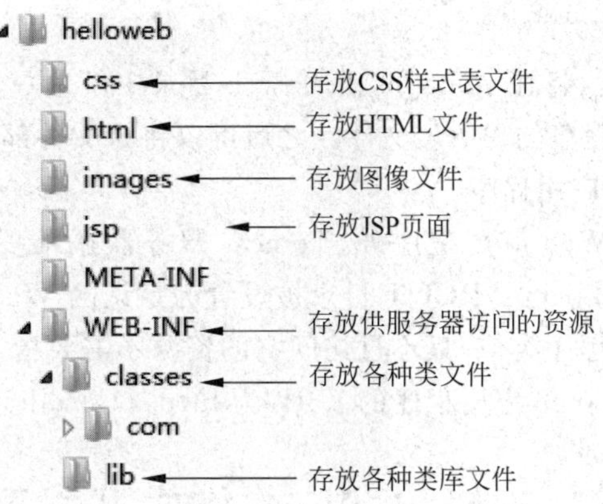

图 1.11 Web 应用程序的目录结构

如果要访问 html 目录中的/hello.html 文件，应该使用下面的 URL：

```
http://www.myserver.com/helloweb/html/hello.html
```

2. WEB-INF 目录

每个 Web 应用程序在它的根目录中都必须有一个 WEB-INF 目录。该目录中主要存放供服务器访问的资源。尽管该目录物理上位于文档根目录中，但不将它看作文档根目录的一部分，也就是说，在 WEB-INF 目录中的文件并不为客户服务。该目录主要包含三个内容。

(1) classes 目录。存放支持该 Web 应用程序的类文件，如 Servlet 类文件、JavaBeans 类文件等。在运行时，容器自动将该目录添加到 Web 应用程序的类路径中。

(2) lib 目录。存放 Web 应用程序使用的全部 JAR 文件，包括第三方的 JAR 文件。例如，如果一个 Servlet 使用 JDBC 连接数据库，JDBC 驱动程序 JAR 文件应该存放在这里。我们也可以把应用程序所用到的类文件打包成 JAR 文件存放到该目录中。在运行时，容器自动将该目录中的所有 JAR 文件添加到 Web 应用程序的类路径中。

(3) web.xml 文件。每个 Web 应用程序都必须有一个 web.xml 文件。它包含 Web 容器运行 Web 应用程序所需要的信息，如 Servlet 声明、映射、属性、授权及安全限制等。我们将在 2.6 节详细讨论该文件。

在 Web 应用程序中，可能需要阻止用户访问一些特定资源而允许容器访问它们。为了保护这些资源，可以将它们存储在 WEB-INF 目录中。在这些目录中的文件对容器是可见的，但不能为客户提供服务。

3. Web 归档文件

一个 Web 应用程序包含许多文件，可以将这些文件打包到一个扩展名为.war 的 Web 归档文件中，一般称为 WAR 文件。WAR 文件主要是为了方便 Web 应用程序在不同系统之间的移植。例如，可以直接把一个 WAR 文件放到 Tomcat 的 webapps 目录中，Tomcat 会自动把该文件的内容释放到 webapps 目录中并创建一个与 WAR 文件同名的应用程序。

创建 WAR 文件很简单。在 Eclipse IDE 中可直接将项目导出到一个 WAR 文件中，之后可以将该文件部署到服务器中。如果要将服务器中一个 helloweb 应用程序导出到 WAR 文件，可以使用 Java 的 jar 工具。在命令提示符下进入 webapps\helloweb 目录，然后使用下列命令将 helloweb 目录打包：

```
jar -cvf helloweb.war *
```

执行上述命令后,将在 webapps\helloweb 目录中产生一个名为 helloweb. war 文件,它就是 helloweb 应用程序的 WAR 文件。之后可以将该文件部署到其他容器中。

4. 默认的 Web 应用程序

除用户创建的 Web 应用程序外,Tomcat 服务器还维护一个默认的 Web 应用程序。< *tomcat-install* >\webapps\ROOT 目录被设置为默认的 Web 应用程序的文档根目录。它与其他的 Web 应用程序类似,只不过访问它的资源不需要指定应用程序的名称或上下文路径。例如,访问默认 Web 应用程序的 URL 为 http://localhost:8080/。

1.5 Eclipse 集成开发环境

Eclipse 是一个免费的、开放源代码的集成开发环境(Integrated Development Enviroment,IDE)。为适应不同软件的开发,Eclipse 提供了多种软件包。开发 Java EE 应用需使用 Eclipse IDE for Java EE Developers。本书采用的是 Java EE 版本的 Eclipse。

Eclipse 集成开发环境

最常用于服务器端 Java 开发的三个 IDE 是 IntelliJ IDEA,Eclipse 和 NetBeans。关于这三种 IDE 的比较和分析见 http://www.sohu.com/a/138750557_731023。

1.5.1 Eclipse 的下载与安装

Eclipse 的下载地址为 http://www.eclipse.org/downloads/。Eclipse 的各种发行版都是通过压缩包的形式提供的,不需要进行特别的安装与配置,只需把 Eclipse 直接解压到硬盘中。这里,假设下载的文件是 eclipse-jee-neon-3-win32-x86_64.zip,将其解压到 D:\eclipse 目录。

提示: 运行 Eclipse 必须保证计算机先安装 Java 运行时环境 JRE,否则在启动过程中会弹出一个对话框,提示无法找到 Java 运行环境。

直接运行解压目录中的 eclipse.exe 程序即可启动 Eclipse。启动 Eclipse 时首先弹出 Workspace Launcher 对话框,要求用户选择一个工作空间以存放项目文档,读者可自行设置自己的工作空间,这里将工作空间设置为 D:\workspace 目录,如图 1.12 所示。如果选中 Use this as the default and do not ask again 复选框,则下次启动 Eclipse 将不再显示设置工作空间对话框。

第一次运行 Eclipse 将显示一个欢迎界面,单击 Welcome 标签的关闭按钮,就可以进入 Eclipse 开发环境,如图 1.13 所示。

主界面包括菜单、工具栏、视图窗口、编辑区以及输出窗口等几个部分。为了适应不同开发者和不同开发内容的需求,Eclipse 提供了一个非常灵活的开发环境。整个控制台都可以进行任意的定制,并可以针对不同的开发内容来进行定制。

1.5.2 在 Eclipse 中配置 Tomcat 服务器

在 Java Web 开发中,通常需要通过 Eclipse 来管理 Tomcat,这样做的好处是可以方便

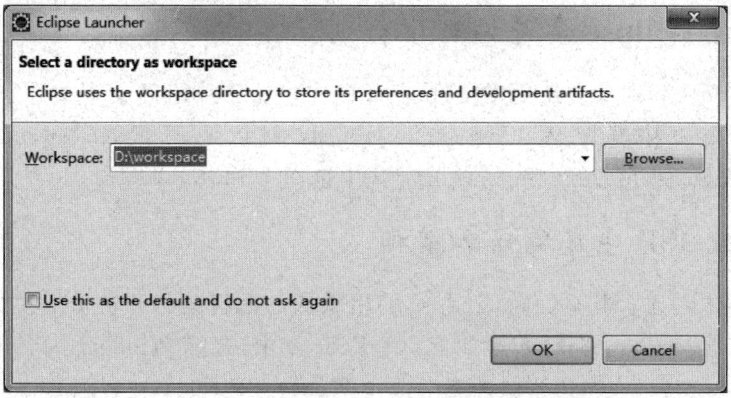

图 1.12　选择工作空间对话框

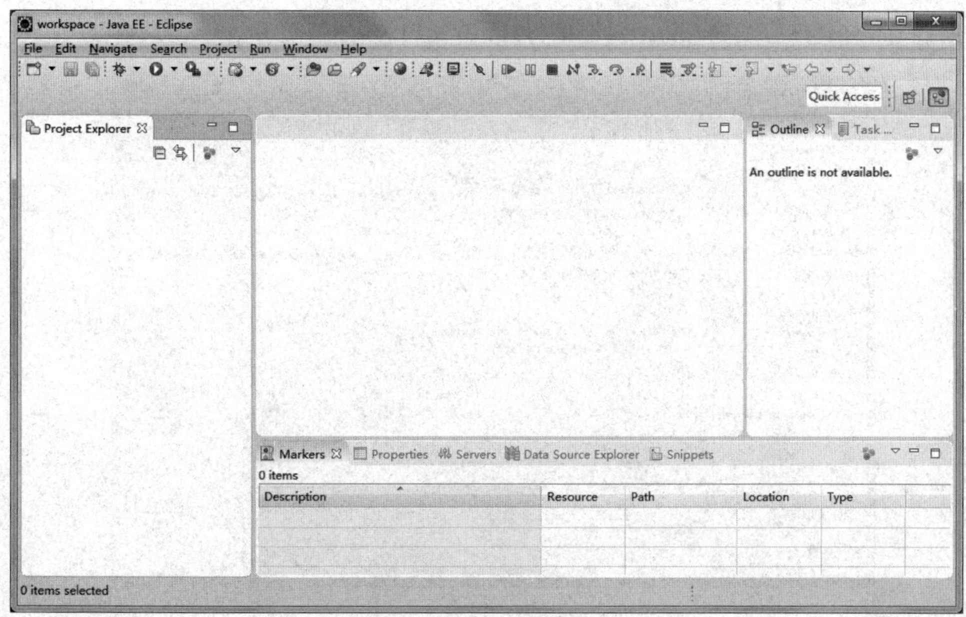

图 1.13　Eclipse 的开发界面

地通过 Eclipse 来运行和调试 Web 应用程序。在 Eclipse 中配置 Tomcat 服务器的具体步骤如下：

(1) 选择 Window 菜单的 Preferences 命令，在打开的对话框左边列表框中选择 Server 节点中的 Runtime Environments。

(2) 单击窗口右侧的 Add 按钮，打开 New Server Runtime Environmen 对话框，在该对话框中可选择服务器的类型和版本，这里使用的是 Apache Tomcat v 9.0。

(3) 单击 Next 按钮进入 Tomcat Server 配置界面，在这个界面中可以设置服务器的名称、安装位置，以及运行时使用的 JRE。

(4) 单击 Finish 按钮完成在 Eclipse 中配置 Tomcat 服务器，在后面的开发中就可以通过 Eclipse 控制 Tomcat 服务器了。

1.5.3 配置 Eclipse 字符编码

由于在 Servlet 程序中要使用中文,所以应该先设置工作空间文本文件字符编码,具体步骤为:在 Eclipse 中选择 Window→Preferences 命令,打开 Preferences 窗口,再选择 General→Workspace,在 Text file encoding 区中选择 UTF-8。

1.5.4 修改 JSP 字符编码和模板

在 Eclipse 中创建 JSP 页面时,Eclipse 使用默认的字符编码和自带的模板创建 JSP 页面,用户可以修改该模板。具体步骤如下:在 Eclipse 中,选择 Window→Preferences 命令,打开 Preferences 窗口,在左边树状列表中选择 Web→JSP Files,在右侧 Encoding 列表框中选择 ISO 10646/Unicode(UTF-8),将 JSP 页面的字符编码设置为 UTF-8,如图 1.14 所示。选择 Web→JSP Files→Editor→Templates,选择要修改的模板,如 New JSP File(html),单击 Edit 按钮,打开 Edit Template 对话框,修改模板内容,然后保存。

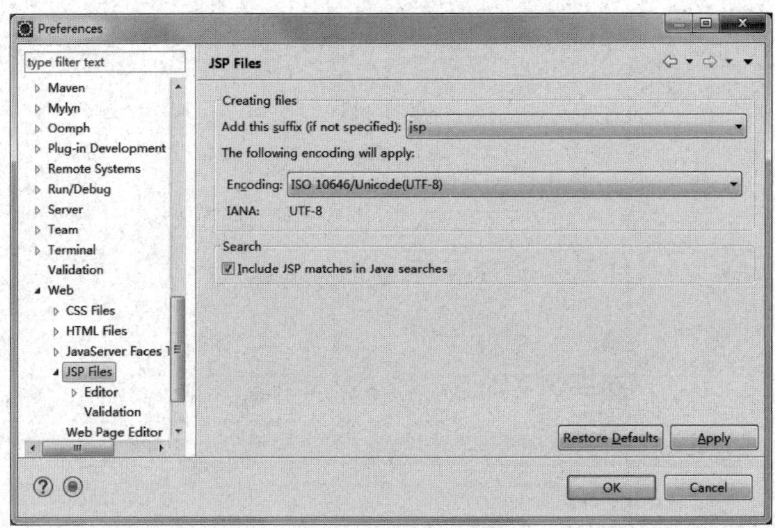

图 1.14 设置 JSP 页面的字符编码

1.6 创建动态 Web 项目

在 Eclipse 中可以创建多种类型的项目:静态 Web 项目(Static Web Project)、动态 Web 项目(Dynamic Web Project)和 Maven 项目等。

1.6.1 动态 Web 项目的建立

下面讲解在 Eclipse 中创建一个名为 chapter01 的动态 Web 项目的详细步骤。

(1) 启动 Eclipse,选择 File→New→Dynamic Web Project,打开新建动态 Web 项目对话框。在 Project name 文本框中输入项目名,如 chapter01,其他选项采用默认值即可。

(2) 单击 Next 按钮,在打开的对话框中可以指定源文件和编译后的类文件存放目录,这里保留默认的目录。

(3) 单击 Next 按钮，打开 Web Module 对话框，在这里需要指定 Web 应用程序上下文根目录名称(chapter01)和 Web 内容存放的目录，这里采用默认值(WebContent)。如果选中 Generate web.xml deployment descriptor 复选框，由 Eclipse 产生 web.xml 部署描述文件，如图 1.15 所示。

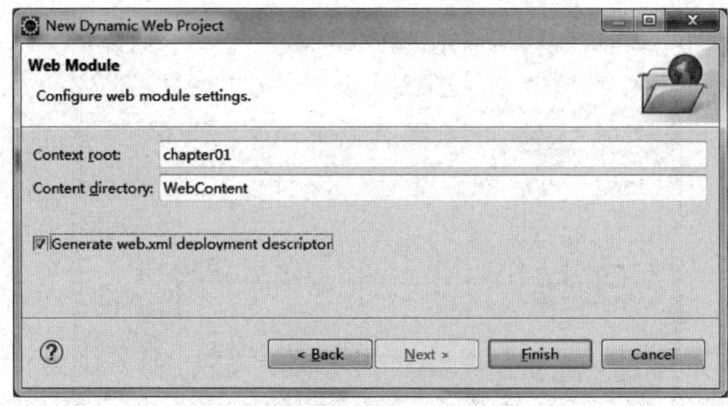

图 1.15　指定 Web Module 对话框

(4) 最后单击 Finish 按钮，结束项目的创建。Web 项目创建完之后，在 Eclipse 的项目浏览窗口中显示项目的结构，如图 1.16 所示。其中，Java Resources 的 src 目录用来存放 Java 源文件。WebContent 目录用来存放其他的 Web 资源文件，如 JSP 页面、HTML 文档，图像文件、CSS 文件等，在其中可以建立子目录分门别类存放这些文件。WEB-INF 目录用来存放服务器使用的文件，如部署描述文件 web.xml、标签库文件、Web 应用使用的类库文件存放在 lib 目录中。

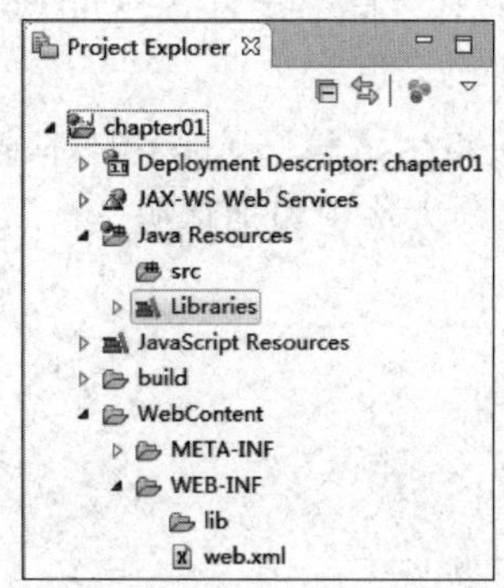

图 1.16　动态 Web 项目目录结构

1.6.2　开发 Servlet

Servlet 是使用 Servlet API 以及相关的类编写的 Java 程序，这种程序运行在 Web 容器中，主要用来实现动态 Web 项目。Servlet 自从 1997 年出现以来，由于所具有的平台无关性、可扩展性以及能够提供比 CGI 脚本更优越的性能等特征，使它的应用得到了快速的增长，并成为 Java EE 应用平台的关键组件。下面开发一个简单的 Servlet 程序。

(1) 右击 chapter01 项目，从弹出菜单中选择 New→Servlet，打开 Create Servlet 对话

框。在 Java package 文本框中输入包名,如 com. demo,在 Class name 文本框中输入类名 myFirstServlet。

(2) 单击 Next 按钮,打开如图 1.17 所示的对话框。这里需要指定 Servlet 名称、初始化参数和 URL 映射名。

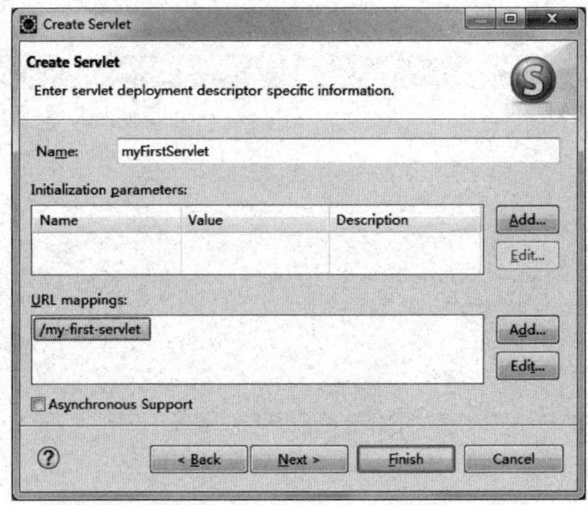

图 1.17 Servlet 映射配置对话框

这里,将 Servlet 名称修改为 myFirstServlet,将 URL 映射名称修改为/my-first-servlet。单击 Add 按钮为该 Servlet 添加新的映射名称,单击 Edit 按钮修改映射名称,单击 Remove 按钮删除映射名称。在 Initialization parameters 区可以添加(Add)、编辑(Edit)和删除(Remove)Servlet 初始化参数。

(3) 单击 Next 按钮,在出现的对话框中指定 Servlet 实现的接口以及自动生成的方法,这里只保留 doGet()方法。

(4) 单击 Finish 按钮,Eclipse 将生成该 Servlet 的部分代码并在编辑窗口中打开。该 Servlet 只显示静态文本,在 doGet()方法中添加代码。

程序 1.5 MyFirstServlet. java

```
package com.demo;
import java.io.IOException;
import java.io.PrintWriter;
import javax.servlet.ServletException;
import javax.servlet.annotation.WebServlet;
import javax.servlet.http.HttpServlet;
import javax.servlet.http.HttpServletRequest;
import javax.servlet.http.HttpServletResponse;
@WebServlet(name = "myFirstServlet", urlPatterns = { "/my-first-servlet" })
public class MyFirstServlet extends HttpServlet {
    protected void doGet(HttpServletRequest request,
                         HttpServletResponse response)
                       throws ServletException, IOException {
      //设置响应的内容类型
```

```
        response.setContentType("text/html;charset = UTF - 8");
        //获取一个打印输出流对象
        PrintWriter out = response.getWriter();
        out.println("< html >");
        out.println("< head >< title >第一个 Servlet 程序</title ></head > ");
        out.println("< body >");
        out.println("< h3 style = \"color: #0000ff \"> Hello,World!</h3 >");
        out.println("第一个 Servlet 程序.");
        out.println("</body >");
        out.println("</html >");
    }
}
```

从 Eclipse 生成的代码可以看到，MyFirstServlet 类继承了 HttpServlet，在该类中覆盖了 doGet 方法，其中设置响应内容类型、获得输出流对象，并向浏览器输出有关信息。

提示：如果生成的或输入的代码产生找不到 Servlet 类库的错误，添加 Servlet 类库的方法是：右击项目名称，在弹出菜单中选择 Build Path 命令，打开 Configure Build Path…窗口，将 Servlet API 类库添加到项目中即可。在 Tomcat 中，Servlet API 包含在其安装目录的 lib/servlet-api.jar 文件中。

Servlet 作为 Web 应用程序的组件需要部署到容器中才能运行。在 Servlet 3.0 之前需要在部署描述文件（web.xml）中部署，在支持 Servlet 3.0 规范的 Web 容器中可以使用注解部署 Servlet，如下代码所示：

```
@WebServlet(name = "myFirstServlet", urlPatterns = {"/my - first - servlet"})
```

这里使用@WebServlet 注解通过 name 属性为该 Servlet 指定一个名称（myFirstServlet），通过 urlPatterns 属性为它指定一个 URL 映射模式（/my-first-servlet）。在浏览器中使用下面 URL 可访问该 Servlet。

```
http://localhost:8080/chapter01/my - first - servlet
```

运行结果如图 1.18 所示。

图 1.18　MyFirstServlet 的运行结果

在 Eclipse 代码编辑区域右击，在弹出菜单中选择 Run As→Run on Server 也可执行该 Servlet，Eclipse 打开浏览器访问该 Servlet。

提示：默认情况下，Eclipse 使用自带的内部浏览器运行 Web 应用程序，开发人员也可以指定一个外部浏览器。在 Eclipse 中，选择 Window→Web Browser，在菜单中选择需要使用的浏览器即可。

1.6.3 开发 JSP 页面

Servlet 技术的出现主要是代替 CGI 编程,可以把 Servlet 看成是含有 HTML 的 Java 代码。仅使用 Servlet 当然可以实现 Web 应用程序的所有功能,但它的一大缺点是业务逻辑和表示逻辑不分,这对涉及大量 HTML 内容的应用编写 Servlet 非常复杂,程序的修改困难,代码的可重用性也较差。因此,Sun 又推出了 JSP 技术。可以把 JSP 看成是含有 Java 代码的 HTML 页面。JSP 页面本质上也是 Servlet,它可以完成 Servlet 能够完成的所有任务。

JSP(JavaServer Pages)页面是在 HTML 页面中嵌入 JSP 元素的页面,这些元素称为 JSP 标签。下面是建立一个 JSP 页面的具体步骤。

(1) 右击 chapter01 项目的 WebContent 节点,从弹出菜单中选择 New→JSP File,打开 New JSP File 对话框。选择 JSP 页面存放的目录,这里为 WebContent。在 File name 文本框中输入文件名 first.jsp,如图 1.19 所示。

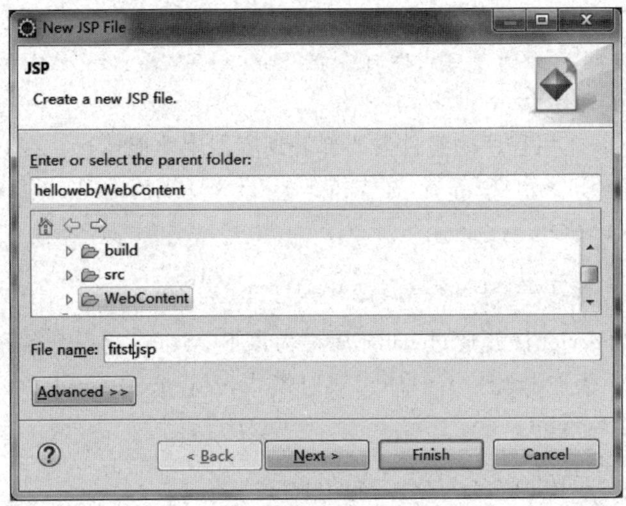

图 1.19 新建 JSP 页面对话框

(2) 单击 Next 按钮,打开选择 JSP 模板对话框,从模板列表中选择要使用的模板,这里选择 New JSP File(html)模板。

(3) 单击 Finish 按钮,Eclipse 创建 first.jsp 页面并在工作区中打开该文件,可以在 <body>标签中插入代码。

程序 1.6 first.jsp

```
<%@ page contentType="text/html; charset=UTF-8" pageEncoding="UTF-8"%>
<html>
<head><title>第一个 JSP 页面</title>
</head>
<body>
    <h3 style="color:#0000ff">Hello,World!</h3>
    <p>第一个 JSP 页面.</p>
</body>
```

```
</html>
```

要运行 JSP 页面，打开浏览器，在地址栏中输入下面 URL：

```
http://localhost:8080/chapter01/first.jsp
```

运行结果如图 1.20 所示。

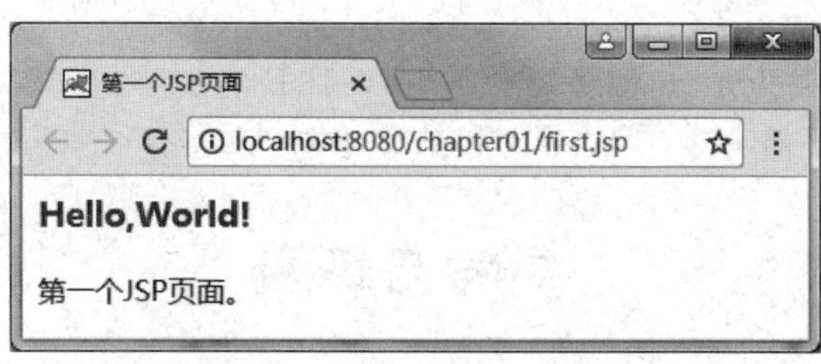

图 1.20 first.jsp 的运行结果

在 Eclipse 的编辑区中右击，在打开的菜单中选择 Run As→Run on Server 也可执行该 JSP 页面。

1.6.4 Web 项目的导出和部署

前面介绍的 Web 应用程序开发和运行是在 Eclipse 开发环境中完成的。实际上，一个 Web 应用程序开发完后应该将其打包成 WAR 文件，然后部署到应用服务器中。

(1) 将项目导出 WAR 文件。在 Project Explore 视图的项目节点上右击，选择 Export→WAR file 命令，打开 Export 对话框，在该对话框中 Web project 文本框中输入项目名称，在 Destination 文本框中选择 WAR 文件的路径，最后单击 Finish 按钮即可。

(2) 将 WAR 文件部署到 Tomcat 服务器中。通常有两种方法，一是直接将导出的 WAR 文件复制到 Tomcat 安装目录的 webapps 目录中。Tomcat 服务器会自动将该文件部署到 webapps 目录，创建一个 Web 应用程序。二是使用 Tomcat 的部署工具将 WAR 文件部署到 Tomcat 服务器中。在浏览器地址栏输入 http://localhost:8080/manager/html 进入 Tomcat 管理控制台应用程序，输入管理员的用户名和密码，打开如图 1.21 所示的页面，在该页面下方的 WAR file to deploy 区域单击“浏览”按钮，选择要部署的 WAR 文件，单击 Deploy 按钮即可将 WAR 文件部署到 Tomcat 服务器中。

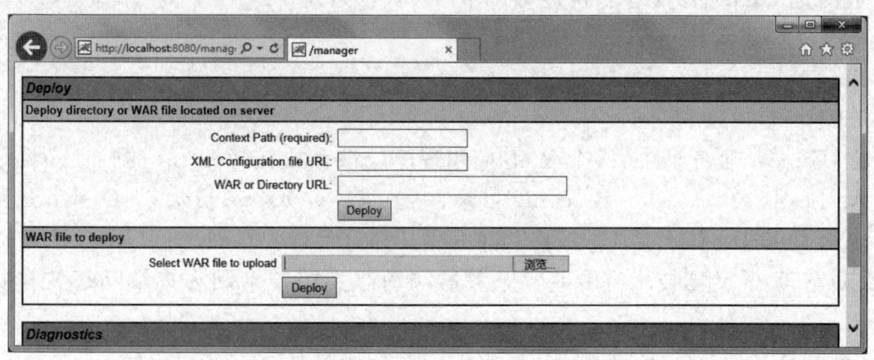

图 1.21 Tomcat 管理控制台

本 章 小 结

本章概述了 Web 应用开发的主要技术和基本原理。其中包括 Web 技术的基本概念、浏览器和服务器的概念、HTTP 协议、动态 Web 文档技术等。这些概念是学习 Web 应用开发的基础。

本章还简要介绍了 Tomcat 服务器和 Eclipse IDE 的安装与配置,讨论了 Servlet 和 JSP 页面的开发和运行。最后介绍了 Web 项目的导出与部署。

思考与练习

1. 主机名 localhost 对应的 IP 地址是(　　)。

A. 192.168.0.1　　B. 127.0.0.1

C. 0:0:0:0:0:0:0:1　　D. 1:0:0

2. 下面是 URL 的是(　　)。

A. www.tsinghua.edu.cn　　B. http://www.baidu.com

C. 121.52.160.5　　D. /localhost:8080/webcourse

3. 要在页面中导入 css/layout.css 样式单文件,下面正确的两项是(　　)。

A. < link type="text/css" href="css\layout.css" rel="stylesheet" />

B. < script type="text/javascript" src="css\layout.css "></script>

C. < style type="text/css">@import url(css/layout.css);</style>

D. < meta http-equiv="Content-Type" content=" css\layout.css; charset=UTF-8">

4. 若访问的资源不存在,服务器向客户发送一个错误页面,该页面中显示的 HTTP 状态码是(　　)。

A. 500　　B. 200　　C. 404　　D. 403

5. 下面不是服务器页面技术的是(　　)。

A. JSP　　B. ASP　　C. PHP　　D. JavaScript

6. Servlet 必须在(　　)环境下运行。

A. 操作系统　　B. Java 虚拟机　　C. Web 容器　　D. Web 服务器

7. 下面是 URL 的为(　　),是 URI 的为(　　),是 URN 的为(　　)。

① http://www.myserver.com/hello

② files/sales/report.html

③ ISBN:1-930110-59-6

8. 在 Tomcat 服务器中,一个 Web 应用程序应该存放在 Tomcat 的(　　)目录中。

A. bin 目录　　B. confs 目录　　C. webapps 目录　　D. work 目录

9. 什么是 URL,什么是 URI,它们都由哪几部分组成? URL 与 URI 有什么关系?

10. 动态 Web 文档技术有哪些? 服务器端动态文档技术和客户端动态文档技术有何不同?

11. 什么是 Servlet? 什么是 JSP? 它的主要作用是什么?

12. 哪些资源应该存放在 Web 应用程序的 WEB-INF 目录中?

第2章　Servlet 核心技术

本章目标

- 了解 Servlet API 常用的接口和类；
- 熟悉 Servlet 的生命周期；
- 重点掌握如何检索 HTTP 请求参数和表单数据处理；
- 掌握使用请求对象存储数据和请求转发；
- 了解客户端信息和请求头信息的检索方法；
- 掌握如何向客户发送响应及响应如何重定向；
- 了解 Web 应用程序的部署描述文件的配置；
- 了解@WebServlet 和@WebInitParam 注解的使用；
- 了解 ServletConfig 接口的使用；
- 学会使用 ServletContext 检索应用程序初始化参数；
- 掌握使用 ServletContext 存储对象和实现请求转发。

Servlet 是 Java Web 技术的核心基础，它实际是 CGI 技术的一种替代，用于实现动态 Web 文档的 Java 解决方案。本章首先介绍 Servlet 常用 API，然后重点介绍 HTTP 请求的处理和响应的处理，另外，还将介绍 Servlet 生命周期、部署描述文件、@WebServlet 注解、ServletConfig 和 ServletContext 的使用。

2.1　Servlet API

Servlet API 是 Java Web 应用开发的基础，Servlet API 定义了若干接口和类。目前 Servlet API 的最新版本是 Servlet 4.0，它由下面 4 个包组成。

- javax.servlet 包，定义了开发与协议无关的 Servlet 的接口和类。
- javax.servlet.http 包，定义了开发采用 HTTP 协议通信的 Servlet 的接口和类。
- javax.servlet.annotation 包，定义了 9 个注解类型和 2 个枚举类型。
- javax.servlet.descriptor 包，定义了以编程方式访问 Web 应用程序配置信息的类型。

这 4 个包中的接口和类是开发 Servlet 需要了解的全部内容。在 Tomcat 中，这些 API 存放在安装目录的 lib\servlet-api.jar 文件中。关于这些 API 的详细信息，可以访问在线 Servlet API 文档，地址为 http://tomcat.apache.org/tomcat-9.0-doc/servletapi/。下面重

点介绍 javax. servlet 包 javax. servlet. http 包中一些常用的接口和类。

2.1.1 Servlet 接口

javax. servlet. Servlet 接口是 Servlet API 中的基本接口,每个 Servlet 必须直接或间接实现该接口。该接口定义了如下 5 个方法。

- public void init(ServletConfig config):该方法由容器调用,完成 Servlet 初始化并准备提供服务。容器传递给该方法一个 ServletConfig 类型的参数。
- public void service(ServletRequest req, ServletResponse res):对每个客户请求容器调用一次该方法,它允许 Servlet 为请求提供响应。
- public void destroy():该方法由容器调用,指示 Servlet 清除本身、释放请求的资源并准备结束服务。
- public ServletConfig getServletConfig():返回关于 Servlet 的配置信息,如传递给 init()的参数。
- public String getServletInfo():返回关于 Servlet 的信息,如作者、版本及版权信息。在默认情况下,这个方法返回空串。开发人员可以覆盖这个方法来返回有意义的信息。

上述方法中的 init()、service()和 destroy()方法是 Servlet 的生命周期方法,它们由 Web 容器自动调用。如当服务器关闭时,就会自动调用 destroy()方法。如果开发与协议无关的 Servlet,可以实现该接口,也就是要实现该接口中定义的所有方法。

2.1.2 GenericServlet 类

javax. servlet. GenericServlet 抽象类实现了 Servlet 接口和 ServletConfig 接口,它提供了 Servlet 接口中除了 service()外的所有方法的实现,同时增加了几个支持日志的方法。它与其他接口和类的层次关系如图 2.1 所示。

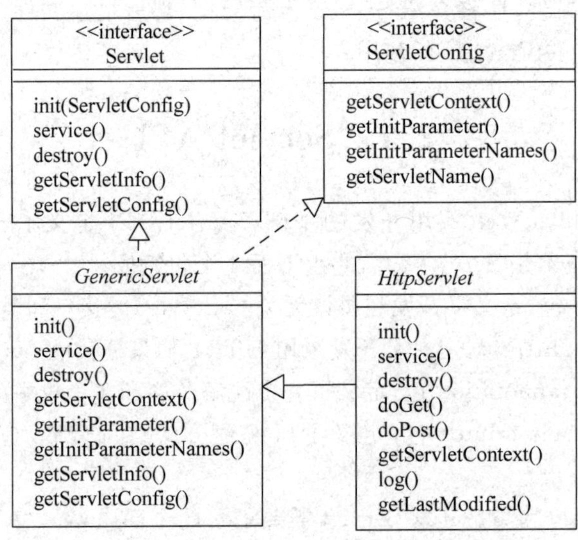

图 2.1　Servlet 接口以及类的层次关系

可以扩展 GenericServlet 类并实现 service()方法来创建任何类型的 Servlet。程序 2.1 的 GenericDemoServlet 继承了 GenericServlet 类并实现 service()方法。

程序 2.1 GenericDemoServlet.java

```
package com.demo;
import java.io.IOException;
import java.io.PrintWriter;
import javax.servlet.GenericServlet;
import javax.servlet.ServletConfig;
import javax.servlet.ServletException;
import javax.servlet.ServletRequest;
import javax.servlet.ServletResponse;
import javax.servlet.annotation.WebServlet;

@WebServlet(name = "genericServlet", urlPatterns = { "/generic-servlet" })
public class GenericDemoServlet extends GenericServlet{
    private static final long serialVersionUID = 1L;
    private transient ServletConfig servletConfig;
    @Override
    public void service(ServletRequest request,
                         ServletResponse response)
                       throws ServletException, IOException {
        servletConfig = getServletConfig();
        String servletName = servletConfig.getServletName();
        response.setContentType("text/html;charset=UTF-8");
        PrintWriter out = response.getWriter();
        out.print("<!DOCTYPE html>" + "<html>"
                  + "<body>Hello from " + servletName + "<br>"
                  + "世界那么大,我想去看看."
                  + "</body></html>");
    }
}
```

该程序覆盖了 GenericServlet 类的 service()方法,该方法用于为客户提供服务,它的格式如下:

```
public void service(ServletRequest request, ServletResponse response)
            throws ServletException, IOException
```

参数 ServletRequest 和 ServletResponse 分别表示请求对象和响应对象。当用户请求该 Servlet 时,Web 容器创建这两个对象并传递给 service()方法。在 service()方法中,访问 ServletRequest 接口的有关方法可以获得请求的信息,如请求参数、请求的协议、请求的内容类型等。

ServletResponse 是独立于任何协议的响应对象,定义了向客户发送响应的方法,如调用它的 setContentType()方法可以设置响应的内容类型,调用它的 getWriter()方法可以得到输出流 PrintWriter 对象,通过输出流对象可向客户写出 HTML 数据。启动浏览器,使用下面的 URL 访问该 Servlet。

```
http://localhost:8080/chapter02/generic-servlet
```

运行结果如图 2.2 所示。

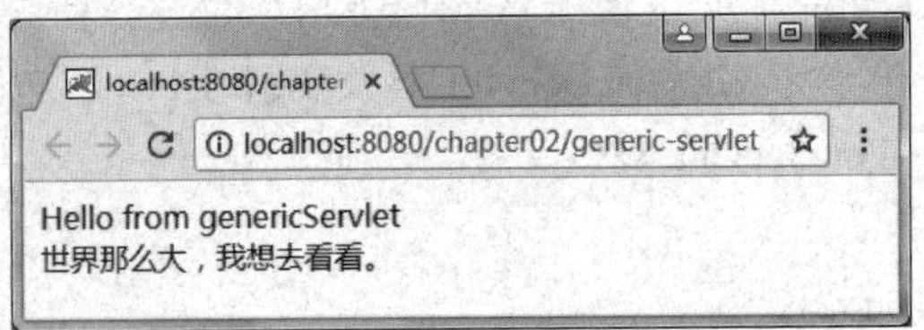

图 2.2　GenericDemoServlet 的运行结果

2.1.3　HttpServlet 类

javax.servlet.http 包中定义了使用 HTTP 协议创建的 Servlet 所需要的接口和类。其中某些接口和类扩展了 javax.servlet 包中对应的接口和类来实现对 HTTP 协议的支持。

- HttpServlet 抽象类，它用于创建支持 HTTP 协议的 Servlet。
- HttpServletRequest 接口，是基于 HTTP 协议的请求对象，它继承了 ServletRequest 接口。
- HttpServletResponse 接口，是基于 HTTP 协议的响应对象，它继承了 ServletResponse 接口。
- HttpSession 接口，实现会话管理的接口，也用来存储用户信息。
- Cookie 类，创建 Cookie 对象的一个实现类。

下面简单介绍 javax.servlet.http 包中几个重要的接口和类。

1. HttpServlet 类

HttpServlet 抽象类扩展了 GenericServlet 类，它用来实现针对 HTTP 协议的 Servlet，在 HttpServlet 类中增加了一个新的 service()，格式如下：

```
protected void service(HttpServletRequest, HttpServletResponse)
                        throws ServletException, IOException
```

该方法是 Servlet 向客户请求提供服务的一个方法，我们编写的 Servlet 可以覆盖该方法。此外，在 HttpServlet 中针对不同的 HTTP 请求方法定义了不同的处理方法，如处理 GET 请求的 doGet()格式如下：

```
protected void doGet(HttpServletRequest, HttpServletResponse)
                        throws ServletException, IOException
```

通常，我们编写的 Servlet 需要继承 HttpServlet 类并覆盖 doGet()或 doPost()方法。

2. HttpServletRequest 接口

HttpServletRequest 接口继承了 ServletRequest 接口并提供了针对 HTTP 请求的操作方法，如定义了从请求对象中获取 HTTP 请求头、Cookie 等信息的方法。

3. HttpServletResponse 接口

HttpServletResponse 接口继承了 ServletResponse 接口并提供了针对 HTTP 的发送响应的方法。它定义了为响应设置如 HTTP 头、Cookie 信息的方法。

程序 2.2　HelloServlet.java

```
package com.demo;
```

```java
import java.io.IOException;
import javax.servlet.ServletException;
import javax.servlet.annotation.WebServlet;
import javax.servlet.http.HttpServlet;
import javax.servlet.http.HttpServletRequest;
import javax.servlet.http.HttpServletResponse;
import java.io.*;
import java.time.LocalDate;
import java.time.LocalTime;
@WebServlet(name = "helloServlet", urlPatterns = { "/hello-servlet" })
public class HelloServlet extends HttpServlet {
    private static final long serialVersionUID = 1L;
    public void doGet(HttpServletRequest request,
                      HttpServletResponse response)
                      throws ServletException, IOException {
        response.setContentType("text/html;charset=UTF-8");
        PrintWriter out = response.getWriter();
        out.println("<html>");
        out.println("<body><title>Hello Servlet</title>");
        out.println("<h3 style='color:#00f'>Hello,World!</h3>");
        out.println("今天的日期是:" + LocalDate.now() + "<br>");
        out.println("现在的时间是:" + LocalTime.now());
        out.println("</body>");
        out.println("</html>");
    }
}
```

HelloServlet 类继承了 HttpServlet，它是针对 HTTP 协议的 Servlet。在该类中并没有覆盖 service()方法，而是直接覆盖了 doGet 方法，在其中设置响应内容类型、获得响应对象，并向浏览器输出信息。

在浏览器中使用下面 URL 访问该 Servlet，结果如图 2.3 所示。

```
http://localhost:8080/chapter02/hello-servlet
```

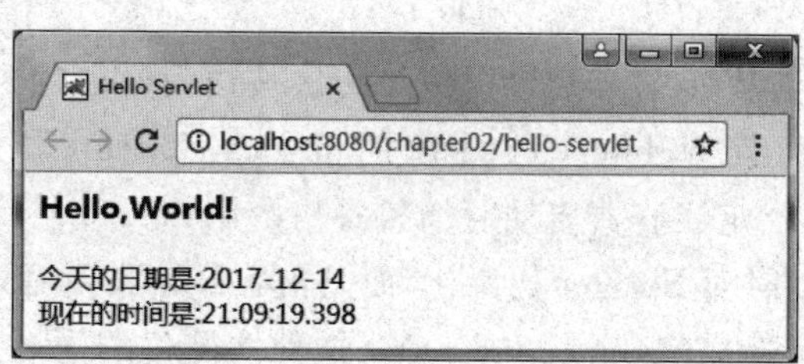

图 2.3 HelloServlet 的运行结果

2.2 Servlet 生命周期

Servlet 作为一种在容器中运行的组件，有一个从创建到销毁的过程，这个过程被称为 Servlet 生命周期。Servlet 生命周期包括以下几个阶段：加载和实例化 Servlet 类，调用 init()

方法初始化 Servlet 实例,一旦初始化完成,容器从客户收到请求时就将调用它的 service()方法。最后容器在 Servlet 实例上调用 destroy()方法使它进入销毁状态。图 2.4 给出了 Servlet 生命周期的各阶段以及状态的转换。

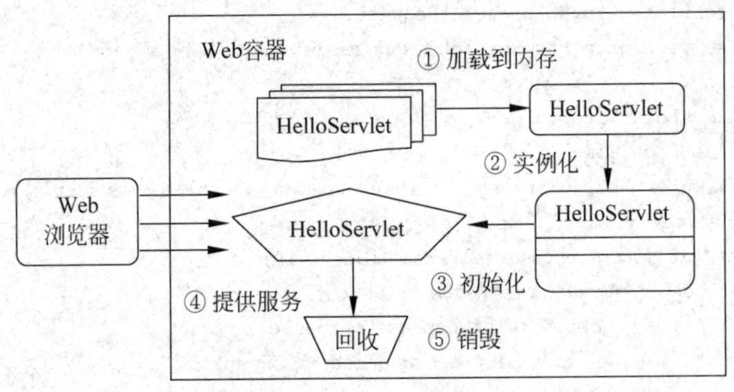

图 2.4　Servlet 生命周期阶段

2.2.1　加载和实例化 Servlet

对每个 Servlet,Web 容器使用 Class. forName()对其加载并实例化。因此,要求 Servlet 类有一个不带参数的构造方法。在 Servlet 类中若没有定义任何构造方法,则 Java 编译器将添加默认构造方法。

容器创建了 Servlet 实例后就进入生命周期阶段,Servlet 生命周期方法包括 init()、service()和 destroy()。

2.2.2　初始化 Servlet

容器创建 Servlet 实例后,将调用 init(ServletConfig)初始化 Servlet。该方法的参数 ServletConfig 对象包含了在 Web 应用程序中的初始化参数。调用 init(ServletConfig)后,容器将调用无参数的 init(),之后 Servlet 就完成初始化。在 Servlet 生命周期中 init()仅被调用一次。

一个 Servlet,可以在 Web 容器启动时或第一次被访问时加载到容器中并初始化,这称为预初始化。可以使用@WebServlet 注解的 loadOnStartup 属性或 web. xml 文件的 <load-on-startup>元素指定当容器启动时加载并初始化 Servlet。

有时,不在容器启动时对 Servlet 初始化,而是当容器接收到对该 Servlet 第一次请求时才对它初始化,这称为延迟加载(lazy loading)。这种初始化的优点是可以加快容器的启动速度。但缺点是,如果在 Servlet 初始化时要完成很多任务(如从数据库中读取数据),则发送第一个请求的客户等待时间会很长。

2.2.3　为客户提供服务

在 Servlet 实例正常初始化后,它就准备为客户提供服务。用户通过单击超链接或提交表单向容器请求访问 Servlet。

当容器接收到对 Servlet 的请求时,容器根据请求中的 URL 找到正确的 Servlet,首先创建两个对象，一个是 HttpServletRequest 请求对象，一个是 HttpServletResponse 响应对象。然后创建一个新的线程，在该线程中调用 service()，同时将请求对象和响应对象作为参数传递给该方法。显然，有多少个请求，容器将创建多少个线程。接下来 service()将检查 HTTP 请求的类型(GET，POST 等)来决定调用 Servlet 的 doGet()或 doPost()方法。

Servlet 使用响应对象(response)获得输出流对象，调用有关方法将响应发送给客户浏览器。之后，线程将被销毁或者返回到容器管理的线程池。请求和响应对象已经离开其作用域，也将被销毁。最后客户得到响应。

2.2.4 销毁和卸载 Servlet

当容器决定不再需要 Servlet 实例时，它将在 Servlet 实例上调用 destroy()方法，Servlet 在该方法中释放资源，如它在 init()中获得的数据库连接。一旦该方法被调用，Servlet 实例不能再提供服务。Servlet 实例从该状态仅能进入卸载状态。在调用 destroy()之前，容器会等待其他执行 Servlet 的 service()的线程结束。

一旦 Servlet 实例被销毁，它将作为垃圾被回收。如果 Web 容器关闭，Servlet 也将被销毁和卸载。

2.3 处理请求

HTTP 是基于请求和响应的协议。请求和响应是 HTTP 最重要的内容。本节讨论如何处理请求，2.4 节学习如何发送响应。

处理请求

HTTP 消息是客户向服务器的请求或者服务器向客户的响应。请求消息和响应消息的格式是类似的。

2.3.1 HTTP 请求结构

由客户向服务器发出的消息叫做 HTTP 请求(HTTP request)。图 2.5 是一个典型的 POST 请求。

1. 请求行

HTTP 的请求行由三部分组成：方法名、请求资源的 URI 和 HTTP 版本。这三部分由空格分隔。图 2.5 的请求行中，使用的方法为 POST，资源的 URI 为/helloweb/select－product，使用的协议与版本为 HTTP/1.1。

2. 请求头

请求行之后的内容称为请求头(request header)，它可以指定请求使用的浏览器信息、字符编码信息及客户能处理的页面类型等。接下来是一个空行。空行的后面是请求的数据。如果是 GET 请求，将不包含请求数据。

3. HTTP 请求方法

请求行中的方法名指定了客户请求服务器完成的动作。HTTP 1.1 版本共定义了 8 个方法，如表 2-1 所示。

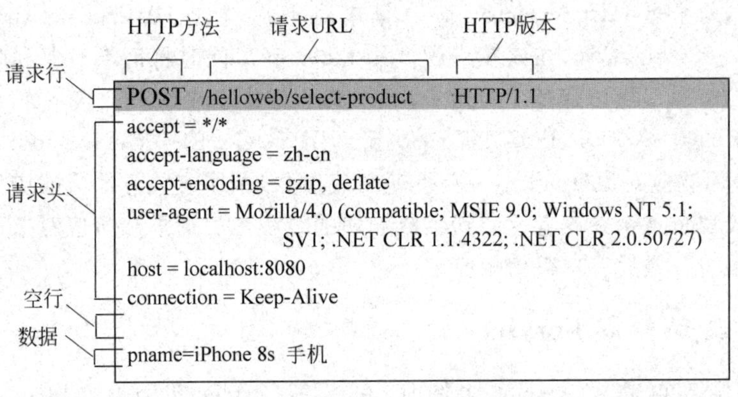

图 2.5 典型的 POST 请求消息

表 2-1 HTTP 的请求方法

方　法	说　明	方　法	说　明
GET	请求读取一个 Web 页面	DELETE	移除 Web 页面
POST	请求向服务器发送数据	TRACE	返回收到的请求
PUT	请求存储一个 Web 页面	OPTIONS	查询特定选项
HEAD	请求读取一个 Web 页面的头部	CONNECT	保留作将来使用

4. GET 方法和 POST 方法

在所有的 HTTP 请求方法中,GET 方法和 POST 方法是两种最常用的方法。我们应该清楚在什么情况下应该使用哪种请求方法。

GET 方法用来检索资源。它的含义是“获得(get)由该 URI 标识的资源”。GET 方法请求的资源通常是静态资源。使用 GET 也可以请求动态资源,但一般要提供少量的请求参数。

POST 方法用来向服务器发送需要处理的数据,它的含义是“将数据发送(post)到由该 URI 标识的动态资源”。

注意,在 POST 请求中,请求参数是在消息体中发送,而在 GET 请求中,请求参数是请求 URI 的一部分。表 2-2 比较了 GET 方法和 POST 方法的不同。

表 2-2 GET 和 POST 方法的比较

特　征	GET 方法	POST 方法
资源类型	静态的或动态的	动态的
数据类型	文本	文本或二进制数据
数据量	一般不超过 255 个字符	没有限制
可见性	数据是 URL 的一部分,在浏览器的地址栏中对用户可见	数据不是 URL 的一部分而是作为请求的消息体发送,在浏览器的地址栏中对用户不可见
数据缓存	数据可在浏览器的 URL 历史中缓存	数据不能在浏览器的 URL 历史中缓存

2.3.2 发送 HTTP 请求

在客户端如果发生下面的事件,浏览器就向 Web 服务器发送一个 HTTP 请求。

• 用户在浏览器的地址栏中输入 URL 并按 Enter 键。
• 用户单击了 HTML 页面中的超链接。
• 用户在 HTML 页面中填写一个表单并提交。

在上面的三种方法中，前两种方法向 Web 服务器发送的都是 GET 请求。如果使用 HTML 表单发送请求可以通过 method 属性指定使用 GET 请求或 POST 请求。

默认情况下使用表单发送的请求也是 GET 请求，如果发送 POST 请求，需要将 method 属性值指定为“post”。

```
<form action = "user - login" method = "post">
    用户名：<input type = "text" name = "username" />
    密码：<input type = "password" name = "password" />
    <input type = "submit" value = "登录">
</form>
```

也有其他的触发浏览器向 Web 服务器发送请求的事件，例如，可以使用 JavaScript 函数在当前文档上调用 reload()。然而，所有这些方法都可归为上述三种方法之一，因为这些方法只不过是通过编程的方式模拟用户的动作。

2.3.3 处理 HTTP 请求

在 HttpServlet 类中，除定义了 service()为客户提供服务外，还针对每个 HTTP 方法定义了相应的 doXxx()，一般格式如下：

```
protected void doXxx(HttpServletRequest request,
                     HttpServletResponse response)
                     throws ServletException, IOException;
```

所有的 doXxx()都有两个参数：HttpServletRequest 对象和 HttpServletResponse 对象。这里，doXxx()依赖于 HTTP 方法，它们的对应关系如表 2-3 所示。

表 2-3 HTTP 方法及相应的处理方法

HTTP 方法	HttpServlet 方法	HTTP 方法	HttpServlet 方法
GET	doGet()	DELETE	doDelete()
POST	doPost()	OPTIONS	doOptions()
HEAD	doHead()	TRACE	doTrace()
PUT	doPut()		

HttpServlet 类为每个 doXxx()提供的是空实现。为实现业务逻辑，应该覆盖这些 doXxx()。

提示：大多数 Servlet API 都是接口，例如 HttpServletRequest 是接口，容器提供了这些接口的实现类。因此，我们在谈到“一个 HttpServletRequest 对象”，其含义是“实现了 HttpServletRequest 接口的类的对象”。

2.3.4 检索请求参数

客户发送给服务器的请求信息被封装在 HttpServletRequest 对象中，其中包含了由浏览器发送给服务器的数据,这些数据包括请求参数、客户端有关信息等。

请求参数(request parameter)是随请求一起发送到服务器的数据,它以"名/值"对的形式发送。可以使用 ServletRequest 接口中定义的方法检索这些参数,下面是与检索请求参数有关的方法。

- public String getParameter(String name):返回由 name 指定的请求参数值,如果指定的参数不存在,则返回 null 值。若指定的参数存在,用户没有提供值,则返回空字符串。使用该方法必须保证指定的参数值只有一个。
- public String[] getParameterValues(String name):返回指定参数 name 所包含的所有值,返回值是一个 String 数组。如果指定的参数不存在,则返回 null 值。该方法适用于参数有多个值的情况。如果参数只有一个值,则返回的数组的长度为 1。
- public Enumeration getParameterNames():返回一个 Enumeration 对象,它包含请求中所有的请求参数名,元素是 String 类型的。如果没有请求参数,则返回一个空的 Enumeration 对象。可以在 Enumeration 对象上迭代得到每个请求参数名,然后再调用请求对象的 getParameter()或 getParameterValues()得到每个参数的值。
- public Map getParameterMap():返回一个包含所有请求参数的 Map 对象,该对象以参数名作为键、以参数值作为值。键的类型为 String,值的类型为 String 数组。

从客户端向服务器端传递参数一般有下面两种方法。

(1) 通过表单指定请求参数,每个表单域可以传递一个请求参数,这种方法适用于 GET 请求和 POST 请求。

(2) 通过 URL 中的查询串指定请求参数,将参数名和值附加在请求 URL 后面,这种方法只适用于 GET 请求。

下面是一个登录页面,通过表单提供请求参数,然后在 Servlet 中检索参数并验证,最后向用户发送验证消息。

程序 2.3　login.html

```
<!DOCTYPE html>
<html>
<head>
<meta charset = "UTF-8">
<title>登录页面</title></head>
<body>
<form action = "user-login" method = "post">
  <fieldset>
    <legend>用户登录</legend>
  <p>
  <label>用户名:<input type = "text" name = "username"/>
  </label>
  </p>
  <p>
  <label>密  码:<input type = "password" name = "password"/>
  </label>
  </p>
  <p>
    <label><input type = "submit" value = "登录"/>
```

```
        <input type = "reset" value = "取消"/>
        </label>
      </p>
    </fieldset>
  </form>
</body>
</html>
```

这里，将表单的 action 属性值设置为 user-login，它是一个要执行的动作的相对路径。如果该路径不以“/”开头，则是相对于当前 Web 应用程序的根目录，如果以“/”开头，则相对于 Web 服务器的根目录。method 属性值设置为“post”，因此向服务器发送的是 POST 请求。下面的 LoginServlet 检索表单提交的数据（请求参数），验证数据并向用户发回响应消息。

程序 2.4　LoginServlet.java

```
package com.demo;
import java.io.*;
import javax.servlet.*;
import javax.servlet.http.*;
import javax.servlet.annotation.WebServlet;
@WebServlet(name = "LoginServlet",urlPatterns = {"/user-login"})
public class LoginServlet extends HttpServlet {
    public void doPost(HttpServletRequest request,
                       HttpServletResponse response)
                       throws ServletException, IOException {
        String username = request.getParameter("username");
        String password = request.getParameter("password");
        response.setContentType("text/html;charset = UTF-8");
        PrintWriter out = response.getWriter();
        out.println("<!DOCTYPE html>");
        out.println("<html><body>");
        if("admin".equals(username)&& "admin".equals(password)){
            out.println("登录成功!欢迎您, " + username);
        }else{
            out.println("对不起!您的用户名或密码不正确.");
        }
        out.println("</body></html>");
    }
}
```

这里，为了方便假设用户输入的用户名和口令都为 admin 时认为验证成功，显示登录成功的消息。在实际应用中，用户名和口令信息可能需要从数据库中读取。

访问 login.html 页面，显示结果如图 2.6 所示。输入用户名和口令（均为 admin），提交表单，请求将由 LoginServlet 处理，它从请求对象（request）中读取两个参数值，并显示有关结果。

在 LoginServlet 类中仅覆盖了 doPost()，这样该 Servlet 只能处理 POST 请求，不能处理 GET 请求。如果将 login.html 中 form 元素的 method 属性修改为“get”，该程序不能正常运行。如果希望该 Servlet 既能处理 POST 请求，又能处理 GET 请求，可以添加下面的

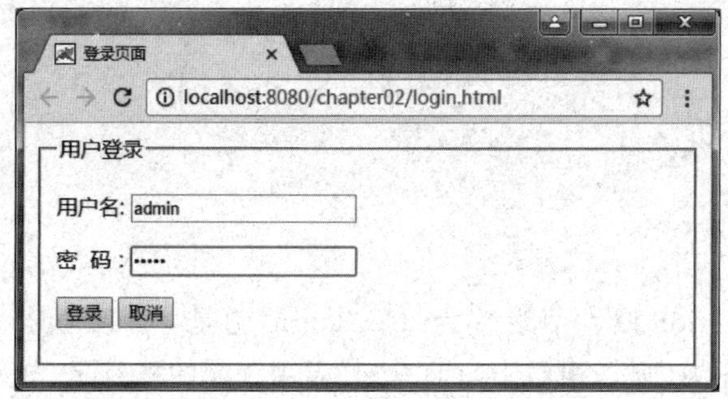

图 2.6 login. html 页面的运行结果

doGet(),并在其中调用 doPost()。

```
public void doGet(HttpServletRequest request,
                HttpServletResponse response)
                throws ServletException, IOException {
    doPost(request,response);
}
```

如果向服务器发送 GET 请求,还可以将请求参数附加在请求 URL 的后面。例如,可以直接使用下面的 URL 访问 LoginServet,而不需要通过表单提供参数。

```
http://localhost:8080/chapter02/user-login?username=admin&password=admin
```

这里,问号后面的内容为请求参数名和参数值对,若有多个参数,中间用"&"符号分隔,参数名和参数值之间用等号(=)分隔。问号后面内容称为查询串(query string),可以通过请求对象的 getQueryString()得到查询串的内容。

在超链接中也可以传递请求参数,例如:

```
<a href="/chapter02/user-login?username=admin&password=admin">登录</a>
```

注意:使用查询串提供请求参数的方法只能用在 GET 请求中,不能用在 POST 请求中,并且请求参数将显示在浏览器的地址栏中。

这里值得指出的是,所有以 jsp 为前缀的请求参数名都是保留的,不能作为用户定义的名称。下面的用法会产生意想不到的结果,因此不推荐使用。

```
http://localhost:8080/chapter02/user-login?jspTest=myTest
```

2.3.5 请求转发

在实际应用中可能需要将请求转发(forward)到其他资源。例如,对于一个登录系统,如果用户输入了正确的用户名和口令,LoginServlet 应该将请求转发到欢迎页面,否则应将请求转发到登录页面或错误页面。

为实现请求转发,需要通过请求对象的 getRequestDispatcher()得到 RequestDispatcher 对象,该对象称为请求转发器对象,该方法的格式如下:

```
RequestDispatcher getRequestDispatcher(String path)
```

参数 path 用来指定要转发到的资源路径。它可以是绝对路径，即以“/”开头，它被解释为相对于当前应用程序的文档根目录，也可以是相对路径，即不以“/”开头，它被解释为相对于当前资源所在的目录。

RequestDispatcher 接口定义了下面两个方法：

- public void forward(ServletRequest request, ServletResponse response)：将请求转发到服务器上的另一个动态或静态资源(如 Servlet、JSP 页面或 HTML 页面)。该方法只能在响应没有被提交情况下调用，否则将抛出 IllegalStateException 异常。
- public void include(ServletRequest request, ServletResponse response)：将控制转发到指定的资源，并将其包含到当前输出中。这种控制的转移是“暂时”的，目标资源执行完后，控制再转回当前资源接着处理请求完成服务。

2.3.6 使用请求对象存储数据

可以使用请求对象存储数据。请求对象是一个作用域(scope)对象，可以在其上存储属性实现数据共享。属性(attribute)包括属性名和属性值。属性名是一个字符串，属性值是一个对象。有关属性存储的方法有 4 个，它们定义在 ServletRequest 接口中。

- public void setAttribute(String name,Object obj)：将指定名称 name 的对象 obj 作为属性值存储到请求对象中。
- public Object getAttribute(String name)：返回请求对象中存储的指定名称的属性值，如果指定名称的属性不存在，返回 null。使用该方法在必要时需要作类型转换。
- public Enumeration getAttributeNames()：返回一个 Enumeration 对象，它是请求对象中包含的所有属性名的枚举。
- public void removeAttribute(String name)：从请求对象中删除指定名称的属性。

提示：属性名不能以 java.、javax.、sun. 和 com. sun. 开头，它们是系统保留的名称。建议属性名用域的反转名称标识，如 com. demo. mydata。

修改程序 2.4，实现当用户登录成功将请求转发到 welcome. jsp，当登录失败将请求转发到 login. html，该例还实现了使用请求对象存储数据。

程序 2.5　LoginServlet. java

```
package com.demo;
import java.io.*;
import javax.servlet.*;
import javax.servlet.http.*;
import javax.servlet.annotation.WebServlet;

@WebServlet(name = "LoginServlet",urlPatterns = {"/user-login"})
public class LoginServlet extends HttpServlet {
  public void doPost(HttpServletRequest request,
                     HttpServletResponse response)
                     throws ServletException, IOException {
      String username = request.getParameter("username");
      String password = request.getParameter("password");
      //用户名和口令均为 admin,认为登录成功
      if(username.equals("admin")&&password.equals("admin")){
```

```
            request.setAttribute("username", username);
            RequestDispatcher rd =
                    request.getRequestDispatcher("/welcome.jsp");
            rd.forward(request, response);
        }else{
            RequestDispatcher rd =
                    request.getRequestDispatcher("/login.html");
            rd.forward(request, response);
        }
    }
}
```

该程序仍然使用程序 2.3 的 login.html 页面输入用户名和口令,单击"登录"按钮,将请求发送到 LoginServlet,根据用户输入的用户名和口令是否正确决定将请求转发到 welcome.jsp 页面还是 login.html 页面。

下面是 welcome.jsp 页面的代码。

程序 2.6　welcome.jsp

```
<%@ page contentType="text/html;charset = UTF-8" pageEncoding="UTF-8"%>
<html><head><title>登录成功</title>
</head>
<body>
<h4>登录成功!欢迎您,${username}!</h4>
</body>
</html>
```

该页面使用了 JSP 表达式语言(${username})检索请求对象中关联的属性(username)。关于 JSP 表达式语言将在第 6 章讨论。

2.3.7　检索客户端有关信息

在 ServletRequest 接口和 HttpServletRequest 接口中还定义了下面常用的方法用来检索客户端有关信息:

- public String getMethod():返回请求使用的 HTTP 方法名,如 GET、POST 或 PUT 等。
- public String getRemoteHost():返回客户端的主机名。如果容器不能解析主机名,将返回点分十进制形式的 IP 地址。
- public String getRemoteAddr():返回客户端的 IP 地址。
- public int getRemotePort():返回客户端 IP 地址的端口号。
- public String getProtocol():返回客户使用的请求协议名和版本,如 HTTP/1.1。
- public String getRequestURI():返回请求行中 URL 的查询串前面的部分。
- public String getQueryString():返回请求行中 URL 的查询串的内容。
- public String getContentType():返回请求体的 MIME 类型。
- public String getCharacterEncoding():返回客户请求的编码方式。

下面的 Servlet 返回客户端有关信息。

程序 2.7 ClientInfoServlet.java

```
package com.demo;
import java.io.*;
import javax.servlet.*;
import javax.servlet.http.*;
import javax.servlet.annotation.WebServlet;

@WebServlet("/client-information")
public class ClientInfoServlet extends HttpServlet {
    public void doGet(HttpServletRequest request,
                      HttpServletResponse response)
                      throws ServletException, IOException {
        response.setContentType("text/html;charset=UTF-8");
        PrintWriter out = response.getWriter();
        out.println("<html><head>");
        out.println("<title>客户端信息</title></head>");
        out.println("<body>");
        out.println("<p>客户端信息:</p>");
        out.println(request.getMethod() + " "
            + request.getRequestURI() + " "
            + request.getProtocol() + "<br>");
        out.println("<p>客户主机名:" + request.getRemoteHost() + "</p>");
        out.println("<p>客户 IP 地址:" + request.getRemoteAddr() + "</p>");
        out.println("<p>端口号:" + request.getRemotePort() + "</p>");
        out.println("</body></html>");
    }
}
```

访问该 Servlet,输出结果如图 2.7 所示。

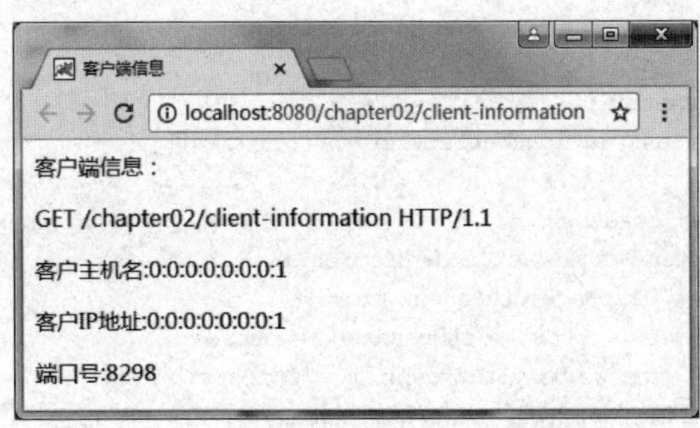

图 2.7 ClientInfoServlet 的运行结果

2.3.8 检索请求头信息

HTTP 请求头是随请求一起发送到服务器的信息,它是以"名/值"对的形式发送的。例如,关于浏览器的信息就是通过 User-Agent 请求头发送的。在服务器端可以调用请求对象的 getHeader("User-Agent")得到浏览器的信息。表 2-4 中列出了常用的请求头名。

表 2-4　HTTP 的常用请求头

请　求　头	内　　容
User-Agent	关于浏览器和它的平台的信息
Accept	客户能接受并处理的 MIME 类型
Accept-Charset	客户可以接受的字符集
Accept-Encoding	客户能处理的页面编码的方法
Accept-Language	客户能处理的语言
Host	服务器的 DNS 名字
Authorization	访问密码保护的 Web 页面时,客户用这个请求头来标识自己的身份
Cookie	将一个以前设置的 Cookie 送回服务器
Date	消息被发送的日期和时间
Connection	指示连接是否支持持续连接,值 Keep-Alive 表示支持持续连接

请求头是针对 HTTP 协议的,因此处理请求头的方法属于 HttpServletRequest 接口。下面是该接口中用于处理请求头的方法:

- public String getHeader(String name):返回指定名称的请求头的值。
- public Enumeration getHeaders(String name):返回指定名称的请求头的 Enumeration 对象。
- public Enumeration getHeaderNames():返回一个 Enumeration 对象,它包含所有请求头名。
- public int getIntHeader(String name):返回指定名称的请求头的整数值。
- public long getDateHeader(String name):返回指定名称的请求头的日期值。

下面程序给出的 ShowHeadersServlet 将检索出所有的请求头信息。

程序 2.8　ShowHeadersServlet.java

```
package com.demo;
import java.io.*;
import javax.servlet.*;
import javax.servlet.http.*;
import java.util.Enumeration;
import javax.servlet.annotation.WebServlet;

@WebServlet("/show-headers")
public class ShowHeadersServlet extends HttpServlet{
    public void doGet(HttpServletRequest request,
                      HttpServletResponse response)
                  throws ServletException, IOException{
        response.setContentType("text/html;charset=UTF-8");
        PrintWriter out = response.getWriter();
        out.println("<html><body>");
        out.println("<head><title>请求头信息</title></head>");
        out.println("服务器收到的请求头信息<p>");

        Enumeration<String> headers = request.getHeaderNames();
        while(headers.hasMoreElements()){
            String header = (String) headers.nextElement();
            String value = request.getHeader(header);
```

```
            out.println(header + " = " + value + "< br >");
        }
        out.println("</body></html >");
    }
}
```

程序中调用请求对象的 getHeaderNames()返回一个 Enumeration 对象，它包含所有的请求头名，然后在 Enumeration 对象上迭代，得到每个请求头名，最后调用 getHeader()就得到了每个请求头的值，访问该 Servlet 的结果如图 2.8 所示。

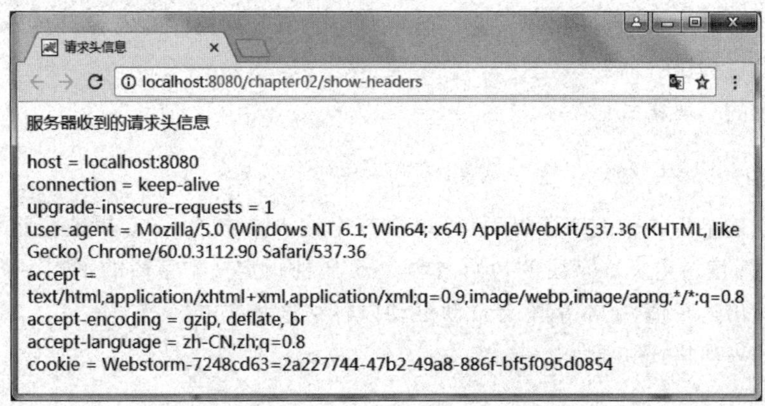

图 2.8　ShowHeadersServlet 的运行结果

2.4　表单数据处理

HTML 表单允许我们在 Web 页面内创建各种用户界面控件，收集用户的输入。每个控件一般都有名称和值，名称在 HTML 中指定，值来自用户的输入或来自 Web 页面指定的默认值。整个表单与某个程序的 URL 相关联，这个程序将会处理表单提交的数据，当用户提交表单时（一般通过单击提交按钮），控件的名称和值就以下面形式的字符串发送到指定的 URL。

表单数据处理

```
name1 = value1&name2 = value2&...&nameN = valueN
```

这个字符串可以通过下面的两种方式发送到指定的程序：GET 或 POST。GET 请求是将表单数据附加在指定的 URL 末尾，中间以问号分隔。POST 请求是在请求头和空行之后发送这些数据。在使用表单向服务器发送数据时，通常使用 POST 请求，即在< form >元素中将 method 属性指定为“post”。

下面首先介绍 HTML 的< form >元素和主要控件元素，然后通过实例演示如何使用这些控件。

2.4.1　常用表单控件元素

1. form 元素

表单使用< form >元素创建，一般格式如下：

```
<form action = "…" method = "…">…</form>
```

action 属性指定处理表单数据的服务器端程序。如果 Servlet 或 JSP 页面和 HTML 表单位于同一服务器上,那么在 action 属性中应使用相对 URL。

method 属性指定数据如何传输到服务器,它的取值可为"post"或"get"。在使用"get"时发送 GET 请求,使用"post"发送 POST 请求。

2. 文本控件

HTML 支持多种类型的文本输入元素:文本字段、密码域、隐含字段和文本区域。每种类型的控件都有一个给定的名字,这个名字对应的值取自控件的内容。在表单提交时,名字和值一同发送到服务器。

文本字段的一般格式如下:

```
<input type = "text" name = "…" value =  "…" size = "…" >
```

该元素创建单行的输入字段,用户可以在其中输入文本。name 属性指定该控件名称,可选的 value 属性指定文本字段的初始内容,size 属性指定文本字段的平均字符宽度。如果输入的文本超出这个值,文本字段会自动滚动以容纳这些文本。

密码域的一般格式如下:

```
<input type = "password" name = "…" value =  "…" size = "…" >
```

密码域的创建和使用与文本字段相同,只不过用户输入文本时,输入并不回显,而是显示掩码字符,一般为黑点号。掩码输入对于收集信用卡号码或密码等数据比较有用。为了保护用户的隐私,在创建含有密码域的表单时,一定要使用 POST 请求。

隐含字段的一般格式如下:

```
<input type = "hidden" name = "…" value =  "…" >
```

隐含字段也用于向服务器传输数据,隐含字段不在浏览器中显示,它通常用于传输动态产生的数据。

文本区域的一般格式如下:

```
<textarea name = "…" rows = "…" cols = "…" >…</textarea>
```

该元素创建多行文本区域。rows 属性指定文本区域的行数,如果输入文本内容超过这里指定的行数,浏览器会为文本区添加垂直滚动条,cols 属性指定文本区域的平均字符宽度,如果输入文本超出指定的宽度,文本自动换到下一行显示。

上述几种文本控件的输入值在服务器端的 Servlet 中使用 request. getParameter(name)方法取得,如果值为空将返回空字符串。

3. 按钮控件

HTML 的按钮控件包括提交和重置按钮以及普通的按钮控件。

提交和重置按钮控件的一般格式为:

```
<input type = "submit" name = "…" value = "…">
<input type = "reset" name = "…" value = "…">
```

单击提交按钮后，将表单数据发送到服务器程序，即由 form 元素的 action 属性指定的程序。重置按钮的作用是清除表单域中已输入的数据。

这两个控件都由 value 属性指定在浏览器中显示的按钮上的文本内容，省略该属性将显示默认值。

提示： 在 HTML 中还可以创建普通按钮控件，如<input type＝"button" name＝"…" value＝"…">，这种类型的按钮通常使用 JavaScript 脚本触发按钮提交动作。

4. 单选按钮和复选框

单选按钮在给定的一组值中只能选择一个，它的一般格式如下：

```
<input type = "radio" name = " … " value = " … " checked > text
```

对单选按钮只有当 name 属性值相同的情况下，它们才属于一个组，在一组中只能有一个按钮被选中。在表单提交时，只有被选中按钮的 value 属性值被发送到服务器。value 属性值不显示在浏览器中，该标签后面的文本显示在浏览器中。如果提供了 checked 属性，那么在相关的 Web 页面载入时，单选按钮的初始状态为选定，否则初始状态为未选定。

复选框通常用于多选的情况，它的一般格式如下：

```
<input type = "checkbox" name = " … " value = " … " checked > text
```

如果是多个复选框组成一组，也需要 name 属性值相同。复选框组中可以选中 0 个或多个选项。

在服务器端，获取单选按钮被选中的值使用 request. getParameter(name)方法，要获取复选框被选中的值通常使用 request. getParameterValues(name)，它返回一个字符串数组，通过对数组的迭代可知用户选中了哪些选项。

5. 组合框和列表框

组合框和列表框可为用户提供一系列选项，它通过下拉列表框为用户列出各个选项供用户选择。它的一般格式如下：

```
<select name = " … " [multiple]>
    <option value = "value1">值 1 文本
    <option value = "value2">值 2 文本
    …
    <option value = "valueN">值 N 文本
</select>
```

如果省略可选属性 multiple，则控件为组合框且只允许选择一项，在 Servlet 中使用 request. getParameter(name)返回选中值。若指定 multiple 属性，则控件为列表框且允许选择多项，在 Servlet 中用 request. getParameterValues(name)返回选中值的数组。

提示： 对多选的列表框，request. getParameterValues(name)返回选中值的数组中值的次序可能与列表中值的显示次序不对应。

6. 文件上传控件

文件上传控件用于向服务器上传文件，一般格式为：

```
<input type = "file" name = " … "size = " … ">
```

该控件生成一个文本框和一个“浏览”按钮。用户可以直接在文本框中输入带路径的文件名,或单击“浏览”按钮打开“文件”对话框选择文件。使用该控件要求其所在表单<form>元素必须将 enctype 属性值指定为 multipart/form-data,并且 method 属性值必须指定为“post”。

当表单提交时,文件内容和其他控件值被一同传送到服务器端,在服务器端的 Servlet 中使用 Part 对象存储上传来的文件内容,解析 Part 对象可以得到文件内容。读者可参阅 4.5.1 节了解 Part 对象的使用。

2.4.2 表单页面的创建

本节创建一个名为 register.html 的页面,其中包含多种表单控件,访问该页面,运行结果如图 2.9 所示。

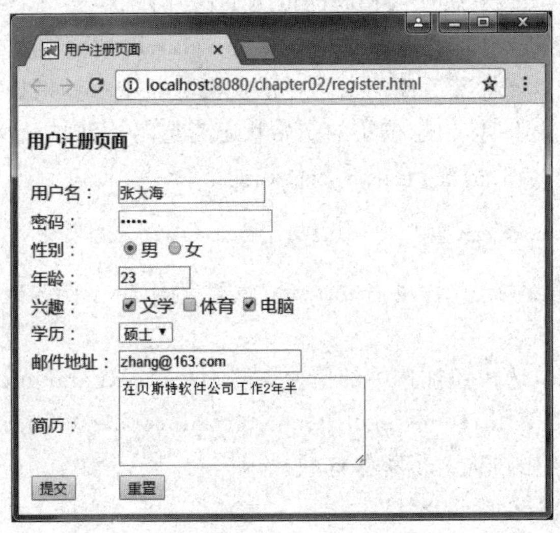

图 2.9 register.html 页面的运行结果

程序 2.9 register.html

```
<!DOCTYPE html>
<html>
<head>
    <meta charset="UTF-8">
    <title>用户注册页面</title>
</head>
<body>
<h4>用户注册页面</h4>
<form action="register.action" method="post">
  <table>
    <tr><td>用户名:</td>
    <td><input type="text" name="username" size="15"></td></tr>
    <tr><td>密码:</td>
    <td><input type="password" name="password" size="16"></td></tr>
    <tr><td>性别:</td>
    <td><input type="radio" name ="sex" value="male">男
      <input type="radio" name ="sex" value="female">女</td></tr>
```

```
<tr><td>年龄：</td><td><input type="text" name="age" size="5"></td></tr>
<tr><td>兴趣：</td>
<td><input type="checkbox" name="hobby" value="read">文学
  <input type="checkbox" name="hobby" value="sport">体育
  <input type="checkbox" name="hobby" value="computer">电脑</td></tr>
<tr><td>学历：</td>
<td><select name="education">
  <option value="bachelor">学士</option>
  <option value="master">硕士</option>
  <option value="doctor">博士</option>
  </select>
</td></tr>
<tr><td>邮件地址：</td><td><input type="text" name="email"
                         size="20"></td></tr>
<tr><td>简历：</td><td><textarea name="resume"rows="5"
                 cols="30"></textarea></td></tr>
<tr><td><input type="submit" name="submit" value="提交"></td>
<td><input type="reset" name="reset" value="重置"></td></tr>
<table>
</form>
</body>
</html>
```

2.4.3 表单数据处理

表单数据作为请求参数传递到服务器端，在服务器端的 Servlet 中通常使用请求对象的 getParameter()方法和 getParameterValues()方法获取表单数据。当控件只有一个值时，使用 getParameter()方法，当控件有多个值时使用 getParameterValues()方法。下面的 FormServlet 读取 register.html 页面传递来的请求参数并显示用户输入信息。

程序 2.10　FormServlet.java

```
package com.demo;
import java.io.IOException;
import java.io.PrintWriter;
import javax.servlet.ServletException;
import javax.servlet.annotation.WebServlet;
import javax.servlet.http.HttpServlet;
import javax.servlet.http.HttpServletRequest;
import javax.servlet.http.HttpServletResponse;

@WebServlet(name = "FormServlet", urlPatterns = { "/register.action" })
public class FormServlet extends HttpServlet {
    private static final long serialVersionUID = 54L;
    private static final String TITLE = "用户信息";
    @Override
    public void doPost(HttpServletRequest request,
                  HttpServletResponse response)
               throws ServletException, IOException {
       response.setContentType("text/html;charset=UTF-8");
       PrintWriter out = response.getWriter();
```

```
        out.println("<!DOCTYPE html>");
        out.println("<html><head>");
        out.println("<meta charset=\"UTF-8\">");
        out.println("<title>" + TITLE + "</title></head>");
        out.println("</head>");
        out.println("<body><h4>" + TITLE + "</h4>");
        out.println("<table>");
        out.println("<tr><td>用户名</td>");
        String username = request.getParameter("username");
        out.println("<td>" + username + "</td></tr>");
        out.println("<tr><td>密码:</td>");
        out.println("<td>" + request.getParameter("password")
                  + "</td></tr>");
        out.println("<tr><td>性别:</td>");
        out.println("<td>" + request.getParameter("sex") + "</td></tr>");
        out.println("<tr><td>年龄:</td>");
        out.println("<td>" + request.getParameter("age") + "</td></tr>");
        out.println("<tr><td>爱好:</td>");
        out.println("<td>");
        String[] hobbys = request.getParameterValues("hobby");
        if(hobbys!= null){
            for(String hobby:hobbys){
                out.println(hobby + "<br/>");
            }
        }
        out.println("</td></tr>");
        out.println("<tr><td>学历:</td>");
        out.println("<td>" + request.getParameter("education")
                  + "</td></tr>");
        out.println("<tr><td>邮件地址:</td>");
        out.println("<td>" + request.getParameter("email") + "</td></tr>");
        out.println("<tr><td>简历:</td>");
        out.println("<td>" + request.getParameter("resume") + "</td></tr>");
        out.println("</table>");
        out.println("</body>");
        out.println("</html>");
    }
}
```

运行结果如图 2.10 所示。

注意,图 2.10 中“用户名”和“简历”的值为乱码,这是因为表单数据传输默认使用 ISO-8859-1 编码,这种编码不能正确解析中文。一种解决办法是将请求对象的字符编码和响应的内容类型都设置为 UTF-8,如下所示:

```
request.setCharacterEncoding("UTF-8");
response.setContentType("text/html;charset=UTF-8");
```

第二种解决办法是将从客户端读取的中文使用 String 类的 getBytes()方法转换成字节数组,然后将其作为 String 类的第一个参数,UTF-8 作为第二个参数重新创建字符串,之后显示中文正常。

```
String username = request.getParameter("username");
```

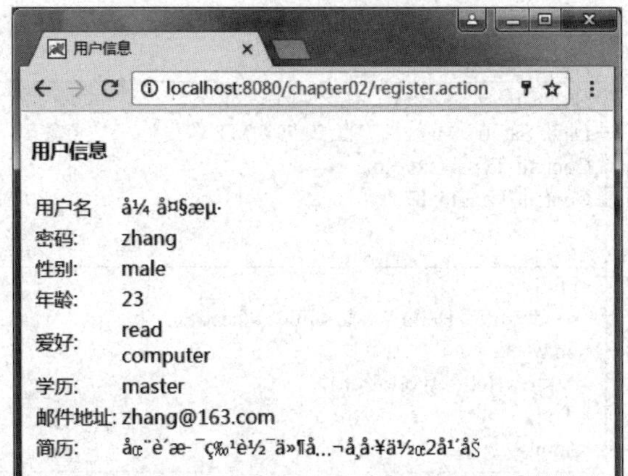

图 2.10　FormServlet 的运行结果

```
username = new String(username.getBytes("ISO-8859-1"),"UTF-8");
```

提示：*在 Servlet 中仅使用 response.setContentType("text/html;charset=UTF-8");语句将响应的内容类型设置为 UTF-8，输出中文时也可能产生乱码。*

使用请求对象的 getParameterNames()方法可以得到提交表单中所有参数名，在这些参数上调用 getParameter()方法可以得到所有参数值。

```
Enumeration<String> parameterNames = request.getParameterNames();
while (parameterNames.hasMoreElements()) {
    String paramName = parameterNames.nextElement();
    out.println(paramName + ": ");
    String[] paramValues = request.getParameterValues(paramName);
    for (String paramValue : paramValues) {
        out.println(paramValue + "<br/>");
    }
}
```

2.5　发送响应

在服务器端，Servlet 对请求处理完后，通常需要向客户发回响应。如果需要直接向客户发送响应，需要使用输出流对象。也可以将响应重定向到其他资源。

发送响应

2.5.1　HTTP 响应结构

由服务器向客户发送的 HTTP 消息称为 HTTP 响应（HTTP response），图 2.11 所示为一个典型的 HTTP 响应消息。从图中可以看到，HTTP 响应也由三部分组成：状态行、响应头和响应的数据。

1. 状态行与状态码

HTTP 响应的状态行由三部分组成，各部分由空格分隔：HTTP 版本、说明请求结果

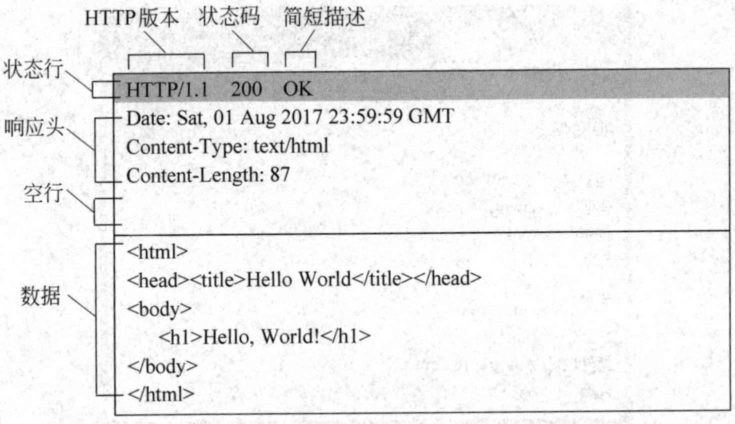

图 2.11 典型的 HTTP 响应消息

的响应状态码以及描述状态码的短语。HTTP 定义了许多状态码,常见的状态码是 200,它表示请求被正常处理。下面是两个可能的状态行。

```
HTTP/1.1 404 Not Found                //表示没有找到与给定的 URI 匹配的资源
HTTP/1.1 500 Internal Error           //表示服务器检测到一个内部错误
```

2. 响应头

状态行之后的头行称为响应头(response header)。响应头是服务器向客户端发送的消息。在图 2.11 的响应消息中包含了三个响应头。Date 响应头表示消息发送的日期,Content-Type 响应头指定响应的内容类型,Content-Length 指示响应内容的长度(单位:字节)。

3. 响应数据

空行的后面是响应的数据。图 2.11 的响应数据为:

```
<html>
<head><title>Hello World</title></head>
<body>
    <h1>Hello, World!</h1>
</body>
</html>
```

2.5.2 输出流与内容类型

Servlet 使用输出流向客户发送响应。调用响应对象的 getWriter()可以得到 PrintWriter 对象,使用它可向客户发送文本数据。要向客户发送二进制数据,需要调用响应对象的 getOutputStream()可以得到 ServletOutputStream 对象。通常,在发送响应数据之前还需通过响应对象的 setContentType()设置响应的内容类型。

- public PrintWriter getWriter():返回一个 PrintWriter 对象用于向客户发送文本数据。
- public ServletOutputStream getOutputStream() throws IOException:返回一个输出流对象,它用来向客户发送二进制数据。
- public void setContentType(String type):设置发送到客户端响应的 MIME 内容类型。

1. 使用 PrintWriter

PrintWriter 对象被 Servlet 用来动态产生页面。调用响应对象的 getWriter()返回 PrintWriter 类的对象，它可以向客户发送文本数据。

```
PrintWriter out = response.getWriter();
```

2. 使用 ServletOutputStream

如果要向客户发送二进制数据(如 JAR 文件)，应该使用 OutputStream 对象。调用响应对象的 getOutputStream()，返回一个 javax. servlet. ServletOutputStream 类对象，该类是 OutputStream 类的子类。

```
ServletOutputStream sos = response.getOutputStream();
```

3. 设置内容类型

在向客户发送数据之前，一般应该设置发送数据的 MIME(Multipurpose Internet Mail Extensions)内容类型。MIME 是描述消息内容类型的因特网标准。MIME 消息包含文本、图像、音频、视频以及其他应用程序专用的数据。在客户端，浏览器根据响应消息的 MIME 类型决定如何处理数据。默认的响应类型是 text/html，对这种类型的数据，浏览器解释执行其中的标签，然后在浏览器中显示结果。如果指定了其他 MIME 类型，浏览器可能打开文件下载对话框或选择应用程序打开文件。

设置响应数据内容类型应该使用响应对象的 setContentType()，如果没有调用该方法，内容类型将使用默认值 text/html，即 HTML 文档。给定的内容类型可能包括所使用的字符集，例如：

```
response.setContentType("text/html;charset = UTF - 8");
```

可以调用响应对象 response 的 setCharacterEncoding()设置响应的字符编码(如 UTF-8)。如果没有指定响应的字符编码，PrintWriter 将使用 ISO-8859-1 编码。

如果不使用默认的响应的内容类型和字符编码，应该先调用响应的 setContentType()，然后再调用 getWriter()或 getOutputStream()获得输出流对象。

表 2-5 给出了常用的 MIME 内容类型的值和含义。

表 2-5 常见的 MIME 内容类型

类 型 名	含 义
application/msword	Microsoft Word 文档
application/pdf	Acrobat 的 PDF 文件
application/vnd. ms-excel	Excel 电子表格
application/vnd. ms-powerpoint	PowerPoint 演示文稿
application/jar	JAR 文件
application/zip	ZIP 压缩文件
audio/midi	MIDI 音频文件
image/gif	GIF 图像
image/jpeg	JPEG 图像
text/html	HTML 文档
text/plain	纯文本
video/mpeg	MPEG 视频片段

通过将响应内容类型设置为“application/vnd. ms-excel”可将输出以 Excel 电子表格的形式发送给客户浏览器,这样客户可将结果保存到电子表格中。输出内容可以是用制表符分隔的数据或 HTML 表格数据等,并且还可以使用 Excel 内建的公式。下面的 Servlet 使用制表符分隔数据生成 Excel 电子表格。

程序 2.11　ExcelServlet. java

```
package com.demo;
import java.io.*;
import javax.servlet.*;
import javax.servlet.http.*;
import javax.servlet.annotation.WebServlet;

@WebServlet(name = "ExcelServlet",urlPatterns = {"/excel.do"})
public class ExcelServlet extends HttpServlet{
    public void doGet(HttpServletRequest request,
                    HttpServletResponse response)
                throws ServletException, IOException{
    //设置响应的内容类型
    response.setContentType("application/vnd.ms-excel;charset = gb2312");
    PrintWriter out = response.getWriter();

    out.println("学号\t 姓名\t 性别\t 年龄\t 所在系");
    out.println("95001\t 李勇\t 男\t20\t 信息");
    out.println("95002\t 刘晨\t 女\t19\t 数学");
  }
}
```

请求该 Servlet,在安装有 Microsoft Office 的客户机的浏览器中首先打开文件下载对话框,单击“保存”按钮可将输出内容保存到文件中,单击“打开”按钮将在新窗口中打开 Excel 显示输出内容,如图 2.12 所示。

图 2.12　用 Excel 输出电子表格数据

说明:如果将响应的内容类型设置为“application/msword;charset＝UTF-8”,在客户端将打开 Word 显示输出内容。

2.5.3 响应重定向

Servlet 在对请求进行分析后，可以不直接向浏览器发送响应，而是向浏览器发送一个 Location 响应头，告诉浏览器访问其他资源，这称为响应重定向。响应重定向是通过响应对象的 sendRedirect()实现的，格式如下：

```
public void sendRedirect(String location)
```

向客户发送一个重定向的响应，location 为指定的新的资源的 URL，该 URL 可以是绝对 URL(如 http://www.microsoft.com)，也可以是相对 URL。若路径以"/"开头，则相对于服务器根目录(如/helloweb/login.html)，若不以"/"开头，则相对于 Web 应用程序的文档根目录(如 login.jsp)。

下面程序是一个使用 sendRedirect()重定向请求的例子。

程序 2.12 RedirectServlet.java

```
package com.demo;
import java.io.*;
import javax.servlet.*;
import javax.servlet.http.*;
import javax.servlet.annotation.*;

@WebServlet(name = "SendRedirect",urlPatterns = {"/redirect.do"})
public class RedirectServlet extends HttpServlet{
    public void doGet(HttpServletRequest request,
                      HttpServletResponse response)
                      throws IOException,ServletException{
        String userAgent = request.getHeader("User-Agent");
        //在请求对象上存储一个属性
        request.setAttribute("param1", "请求作用域属性");
        //在会话对象上存储一个属性
        request.getSession().setAttribute("param2", "会话作用域属性");
        if((userAgent!= null)&&(userAgent.indexOf("MSIE")!= -1)){
            response.sendRedirect("welcome.jsp");
      }else{
            response.sendRedirect("http://localhost:8080/");
      }
    }
}
```

在该 Servlet 中，首先获得 User-Agent 请求头的值，然后根据请求头的值将浏览器重定向到不同的 URL。如果 User-Agent 请求头的值包含 MSIE 字符串，说明是 IE 浏览器，此时将响应重定向到 welcome.jsp 页面，否则将响应重定向到 http://localhost:8080/地址。

关于 sendRedirect()，应该注意如果响应被提交，即响应头已经发送到浏览器，就不能调用该方法，否则将抛出 java.lang.IllegalStateException 异常。例如：

```
PrintWriter out = response.getWriter();
out.println("<html><body>Hello World!</body></html>");
out.flush();                              //响应在这一点被提交了
```

```
response.sendRedirect("http://www.cnn.com");
```


在这段代码中,调用 out.flush()要求容器立即向浏览器发送头信息和产生的文本,该响应在这一点就被提交。响应被提交后再调用 sendRedirect()就会导致容器抛出一个 IllegalStateException 异常。

前面讨论了使用 RequestDispatcher 的 forward()方法转发请求,响应重定向与请求转发不同,区别如下。

(1) 请求转发的过程如图 2.13 所示。①浏览器向服务器请求某资源,服务器做部分处理后不直接向浏览器发回响应。②服务器把请求转发到目标资源,这时它要创建转发器对象 RequestDispatcher,指定目标资源,目标资源可以是 JSP 页面,也可以是 Servlet。③最后由目标资源向浏览器发回响应。可见请求转发是服务器端控制权的转移,客户端发来的请求将交给新的资源处理。使用请求转发,在客户浏览器的地址栏中不会显示转发后的资源地址。

(2) 响应重定向的过程如图 2.14 所示。①浏览器向服务器请求某资源,服务器不能处理。②服务器可以告诉浏览器目标资源的地址,它向浏览器发送一个 Location 响应头(状态码是 302,包含目标资源的地址)。③浏览器收到 Location 响应后连接到目标资源。④最后由目标资源向浏览器发回响应。可见,重定向是浏览器向新资源发送的一个请求,因此所有请求作用域的参数在重定向到下一个页面时都会失效。使用响应重定向新资源的 URL 在浏览器的地址栏中可见。注意,使用 sendRedirect()方法不能请求位于 WEB-INF 目录中的资源,因为该目录中的资源仅供服务器访问。

图 2.13 请求转发示意图　　图 2.14 响应重定向示意图

(3) 使用请求转发,可以将前一个页面的数据、状态等信息传递到转发的页面。即请求转发可以共享请求作用域中的数据。在服务器中使用 request.setAttribute()方法存储在请求作用域中的数据可在目标资源中使用。而使用响应重定向不能共享请求中的数据,即在目标资源中不能使用存储在请求作用域中的数据。但是使用响应重定向可以共享会话作用域中的数据,即使用 session.setAttribute()方法存储在会话作用域中的数据可在目标资源中使用。关于会话的概念将在第 4 章讨论。

2.5.4 设置响应头

响应头是随响应数据一起发送到浏览器的附加信息。每个响应头通过“名/值”对的形式发送到客户端。例如,可以使用一个响应头告诉浏览器每隔一定时间重新装载一次页面,或者指定浏览器对页面缓存多长时间。在 HttpServletResponse 接口中定义了如下有关响应头管理的方法。

- public void setHeader(String name, String value):将指定名称的响应头设置为指

定的值。

- public void setIntHeader(String name, int value)：用给定的名称和整数值设置响应头。
- public void setDateHeader(String name, long date)：用给定的名称和日期值设置响应头。
- public void addHeader(String name, String value)：用给定的名称和值添加响应头。
- public void addIntHeader(String name, int value)：用给定的名称和整数值添加响应头。
- public void addDateHeader(String name, long date)：用给定的名称和日期值添加响应头。
- public boolean containsHeader(String name)：返回是否已经设置指定的响应头。

从上述方法可以看到，HttpServletResponse 接口除提供通用的 setHeader()外，还提供了 setIntHeader()和 setDateHeader()，它们用来设置值为整数和日期值的响应头。另外，HTTP 还允许同名的响应头多次出现，这时可以使用 addHeader()或 addIntHeader()添加一个响应头。

表 2-6 给出了几个重要的响应头名称，关于响应头名称的详细信息可参阅 HTTP 规范。

表 2-6 典型的响应头名称及其用途

响应头名称	说　明
Date	指定服务器的当前时间
Expires	指定内容被认为过时的时间
Last-Modified	指定文档被最后修改的时间
Refresh	告诉浏览器重新装载页面
Content-Type	指定响应的内容类型
Content-Length	指定响应的内容的长度
Content-Disposition	为客户指定将响应的内容保存到磁盘上的名称
Content-Encoding	指定页面在传输过程中使用的编码方式

下面的 ShowTimeServlet 通过设置 Refresh 响应头实现每 5 秒钟刷新一次页面。

程序 2.13 ShowTimeServlet.java

```
package com.demo;
import java.io.*;
import java.time.LocalTime;
import java.time.format.DateTimeFormatter;
import javax.servlet.*;
import javax.servlet.http.*;
import javax.servlet.annotation.WebServlet;

@WebServlet(name = "showTimeServlet",urlPatterns = {"/show-time"})
public class ShowTimeServlet extends HttpServlet{
    public void doGet(HttpServletRequest request,
                      HttpServletResponse response)
```

```
                    throws ServletException, IOException{
        response.setContentType("text/html;charset=UTF-8");
        response.setHeader("Refresh","5");
        PrintWriter out = response.getWriter();
        LocalTime now = LocalTime.now();
        //将本地时间格式化成字符串
        DateTimeFormatter format = DateTimeFormatter.ofPattern("hh:mm:ss");
        String t = now.format(format);

        out.println("<!DOCTYPE html><html>");
        out.println("<head><title>当前时间</title></head>");
        out.println("<body>");
        out.println("<p>每 5 秒钟刷新一次页面<p>");
        out.println("<p>现在的时间是: " + t + "<p>");
        out.println("</body>");
        out.println("</html>");
    }
}
```

访问该 Servlet,运行结果如图 2.15 所示。

图 2.15　ShowTImeServlet 的运行结果

除了让浏览器重新载入当前页面外,使用该方法还可以载入指定的页面。通过在刷新时间之后添加一个分号和一个 URL 就可以实现这个功能。例如,要告诉浏览器在 5 秒钟后跳转到 http://host/path 页面,可以使用下面的语句:

```
response.setHeader("Refresh","5;URL=http://host/path/");
```

实际上,在 HTML 页面中通过在<head>标签内添加下面代码也可以实现这个功能。

```
<meta http-equiv="Refresh" content="5;URL= http://host/path/">
```

2.5.5 发送状态码

服务器向客户发送的响应的第一行是状态行,它由三部分组成: HTTP 版本、状态码和状态码的描述信息,如下是一个典型的状态行:

```
HTTP/1.1 200 OK
```

由于 HTTP 的版本是由服务器决定的,而状态的消息与状态码有关,因此,在 Servlet 中一般只需要设置状态码。状态码 200 是系统自动设置的,Servlet 一般不需要指定该状态码。对于其他状态码,可以由系统自动设置,也可以使用响应对象的 setStatus()设置,该方法的格式为:

```
public void setStaus (int sc)
```

该方法可以设置任意的状态码。参数 sc 表示要设置的状态码,它可以用整数表示,但为了避免输入错误和增强代码可读性,在 HttpServletResponse 接口中定义近 40 个表示状态码的常量,推荐使用这些常量指定状态码。

这些常量名与状态码对应的消息名有关。例如,对于 404 状态码,其消息为 Not Found,所以 HttpServletResponse 接口中为该状态码定义的常量名为 SC_NOT_FOUND。

在 HTTP 协议 1.1 版中定义了若干状态码,这些状态码由 3 位整数表示,一般分为 5 类,如表 2-7 所示。

表 2-7　状态码的分类

状态码范围	含　义	示　例
100～199	表示信息	100 表示服务器同意处理客户的请求
200～299	表示请求成功	200 表示请求成功,204 表示内容不存在
300～399	表示重定向	301 表示页面移走了,304 表示缓存的页面仍然有效
400～499	表示客户的错误	403 表示禁止的页面,404 表示页面没有找到
500～599	表示服务器的错误	500 表示服务器内部错误,503 表示以后再试

关于其他状态码的含义可以参阅有关文献或直接到 http://www.w3.org/Protocols 上查阅相关文档。

HTTP 为常见的错误状态定义了状态码,这些错误状态包括:资源没有找到、资源被永久移动以及非授权访问等。所有这些代码都在接口 HttpServletResponse 中作为常量定义。

例如,如果 Servlet 发现客户不应访问其结果,它将调用 sendError(HttpServletResponse.SC_UNAUTHORIZED)。

程序 2.14　StatusServlet.java

```
package com.demo;
import java.io.IOException;
import javax.servlet.ServletException;
import javax.servlet.annotation.WebServlet;
import javax.servlet.http.*;
import java.io.PrintWriter;

@WebServlet("/StatusServlet")
public class StatusServlet extends HttpServlet {
    protected void doGet(HttpServletRequest request,
                     HttpServletResponse response)
                throws ServletException, IOException {
        response.setContentType("text/html;charset=UTF-8");
        PrintWriter out = response.getWriter();
        String qq = request.getParameter("q");
        if(qq == null){
            out.println("没有提供请求参数.");
        }else if(qq.equals("0")){
            out.println(response.getStatus() + "<br>");
```

```
                out.println("Hello,Guys!");
            }else if(qq.equals("1")){
                response.setStatus(HttpServletResponse.SC_FORBIDDEN);
            }else if(qq.equals("2")){
                response.setStatus(HttpServletResponse.SC_UNAUTHORIZED);
            }else{
                response.sendError(404,"resource cannot foundddd!");
            }
        }
    }
```

直接访问该 Servlet 将向客户响应"没有提供请求参数"信息。可以通过查询串指定参数 q 的值,参数值不同,响应的信息不同。该例说明了响应对象的 getStatus()、setStatus()和 sendError()等方法的使用。

2.6 部署描述文件

Web 应用程序中包含多种组件,有些组件可使用注解配置,有些组件需使用部署描述文件配置。部署描述文件(Deployment Descriptor,DD)可用来初始化 Web 应用程序的组件。Web 容器在启动时读取该文件,对应用程序配置,所以有时也将该文件称为配置文件。下面首先看一个简单的部署描述文件,然后介绍其定义。

部署描述文件

程序 2.15　web.xml

```
<?xml version = "1.0" encoding = "UTF - 8"?>
< web - app xmlns = "http://xmlns.jcp.org/xml/ns/javaee"
        xmlns:xsi = "http://www.w3.org/2001/XMLSchema - instance"
        xsi:schemaLocation = "http://xmlns.jcp.org/xml/ns/javaee
                http://xmlns.jcp.org/xml/ns/javaee/web - app_4_0.xsd"
      version = "4.0" metadata - complete = "true">

    < description > Hello World Examples.</description >
    < display - name > Hello World Examples </display - name >
    …
</web - app >
```

部署描述文件是一个 XML 文件。与所有的 XML 文件一样,第一行是声明,通过 version 属性和 encoding 属性指定 XML 的版本及所使用的字符集。

下面所有的内容都包含在< web-app >和</web-app >元素中,它是部署描述文件的根元素,其他所有元素都应该在这对元素内声明。

在< web-app >元素中指定了 5 个属性。xmlns 属性声明了 web.xml 文件命名空间的 XML 模式文档的位置;xmlns:xsi 属性指定了命名空间的实例;xsi:schemaLocation 属性指定了模式的位置;version 指定了模式的版本;metadata-complete 属性指定部署描述文件是否是完整的,若值为 true,则 Web 容器忽略 Servlet 注解,若值为 false 或不存在,则容器将检查类文件中的注解。对使用 Servlet 4.0 和 JSP 2.3 特征的 Web 应用程序,应该使用上述声明。

<web-app>是 web.xml 的根元素，表 2-8 给出了一些常用子元素及含义。

表 2-8 在部署描述文件中定义的元素

元 素 名	说 明
description	对应用程序的简短描述
display-name	定义应用程序的显示名称
context-param	定义应用程序的初始化参数
servlet	定义 Servlet
servlet-mapping	定义 Servlet 映射
welcome-file-list	定义应用程序的欢迎文件
session-config	定义会话时间
listener	定义监听器类
filter	定义过滤器
filter-mapping	定义过滤器映射
error-page	定义错误处理页面
security-constraint	定义 Web 应用程序的安全约束
mime-mapping	定义常用文件扩展名的 MIME 类型

每个元素的配置规则是通过模式文档定义的，遵循 Servlet 3.1 规范的模式文档是 web_app_3_1.xsd，可以从如下网站下载：http://www.oracle.com/webfolder/technetwork/jsc/xml/ns/javaee/index.html。

本节重点讨论<servlet>、<servlet-mapping>和<welcome-file-list>元素，其他元素将在后面章节讨论。

2.6.1 <servlet>元素

<servlet>元素为 Web 应用程序定义一个 Servlet，该元素的常用子元素如表 2-9 所示。

表 2-9 <servlet>元素的子元素

子 元 素	说 明
description	指定针对 Servlet 的描述信息
display-name	开发工具用于显示的一个简短名称
icon	可被开发工具使用的图标
servlet-name	指定 Servlet 的名称
servlet-class	Servlet 类的完全限定名称
jsp-file	指定 JSP 文件名
init-param	为 Servlet 指定初始化参数，可指定多个参数，其子元素包括<param-name>和<param-value>
load-on-startup	指定在应用程序启动时加载该 Servlet
async-supported	指定该 Servlet 是否支持异步操作模式，值为 True 或 False
security-role-ref	指定安全角色的引用

下面代码展示了<servlet>元素的一个典型的使用。

```
<servlet>
```

```
        <servlet-name>helloServlet</servlet-name>
        <servlet-class>com.demo.HelloServlet</servlet-class>
        <load-on-startup>2</load-on-startup>
    </servlet>
```

上面的 Servlet 定义告诉容器用 com. demo. HelloServlet 类创建一个名为 helloServlet 的 Servlet。

1. <servlet-name>元素

该元素用来定义 Servlet 名称,该元素是必选项。定义的名称在 DD 文件中应该唯一。可以通过 ServletConfig 的 getServletName()检索 Servlet 名。

2. <servlet-class>元素

该元素指定 Servlet 类的完整名称,即需要带包的名称,例如 com. demo. HelloServlet。容器将使用该类创建 Servlet 实例。Servlet 类以及它所依赖的所有类都应该在 Web 应用程序的类路径中。WEB-INF 目录中的 classes 目录和 lib 目录中的 JAR 文件被自动添加到容器的类路径中,因此如果把类放到这两个地方就不需要设置类路径。这里也可以使用<jsp-file>元素指定一个 JSP 文件代替<servlet-class>元素。

注意,可以使用相同的 Servlet 类定义多个 Servlet,如上面的例子中,可以使用 HelloServlet 类定义另一个名为 welcomeServlet 的 Servlet。这样容器将使用一个 Servlet 类创建多个实例,每个实例有一个名字。

3. <init-param>元素

该元素定义向 Servlet 传递的初始化参数。在一个<servlet>元素中可以定义任意多个<init-param>元素。每个<init-param>元素必须有且仅有一组<param-name>和<param-value>子元素。<param-name>定义参数名,<param-value>定义参数值。Servlet 可以通过 ServletConfig 接口的 getInitParameter( )检索初始化参数。

4. <load-on-startup>元素

一般情况下,Servlet 是在被请求时由容器装入内存的,也可以使 Servlet 在容器启动时就装入内存。<load-on-startup>元素指定是否在 Web 应用程序启动时载入该 Servlet。该元素的值是一个整数。如果没有指定该元素或其内容为一个负数,容器将根据需要决定何时装入 Servlet。如果其内容为一个正数,则在 Web 应用程序启动时载入该 Servlet。对不同的 Servlet,可以指定不同的值,这可以控制容器装入这些 Servlet 的顺序,值小的先装入。

2.6.2 <servlet-mapping>元素

<servlet-mapping>元素定义一个映射,它指定哪个 URL 模式被该 Servlet 处理。容器使用这些映射根据实际的 URL 访问合适的 Servlet。该元素包括<servlet-name>和<url-pattern>两个子元素。

<servlet-name>元素应该是使用<servlet>元素定义的 Servlet 名,而<url-pattern>可以包含要与该 Servlet 关联的模式字符串。例如:

```
<servlet-mapping>
    <servlet-name>helloServlet</servlet-name>
    <url-pattern>/helloServlet/hello/*</url-pattern>
</servlet-mapping>
```

对于上面的映射定义，如果一个请求 URL 串与“/helloServlet/hello/ * ”匹配，容器将使用名为“helloServlet”的 Servlet 为用户提供服务。例如，下面的 URL 就与上面的 URL 模式匹配：

```
http://www.myserver.com/helloweb/helloServlet/hello/abc.do
```

1. URL 的组成

请求 URL 可以由多个部分组成，如图 2.16 所示。

图 2.16　典型的 URL 组成

URL 第一部分包括协议、主机名和可选的端口号，第二部分是请求 URI，它是以斜杠“/”开头，到查询串结束，第三部分是查询串。

请求 URI 的内容可以使用 HttpServletRequest 的 getRequestURI()得到，查询串的内容可以使用 getQueryString()得到。

一个请求 URI 又由三部分组成：上下文路径（context path）、Servlet 路径（servlet path）和路径信息（path info）。

- 上下文路径：对于上面的 URI，/helloweb 为上下文路径（假设在 Tomcat 容器中存在一个名为 helloweb 的 Web 应用程序）。
- Servlet 路径：对于上面的 URI，/helloServlet/hello 为 Servlet 路径（假设< url-pattern >元素的值为/helloServlet/hello/ * ）。
- 路径信息：它实际上是额外的路径信息，对于上面的 URI，路径信息为/abc. jsp。

要获得上述三种路径信息，可以使用请求对象的 getContextPath()、getServletPath()和 getPathInfo()得到。

2. < url-pattern >的三种形式

下面来讲述在< url-pattern >中如何指定 URL 映射。在< url-pattern >中指定 URL 映射可以有以下三种形式。

目录匹配：以斜杠“/”开头，以“/ * ”结尾的形式。例如下面的映射将把任何在 Servlet 路径中以/helloServlet/hello/字符串开头的请求都发送到 helloServlet。

```
<servlet-mapping>
    <servlet-name>helloServlet</servlet-name>
    <url-pattern>/helloServlet/hello/*</url-pattern>
</servlet-mapping>
```

扩展名匹配：以星号“ * . ”开始，后接一个扩展名（如 * . do 或 * . pdf 等）。例如，下面的映射将把所有以. pdf 结尾的请求发送到 pdfGeneratorServlet。

```
<servlet-mapping>
    <servlet-name>pdfGeneratorServlet</servlet-name>
```

```
    <url-pattern>*.pdf</url-pattern>
</servlet-mapping>
```

精确匹配：所有其他字符串都作为精确匹配。


```
<servlet-mapping>
    <servlet-name>reportServlet</servlet-name>
    <url-pattern>/report</url-pattern>
</servlet-mapping>
```

容器将把 http://www.myserver.com/helloweb/report 请求送给 reportServlet。然而，并不把请求 http://www.myserver.com/helloweb/report/sales 发送给 reportServlet。

3. 容器如何解析 URL

当容器接收到一个 URL 请求，它要解析该 URL，找到与该 URL 匹配的资源为用户提供服务。假设一个请求 URL 为：

```
http://www.myserver.com/helloweb/helloServlet/hello/abc.jsp
```

下面说明容器如何解析该 URL，并将请求发送到匹配的 Servlet：

- 当容器接收到该请求 URL 后，它首先解析出 URI。然后从中取出第一部分作为上下文路径，这里是/helloweb，接下来在容器中查找是否有名称为 helloweb 的 Web 应用程序。
- 如果没有名为 helloweb 的 Web 应用程序，则上下文路径为空，请求将发送到默认的 Web 应用程序(路径名为 ROOT)。
- 如果有名为 hellweb 的应用程序，则继续解析下一部分。容器尝试将 Servlet 路径与 Servlet 映射匹配，如果找到一个匹配，则完整的 URI 请求(上下文路径部分除外)就是 Servlet 路径，在这种情况下，路径信息为 null。
- 容器沿着请求 URI 路径树向下，每次一层目录，使用"/"作为路径分隔符，反复尝试最长的路径，看是否与一个 Servlet 匹配。如果有一个匹配，请求 URI 的匹配部分就是 Servlet 路径，剩余的部分是路径信息。
- 如果找不到匹配的资源，容器将向客户发送一个 404 错误消息。

2.6.3 <welcome-file-list>元素

通常在浏览器的地址栏中输入一个路径名称，如 http://www.tsinghua.edu.cn，而没有指定特定的文件，也能访问到一个页面，这个页面就是欢迎页面，文件名通常为 index.html。

在 Tomcat 中，如果访问的 URL 是目录，并且没有特定的 Servlet 与这个 URL 模式匹配，那么它将在该目录中首先查找 index.html 文件，如果找不到将查找 index.jsp 文件，如果找到上述文件，将该文件返回给客户。如果找不到(包括目录也找不到)，将向客户发送 404 错误信息。

假设有一个 Web 应用程序，它的默认的欢迎页面是 index.html，还有一些目录都有自己的欢迎页面，如 default.jsp。可以在 DD 文件<web-app>元素中使用<welcome-file-list>元素指定欢迎页面的查找列表，如下所示：

```
<welcome-file-list>
    <welcome-file>index.html</welcome-file>
    <welcome-file>index.jsp</welcome-file>
    <welcome-file>default.jsp</welcome-file>
</welcome-file-list>
```

经过上述配置，如果客户使用目录访问该应用程序，Tomcat 将在指定的目录中按< welcome-file >指定的文件的顺序查找文件，如果找到则把该文件发送给客户。

2.7 @WebServlet 和@WebInitParam 注解

在 Servlet 3.0 中可以使用@WebServlet 注解而不需要在 web.xml 文件中定义 Servlet。该注解属于 javax.servlet.annotation 包，因此在定义 Servlet 时应使用下列语句导入：

```
import javax.servlet.annotation.WebServlet;
```

下面一行是为 HelloServlet 添加的注解：

```
@WebServlet(name = "HelloServlet",urlPatterns = {"/hello-action"})
```

这里，使用@WebServlet 注解 name 属性指定 Servlet 名称，urlPatterns 属性指定访问该 Servlet 的 URL。注解在应用程序启动时被 Web 容器处理，容器根据具体的属性配置将相应的类部署为 Servlet。如果为 Servlet 指定了注解，就无须在 web.xml 文件中定义该 Servlet，但需要将 web.xml 文件中根元素< web-app >的 metadata-complete 属性值设置为 false。

@WebServlet 注解包含多个属性，它们与 web.xml 中的对应元素等价，如表 2-10 所示。

表 2-10　@WebServlet 注解的常用属性

属性名	类　型	说　明
name	String	指定 Servlet 名称，等价于 web.xml 中的< servlet-name >元素。如果没有显式指定，则使用 Servlet 的完全限定名作为名称
urlPatterns	String[]	指定一组 Servlet 的 URL 映射模式，该元素等价于 web.xml 文件中的< url-pattern >元素
value	String[]	该属性等价于 urlPatterns 元素。两个元素不能同时使用
loadOnStartup	int	指定该 Servlet 的加载顺序，等价于 web.xml 文件中的< load-on-startup >元素
initParams	WebInitParam[]	指定 Servlet 的一组初始化参数，等价于< init-param >元素
asyncSupported	boolean	声明 Servlet 是否支持异步操作模式，等价于 web.xml 文件中的< async-supported >元素
description	String	指定该 Servlet 的描述信息，等价于< description >元素
dispalyName	String	指定该 Servlet 的显示名称，等价于< display-name >元素

@WebInitParam 注解通常不单独使用，而是配合@WebServlet 和@WebFilter 使用，它的主要作用是为 Servlet 或 Filter 指定初始化参数，它等价于 web.xml 文件中< servlet >和< filter >元素的< init-param >子元素。@WebInitParam 注解的常用属性如表 2-11 所示。

表 2-11 @WebInitParam 注解的常用属性

属性名	类型	说明
name	String	指定初始化参数名,等价于< param-name >元素
value	String	指定初始化参数值,等价于< param-value >元素
description	String	关于初始化参数的描述,等价于< description >元素

在 Servlet 3.0 中定义的注解类型还有很多,我们将在后面章节介绍。

2.8 ServletConfig

在 Servlet 初始化时,容器调用 init(ServletConfig)并为其传递一个 ServletConfig 对象,该对象称为 Servlet 配置对象,使用该对象可以获得 Servlet 初始化参数、Servlet 名称、ServletContext 对象等。要得到 ServletConfig 接口对象有两种方法:覆盖 Servlet 的 init(ServletConfig config),然后把容器创建的 ServletConfig 对象保存到一个成员变量中,如下所示:

ServletConfig

```
ServletConfig config = null;
public void init(ServletConfig config){
    super.init(config);                    //必须调用超类的 init()
    this.config = config;
}
```

另一种方法是在 Servlet 中直接使用 getServletConfig()获得 ServletConfig 对象,如下所示:

```
ServletConfig config = getServletConfig();
```

ServletConfig 接口定义了下面 4 个方法:

- public String getInitParameter(String name):返回指定名称的初始化参数值。若该参数不存在,则返回 null。初始化参数是在 Servlet 初始化时容器从 DD 文件中取出,然后把它包装到 ServletConfig 对象中。
- public Enumeration getInitParameterNames():返回一个包含所有初始化参数名的 Enumeration 对象。若 Servlet 没有初始化参数,则返回一个空的 Enumeration 对象。
- public String getServletName():返回在 DD 文件中< servlet-name >元素指定的 Servlet 名称。
- public ServletContext getServletContext():返回该 Servlet 所在的上下文对象。

提示:由于 HttpServlet 类实现了 ServletConfig 接口,因此可以在 Servlet 中直接调用上述方法获得初始化参数和其他信息。

下面的 Servlet 在 init()中通过 ServletConfig 对象的 getInitParamter()得到使用 @WebInitParam 注解指定的两个参数值。

程序 2.16 ConfigDemoServlet.java

```
package com.demo;
```

```
import java.io.*;
import javax.servlet.*;
import javax.servlet.annotation.*;
import javax.servlet.http.*;
@WebServlet(name = "ConfigDemoServlet",
        urlPatterns = {"/config-demo"},
        initParams = {
            @WebInitParam(name = "email", value = "hacker@163.com"),
            @WebInitParam(name = "telephone", value = "8899123")
        })
public class ConfigDemoServlet extends HttpServlet{
    String servletName = null;
    ServletConfig config = null;
    String email = null;
    String telephone = null;
    public void init(ServletConfig config) {
      this.config = config;
      servletName = config.getServletName();
      email = config.getInitParameter("email");
      telephone = config.getInitParameter("telephone");
    }
    public void doGet(HttpServletRequest request,
                    HttpServletResponse response)
                throws ServletException,IOException{
        response.setContentType("text/html;charset=UTF-8");
        PrintWriter out = response.getWriter();
        out.println("<html><body>");
        out.println("<head><title>配置对象</title></head>");
        out.println("Servlet 名称：" + servletName + "<br>");
        out.println("Email 地址：" + email + "<br>");
        out.println("电话：" + telephone);
        out.println("</body></html>");
    }
}
```

访问该 Servlet，运行结果如图 2.17 所示。

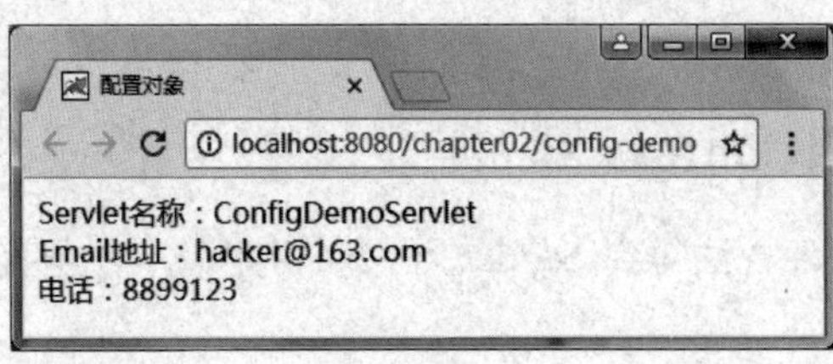

图 2.17　ConfigDemoServlet 的运行结果

也可以在 web.xml 文件通过<servlet>的子元素<init-param>为 Servlet 指定初始化参数，如下所示：

```
<servlet>
    <servlet-name>configDemoServlet</servlet-name>
```

```
    <servlet-class>com.demo.ConfigDemoServlet</servlet-class>
    <init-param>
        <param-name>email</param-name>
        <param-value>hacker@163.com</param-value>
    </init-param>
    <init-param>
        <param-name>telephone</param-name>
        <param-value>8899123</param-value>
    </init-param>
    <load-on-startup>1</load-on-startup>
</servlet>
<servlet-mapping>
    <servlet-name>configDemoServlet</servlet-name>
    <url-pattern>/configDemo.do</url-pattern>
</servlet-mapping>
```

上面代码中的<servlet>元素定义了名为 configDemoServlet 的 Servlet,其中定义了两个参数：email 和 telephone,它是使用<init-param>元素实现的。<load-on-startup>元素保证容器在启动时装载并实例化该 Servlet。

使用 ServletConfig 对象获取初始化参数初始化一个 Servlet 的过程是很重要的,因为它能实现 Servlet 的重用性。例如,可以在 Servlet 中创建数据库连接又不想把用户名、口令及数据库 URL 硬编码在 Servlet 中,此时就可以在 web.xml 文件中指定数据库连接参数信息,然后在 Servlet 的 init()中通过 ServletConfig 对象获得这些参数。这样,当数据库连接参数改变时,只需修改 web.xml 文件而不需修改 Servlet 代码。

2.9 ServletContext

Web 容器在启动时会加载每个 Web 应用程序,并为每个 Web 应用程序创建一个唯一的 ServletContext 实例对象,该对象称为 Servlet 上下文对象。

ServletContext

Servlet 可以使用 javax.servlet.ServletContext 对象来获得 Web 应用程序的初始化参数或 Servlet 容器的版本等信息,也可以使用它存储作用域对象实现数据共享。

2.9.1 得到 ServletContext 引用

在 Servlet 中可以有两种方法得到 ServletContext 引用。一种是直接调用 getServletContext(),如下所示：

```
ServletContext context = getServletContext();
```

还可以先得到 ServletConfig 引用,再调用它的 getServletContext(),如下所示：

```
ServletContext context = getServletConfig().getServletContext();
```

得到 ServletContext 引用后,就可以使用 ServletContext 接口定义的方法,检索 Web 应用程序的初始化参数、检索 Servlet 容器的版本信息、通过属性共享数据以及登录日志等。

2.9.2 获取应用程序的初始化参数

ServletContext 对象是在 Web 应用程序装载时初始化的。正像 Servlet 具有初始化参数一样，ServletContext 也有初始化参数。Servlet 上下文初始化参数指定应用程序范围内的信息，如开发人员的联系信息以及数据库连接信息等。

可以使用下面两个方法检索 Servlet 上下文初始化参数。

- public String getInitParameter(String name)：返回指定参数名的字符串参数值，如果参数不存在则返回 null。
- public Enumeration getInitParameterNames()：返回一个包含所有初始化参数名的 Enumeration 对象。

应用程序初始化参数应该在 web.xml 文件中使用< context-param >元素定义，不能通过注解定义，下面是一个例子：

```
<context-param>
    <param-name>adminEmail</param-name>
    <param-value>webmaster@163.com</param-value>
</context-param>
```

注意，< context-param >元素是< web-app >元素的直接子元素，它是针对整个应用的，所以并不嵌套在某个< servlet >元素中。

在 Servlet 中可以使用下面代码检索 adminEmail 参数值：

```
ServletContext context = getServletContext();
String email = context.getInitParameter("adminEmail");
```

注意：Servlet 上下文初始化参数与 Servlet 初始化参数是不同的。Servlet 上下文初始化参数是属于 Web 应用程序的，可以被 Web 应用程序的所有的 Servlet 和 JSP 页面访问。Servlet 初始化参数是属于定义它们的 Servlet 的，不能被 Web 应用程序的其他组件访问。

2.9.3 使用 ServletContext 对象存储数据

前面讨论了使用请求对象存储数据的方法。使用 ServletContext 对象也可以存储数据，该对象也是一个作用域对象，它的作用域是整个应用程序。在 ServletContext 接口中也定义了 4 个处理属性的方法，如下所示：

- public void setAttribute(String name, Object object)：将给定名称的属性值对象绑定到上下文对象上。
- public Object getAttribute(String name)：返回绑定到上下文对象上的给定名称的属性值，如果没有该属性，则返回 null。
- public Enumeration getAttributeNames()：返回绑定到上下文对象上的所有属性名的 Enumeration 对象。
- public void removeAttribute(String name)：从上下文对象中删除指定名称的属性。

在 4.1 节要讨论的 HttpSession 接口中也定义了 4 个同样的方法，也就是在 HttpSession 对象中也可以共享对象。

尽管可以使用这些容器的任何一个共享数据,但在这些容器中的数据具有不同的作用域。简单地说,使用 HttpServletRequest 共享的对象仅在请求的生存期中可被访问,使用 HttpSession 共享的对象仅在会话的生存期中可被访问,而使用 ServletContext 共享的对象可在 Web 应用程序的生存期中被访问。

2.9.4 使用 RequestDispatcher 实现请求转发

使用 ServletContext 接口的下列两个方法也可以获得 RequestDispatcher 对象,实现请求转发。

- RequestDispatcher getRequestDispatcher(String path):参数 path 表示资源路径,它必须以"/"开头,表示相对于 Web 应用的文档根目录。如果不能返回一个 RequestDispatcher 对象,该方法将返回 null。
- RequestDispatcher getNamedDispatcher(String name):参数 name 为一个命名的 Servlet 对象。Servlet 和 JSP 页面都可以通过 Web 应用程序的 DD 文件指定名称。

ServletContext 和 ServletRequest 的 getRequestDispatcher()的区别是:对 ServletContext 的 getRequestDispatcher()只能传递以"/"开头的路径,而对 ServletRequest 的 getRequestDispatcher(),可以传递一个相对路径。

例如,request. getRequestDispatcher("../html/copyright. html")是合法的,该方法相对于请求的路径计算路径。

2.9.5 通过 ServletContext 对象获得资源

本节将讨论 getResource()和 getResourceAsStream(),Servlet 使用这些方法可以访问任何资源而不必关心资源所处的位置。

- public URL getResource(String path):返回由给定路径指定的资源的 URL 对象。这里,路径必须以"/"开头,它相对于该 Web 应用程序的文档根目录。
- public InputStream getResourceAsStream(String path):如果想从资源上获得一个 InputStream 对象,这是一个简洁的方法,它等价于 getResource(path). openStream()。
- public String getRealPath(String path):返回给定的相对路径的绝对路径。

下面代码打开一个服务器上的文件,并使用二进制输出流将它写到客户端,这相当于文件的下载。文件可以存放在 Web 应用程序外部。注意,这里资源的路径使用的是相对路径。

```
OutputStream os = response.getOutputStream();
ServletContext context = getServletContext();
//返回输入流对象
InputStream is = context.getResourceAsStream("/images/coffee.gif");
byte[] bytearray = new byte[1024];
int bytesread = 0;
//从输入流中读取 1K 字节,然后写到输出流中
while((bytesread = is.read(bytearray)) != -1){
    //将数据发送到客户端
    os.write(bytearray, 0, bytesread);
}
```

当然,Servlet 可以通过使用 ServletContext 的 getRealPath(String path)把相对路径转换为绝对路径访问一个资源。

2.9.6 登录日志

GenericServlet 类和 ServletContext 接口都定义了 log()方法，可以将指定的消息写到服务器的日志文件中，该方法有下面两种格式。

- public void log(String msg)：参数 msg 为写到日志文件中的消息。日志将被写入 < *tomcat-install* >\logs\localhost. YYYY-MM-DD. log 文件中。
- public void log(String msg, Throwable throwable)：将 msg 指定的消息和异常的栈跟踪信息写入日志文件。

提示：如果用的是 Eclipse 的 Tomcat 插件，将仅在控制台输出日志。在 Java Web 开发中记录日志的最好方法是使用日志框架。Apache 的开源项目 Log4j2 和 Apache Commons Logging 是两种最常用的日志框架，它们已成为 Java 日志的标准工具。

2.9.7 检索 Servlet 容器的信息

检索容器有关信息的方法如下：getServerInfo()返回 Servlet 所运行的容器的名称和版本。getMajorVersion()和 getMinorVersion()可以返回容器所支持的 Servlet API 的主版本号和次版本号。getServletContextName()返回与该 ServletContext 对应的 Web 应用程序名称，它是在 web. xml 中使用< display-name >元素定义的名称。

本 章 小 结

本章介绍了 Servlet 的执行过程和生命周期，重点介绍了请求和响应模型，其中包括如何获取请求参数、如何检索请求头以及如何发送响应。

部署描述文件 web. xml 用来定义 Web 应用程序各种组件，在应用程序启动时由 Web 容器读取。在 Servlet 3.0 中，Servlet、过滤器以及监听器等组件可以使用注解声明，本章重点介绍了@WebServlet 和@WebInitParam 注解。

通过 ServletConfig 对象可以获得 Servlet 的初始化参数。容器在启动时会为每个 Web 应用创建唯一的 ServletContext 对象，使用该对象可以获得 Web 应用程序的初始化参数、共享数据、获得资源输入流、实现请求转发与登录日志等。

思考与练习

1. 下面不是 Servlet 生命周期的方法的是(　　)。
   A. public void destroy()
   B. public void service()
   C. public ServletConfig getServletConfig()
   D. public void init()
2. 要使向服务器发送的数据不在浏览器的地址栏中显示，应该使用(　　)方法。
   A. POST　　B. GET　　C. PUT　　D. HEAD
3. 考虑下面的 HTML 页面代码：

```
<a href="/HelloServlet">请求</a>
```

当用户在显示的超链接上单击时将调用 HelloServlet 的(　　)方法。

A. doPost()　　B. doGet()　　C. doForm()　　D. doHref()

4. 有一个 URL 为 http://www.myserver.com/hello?userName=John,问号(?)后面的内容称为(　　)。

A. 请求参数　　B. 查询串　　C. 请求 URI　　D. 响应数据

5. 将一个 Student 类的对象 student 用名称 studobj 存储到请求作用域中,下面代码中正确的是(　　)。

A. request.setAttribute("student",studobj)

B. request.addAttribute("student",studobj)

C. request.setAttribute("studobj",student)

D. request.getAttribute("studobj",student)

6. 如果需要向浏览器发送一个 GIF 文件,应(　　)调用 response.getOutputStream()。

A. 在调用 response.setContentType("image/gif")之前

B. 在调用 response.setContentType("image/gif")之后

C. 在调用 response.setDataType("image/gif")之前

D. 在调用 response.setDataType("image/gif")之后

7. 如果需要向浏览器发送 Microsoft Word 文档,应该使用下面语句中的(　　)创建 out 对象。

A. PrintWriter out = response.getServletOutput();

B. PrintWriter out = response.getPrintWriter();

C. OutputStream out = response.getWriter();

D. OutputStream out = response.getOutputStream();

8. 下面(　　)方法用于从 ServletContext 中检索属性值。

A. String getAttribute(int index)　　B. String getObject(int index)

C. Object getAttribute(int index)　　D. Object getObject(int index)

E. Object getAttribute(String name)　　F. String getAttribute(String name)

9. 下面(　　)方法用来检索 ServletContext 初始化参数。

A. Object getInitParameter(int index)

B. Object getParameter(int index)

C. Object getInitParameter(String name)

D. String getInitParameter(String name)

E. String getParameter(String name)

10. 为 Servlet 上下文指定初始化参数,下面的 web.xml 片段正确的是(　　)。

A.
```
<context-param>
    <name>country</name>
    <value>China</value>
</context-param>
```

B.
```
<context-param>
```

<param name="country" value="China" />
</context-param>

C. <context>
<param name="country" value="China" />
</context>

D. <context-param>
<param-name>country</param-name>
<param-value>China</param-value>
</context-param>

11. 使用 RequestDispatcher 的 forward()转发请求和使用响应对象的 sendRedirect()重定向有何异同？

12. 在 Servlet 中如果需要获得一个页面的表单中的请求参数，又不知道参数名时应如何做？

13. 完成下列功能需使用哪个方法？

① 向输出中写 HTML 标签。(　　)

② 指定响应的内容为二进制文件。(　　)

③ 向浏览器发送二进制文件。(　　)

④ 向响应中添加响应头。(　　)

⑤ 重定向浏览器到另一个资源。(　　)

下面是选项：

A. 使用 HttpServletResponse 的 sendRedirect(String urlstring)。

B. 使用 HttpServletResponse 的 setHeader("name", "value")。

C. 使用 ServletResponse 的 getOutputStream()，然后使用 OutputStream 的 write(bytes)。

D. 使用 ServletResponse 的 setContentType(String contenttype)。

E. 首先使用 ServletResponse 的 getWriter()方法获得 PrintWriter 对象，然后调用 PrintWriter 的 print()。

14. HTTP 请求结构由哪几部分组成？请求行由哪几部分组成？

15. HTTP 响应结构由哪几部分组成？状态行由哪几部分组成？

16. GET 请求和 POST 请求有什么异同？

17. 假设客户使用 URL http://www.hacker.com/myapp/cool/bar.do 请求一个名为“bar.do”的 Servlet，该 Servlet 中使用 sendRedirect("foo/stuff.html")；语句将响应重定向，则重定向后新的 URL 为：________________

如果在 Servlet 中使用 sendRedirect("/foo/stuff.html")；语句将响应重定向，则重定向后新的 URL 为：________________

18. 通过哪两种方法可以获得 ServletConfig 对象？

19. 在部署描述文件中<servlet>元素的子元素<load-on-startup>的功能是什么？使用注解如何指定该元素？

第3章　JSP 技术基础

本章目标

- 熟悉 JSP 页面中的各种语法元素；
- 理解 JSP 页面转换过程与生命周期；
- 掌握 JSP 页面中脚本元素的使用；
- 掌握隐含变量的使用；
- 学会 page 指令的各种属性的含义；
- 区分不同作用域对象及使用；
- 学会静态包含和动态包含布局页面；
- 掌握 JavaBeans 的定义和使用；
- 学会 Web 应用中异常处理方法；
- 了解 MVC 设计模式。

JSP(JavaServer Pages)是一种动态页面技术,它的主要目的是将表示逻辑从 Servlet 中分离出来,实现表示逻辑。本章首先介绍 JSP 语法和生命周期、脚本元素、隐含变量,作用域对象,接下来介绍组件包含和 JavaBeans 使用,最后介绍异常处理和 MVC 设计模式。

3.1　JSP 语法概述

在 JSP 页面中可以包含多种 JSP 元素,比如声明变量和方法、JSP 表达式、指令和动作等。这些元素具有严格定义的语法。当 JSP 页面被访问时,Web 容器将 JSP 页面转换成 Servlet 类执行后将结果发送给客户。与其他的 Web 页面一样,JSP 页面也有一个唯一的 URL,客户可以通过它访问该页面。一般来说在 JSP 页面中可以包含的元素如表 3-1 所示。

JSP 语法概述

表 3-1　JSP 页面元素

JSP 页面元素	简 要 说 明	标 签 语 法
声明	声明变量与定义方法	<%! Java 声明 %>
小脚本	执行业务逻辑的 Java 代码	<% Java 代码 %>
表达式	用于在 JSP 页面输出表达式的值	<%=表达式 %>
指令	指定转换时向容器发出的指令	<%@指令 %>
动作	向容器提供请求时的指令	<jsp:动作名 />

续表

JSP 页面元素	简要说明	标签语法
EL 表达式	JSP 2.0 引进的表达式语言	${applicationScope.email}
注释	用于文档注释	<%-- 任何文本 --%>
模板文本	HTML 标签和文本	同 HTML 规则

下面是一个简单的 JSP 页面 todayDate.jsp，它输出当前的日期。

程序 3.1　todayDate.jsp

```
<%@ page contentType="text/html;charset=UTF-8" pageEncoding="UTF-8" %>
<%@ page import="java.time.LocalDate" %>
<%! LocalDate date = null; %>
<html><head><title>当前日期</title></head>
<body>
  <%
     date = LocalDate.now();                //创建一个 LocalDate 对象
  %>
  今天的日期是:<%=date.toString() %>
</body>
</html>
```

该页面包含 JSP 指令、声明、小脚本和 JSP 表达式，其他内容称为模板文本(template text)。当 JSP 页面被客户访问时，页面首先在服务器端被转换成一个 Java 源程序文件，然后该程序在服务器端编译和执行，最后向客户发送执行结果，通常是文本数据。这些数据由 HTML 标签包围起来，然后发送到客户端。由于嵌入在 JSP 页面中的 Java 代码是在服务器端处理的，客户并不了解这些代码。

3.1.1　JSP 脚本元素

在 JSP 页面中有三种脚本元素(scripting elements)：声明、小脚本和表达式。

1. JSP 声明

声明(declaration)用来在 JSP 页面中声明变量和定义方法。声明是以"<%!"开头，以"%>"结束的标签，其中可以包含任意数量的合法的 Java 声明语句。下面是 JSP 声明的一个例子：

```
<%!LocalDate date = null; %>
```

上面代码声明了一个名为 date 的变量并将其初始化为 null。声明的变量仅在页面第一次载入时由容器初始化一次，初始化后在后面的请求中一直保持该值。注意，由于声明包含的是声明语句，所以每个变量的声明语句必须以分号结束。

下面的代码在一个标签中声明了一个变量 r 和一个 getArea()方法。

```
<%!
   double r = 0;                             //声明一个变量 r
   double getArea(double r) {                //声明求圆面积的方法
       return r * r * Math.PI;
   }
%>
```

2. JSP 小脚本

小脚本(scriptlets)是嵌入在 JSP 页面中的 Java 代码段。小脚本是以“<%”开头,以“%>”结束的标签。例如,在程序 3.1 中的下面代码就是 JSP 小脚本。

```
<%
    date = LocalDate.now();                    //创建一个 LocalDate 对象
%>
```

小脚本在每次访问页面时都被执行,因此 date 变量在每次请求时会返回当前日期。由于小脚本可以包含任何 Java 代码,所以它通常用来在 JSP 页面嵌入计算逻辑。同时还可以使用小脚本打印 HTML 模板文本。如下面代码与程序 3.1 的代码等价。

```
<%@ page contentType = "text/html;charset = UTF-8" pageEncoding = "UTF-8" %>
<%@ page import = "java.time.LocalDate" %>
<%! LocalDate date = null; %>
<html><head><title>当前日期</title></head>
<body>
  <%
     date = LocalDate.now();                    //创建一个 LocalDate 对象
     out.print("今天的日期是: " + date.toString() );
  %>
</body></html>
```

这里没有在页面中直接书写一般的 HTML 代码,而是使用小脚本达到了同样的效果。变量 out 是一个隐含对象,我们将在 3.4 节中讨论 out 对象。

与其他元素不同,小脚本的起始标签“<%”后面没有任何特殊字符,在小脚本中的代码必须是合法的 Java 语言代码,例如下面的代码是错误的,因为它没有使用分号结束。

```
<% out.print(count) %>
```

不能在小脚本中声明方法,因为在 Java 语言中不能在方法中定义方法。

3. JSP 表达式

表达式(expression)是以“<%=”开头,以“%>”结束的标签,它作为 Java 语言表达式的占位符。下面是 JSP 表达式的例子:

```
今天的日期是: <% = date.toString() %>
```

在页面每次被访问时都要计算表达式,然后将其值嵌入到 HTML 的输出中。与变量声明不同,表达式不能以分号结束,因此下面的代码是非法的。

```
<% = date.toString(); %>
```

使用表达式可以向输出流输出任何对象或任何基本数据类型(int、boolean、char 等)的值,也可以打印任何算术表达式、布尔表达式或方法调用返回的值。

提示: *在 JSP 表达式的百分号和等号之间不能有空格。*

下面代码声明了一些变量并通过表达式输出。

程序 3.2　expression.jsp

```
<html><body>
```

```
<%!
    int anInt = 3;
    boolean aBool = true;
    Integer anIntObj = new Integer(3);
    Float aFloatObj = new Float(8.6);
 %>
    <% = 500 + 380 %><br>
    <% = anInt * 3.5/100 - 500 %><br>
    <% = aBool %><br>
    <% = Math.random() %><br>
    <% = aFloatObj %><br>
</body></html>
```

3.1.2 JSP 指令

指令(directive)向容器提供关于JSP页面的总体信息。在JSP页面中,指令是以"<%@"开头,以"%>"结束的标签。指令有三种类型:page指令、include指令和taglib指令。三种指令的语法格式如下:

```
<%@ page attribute - list %>
<%@ include attribute - list %>
<%@ taglib attribute - list %>
```

在上面的指令标签中,attribute-list表示一个或多个针对指令的属性/值对,多个属性之间用空格分隔。

1. page 指令

page指令通知容器关于JSP页面的总体特性。例如,下面的page指令通知容器页面输出的内容类型和使用的字符集。

```
<%@ page contentType = "text/html;charset = UTF - 8" %>
```

2. include 指令

include指令实现把另一个文件(HTML、JSP等)的内容包含到当前页面中。下面是include指令的一个例子:

```
<%@ include file = "copyright.html" %>
```

3. taglib 指令

taglib指令用来指定在JSP页面中使用标准标签或自定义标签的前缀与标签库的URI,下面是taglib指令的例子。

```
<%@ taglib prefix = "demo" uri = "/WEB - INF/mytaglib.tld" %>
```

关于指令的使用需注意下面几个问题:

- 标签名、属性名及属性值都是大小写敏感的。
- 属性值必须使用一对单引号或双引号括起来。
- 在等号(=)与值之间不能有空格。

关于page指令的详细信息可参见3.5节,我们将在3.7节详细讨论include指令,在第

7 章学习标签开发的方法和 taglib 指令的使用。

3.1.3 JSP 动作

动作(actions)是页面发给容器的命令,它指示容器在页面执行期间完成某种任务。动作的一般语法为:

```
<prefix:actionName attribute - list />
```

动作是一种标签,在动作标签中,prefix 为前缀名,actionName 为动作名,attribute-list 表示针对该动作的一个或多个属性/值对。

在 JSP 页面中可以使用三种动作:JSP 标准动作,标准标签库(JSTL)中的动作和用户自定义动作。例如,下面一行指示容器把另一个 JSP 页面 copyright.jsp 的输出包含在当前 JSP 页面的输出中:

```
<jsp:include page = "copyright.jsp" />
```

下面是常用的 JSP 标准动作:

- jsp:include,在当前页面中包含另一个页面的输出。
- jsp:forward,将请求转发到指定的页面。
- jsp:useBean,查找或创建一个 JavaBeans 对象。
- jsp:setProperty,设置 JavaBeans 对象的属性值。
- jsp:getProperty,返回 JavaBeans 对象的属性值。
- jsp:plugin,在 JSP 页面中嵌入一个插件(如 Applet)。

后面章节中我们将详细讨论这些动作。在 3.7 节和 3.8 节讨论 JSP 标准动作的使用,在第 7 章讨论用户自定义动作和标准标签库中的动作。

3.1.4 表达式语言

表达式语言(Expression Language,EL)是 JSP 2.0 新增加的特性,它是一种可以在 JSP 页面中使用的简洁的数据访问语言。它的格式为:

```
${expression}
```

表达式语言以 $ 开头,后面是一对大括号,括号里面是合法的 EL 表达式。该结构可以出现在 JSP 页面的模板文本中,也可以出现在 JSP 标签的属性中。

```
${param.username}
```

该 EL 显示请求参数 username 的值。

3.1.5 JSP 注释

JSP 注释是以"<%--"开头,以"--%>"结束的标签。注释不影响 JSP 页面的输出,但它对用户理解代码很有帮助。JSP 注释的格式为:

```
<% -- 这里是 JSP 注释内容 -- %>
```

Web 容器在输出 JSP 页面时去掉 JSP 注释内容,所以在调试 JSP 页面时可以将 JSP 页面中一大块内容注释掉，包括嵌套的 HTML 和其他 JSP 标签。然而，不能在 JSP 注释内嵌套另一个 JSP 注释。

我们还可以在小脚本或声明中使用一般的 Java 风格的注释，也可以在页面的 HTML 部分使用 HTML 风格的注释，如下所示：

```
<% //这里是 Java 注释 %>
<!-- 这里是 HTML 注释 -->
```

3.2 JSP 页面生命周期

一个 JSP 页面在其执行过程中要经历多个阶段，这些阶段称为生命周期阶段(life-cycle phases)。在讨论 JSP 页面生命周期前，需要了解 JSP 页面和它的页面实现类。

3.2.1 JSP 页面实现类

JSP 页面从结构上看与 HTML 页面类似，但它实际上是作为 Servlet 运行的。当 JSP 页面第一次被访问时，Web 容器解析 JSP 文件并将其转换成相应的 Java 文件，该文件声明了一个 Servlet 类，该类称为页面实现类。接下来，Web 容器编译该类并将其装入内存，然后与其他 Servlet 一样执行并将其输出结果发送到客户端。

我们以程序 3.1 的 todayDate.jsp 页面为例，看一下 Web 容器将 JSP 页面转换后的 Java 文件代码。在页面转换阶段 Web 容器自动将该文件转换成一个名为 todayDate_jsp.java 的类文件，该文件是 JSP 页面实现类。若 Web 项目部署到 Tomcat 服务器，该文件存放在安装目录的\work\Catalina\localhost\chapter03\org\apache\jsp 目录中，在 Eclipse 开发环境中，该文件保存在工作空间目录的.metadata\.plugins\org.eclipse.wst.server.core\tmp0\wtpwebapps\中。

程序 3.3 todayDate_jsp.java

```
package org.apache.jsp;
import javax.servlet.*;
import javax.servlet.http.*;
import javax.servlet.jsp.*;
import java.time.LocalDate;
public final class todayDate_jsp
        extends org.apache.jasper.runtime.HttpJspBase
        implements org.apache.jasper.runtime.JspSourceDependent,
        org.apache.jasper.runtime.JspSourceImports {
    LocalDate date = null;
    //此处省略部分代码
    public void _jspInit() {
        _el_expressionfactory = _jspxFactory.getJspApplicationContext(
        getServletConfig().getServletContext()).getExpressionFactory();
        _jsp_instancemanager =
        org.apache.jasper.runtime.InstanceManagerFactory.
                getInstanceManager(getServletConfig());
    }
```

```
    public void _jspDestroy() {
    }
    public void _jspService(
        final javax.servlet.http.HttpServletRequest request,
        final javax.servlet.http.HttpServletResponse response)
        throws java.io.IOException, javax.servlet.ServletException {
      final java.lang.String _jspx_method = request.getMethod();
      if (!"GET".equals(_jspx_method) && !"POST".equals(_jspx_method)
          && !"HEAD".equals(_jspx_method) &&
          !DispatcherType.ERROR.equals(request.getDispatcherType())) {
        response.sendError(HttpServletResponse.SC_METHOD_NOT_ALLOWED,
            "JSPs only permit GET POST or HEAD");
        return;
      }
      final javax.servlet.jsp.PageContext pageContext;
      javax.servlet.http.HttpSession session = null;
      final javax.servlet.ServletContext application;
      final javax.servlet.ServletConfig config;
      javax.servlet.jsp.JspWriter out = null;
      final java.lang.Object page = this;
      javax.servlet.jsp.JspWriter _jspx_out = null;
      javax.servlet.jsp.PageContext _jspx_page_context = null;
      try {
          response.setContentType("text/html;charset =
                  UTF - 8;charset = UTF - 8");
        pageContext = _jspxFactory.getPageContext(this, request, response,
              null, true, 8192, true);
        _jspx_page_context = pageContext;
         application = pageContext.getServletContext();
         config = pageContext.getServletConfig();
         session = pageContext.getSession();
         out = pageContext.getOut();
         _jspx_out = out;
         out.write("<html><head><title>当前日期</title></head>\r\n");
         out.write("<body>\r\n");
         date = LocalDate.now();           //创建一个 LocalDate 对象
         out.write(" \r\n");
         out.write("今天的日期是: ");
         out.print(date.toString() );
         out.write("\r\n");
         out.write("</body></html>\r\n");
      } catch (java.lang.Throwable t) {
         //此处省略部分代码
      } finally {
            _jspxFactory.releasePageContext(_jspx_page_context);
      }
    }
}
```

页面实现类继承了 HttpJspBase 类，同时实现了 JspSourceDependent 和 JspSourceImports 接口，它们定义在 org.apache.jasper.runtime 包中。HttpJspBase 类实现了 HttpJspPage

接口，该接口继承了同一个包中的JspPage接口，该接口又继承了Servlet接口。因此，JSP页面实现类实现了这三个接口中所有的方法。

JspPage接口只声明了两个方法：jspInit()和jspDestroy()。所有的JSP页面都应该实现这两个方法。HttpJspPage接口中声明了一个_jspService()方法。下面是这三个JSP方法的格式：

```
public void jspInit();
public void jspService(HttpServletRequest request,
                       HttpServletResponse response)
                       throws ServletException, IOException;
public void jspDestroy();
```

这三个方法分别等价于Servlet的init()、service()和destroy()方法，称为JSP页面的生命周期方法。

每个容器销售商都提供一个特定的类作为页面实现类的基类。在Tomcat中，JSP页面转换的类就继承了org.apache.jasper.runtime.HttpJspBase类，该类提供了Servlet接口的所有方法的默认实现和JspPage接口的两个方法jspInit()和jspDestroy()的默认实现。在转换阶段，容器把_jspService()添加到JSP页面的实现类中，这样使该类成为三个接口的一个具体子类。

JSP页面中的所有元素都转换成页面实现类的对应代码，page指令的import属性转换成import语句，page指令的contentType属性转换成response.setContentType()调用，JSP声明的变量转换为成员变量，小脚本转换成正常Java语句，模板文本和JSP表达式都使用out.write()方法打印输出，输出是在转换的_jspService()方法中完成的。另外，在页面实现类中还定义了几个隐含变量，如out、request、response、session和application等，这些隐含变量可以直接在JSP页面中使用。

3.2.2 JSP页面执行过程

下面以todayDate.jsp页面为例说明JSP页面生命周期阶段。当客户首次访问该页面时，Web容器执行该JSP页面要经过6个阶段，如图3.1所示。前三个阶段将JSP页面转换成一个Servlet类并装载和创建该类实例，后三个阶段是初始化、提供服务和销毁阶段。

表3-2按生命周期的顺序列出了每个阶段及说明。

表3-2 JSP页面生命周期阶段

阶段名称	说　明
① 页面转换	对页面解析并创建一个包含对应Servlet的Java源文件
② 页面编译	对Java源文件编译
③ 加载和创建实例	将编译后的类加载到容器中，并创建一个Servlet实例
④ 调用jspInit()	调用其他方法之前调用该方法初始化
⑤ 调用_jspService()	对每个请求调用一次该方法
⑥ 调用jspDestroy()	当Servlet容器决定停止Servlet服务时调用该方法

1. 转换阶段

Web容器读取JSP页面对其解析，并将其转换成Java源代码。JSP文件中的元素都转

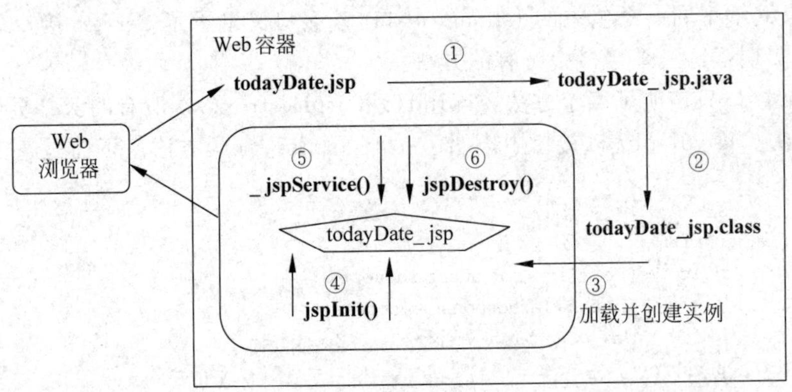

图 3.1　JSP 页面生命周期阶段

换成页面实现类的成员。在这个阶段,容器将检查 JSP 页面中标签的语法,如果发现错误将不能转换。例如,下面的指令就是非法的,因为在 Page 中使用了大写字母 P,这将在转换阶段被捕获。

```
<%@ Page import = "java.util.*" %>
```

除了检查语法外,容器还将执行其他有效性检查,其中一些涉及验证:

- 指令中"属性/值"对与标准动作的合法性。
- 同一个 JavaBeans 名称在一个转换单元中没有被多次使用。
- 如果使用了自定义标签库,标签库是否合法、标签的用法是否合法。

一旦验证完成,Web 容器将 JSP 页面转换成页面实现类,它实际是一个 Servlet,该文件存放在< *tomcat-install* >\work\Catalina\localhost\chapter03\org\apache\jsp 目录中。

2. 编译阶段

在将 JSP 页面转换成 Java 文件后,Web 容器调用 Java 编译器 javac 编译该文件。在编译阶段,编译器将检查在声明中、小脚本中以及表达式中所写的全部 Java 代码。例如,下面的声明标签尽管能够通过转换阶段,但由于声明语句没以分号结束,所以不是合法的 Java 声明语句,因此在编译阶段会被查出。

```
<%! LocalDate date = null %>
```

读者可能注意到,当 JSP 页面被首次访问时,服务器响应要比以后的访问慢一些。这是因为在 JSP 页面向客户提供服务之前必须要转换成 Servlet 类的实例。对每个请求,容器要检查 JSP 页面源文件的时间戳以及相应的 Servlet 类文件以确定页面是否是新的或是否已经转换成类文件。因此,如果修改了 JSP 页面,将 JSP 页面转换成 Servlet 的整个过程要重新执行一遍。

3. 类的加载和实例化

将页面实现类编译成类文件后,Web 容器调用类加载程序(class loader)将页面实现类加载到内存中。然后,容器调用页面实现类的默认构造方法创建该类的一个实例。

4. 调用 jspInit()

Web 容器调用 jspInit()初始化 Servlet 实例。该方法是在任何其他方法调用之前调用的，并在页面生命期内只调用一次。通常在该方法中完成初始化或只需一次的设置工作，如获得资源及初始化 JSP 页面中使用<%！… %>声明的实例变量。

5. 调用_jspService()

对该页面的每次请求容器都调用一次_jspService()，并给它传递请求和响应对象。JSP 页面中所有的 HTML 元素，JSP 小脚本以及 JSP 表达式在转换阶段都成为该方法的一部分。

6. 调用 jspDestroy()

当容器决定停止为该实例提供服务时，它将调用 jspDestroy()，这是在 Servlet 实例上调用的最后一个方法，它主要用来清理 jspInit()获得的资源。

我们一般不需要实现 jspInit()和 jspDestroy()，因为它们已经由基类实现了，但可以根据需要使用 JSP 的声明标签<%！…%>覆盖这两个方法。然而，不能覆盖_jspService()，因为该方法由 Web 容器自动产生。

3.2.3 JSP 生命周期方法示例

下面的 lifeCycle.jsp 页面覆盖了 jspInit()和 jspDestroy()方法，当该页面第一次被访问时将在控制台中看到"jspInit…"，当应用程序关闭时，将会看到"jspDestroy…"。

程序 3.4 lifeCycle.jsp

```
<%@ page contentType = "text/html; charset = UTF - 8"
         pageEncoding = "UTF - 8" %>
<%!
  int count = 0;
  public void jspInit(){                        //覆盖 jspInit()
    System.out.println("jspInt...");
  }
  public void jspDestroy(){                     //覆盖 jspDestroy()
    System.out.println("jspDestroy...");
  }
%>
<html><head><title>JSP 生命周期示例</title>
</head>
<body>
  <% count++; %>
  覆盖 jspInit()和 jspDestroy()!<br>
  该页面被访问<% = count %>次
</body>
</html>
```

当 Web 容器首次装入页面时，它将调用 jspInit()。在 JSP 页面的生命周期中，count 变量可能被多次访问，每次都将执行_jspService()。由于小脚本<% count++； %>变成_jspService()的一部分，count++每次都会被执行使计数器增 1。最后，当页面被销毁时，容器调用 jspDestroy()。注意，_jspService()不能被覆盖。

3.2.4 理解页面转换过程

我们知道，JSP 页面生命周期的第一阶段是转换阶段，在该阶段 JSP 页面被转换成包含相应 Servlet 的 Java 文件。容器根据下面规则将 JSP 页面中的元素转换成 Servlet 代码。

- 所有的 JSP 声明都转换成页面实现类的成员,它们被原样拷贝。例如,声明的变量转换成实例变量,声明的方法转换成实例方法。
- 所有的 JSP 小脚本都转换成页面实现类的_jspService()的一部分,它们也被原样拷贝。小脚本中声明的变量转换成_jspService()的局部变量,小脚本中的语句转换成_jspService()中的语句。
- 所有的 JSP 表达式都转换成为_jspService()的一部分,表达式的值使用 out.print()语句输出。
- 有些指令在转换阶段产生 Java 代码,例如,page 指令的 import 属性转换成页面实现类的 import 语句。
- 所有的 JSP 动作都通过调用针对厂商的类来替换。
- 所有表达式语言 EL 通过计算后使用 out.write()语句输出。
- 所有模板文本都成为_jspService()的一部分,模板内容使用 out.write()语句输出。
- 所有的 JSP 注释都被忽略。

在下面章节中会看到这些转换规则的含义。

3.2.5 理解转换单元

在 JSP 页面中可以使用<%@ include … %>指令把另一个文件(如 JSP 页面、HTML 页面等)的内容包含到当前页面中。容器在为当前 JSP 页面产生 Java 代码时,它也把被包含的文件的内容插入到产生的页面实现类中。这些被转换成单个页面实现类的页面集合称为转换单元(translation unit)。有些 JSP 标签影响整个转换单元而不只是它们所在的页面。关于转换单元,要记住下面的要点:

- page 指令影响整个转换单元。有些指令通知容器关于页面的总体性质,例如,page 指令的 contentType 属性指定响应的内容类型,session 属性指定页面是否参加 HTTP 会话。
- 在一个转换单元中一个变量不能多次声明。例如,如果一个变量已经在主页面中声明,它就不能在被包含的页面中声明。
- 在一个转换单元中不能使用<jsp:useBean>动作对一个 bean 声明两次。我们将在 4.7 节中讨论<jsp:useBean>动作。

3.3 JSP 脚本元素

由于声明、小脚本和表达式允许在页面中编写脚本语言代码,所以这些元素统称为脚本元素。JSP 页面使用 Java 语言作为脚本语言,因此脚本元素中代码的编译和运行受到 Java 编程语言的控制。

JSP 脚本元素

3.3.1 变量的声明及顺序

下面通过例子依次说明。

1. 声明的顺序

因为在 JSP 声明中定义的变量和方法都转换成页面实现类的成员，因此它们在页面中出现的顺序无关紧要。程序 3.5 说明了这一点。

程序 3.5 area.jsp

```
<%@ page contentType = "text/html; charset = UTF - 8"
         pageEncoding = "UTF - 8" %>
<html>
<head>
<title>计算圆的面积</title>
</head>
<body>
<%
   String s = request.getParameter("radius");
   if(s == null||s.isEmpty())
      s = "0";
   r = Double.parseDouble(s);
%>
<form action = "area.jsp" method = "post">
  请输入圆的半径:
  <input type = "text" name = "radius" size = "5"/>
  <input type = "submit" value = "提交" />
</form>
半径为<% = r %>的圆的面积为: <% = area(r) %>
<%!
  double r = 0;                                  //声明一个变量 r
  double area(double r) {                        //声明求圆面积的方法
    return (int)(r * r * Math.PI * 100)/100.0;
}
%>
</body>
</html>
```

该例中，尽管半径 r、求面积的方法 area()是在使用之后定义的，但页面仍然能够转换、编译和运行，最后输出正确结果，如图 3.2 所示。

图 3.2 area.jsp 页面的运行结果

2. 小脚本的顺序

由于小脚本被转换成页面实现类的_jspService()方法的一部分，因此小脚本中声明的变量成为该方法的局部变量，故它们出现的顺序很重要，看下面的代码：

```
<% String s = s1 + s2; %>
```

```
<%! String s1 = "hello"; %>
<% String s2 = "world"; %>
<% out.print(s); %>
```

该例中,s1 是在声明中定义的,它成为页面实现类的成员变量,s 与 s2 是在小脚本中声明的变量,它们成为_jspService()方法的局部变量。s2 在声明之前使用,因此该代码将不能被编译。

3. 变量的初始化

在 Java 语言中,实例变量被自动初始化为默认值,而局部变量使用之前必须明确赋值。因此在 JSP 声明中声明的变量被初始化为默认值,而在 JSP 小脚本中声明的变量使用之前必须明确初始化,看下面的代码:

```
<%! int a; %>
<% int b; %>
a = <% = ++a %><br>
b = <% = ++b %><br>              //该行代码不能被编译
```

变量 a 是使用声明(<%! …%>)声明的,它转换成页面实现类的实例变量并被初始化为 0。变量 b 是使用小脚本(<%…%>)声明的,它转换成页面实现类的_jspService()方法的局部变量并没有被初始化。由于 Java 要求局部变量在使用之前明确初始化,因此上述代码是非法的且不能编译。

需要注意的是,实例变量是在容器实例化页面实现类时被创建的并只被初始化一次,因此在 JSP 声明中声明的变量在多个请求中一直保持它们的值。而局部变量对每个请求都创建和销毁一次,因此在小脚本中声明的变量在多个请求中不保持其值,而是在 JSP 容器每次调用_jspService()时被重新初始化。

要使上面的代码能够编译,可以像下面这样初始化变量 b:

```
<% int b = 5; %>
```

如果多次访问上面页面,a 的值每次将增 1,输出一个新值,而 b 的值总是输出 6。

3.3.2 使用条件和循环语句

小脚本用来在 JSP 页面中嵌入计算逻辑,通常这种逻辑包含条件和循环语句。例如,下面的脚本代码使用了条件语句检查用户的登录状态,并基于该状态显示适当的消息。

```
<%
   boolean isLoggedIn = false;
   isLoggedIn = (Boolean)request.getAttribute("isLoggedIn");
   if(isLoggedIn){
      out.print("<h3>欢迎您访问该页面!</h3>");
   }else{
      out.println("您还没有登录!");
      out.println("<a href = 'login.html'>登录</a>");
   }
%>
```

这里需要注意,在 if 和 else 块中应使用大括号标记代码块的开始和结束。忽略大括号可能在编译和运行时产生错误。

与条件语句一样,循环语句也可以跨越多段小脚本,使常规的 HTML 代码段处于小脚本之间。下面例子使用循环计算并输出 100 以内的素数。

程序 3.6　prime.jsp

```
<%@ page contentType = "text/html;charset = utf - 8" %>
<html>
<head><title>计算素数</title></head>
<body>
<%
   for(int n = 2;n < 100;n++){
      int i;
      for(i = 2;i < n;i++){
          if(n % i == 0)
             break;
      }
      if(i == n){
%>
   <% = n %>  
<%
     }
   }
%>
</body>
</html>
```

页面的运行结果如图 3.3 所示。

图 3.3　prime.jsp 页面的运行结果

上述代码使用两段小脚本把 HTML 代码包含在循环中,然后使用 JSP 表达式输出素数 n,之后输出两个空格。

3.3.3　请求时属性表达式

JSP 表达式并不总是输出到页面中,它们也可以传递给 JSP 动作的属性。

```
<%! String pageURL = "copyright.jsp"; %>
<jsp:include page = "<% = pageURL %>" />
```

这里,表达式<%= pageURL %>的值并不发送到输出流,而是在请求时计算出该值,然后将它赋给<jsp:include>动作的 page 属性。以这种方式向动作传递一个属性值使用的表达式称为请求时属性表达式(request-time attribute expression)。

注意,请求时属性表达式不能用在指令的属性中,因为指令具有转换时的语义,即容器仅在页面转换期间使用指令。因此,下例中的指令是非法的:

```
<%! String pageURL = "copyright.html"; %>
<%@ include file="<% = pageURL %>" %>
```

3.4 JSP 隐含变量

在 JSP 页面的转换阶段,Web 容器在页面实现类的_jspService()方法中声明并初始化一些变量,可以在 JSP 页面小脚本中或表达式中直接使用这些变量。

```
<%
    out.print("<h1>Hello World! </h1>");
%>
```

这里使用 out 对象的 print()输出一个字符串。out 对象是由容器隐含声明的,所以一般被称为隐含对象(implicit object),这些对象由容器创建,可像变量一样使用,因此也被叫做隐含变量(implicit variable)。表 3-3 给出了页面实现类中声明的全部 9 个隐含对象。

表 3-3 JSP 页面中可使用的隐含变量

隐含变量	类或接口	说明
application	javax.servlet.ServletContext 接口	引用 Web 应用程序上下文
session	javax.servlet.http.HttpSession 接口	引用用户会话
request	javax.servlet.http.HttpServletRequest 接口	引用页面的当前请求对象
response	javax.servlet.http.HttpServletResponse 接口	用来向客户发送一个响应
out	javax.servlet.jsp.JspWriter 类	引用页面输出流
page	java.lang.Object 类	引用页面的 Servlet 实例
pageContext	javax.servlet.jsp.PageContext 类	引用页面上下文
config	javax.servlet.ServletConfig 接口	引用 Servlet 的配置对象
exception	java.lang.Throwable 类	用来处理错误

下面来看看在 JSP 页面实现类中是如何声明这些变量的。以 todayDate.jsp 页面为例,在转换阶段,Web 容器自动将该页面转换成一个名为 todayDate_jsp.java 的类文件,参阅程序 3.3 的页面实现类代码,可以看到在_jspService()方法中声明了 8 个变量(加粗字体表示的)。如果一个页面是错误处理页面,即页面中包含下面的 page 指令:

```
<%@ page isErrorPage="true" %>
```

则页面实现类中将声明一个 exception 隐含变量,如下所示:

```
Throwable exception =
        (Throwable) request.getAttribute("javax.servlet.jsp.jspException");
```

下面详细讨论这 9 个隐含变量的使用。注意,这些隐含变量只能在 JSP 的 JSP 小脚本和 JSP 表达式中使用。

3.4.1 request 与 response 变量

request 和 response 分别是 HttpServletRequest 和 HttpServletResponse 类型的隐含变量，当页面实现类向客户提供服务时，它们作为参数传递给_jspService()方法。在 JSP 页面中使用它们与在 Servlet 中使用完全一样，即用来分析请求和发送响应，如下代码所示：

```
<%
    String uri = request.getRequestURI();
    response.setContentType("text/html;charset = UTF - 8");
%>
请求方法为：<% = request.getMethod() %><br>
请求 URI 为：<% = uri %><br>
协议为：<% = request.getProtocol() %>
```

3.4.2 out 变量

out 是 javax.servlet.jsp.JspWriter 类型的隐含变量，JspWriter 类扩展了 java.io.Writer 并继承了所有重载的 write()。在此基础上，还增加了其自己的一组 print()和 println()来打印输出所有的基本数据类型、字符串以及用户定义的对象。可以在小脚本中直接使用它，也可以在表达式中间接使用它产生 HTML 代码：

```
<% out.print("Hello World!"); %>
<% = "Hello User!" %>
```

上面两行代码，在页面实现类中都使用 out.print()语句输出。下面脚本使用 out 变量的 print()打印输出不同类型的数据。

```
<%
  int anInt = 3;
  Float aFloatObj = new Float(5.6);
  out.print(anInt);                      //输出一个 int 类型值
  out.print(anInt > 0);                  //输出一个 boolean 类型值
  out.print(anInt * 3.5/100 - 500);      //输出一个 float 类型表达式
  out.print(aFloatObj);                  //输出一个对象
  out.print(aFloatObj.floatValue());     //调用返回值为 float 类型的方法
  out.print(aFloatObj.toString());       //调用返回值为 String 类型的方法
%>
```

3.4.3 application 变量

application 是 javax.servlet.ServletContext 类型的隐含变量，它是 JSP 页面所在的 Web 应用程序的上下文的引用(在第 2 章中曾讨论了 ServletContext 接口)。在 Servlet 中，我们可以使用如下代码访问 ServletContext 对象：

```
LocalDate today = LocalDate.now();
ServletContext context = getServletContext();
context.setAttribute("today",today);
```

在 JSP 页面中,使用下面 application 对象的 getAttribute()方法检索存储在上下文中的数据:

```
<% = application.getAttribute("today") %>
```

3.4.4 session 变量

session 是 javax. servlet. http. HttpSession 类型的隐含变量,它在 JSP 页面中表示 HTTP 会话对象。要使用会话对象,必须要求 JSP 页面参加会话,即要求将 JSP 页面的 page 指令的 session 属性值设置为 true。

默认情况下,session 属性的值为 true,所以即使没有指定 page 指令,该变量也会被声明并可以使用。然而,如果明确将 session 属性设置为 false,容器将不会声明该变量,对该变量的使用将产生错误,代码如下所示:

```
<%@ page session = "false" %>
<html><body>
    会话 ID = <% = session.getId() %>
</body></html>
```

3.4.5 exception 变量

exception 是 java. lang. Throwable 类型的隐含变量,它被用来作为其他页面的错误处理器。为使页面能够使用 exception 变量,必须在 page 指令中将 isErrorPage 的属性值设置为 true,代码如下所示:

```
<%@ page isErrorPage = 'true' %>
<html><body>
    页面发生了下面错误: <br>
    <% = exception.toString() %>
</body></html>
```

上述代码中,将 page 指令的 isErrorPage 属性设置为 true,容器明确定义了 exception 变量。该变量指向使用该页面作为错误处理器的页面抛出的未捕获的 java. lang. Throwable 对象。

如果去掉第一行,容器将不会明确定义 exception 变量,因为 isErrorPage 属性的默认值为 false,此时使用 exception 变量将产生错误。

3.4.6 config 变量

config 变量是 javax. servlet. ServletConfig 类型的隐含变量。在第 2 章曾讨论过,可通过 DD 文件为 Servlet 传递一组初始化参数,然后在 Servlet 中使用 ServletConfig 对象检索这些参数。

类似的,也可以为 JSP 页面传递一组初始化参数,这些参数在 JSP 页面中可以使用 config 隐含变量来检索。要实现这一点,应该首先在 DD 文件 web. xml 中使用< servlet-name >声明一个 Servlet,然后使用< jsp-file >元素使其与 JSP 文件关联。对该命名的

Servlet 的所有初始化参数就可以在 JSP 页面中通过 config 隐含变量使用。

```
<servlet>
    <servlet-name>initTestServlet</servlet-name>
    <jsp-file>/initTest.jsp</jsp-file>
    <init-param>
        <param-name>company</param-name>
        <param-value>Beijing New Techonology CO.,LTD</param-value>
    </init-param>
    <init-param>
        <param-name>email</param-name>
        <param-value>smith@yahoo.com.cn</param-value>
    </init-param>
</servlet>
<servlet-mapping>
    <servlet-name>initTestServlet</servlet-name>
    <url-pattern>/initTest.jsp</url-pattern>
</servlet-mapping>
```

以上代码声明了一个名为 initTestServlet 的 Servlet 并将它映射到/initTest.jsp 文件，同时为该 Servlet 指定了 company 和 email 初始化参数，该参数可以在 initTest.jsp 文件中使用隐含变量 config 检索到，如下所示：

```
公司名称：<%=config.getInitParameter("company")%><br>
邮箱地址：<%=config.getInitParameter("email")%>
```

3.4.7 pageContext 变量

pageContext 是 javax.servlet.jsp.PageContext 类型的隐含变量，它是一个页面上下文对象。PageContext 类是一个抽象类，容器厂商提供了一个具体子类(如 JspContext)，它有下面三个作用。

(1) 存储隐含对象的引用。pageContext 对象是作为管理所有在 JSP 页面中使用的其他对象的一个地方，包括用户定义的和隐含的对象，并且它提供了一个访问方法来检索它们。如果查看 JSP 页面生成的 Servlet 代码，会看到 session、application、config 与 out 这些隐含变量是调用 pageContext 对象的相应方法得到的。

(2) 提供了在不同作用域内返回或设置属性的方便的方法。3.7 节将详细说明。

(3) 提供了 forward()和 include()实现将请求转发到另一个资源和将一个资源的输出包含到当前页面中的功能，它们的格式如下：

- public void include(String relativeURL)：将另一个资源的输出包含在当前页面的输出中，与 RequestDispatcher()接口的 include()功能相同。
- public void forward(String relativeURL)：将请求转发到参数指定的资源，与 RequestDispatcher 接口的 forward()功能相同。

例如，在 Servlet 中将请求转发到另一个资源，需要写下面两行代码：

```
RequestDispatcherrd = request.getRequestDispatcher("other.jsp");
rd.forward(request, response);
```

在 JSP 页面中,通过使用 pageContext 变量仅需一行就可以完成上述功能:

```
pageContext.forward("other.jsp");
```


3.4.8 page 变量

page 变量是 java.lang.Object 类型的对象,声明如下:

```
Object page = this;               //this 指当前 Servlet 实例
```

它指的是生成的 Servlet 实例,该变量很少被使用。

3.5 page 指令属性

page 指令属性

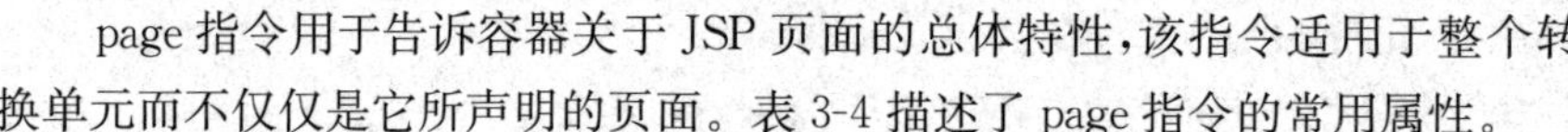

page 指令用于告诉容器关于 JSP 页面的总体特性,该指令适用于整个转换单元而不仅仅是它所声明的页面。表 3-4 描述了 page 指令的常用属性。

表 3-4 page 指令的常用属性

属 性 名	说 明	默 认 值
import	导入在 JSP 页面中使用的 Java 类和接口,其间用逗号分隔	java.lang.*; javax.servlet.*; javax.servlet.jsp.*; javax.servlet.http.*;
contentType	指定输出的内容类型和字符集	text/html; charset=ISO-8859-1
pageEncoding	指定 JSP 文件的字符编码	ISO-8859-1
session	用布尔值指定 JSP 页面是否参加 HTTP 会话	true
errorPage	用相对 URL 指定另一个 JSP 页面用来处理当前页面的错误	null
isErrorPage	用一个布尔值指定当前 JSP 页面是否用来处理错误	false
language	指定容器支持的脚本语言	java
extends	任何合法地实现了 javax.servlet.jsp.JspPage 接口的 Java 类	与实现有关
buffer	指定输出缓冲区的大小	与实现有关
autoFlush	指定是否当缓冲区满时自动刷新	true
info	关于 JSP 页面的任何文本信息	与实现有关
isThreadSafe	指定页面是否同时为多个请求服务	true
isELIgnored	指定是否在此转换单元中对 EL 表达式求值	若 web.xml 采用 Servlet 2.4 格式,默认值为 true

应该了解 page 指令所有属性以及它们的取值,但下面几个属性是最重要的:import、contentType、pageEncoding、session、errorPage 与 isErrorPage。

3.5.1 import 属性

import 属性的功能类似于 Java 程序的 import 语句,它是将 import 属性值指定的类导入到页面中。在转换阶段，容器对使用 import 属性声明的每个包都转换成页面实现类的一个 import 语句。可以在一个 import 属性中导入多个包，包名用逗号分开即可，例如：

```
<%@ page import="java.util.*, java.text.*,com.demo.*" %>
```

为了增强代码可读性也可以使用多个 page 指令，如上面的 page 指令也可以写成：

```
<%@ page import="java.util.*" %>
<%@ page import="java.text.*" %>
<%@ page import="com.demo.*" %>
```

由于在 Java 程序中 import 语句的顺序是没有关系的，因此这里 import 属性的顺序也没有关系。另外，容器总是导入 java.lang.*、javax.servlet.*、javax.servlet.http.* 和 javax.servlet.jsp.* 包，所以不必明确地导入它们。

3.5.2 contentType 和 pageEncoding 属性

contentType 属性用来指定 JSP 页面输出的 MIME 类型和字符集，MIME 类型的默认值是 text/html，字符集的默认值是 ISO-8859-1。MIME 类型和字符集之间用分号分隔，如下所示：

```
<%@ page contentType="text/html;charset=ISO-8859-1" %>
```

上述代码与在 Servlet 中的下面一行等价：

```
response.setContentType("text/html;charset=ISO-8859-1");
```

如果页面需要显示中文，字符集应该指定为 UTF-8 或 GB18030，如下所示：

```
<%@ page contentType="text/html;charset=UTF-8" %>
```

pageEncoding 属性指定 JSP 页面的字符编码，它的默认值为 ISO-8859-1。如果设置了该属性，则 JSP 页面使用该属性设置的字符集编码；如果没有设置这个属性，则 JSP 页面使用 contentType 属性指定的字符集。如果页面中含有中文，应该将该属性值指定为 UTF-8 或 GB18030，如下所示：

```
<%@ page pageEncoding="UTF-8" %>
```

3.5.3 session 属性

session 属性指示 JSP 页面是否参加 HTTP 会话，其默认值为 true，在这种情况下容器将声明一个隐含变量 session(我们已在 3.4 节学习了隐含变量)。如果不希望页面参加会话，可以明确地加入下面一行：

```
<%@ page session="false" %>
```

3.5.4 errorPage 与 isErrorPage 属性

在页面执行过程中，嵌入在页面中的 Java 代码可能抛出异常。与一般的 Java 程序一样，在 JSP 页面中也可以使用 try-catch 块处理异常。然而，JSP 规范定义了一种更好的方法,它可以使错误处理代码与主页面代码分离,从而提高异常处理机制的可重用性。在该方法中,JSP 页面使用 page 指令的 errorPage 属性将异常代理给另一个包含错误处理代码的 JSP 页面。在程序 3.7 的 helloUser.jsp 页面中,errorHandler.jsp 被指定为错误处理页面。

程序 3.7　helloUser.jsp

```
<%@ page contentType = "text/html; charset = UTF-8" %>
<%@ page errorPage = "errorHandler.jsp" %>
<html>
<body>
<%
  if (request.getParameter("name") == null){
    throw new RuntimeException("没有指定 name 请求参数.");
  }
%>
Hello, <% = request.getParameter("name") %>
</body>
</html>
```

对该 JSP 页面的请求如果指定了 name 请求参数值,该页面将正常输出,如果没有指定 name 请求参数值,将抛出一个异常,但它本身并没有捕获异常,而是通过 errorPage 属性指示容器将错误处理代理给页面 errorHandler.jsp。

errorPage 的属性值不必是 JSP 页面,它也可以是静态的 HTML 页面,例如:

```
<%@ page errorPage = "errorHandler.html" %>
```

显然,在 errorHandler.html 文件中不能编写小脚本或表达式产生动态信息。

isErrorPage 属性指定当前页面是否作为其他 JSP 页面的错误处理页面。isErrorPage 属性的默认值为 false。如上例使用的 errorHandler.jsp 页面中该属性必须明确设置为 true,如下所示:

程序 3.8　errorHandler.jsp

```
<%@ page contentType = "text/html; charset = UTF-8" %>
<%@ page isErrorPage = "true" %>
<html>
<body>
    页面发生了下面错误: <br>
    <% = exception.getMessage() %><br>
    请重试!
</body>
</html>
```

在这种情况下,容器在页面实现类中声明一个名为 exception 的隐含变量。

注意,该页面仅从异常对象中检索信息并产生适当的错误消息。因为该页面没有实现任何业务逻辑,所以可以被不同的 JSP 页面重用。

一般来说,为所有的 JSP 页面指定一个错误页面是一个良好的编程习惯,这可以防止在客户端显示不希望的错误消息。

注意:如果使用 IE 浏览器不带参数请求 helloUser.jsp 页面,浏览器可能显示"无法显示网页”的页面。此时,可以打开“工具”菜单的“Internet选项”对话框,在“高级”选项卡中,将“浏览”组中的“显示友好HTTP错误信息”的复选框取消选中,再重新访问页面,则显示JSP页面中指定的错误页面。

3.5.5 language与extends属性

language属性指定在页面的声明、小脚本及表达式中使用的语言,它的默认值是java,这也是JSP规范2.0所允许的唯一值。因此在页面中添加下面一行是冗余的:

```
<%@ page language = "java" %>
```

extends属性指定页面产生的Servlet的基类,该属性仅在希望定制所产生的Servlet类的时候有用。默认的基类是厂商提供的。因此,该属性很少被使用,下面一行给出了其语法格式:

```
<%@ page extends = "mypackage.MySpecialBaseServlet" %>
```

3.5.6 buffer与autoFlush属性

buffer属性指定输出缓冲区的大小。输出缓冲区用来存放页面产生的内容。缓冲区的默认值与容器的实现有关,但规范要求至少为8kb,下面指令将缓冲区的大小设置为32kb。

```
<%@ page buffer = "32kb" %>
```

缓冲区的值是以KB为单位且kb是必须的。如果把数据直接发送给用户不需要缓冲,可以将该值指定为none。

autoFlush属性指定是否在缓冲区满时自动将缓冲区中的数据发送给客户,该属性的默认值为true。如果将其设置为false,而缓冲区又满了,那么当再向缓冲区添加数据时就会产生异常。下面将该属性值设置为false。

```
<%@ page autoFlush = "false" %>
```

3.5.7 info属性

info属性指定一个字符串值,它可由Servlet调用getServletInfo()返回。下面代码给出了一种可能的用法。

```
<%@ page info = "This is a sample Page. " %>
```

在页面中使用<%=getServletInfo()%>脚本检索该值,该属性的默认值依赖于实现。

3.6 JSP组件包含

JSP组件包含

代码的可重用性是软件开发的一个重要原则。使用可重用的组件可提高应用程序的生产率和可维护性。JSP规范定义了一些允许重用Web组件的机制,其中包括在JSP页面中包含另一个Web组件的内容或输出。

这可通过两种方式之一实现：静态包含或动态包含。

3.6.1 静态包含：include 指令

静态包含是在JSP页面转换阶段将另一个文件的内容包含到当前JSP页面中。使用JSP的include指令完成这一功能，它的语法为：

```
<%@ include file = "relativeURL" %>
```

file是include指令唯一的属性，它是指被包含的文件。文件使用相对路径指定，相对路径或者以斜杠(/)开头，是相对于Web应用程序文档根目录的路径，或者不以斜杠开头，它是相对于当前JSP文件的路径。被包含的文件可以是任何基于文本的文件，如HTML、JSP、XML文件，甚至是简单的TXT文件。

图3.4说明了include指令的工作方式。这里有两个JSP文件：主页面main.jsp和被包含的页面other.jsp。main.jsp文件通过include指令包含other.jsp文件。

当请求main.jsp页面时，容器在创建main.jsp页面实现类时，把文件other.jsp中的所有内容包含进来。结果代码是主页面和被包含页面的组合，最后作为一个转换单元编译。

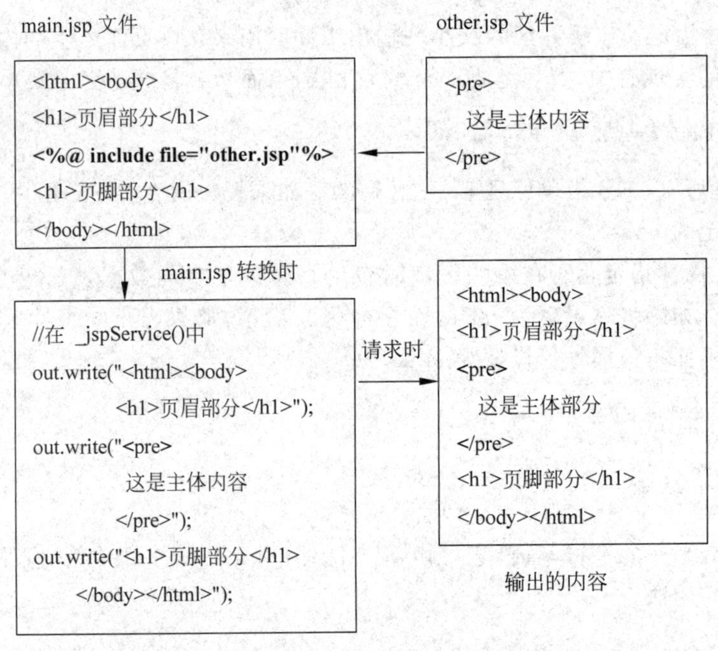

图3.4 使用include指令的静态包含

1. 从被包含页面中访问变量

由于被包含JSP页面的代码成为主页面代码的一部分，因此，每个页面都可以访问在另一个页面中定义的变量。它们也共享所有的隐含变量，如程序3.9所示。

程序3.9 hello.jsp

```
<%@ page contentType = "text/html;charset = utf - 8" %>
<html>
```

```
<head><title>Hello</title></head>
<%! String userName = "Duke"; %>
<body>
    <img src = "images/duke.gif">
    My name is Duke. What is yours?
    <form action = "" method = "post">
      <input type = "text" name = "username" size = "25">
      <input type = "submit" value = "提交">
      <input type = "reset" value = "重置">
    </form>
    <%@include file = "response.jsp" %>
</body>
</html>
```

下面代码是被包含页面 response.jsp。

程序 3.10　response.jsp

```
<%@ page contentType = "text/html;charset = utf - 8" %>
<%  userName = request.getParameter("username"); %>
<h4 style = "color:blue">Hello, <% = userName %>!</h4>
```

在 hello.jsp 页面中声明了一个变量 userName，并使用 include 指令包含了 response.jsp 页面。在 response.jsp 页面中使用了 hello.jsp 页面中声明的变量 userName。程序的运行结果如图 3.5 所示。

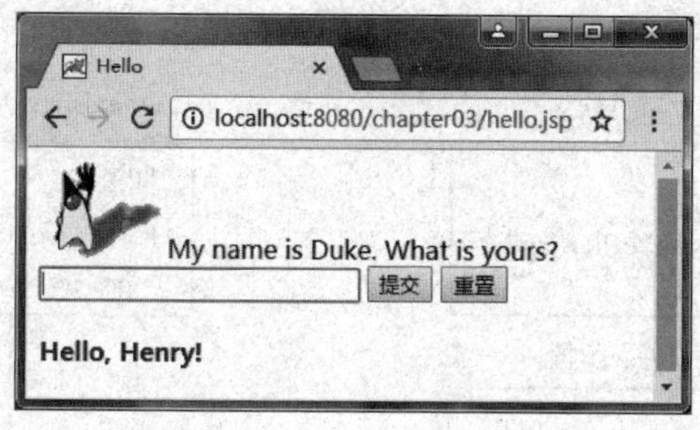

图 3.5　hello.jsp 的运行结果

2. 静态包含的限制

当使用 include 指令包含一个文件时，需要遵循下列几个规则。

(1) 在转换阶段不进行任何处理，这意味着 file 属性值不能是请求时表达式，因此下面的使用是非法的。

```
<%! String pageURL = "copyright.html"; %>
<%@ include file = "<% = pageURL %>" %>
```

(2) 不能通过 file 属性值向被包含的页面传递任何参数，因为请求参数是请求的一个属性，它在转换阶段没有任何意义。下面例子中的 file 属性值是非法的。

```
<%@ include file = "other.jsp?name = Hacker" %>
```

(3) 被包含的页面可能不能单独编译。程序 3.11 的文件就不能单独编译，因为它没有定义 userName 变量。一般来说，最好避免这种依赖性，而使用隐含变量 pageContext 共享对象,通过使用 pageContext 的 setAttribute()和 getAttribute()实现。

3.6.2 动态包含：include 动作

动态包含是通过 JSP 标准动作<jsp:include>实现的。动态包含是在请求时将另一个页面的输出包含到主页面的输出中。该动作的格式如下：

```
<jsp:include page="relativeURL" flush="true | false" />
```

这里 page 属性是必需的,其值必须是相对 URL,并指向任何静态或动态 Web 组件,包括 JSP 页面、Servlet 等。可选的 flush 属性是指在将控制转向被包含页面之前是否刷新主页面。如果当前 JSP 页面被缓冲,那么在把输出流传递给被包含组件之前应该刷新缓冲区。flush 属性的默认值为 false。

page 属性的值可以是请求时表达式,例如：

```
<%! String pageURL = "other.jsp"; %>
<jsp:include page="<% = pageURL %>" />
```

图 3.6 说明了<jsp:include>动作的工作方式。main.jsp 页面包含一个<jsp:include>动作指向 other.jsp 页面。在为 main.jsp 文件产生页面实现类时,容器包括一个对 other.jsp 的请求时调用,同时也为 other.jsp 文件产生页面实现类。当对 main.jsp 请求时,该请求将由 main.jsp 所产生的页面实现类接收和处理。由于该页面实现类包含对 other.jsp 的调用,结果 HTML 页面将包含 main.jsp 所产生的输出和 other.jsp 所产生的输出。

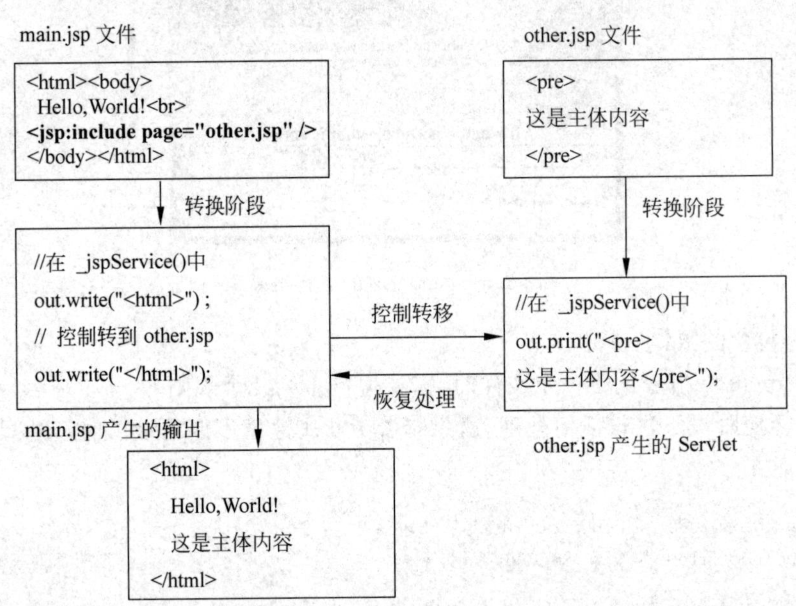

图 3.6 使用 include 动作的动态包含

在功能上<jsp:include>动作的语义与 RequestDispatcher 接口的 include()的语义相同,因此,在 Servlet 中实现包含使用下面代码：

```
RequestDispatcherrd = request.getRequestDispatcher("other.jsp");
rd.include(request, response);
```

在 JSP 页面可使用下面两种结构。

【结构 1】

```
<%
    pageContext.include("other.jsp");
%>
```

【结构 2】

```
<jsp:include page = "other.jsp" flush = "true"/>
```

1. 使用<jsp:param>传递参数

在<jsp:include>动作中可以使用<jsp:param />向被包含的页面传递参数。下面的代码向 somePage.jsp 页面传递两个参数：

```
<jsp:include page = "somePage.jsp">
    <jsp:param name = "name1" value = "value1" />
    <jsp:param name = "name2" value = "value2" />
</jsp:include>
```

在<jsp:include>元素中可以嵌入任意多的<jsp:param>元素。value 的属性值也可以像下面这样使用请求时属性表达式来指定。

```
<jsp:include page = "somePage.jsp">
    <jsp:param name = "name1" value = "<% = someExpr1 %>" />
    <jsp:param name = "name2" value = "<% = someExpr2 %>" />
</jsp:include>
```

通过<jsp:param>动作传递的“名/值”对保存在 request 对象中并只能由被包含的组件使用，在被包含的页面中使用 request 隐含对象的 getParameter()获得传递来的参数。这些参数的作用域是被包含的页面，在被包含的组件完成处理后，容器将从 request 对象中清除这些参数。

上面的例子使用的是<jsp:include>动作，但这里的讨论也适用于<jsp:forward>动作。

2. 与动态包含的组件共享对象

被包含的页面是单独执行的，因此它们不能共享在主页面中定义的变量和方法。然而，它们处理的请求对象是相同的，因此可以共享属于请求作用域的对象。下面程序说明了这一点。

程序 3.11　hello2.jsp

```
<%@ page contentType = "text/html;charset = UTF - 8" %>
<html>
<head><title>Hello</title></head>
<body>
    <img src = "images/duke.gif">
    My name is Duke. What is yours?
    <form action = "" method = "post">
      <input type = "text" name = "username" size = "25">
      <input type = "submit" value = "提交">
```

```
      <input type="reset" value="重置">
    </form>
    <% String userName = request.getParameter("username");
       request.setAttribute("username",userName);
     %>
    <jsp:include page="response2.jsp" />
</body>
</html>
```

程序 3.11 产生的输出结果与程序 3.9 相同,但它使用了动态包含。主页面 hello2.jsp 通过调用 request.setAttribute()把 userName 对象添加到请求作用域中,然后,被包含的页面 response2.jsp 通过调用 request.getAttribute()检索该对象并使用表达式输出。

程序 3.12 response2.jsp

```
<%@ page contentType="text/html;charset=UTF-8" %>
<% String userName = (String)request.getAttribute("username"); %>
<h4 style="color:blue">Hello, <%=userName%>!</h4>
```

这里,在 hello2.jsp 文件中的隐含变量 request 与 response2.jsp 文件中的隐含变量 request 是请求作用域内的同一个对象。对<jsp:forward>动作可以使用相同的机制。

除 request 对象外,还可以使用隐含变量 session 和 application 在被包含的页面中共享对象,但它们的作用域是不同的。例如,如果使用 application 代替 request,那么 username 对象就可被多个客户使用。

3.6.3 使用<jsp:forward>动作

使用<jsp:forward>动作把请求转发到其他组件,然后由转发到的组件把响应发送给客户,该动作的格式为:

```
<jsp:forward page="relativeURL" />
```

page 属性的值为转发到的组件的相对 URL,它可以使用请求时属性表达式。它与<jsp:include>动作的不同之处在于,当转发到的页面处理完输出后,并不将控制转回主页面。使用<jsp:forward>动作,主页面也不能包含任何输出。

在功能上<jsp:forward>的语义与 RequestDispatcher 接口的 forward()的语义相同,因此在 Servlet 中实现请求转发使用下面代码:

```
RequestDispatcher rd = request.getRequestDispatcher("other.jsp");
rd.forward(request, response);
```

在 JSP 页面可使用下面两种结构。

【结构 1】

```
<%
    pageContext.forward("other.jsp");
 %>
```

【结构 2】

```
<jsp:forward page = "other.jsp" />
```

在 JSP 页面中使用<jsp:forward>标准动作实际上实现的是控制逻辑的转移。在 MVC 设计模式中，控制逻辑应该由控制器（Servlet）实现而不应该由视图（JSP 页面）实现。因此，尽可能不在 JSP 页面中使用<jsp:forward>动作转发请求。

3.6.4 实例：使用包含设计页面布局

Web 应用程序界面应该具有统一的视觉效果，或者说所有的页面都有同样的整体布局。一种比较典型的布局通常包含标题部分、脚注部分、菜单、广告区和主体实际内容部分。设计这些页面时如果在所有的页面中都复制相同的代码，这不仅不符合模块化设计原则，将来若修改布局也非常麻烦。使用 JSP 技术提供的 include 指令（<%@ include…）包含静态文件和 include 动作（<jsp:include …>）包含动态资源就可以实现一致的页面布局。

下面的 index.jsp 页面使用<div>标签和 include 指令实现页面布局。

程序 3.13 index.jsp

```
<%@ page contentType = "text/html; charset = UTF-8"
        pageEncoding = "UTF-8" %>
<html>
<head>
<meta charset = "UTF-8">
<title>百斯特电子商城</title>
<link href = "css/style.css" rel = "stylesheet" type = "text/css" />
</head>
<body>
    <div id = "container">
        <div id = "header"><%@ include file = "/WEB-INF/jsp/header.jsp" %></div>
        <div id = "topmenu">
                <%@ include file = "/WEB-INF/jsp/topmenu.jsp" %></div>
        <div id = "mainContent" class = "clearfix" >
            <div id = "leftmenu">
                <%@ include file = "/WEB-INF/jsp/leftmenu.jsp" %></div>
            <div id = "content">
                <%@ include file = "/WEB-INF/jsp/content.jsp" %></div>
        </div>
        <div id = "footer">
                <%@ include file = "/WEB-INF/jsp/footer.jsp" %></div>
    </div>
</body>
</html>
```

被包含的 JSP 文件存放在 WEB-INF/jsp 目录中，WEB-INF 中资源只能被服务器访问，这样可以防止这些 JSP 页面被客户直接访问。访问 index.jsp 页面，输出结果如图 3.7 所示。

图 3.7　index.jsp 页面的运行结果

该页面使用了 CSS 对页面进行布局，style.css 代码如下。

程序 3.14　style.css

```
@CHARSET "UTF-8";
body,div,p,ul{
    margin:0;
    padding:0;
}
#container {
    width:1004px;
    margin:0 auto;
}
#header {
    margin-bottom:5px;
}
#topmenu {
    margin-bottom:5px;
}
.clearfix:after{clear: both;content: ".";display: block;height:0;
              visibility: hidden;}
.clearfix{display: block; *zoom:1;}
#mainContent {
    margin:0 0 5px 0;
}
#leftmenu {
    float:left; width:200px;
    padding:5px 0 5px 30px;
}
#leftmenu ul{
    list-style:none;
}
#leftmenu p{
    margin:0 0 10px 0;
}
```

```
#content {
    float:left; width:650px;
}
#footer {
    height:60px;
}
```

下面是标题页面 header.jsp、顶部菜单页面 topmenu.jsp、左侧菜单页面 leftmenu.jsp、主体内容页面 content.jsp 和页脚页面 footer.jsp。

程序 3.15　header.jsp

```
<%@ page contentType="text/html; charset=UTF-8"
         pageEncoding="UTF-8" %>
<script language="JavaScript" type="text/javascript">
   function register(){
       open("/helloweb/register.jsp","register");
   }
</script>
<p><img src="images/head.jpg" /></p>
```

程序 3.16　topmenu.jsp

```
<%@ page contentType="text/html; charset=UTF-8"
         pageEncoding="UTF-8" %>
<table border='0'>
<tr>
    <td><a href="/helloweb/index.jsp">首页 | </a></td>
    <td><a href="showProduct?category=101">手机数码 </a>|</td>
    <td><a href="showProduct?category=102">家用电器</a>|</td>
    <td><a href="showProduct?category=103">汽车用品</a>|</td>
    <td><a href="showProduct?category=104">服饰鞋帽</a>|</td>
    <td><a href="showProduct?category=105">运动健康</a>|</td>
    <td><a href="showOrder">我的订单</a>|</td>
    <td><a href="showCart">查看购物车</a></td>
</tr>
</table>
<form action="login.do" method="post" name="login">
    用户名<input type="text" name="username" size="13" />
    密  码<input type="password" name="password" size="13" />
    <input type="submit" name="submit" value="登 录">
    <input type="button" name="register"
        value="注 册" onclick="register();">
</form>
```

程序 3.17　leftmenu.jsp

```
<%@ page contentType="text/html; charset=UTF-8"
         pageEncoding="UTF-8" %>
<p><b>商品分类</b></p>
<ul>
   <li><a href="showProduct?category=101">手机数码</a></li>
   <li><a href="showProduct?category=102">家用电器</a></li>
```

```
    <li><a href = "showProduct?category = 103">汽车用品</a></li>
    <li><a href = "showProduct?category = 104">服饰鞋帽</a></li>
    <li><a href = "showProduct?category = 105">运动健康</a></li>
</ul>
```


程序 3.18　content. jsp

```
<%@ page contentType = "text/html; charset = UTF - 8"
        pageEncoding = "UTF - 8" %>
<table border = "0">
    <tr><td colspan = "2">
        <b><i>${sessionScope. message}</i></b></td>
    </tr>
    <tr>
        <td colspan = "4">百斯特 11.11!手机价格真正低,买苹果 6 送苹果 5!</td>
    </tr>
    <tr>
        <td width = 20 %><img src = "images/phone. jpg" ></td>
        <td><p style = "text - indent:2em">苹果(APPLE)iPhone 6 A1589 16G 版
        4G 手机(金色)TD - LTE/TD - SCDMA/GSM 特价: 5288 元</p>
        <img src = "images/gw. jpg">
        </td>

        <td width = 20 %><img src = "images/comp. jpg" ></td>
        <td><p style = "text - indent:2em">联想(Lenovo)G460AL - ITH 15.0 英寸
          笔记本电脑(i3 - 370M 2G 500G 512 独显 DVD 刻录 摄像头 Win7)特价: 3199 元!</p>
        <img src = "images/gw. jpg">
        </td>
    </tr>
</table>
```

程序 3.19　footer. jsp

```
<%@ page contentType = "text/html; charset = UTF - 8"
        pageEncoding = "UTF - 8" %>
<hr/>
<p align = "center">关于我们|联系我们|人才招聘|友情链接</p>
<p align = "center" >
    Copyright &copy; 2018 百斯特电子商城公司,8899123.
</p>
```

在上面这些被包含的文件中,没有使用< html >和< body >等标签。实际上,它们不是完整的页面,而是页面片段,因此文件名也可以完全不使用.jsp 作为扩展名,而可以使用任何的扩展名,如.htmlf 或.jspf 等。

由于被包含的文件是由服务器访问的,因此可以将被包含的文件存放到 Web 应用程序的 WEB-INF 目录中,这样可以防止用户直接访问被包含的文件。

3.7　作用域对象

在 JSP 页面中有 4 个作用域对象,它们的类型分别是 ServletContext、HttpSession、HttpServletRequest 和 PageContext,这 4 个作用域分别称为应用(application)作用域、会话

(session)作用域、请求(request)作用域和页面(page)作用域，如表 3-5 所示。

作用域对象

在 JSP 页面中，所有的隐含对象以及用户定义的对象都处于这 4 种作用域之一，这些作用域定义了对象存在性和从 JSP 页面和 Servlet 中的可访问性。应用作用域对象具有最大的访问作用域，页面作用域对象具有最小的访问作用域。

表 3-5　JSP 作用域对象

作 用 域 名	对应的对象	存在性和可访问性
应用作用域	application	在整个 Web 应用程序有效
会话作用域	session	在一个用户会话范围内有效
请求作用域	request	在用户的请求和转发的请求内有效
页面作用域	pageContext	只在当前的页面(转换单元)内有效

3.7.1　应用作用域

存储在应用作用域的对象可被 Web 应用程序的所有组件共享并在应用程序生命期内都可以访问。这些对象是通过 ServletContext 实例作为"属性/值"对维护的。要在应用程序级共享对象，可以使用 ServletContext 接口的 setAttribute()和 getAttribute()。在 JSP 页面中，该实例可以通过隐含对象 application 访问。例如，在 Servlet 使用下面代码将对象存储在应用作用域中：

```
String username = request.getParameter("username");
ServletContext context = getServletContext();
context.setAttribute("uname", username);
```

在 JSP 页面中就可以使用下面代码访问 context 中的数据：

```
<% = application.getAttribute("uname") %>
```

3.7.2　会话作用域

存储在会话作用域的对象可以被属于一个用户会话的所有请求共享并只能在会话有效时才可被访问。这些对象是通过 HttpSession 类的一个实例作为"属性/值"对维护的。要在会话级共享对象，可以使用 HttpSession 接口的 setAttribute()和 getAttribute()。在 JSP 页面中该实例可以通过隐含对象 session 访问。

在购物车应用中，用户的购物车对象就应该存放在会话作用域中，它在整个用户会话中共享。

```
HttpSession session = request.getSession(true);
//从会话对象中检索购物车
ShoppingCart cart = (ShoppingCart)session.getAttribute("cart");
if (cart == null) {
    cart = new ShoppingCart();
    //将购物车存储到会话对象中
```

```
    session.setAttribute("cart", cart);
}
```


3.7.3 请求作用域

存储在请求作用域的对象可以被处理同一个请求的所有组件共享并仅在该请求被服务期间可被访问。这些对象是由 HttpServletRequest 对象作为“属性/值”对维护的。通常,在 Servlet 中使用请求对象的 setAttribute()将一个对象存储到请求作用域中,然后将请求转发到 JSP 页面,在 JSP 页面中通过脚本或 EL 取出作用域中的对象。

例如,下面代码在 Servlet 中创建一个 User 对象并存储在请求作用域中,然后将请求转发到 valid.jsp 页面。

```
User user = new User();
user.setName(request.getParameter("name"));
user.setPassword(request.getParameter("password"));
request.setAttribute("user", user);
RequestDispatcher rd = request.getRequestDispatcher("/valid.jsp");
rd.forward(request,response);
```

在 valid.jsp 页面中可以使用请求对象的 getAttribute()方法检索 User 对象:

```
<%
  User user = (User) request.getAttribute("user");
  if (isValid(user)){
    request.removeAttribute("user");
    session.setAttribute("user",user);
    pageContext.forward("account.jsp");
  }else{
    pageContext.forward("loginError.jsp");
  }
%>
```

这里,valid.jsp 页面根据数据库验证用户信息,最后根据验证处理的结果,或者将对象传输给会话作用域并将请求转发给 account.jsp,或者将请求转发给 loginError.jsp,它可以使用 User 对象产生一个适当的响应。

3.7.4 页面作用域

存储在页面作用域的对象只能在它们所定义的转换单元中被访问。它们不能存在于一个转换单元的单个请求处理之外。这些对象是由 PageContext 抽象类的一个具体子类的一个实例作为“属性/值”对维护的。在 JSP 页面中,该实例可以通过隐含对象 pageContext 访问。

为在页面作用域中共享对象,可以使用 javax.servlet.jsp.PageContext 定义的两个方法,其格式如下:

- public void setAttribute(String name , Object value):在 page 作用域中设置属性。
- public Object getAttribute(String name):返回 page 作用域中指定名称的属性值。

下面代码设置一个页面作用域的属性:

```
<% Float one = new Float(42.5); %>
```

```
<% pageContext.setAttribute("foo", one ); %>
```

下面代码获得一个页面作用域的属性：

```
<% = pageContext.getAttribute("foo" ) %>
```

PageContext 类中还定义了几个常量和其他属性处理方法，使用它们可以方便地处理不同作用域的属性。

3.8 JavaBeans

JavaBeans 是 Java 平台的组件技术，在 Java Web 开发中常用 JavaBeans 来存放数据、封装业务逻辑等，从而很好地实现业务逻辑和表示逻辑的分离，使系统具有更好的健壮性和灵活性。对程序员来说，JavaBeans 最大的好处是可以实现代码的重用，另外对程序的易维护性等也有很大的意义。

JavaBeans

3.8.1 JavaBeans 规范

JavaBeans 是用 Java 语言定义的类，这种类的设计需要遵循 JavaBeans 规范的有关约定。任何满足下面三个要求的 Java 类都可以作为 JavaBeans 使用。

(1) JavaBeans 应该是 public 类，且具有无参数的 public 构造方法，通过定义不带参数的构造方法或使用默认的构造方法均可满足这个要求。

(2) JavaBeans 类的成员变量一般称为属性(property)。每个属性访问权限一般定义为 private，而不是 public。注意：属性名必须以小写字母开头。

(3) 每个属性通常定义两个 public 方法，一个是访问方法(getter)，另一个是修改方法(setter)，使用它们访问和修改 JavaBeans 的属性值。访问方法名应该定义为 get*Xxx*()，修改方法名应该定义为 set*Xxx*()。例如，假设 JavaBeans 类中有一个 String 类型的 color 属性，下面是访问方法和修改方法的定义：

```
public String getColor(){
    return this.color;
}
public void setColor(String color){
    this.color = color;
}
```

上述方法命名规则的一个例外是当属性是 boolean 类型时，访问方法应该定义为 isXxx() 形式。例如，假设 JavaBeans 有一个 boolean 型属性 valid，则访问方法应该定义为：

```
public boolean isValid(){
    return this.valid;
}
```

除了访问方法和修改方法外，JavaBeans 类中还可以定义其他的方法实现某种业务逻辑。也可以只为某个属性定义访问方法，这样的属性就是只读属性。

提示：JavaBeans 与 EJB 不是一回事。EJB 是企业 JavaBeans(Enterprise JavaBeans)，它是 Java EE 应用中的组件技术。

下面的 Customer 类使用三个 private 属性封装了客户信息，并提供了访问和修改这些信息的方法。

程序 3.20　Customer.java

```
package com.demo;
public class Customer{
    //属性声明
    private String name;
    private String email;
    private String phone;
    //构造方法的定义
    public Customer(){}
    public Customer(String name, String email, String phone){
       this.name = name;
       this.email = email;
       this.phone = phone;
    }
    //getter 方法
    public String getName(){ return this.name; }
    public String getEmail(){ return this.email; }
    public String getPhone(){ return this.phone; }
    //setter 方法
    public void setName(String name){ this.name = name; }
    public void setEmail(String email){ this.email = email; }
    public void setPhone(String phone){ this.phone = phone; }
}
```

要在 JSP 页面中使用 JavaBeans，可以通过 JSP 标准动作<jsp:useBean>创建类的一个实例，JavaBeans 类的实例一般称为一个 bean。

使用 JavaBeans 的优点是：在 JSP 页面中使用 JavaBeans 可使代码更简洁；JavaBeans 有助于增强代码的可重用性；它们是 Java 语言对象，可以充分利用该语言面向对象的特征。

3.8.2　使用<jsp:useBean>动作

在 JSP 页面中使用 JavaBeans 主要是通过三个 JSP 标准动作实现的，它们分别是<jsp:useBean>动作、<jsp:setProperty>动作和<jsp:getProperty>动作。

<jsp:useBean>动作用来在指定的作用域中查找或创建一个 bean 实例。一般格式如下：

```
<jsp:useBean id = "beanName"
             scope = "page | request | session | application"
             {class = "package.class" | type = "package.class" |
              class = "package.class" type = "package.class"
             }
{ /> | >其他元素</jsp:useBean> }
```

1. 属性说明

id 属性用来唯一标识一个 bean 实例。在 JSP 页面实现类中，id 的值被作为 Java 语言的变量，因此可以在 JSP 页面的表达式和小脚本中使用该变量。

scope 属性指定 bean 实例的作用域，该属性取值如下所示，它们分别表示应用作用域、会话作用域、请求作用域和页面作用域。

- application；
- session；
- request；
- page。

scope 属性是可选的，默认值为 page 作用域。如果 page 指令的 session 属性设置为 false，则 bean 不能在 JSP 页面中使用 session 作用域。

class 属性指定创建 bean 实例的 Java 类。如果在指定的作用域中找不到一个现存的 bean 实例，将使用 class 属性指定的类创建一个 bean 实例。如果该类属于某个包，则必须指定类的全名，如 com.demo.Customer。

type 属性指定由 id 属性声明的变量的类型，由于该变量是在请求时指向实际的 bean 实例，其类型必须与 bean 类的类型相同或者是其超类型（包括接口）。同样，如果类或接口属于某个包，需要指定其全名，如 com.demo.Customer。

2. 属性的使用

在<jsp:useBean>动作的属性中，id 属性是必需的，scope 属性是可选的。class 和 type 至少指定一个或两个同时指定。

1）只指定 class 属性的情况

下面动作仅使用了 id 和 class 属性声明一个 JavaBeans：

```
<jsp:useBean id = "customer" class = "com.demo.Customer" />
```

当 JSP 页面执行到该动作时，Web 容器首先在 page 作用域中查找名为 customer 的 bean 实例。如果找到就用 customer 引用指向它，如果找不到，将使用 Customer 类创建一个对象，并用 customer 引用指向它，同时将其作为属性添加到 page 作用域中。因此该 bean 只能在它所定义的 JSP 页面中使用，且只能被该页面创建的请求使用。该动作与下面的一段代码等价：

```
Customer customer =
      (Customer)pageContext.getAttribute("customer");
if (customer == null){
    customer = new Customer();
    pageContext.setAttribute("customer", customer);
}
```

下面的动作使用了 id、class 和 scope 属性声明一个 JavaBeans：

```
<jsp:useBean id = "customer" class = "com.demo.Customer" scope = "session" />
```

当 JSP 页面执行到该动作时，容器在会话（session）作用域中查找或创建 bean 实例，并用 customer 引用指向它。这个过程与下面的代码等价：

```
Customer customer = (Customer)session.getAttribute("customer");
if (customer == null){
    customer = new Customer();
    session.setAttribute("customer", customer);
}
```

2）只指定 type 属性的情况

可以使用 type 属性代替 class 属性,例如：

```
<jsp:useBean id = "customer" type = "com.demo.Customer" scope = "session" />
```

该动作在指定作用域中查找类型为 Customer 的实例,如果找到用 customer 指向它,如果找不到产生 Instantiation 异常。因此,使用 type 属性必须保证 bean 实例存在。

3）class 属性和 type 属性的组合

大多数情况下,使用<jsp:useBean>动作创建或查找的 bean 实例与 class 属性指定的类型相同。但有时希望声明的类型是实际类型的超类或实现某个接口的类型,此时应使用 type 属性指定超类型。

例如,假设有一个 Person 类,它是 Customer 类的超类。可以按如下方式声明：

```
<jsp:useBean id = "person" type = "com.demo.Person" scope = "session"
             class = "com.demo.Customer"/>
```

这样声明后,容器将首先在会话作用域中查找名为 person 的 Person 类型的实例。如果找到就用 person 指向它,如果找不到,则使用 class 属性指定的 Customer 类创建一个实例。这个过程如下面代码所示：

```
Person person = (Person)session.getAttribute("person");
if (person == null) {
    person = new com.demo.Customer();
    session.setAttribute("person", person);
}
```

3.8.3 使用<jsp:setProperty>动作

<jsp:setProperty>动作用来给 bean 实例的属性赋值,它的格式如下：

```
<jsp:setProperty name = "beanName"
    { property = "propertyName" value = "{string | <% = expression %>}" |
      property = "propertyName" [param = "paramName"] |
      property = "*" } />
```

1. 属性说明

name 属性用来标识一个 bean 实例,该实例必须是前面使用<jsp:useBean>动作声明的,并且 name 属性值必须与<jsp:useBean>动作中指定的一个 id 属性值相同,该属性是必需的。

property 属性指定要设置值的 bean 实例的属性,容器将根据指定的 bean 的属性调用适当的 setXxx(),因此该属性也是必需的。

value 属性为 bean 的属性指定新值,该属性值可以接收请求时属性表达式。

param 属性指定请求参数名，如果请求中包含指定的参数，那么使用该参数值来设置 bean 的属性值。

value 属性和 param 属性都是可选的并且不能同时使用。如果这两个属性都没有指定，容器将查找与属性同名的请求参数。

2. 属性使用

下面通过例子来说明这些属性的用法。对每个例子假设已按下面的代码声明了一个 bean 实例。

```
<jsp:useBean id = "customer" class = "com.demo.Customer" />
```

1）使用 value 属性

下面动作指示容器将名为 customer 的 bean 实例 name、email 和 phone 属性值分别设置为"Mary"、"mary@163.com"和"8899123"。

```
<jsp:setProperty name = "customer" property = "name" value = "Mary" />
<jsp:setProperty name = "customer" property = "email" value = "mary@163.com" />
<jsp:setProperty name = "customer" property = "phone" value = "8899123" />
```

2）使用 param 属性

下面的例子中没有指定 value 属性的值，而是使用 param 属性指定请求参数名。

```
<jsp:setProperty name = "customer" property = "email" param = "myEmail" />
<jsp:setProperty name = "customer" property = "phone" param = "myPhone"/>
```

它通知容器使用请求参数 myEmail 和 myPhone 的值分别为 email 和 phone 属性赋值。这样，上面的标签就与下面的代码等价。

```
customer.setEmail(request.getParameter("myEmail"));
customer.setPhone(request.getParameter("myPhone"));
```

3）使用默认参数机制

如果请求参数名与 bean 的属性名匹配，就不必指定 param 属性或 value 属性，如下所示：

```
<jsp:setProperty name = "customer" property = "email" />
<jsp:setProperty name = "customer" property = "phone" />
```

4）在一个动作中设置所有属性

下面动作在一个动作中设置 bean 的所有属性值。

```
<jsp:setProperty name = "customer" property = " * " />
```

这里，为 property 的属性值指定" * "，它将使用请求参数的每个值为属性赋值，这样，就不用单独为 bean 的每个属性赋值。

很显然，请求参数名必须与 bean 的属性名匹配。同样，如果一个属性在请求中没有匹配的参数，属性值将保持不变。在上面所有使用 param 属性的例子中，如果请求参数有多个值，则只使用第一个值。

3.8.4 使用<jsp:getProperty>动作

<jsp:getProperty>动作检索并向输出流中打印 bean 的属性值,它的语法非常简单。

```
<jsp:getProperty name = "beanName"
                 property = "propertyName" />
```

该动作只有两个属性 name 和 property,并且都是必需的。name 属性指定 bean 实例名,property 属性指定要输出的属性名。

下面的动作指示容器打印 customer 的 email 和 phone 属性值。

```
<jsp:getProperty name = "customer" property = "email" />
<jsp:getProperty name = "customer" property = "phone" />
```

3.8.5 实例:JavaBeans 应用

下面示例首先在 inputCustomer.jsp 中输入客户信息,然后将控制转到 CustomerServlet,最后将请求转发到 displayCustomer.jsp 页面。

程序 3.21 inputCustomer.jsp

```
<%@ page contentType = "text/html; charset = UTF-8" %>
<html>
<head><title>输入客户信息</title></head>
<body>
<h4>输入客户信息</h4>
<form action = "CustomerServlet" method = "post">
  <table>
    <tr><td>客户名:</td><td><input type = "text" name = "name" ></td></tr>
    <tr><td>邮箱地址:</td><td><input type = "text" name = "email"></td></tr>
    <tr><td>电话:</td><td><input type = "text" name = "phone" ></td></tr>
    <tr><td><input type = "submit" value = "确定" ></td>
      <td><input type = "reset" value = "重置" ></td>
    </tr>
</table>
</form>
</body>
</html>
```

下面程序给出了如何在 Servlet 代码中创建 JavaBeans 类的实例,以及如何使用作用域对象共享它们。可以直接在 Servlet 中使用 JavaBeans。并且可以在 JSP 页面中和 Servlet 中共享 bean 实例。

程序 3.22 CustomerServlet.java

```
package com.demo;
import javax.servlet.*;
import javax.servlet.http.*;
import javax.servlet.annotation.WebServlet;

@WebServlet("/CustomerServlet")
```

```java
public class CustomerServlet extends HttpServlet {
   public void doPost(HttpServletRequest request,
                    HttpServletResponse response)
          throws java.io.IOException, ServletException {
      String name = request.getParameter("name");
      String email = request.getParameter("email");
      String phone = request.getParameter("phone");
      Customer customer = new Customer(name,email,phone);

      HttpSession session = request.getSession();
      synchronized(session) {
          session.setAttribute("customer", customer);
      }
      RequestDispatcher rd =
           request.getRequestDispatcher("/displayCustomer.jsp");
      rd.forward(request,response);
   }
}
```

这个例子说明在 Servlet 中可以把 JavaBeans 实例存储到作用域对象中。这里需要注意的是会话作用域对象的访问使用了同步(synchronized)代码块,这是因为 HttpSession 对象不是线程安全的,其他 Servlet 和 JSP 页面可能在多个线程中同时访问或修改这些对象。

如果要在 JSP 页面中使用存储在会话作用域中的 bean 对象,如下声明即可。

```jsp
<jsp:useBean id = "customer" class = "com.demo.Customer"
             scope = "session" />
```

下面的页面在会话作用域内查找 Customer 的一个实例并用表格的形式打印出它的属性值。

程序 3.23 displayCustomer.jsp

```jsp
<%@ page contentType = "text/html; charset = UTF-8"
        pageEncoding = "UTF-8" %>
<jsp:useBean id = "customer" class = "com.demo.Customer" scope = "session" />
<html><head><title>显示客户信息</title></head>
<body>
<h4>客户信息如下</h4>
<table border = "1">
<tr>
    <td>客户名:</td>
    <td><jsp:getProperty name = "customer" property = "name"/></td>
</tr>
<tr>
    <td>邮箱地址:</td>
    <td><jsp:getProperty name = "customer" property = "email"/></td>
</tr>
<tr>
    <td>电话:</td>
    <td><jsp:getProperty name = "customer" property = "phone"/></td>
</tr>
```

```
</table>
</body></html>
```


该页面首先在会话作用域内查找名为 customer 的 bean 实例,如果找到将输出 bean 实例的各属性值,如果找不到将创建一个 bean 实例并使用同名的请求参数为 bean 实例的各属性赋值,最后也输出各属性的值。

在页面中显示 bean 的属性值最简单的方法是使用表达式语言,如下所示(表达式语言在本书第 6 章详细讨论):

```
${customer.email}
${customer.phone}
```

3.9 MVC 设计模式

Sun 公司在推出 JSP 技术后提出了建立 Web 应用程序的两种体系结构方法,这两种方法分别称为模型 1 和模型 2,二者的差别在于处理请求的方式不同。

3.9.1 模型 1 介绍

在模型 1 体系结构中没有一个核心组件控制应用程序的工作流程,所有的业务处理都使用 JavaBeans 实现。每个请求的目标都是 JSP 页面。JSP 页面负责完成请求所需要的所有任务,其中包括验证用户、使用 JavaBeans 访问数据库及管理用户状态等。最后响应结果也通过 JSP 页面发送给用户。

该结构具有严重的缺点。首先,它需要将实现业务逻辑的大量 Java 代码嵌入到 JSP 页面中,这对不熟悉服务器端编程的 Web 页面设计人员将产生困难。其次,这种方法并不具有代码可重用性。例如,为一个 JSP 页面编写的用户验证代码无法在其他 JSP 页面中重用。

3.9.2 模型 2 介绍

模型 2 结构如图 3.8 所示。这种体系结构又称为 MVC(Model-View-Controller)设计模式。在这种结构中,将 Web 组件分为模型(Model)、视图(View)和控制器(Controller),每种组件完成各自的任务。在这种结构中所有请求的目标都是 Servlet 或 Filter,它充当应用程序的控制器。Servlet 分析请求并将响应所需要的数据收集到 JavaBeans 对象或 POJO 对象中,该对象作为应用程序的模型。最后,Servlet 控制器将请求转发到 JSP 页面。这些页面使用存储在 JavaBeans 中的数据产生响应。JSP 页面构成了应用程序的视图。

该模型的最大优点是将业务逻辑和数据访问从表示层分离出来。控制器提供了应用程序的单一入口点,它提供了较清晰的实现安全性和状态管理的方法,并且这些组件可以根据需要实现重用。然后,根据客户的请求,控制器将请求转发给合适的表示组件,由该组件来响应客户。这使得 Web 页面开发人员可以只关注数据的表示,因为 JSP 页面不需要任何复杂的业务逻辑。

在 Web 应用系统开发中被广泛应用的 Spring MVC 框架就是基于 MVC 体系结构的。

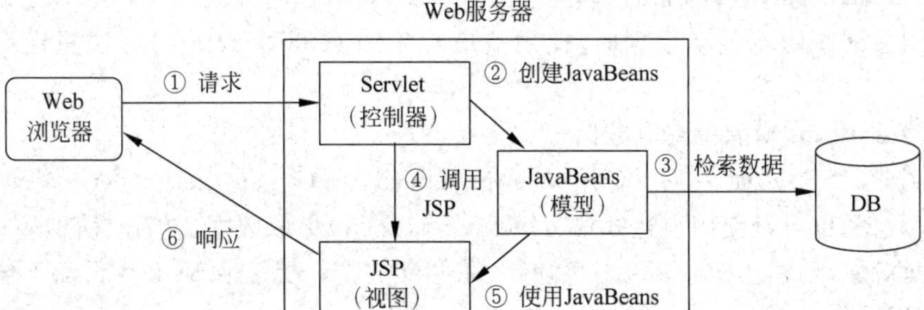

图 3.8　MVC 设计模式结构

Spring MVC 对系统中的各个部分要完成的功能和职责有一个明确的划分，采用 Spring MVC 开发 Web 应用程序可以节省开发时间和费用，同时开发出来的系统易于维护。现在越来越多的 Web 应用系统开始采用 Spring MVC 框架开发。

3.9.3　实现 MVC 模式的一般步骤

使用 MVC 设计模式开发 Web 应用程序可采用下面的一般步骤。

1. 定义 JavaBeans 存储数据

在 Web 应用中通常使用 JavaBeans 对象或实体类存放数据，JSP 页面作用域中取出数据。因此，首先应根据应用处理的实体设计合适的 JavaBeans。如在订单应用中就可能需要设计 Product、Customer、Orders、OrderItem 等 JavaBeans 类。

2. 使用 Servlet 处理请求

在 MVC 模式中，使用 Servlet 或 Filter 充当控制器功能，它从请求中读取请求信息(如表单数据)、创建 JavaBeans 对象、执行业务逻辑，最后将请求转发到视图组件(JSP 页面)。Servlet 通常并不直接向客户输出数据。控制器创建 JavaBeans 对象后需要填写该对象的值。可以通过请求参数值或访问数据库得到有关数据。

3. 结果与存储

创建了与请求相关的数据并将数据存储到 JavaBeans 对象中后，接下来应该将这些对象存储在 JSP 页面能够访问的地方。在 Web 中主要可以在三个位置存储 JSP 页面所需的数据，它们是 HttpServletRequest 对象、HttpSession 对象和 ServletContext 对象。这些存储位置对应<jsp:useBean>动作 scope 属性的三个非默认值：request、session 和 application。

下面代码创建 Customer 类对象并将其存储到会话作用域中。

```
Customer customer = new Customer(name,email,phone);
HttpSession session = request.getSession();
session.setAttribute("customer", customer);
```

4. 转发请求到 JSP 页面

在使用请求作用域共享数据时，应该使用 RequestDispatcher 对象的 forward()方法将请求转发到 JSP 页面。使用 ServletContext 对象或请求对象的 getRequestDispatcher()方法获得 RequestDispatcher 对象后,调用它的 forward()方法将控制转发到指定的组件。

在使用会话作用域共享数据时,使用响应对象的 sendRedirect()方法重定向可能更合适。

5. 从 JavaBeans 对象中提取数据

请求到达 JSP 页面之后,使用< jsp:useBean >和< jsp:getProperty >动作提取 JavaBeans 数据,也可以使用表达式语言(见第 6 章介绍)提取数据。但应注意,不应在 JSP 页面中创建对象,创建 JavaBeans 对象应由 Servlet 完成。为了保证 JSP 页面不会创建对象,应该使用动作:

```
<jsp:useBean id = "customer" type = "com.demo.Customer" />
```

而不应该使用动作:

```
<jsp:useBean id = "customer" class = "com.demo.Customer" />
```

在 JSP 页面中也不应该修改对象。因此,只应该使用< jsp:getProperty >动作,而不应该使用< jsp:setProperty >动作。

3.10 错误处理

Web 应用程序在执行过程中可能发生各种错误。例如,在读取文件时可能因为文件损坏发生 IOException 异常,网络问题可能引发 SQLException 异常,如果这些异常没有被适当处理,Web 容器将产生一个 Internal Server Error 页面,给用户显示一个长长的栈跟踪。这在产品环境下通常是不可接受的,我们需要对各种错误进行处理。

3.10.1 声明式错误处理

在 3.5.4 节我们介绍了使用 page 指令的 errorPage 属性指定一个错误处理页面,通过 page 指令的 isErrorPage 属性指定页面是错误处理页面。

此外,还可以在 web.xml 文件中为整个 Web 应用配置错误处理页面。使用这种方法还可以根据异常类型的不同或 HTTP 错误码的不同配置错误处理页面。

在 web.xml 文件中配置错误页面需要使用< error-page >元素,它有三个子元素:

- < error-code >:指定一个 HTTP 错误代码,如 404。
- < exception-type >:指定一种 Java 异常类型(使用完全限定名)。
- < location >:指定要被显示的资源位置。该元素值必须以"/"开头。

下面代码为 HTTP 的状态码 404 配置了一个错误处理页面。

```
<error-page>
    <error-code>404</error-code>
    <location>/errors/notFoundError.html</location>
</error-page>
```

下面代码声明了一个处理 SQLException 的错误页面。

```
<error-page>
```

```
    <exception-type>java.sql.SQLException</exception-type>
    <location>/errors/sqlError.html</location>
</error-page>
```

还可以像下面这样声明一个更通用的处理页面。

```
<error-page>
    <exception-type>java.lang.Throwable</exception-type>
    <location>/errors/errorPage.html</location>
</error-page>
```

Throwable类是所有异常类的根类，因此对没有明确指定错误处理页面的异常，都将由该页面处理。

注意：在<error-page>元素中，<error-code>和<exception-type>不能同时使用。<location>元素的值必须以斜杠(/)开头，它是相对于Web应用的上下文根目录。另外，如果在JSP页面中使用page指令的errorPage属性指定了错误处理页面，则errorPage属性指定的页面优先。

3.10.2 使用Servlet和JSP页面处理错误

在前面例子中，我们使用HTML页面作为异常处理页面。HTML是静态页面，不能为用户提供有关异常的信息。我们可以使用Servlet或JSP作为异常处理页面。下面代码使用Servlet处理403错误码，使用JSP页面处理SQLException异常。

```
<error-page>
    <error-code>403</error-code>
    <location>/MyErrorHandlerServlet.do</location>
</error-page>
<error-page>
    <exception-type>java.sql.SQLException</exception-type>
    <location>/errorpages/sqlError.jsp</location>
</error-page>
```

为了在异常处理的Servlet或JSP页面中分析异常原因并产生详细的响应信息，Web容器在将控制转发到错误页面前在请求对象(request)中定义了若干属性，如下所示。

- javax.servlet.error.status_code，类型为java.lang.Integer。该属性包含了错误的状态码值。
- javax.servlet.error.exception_type，类型为java.lang.Class。该属性包含未捕获的异常的Class对象。
- javax.servlet.error.message，类型为java.lang.String。该属性包含在sendError()方法中指定的消息，或包含在未捕获的异常对象中的消息。
- javax.servlet.error.exception，类型为java.lang.Throwable。该属性包含未捕获的异常对象。
- javax.servlet.error.request_uri，类型为java.lang.String。该属性包含当前请求的URI。
- javax.servlet.error.servlet_name，类型为java.lang.String。该属性包含引起错误

的 Servlet 名。

下面代码显示了 MyErrorHandlerServlet 的 service()方法,它使用了这些属性在产生的错误页面中包含有用的错误信息。

```
public void service(HttpServletRequest request,
              HttpServletResponse response){
    PrintWriter out = response.getWriter();
    out.println("<html>");
    out.println("<head><title>Error Demo</title></head>");
    out.println("<boy>");
    String code = "" +
            request.getAttribute("javax.servlet.error.status_code");
    if("403".equals(code){
        out.println("<h3>对不起,您无权访问该页面!</h3>");
        out.println("<h3>请登录系统!</h3>");
    }else{
        out.println("<h3>对不起,我们无法处理您的请求!</h3>");
        out.println("请将该错误报告给管理员 admin@xyz.com! " +
            request.getAttribute("javax.servlet.error.request_uri"));
    }
    out.println("</body>");
    out.println("</html>");
}
```

上述 Servlet 根据错误码产生一个自定义的 HTML 页面。

3.10.3 编程式错误处理

处理 Servlet 中产生的异常最简单的方法是将代码包含在 try-catch 块中,在异常发生时通过 catch 块将错误消息发送给浏览器。下面代码说明了如何捕获 SQLException 异常。

```
public void doGet(HttpServletRequest request,
                  HttpServletResponse response)
                  throws ServletException, IOException{
    String category = request.getParameter("category");
    ArrayList<Product> productList = new ArrayList<Product>();
    try{
        String sql = "SELECT * FROM products WHERE category = ?";
        PreparedStatement pstmt = dbconn.prepareStatement(sql);
        psmt.setStirng(1,category);
        ResultSet result = pstmt.executeQuery();
        while(result.next()){
            Product product = new Product();
            product.setId(result.getString("id"));
            product.setName(result.getString("name"));
            product.setPrice(result.getDouble("price"));
            product.setStock(result.getInt("stock"));
            productList.add(product);
        }
        if(!productList.isEmpty()){
```

```
            request.getSession().setAttribute("productList",productList);
            response.sendRedirect("/helloweb/displayAllProduct.jsp");
        }else{
            response.sendRedirect("/helloweb/error.jsp");
        }
      }catch(SQLException e){
         response.sendError(HttpServletResponse.SC_INTERNAL_SERVER_ERROR,
            "产生数据库连接错误,请联系管理员!"
         );
      }
}
```

在访问数据库代码的 try 块中抛出的 SQLException 异常将在 catch 块中被捕获,然后调用响应对象(response)的 sendError()方法向浏览器发送一个错误页面。在 sendError()方法中通过 HttpServletResponse 的常量指定了错误代码,通过第二个参数指定了错误消息。

HttpServletResponse 接口定义了两个重载的 sendError()方法,如下所示。

- public void sendError (int sc)
- public void sendError (int sc, String msg)

第一个方法使用一个状态码,第二个方法同时指定显示消息。服务器在默认情况下创建一个 HTML 格式的响应页面,其中包含指定的错误消息。如果为 Web 应用程序声明了错误页面,将优先返回错误页面。

也可以通过编程方式处理业务逻辑异常。例如,在银行应用中,可能定义表示资金不足异常 InsufficientFundsException 和表示非法交易异常 InvalidTransactionException,它们用来表示通常的错误条件。我们同样需要解析这些异常中的消息,并把这些消息展示给用户。

下面 AccountServlet 代码演示了如何处理 InsufficientFundsException 异常。

```
import javax.servlet.*;
import javax.servlet.http.*;
import java.util.*;

public class AccountServlet extends HttpServlet{
    private double withdraw(String accounId, double amount)
                throws InsufficientFundsException{
        double currentBalance = getBalance(accounted);
        if(currentBalance < amount)
            throw new InsufficientFundsException(currentBalance,amount);
        else{
            setNewBalance(accounted, currentBalance - amount);
            return currentBalance - amount;
        }
    }
    public void doPost(HttpServletRequest request,
                    HttpServletResponse response)
                    throws ServletException,IOException{
        String command = request.getParameter("command");
        if("withdraw".equals(command)){
          try{
            double amount =
```

```
                Double.parseDouble(request.getParameter("amount"));
            String accointId =
                request.getSession().getAttribute("accountId");
            double newBalance = withdraw(accounted,amount);
            //产生 HTML 页面显示新的账户余额
        }catch(InsufficientFundsException e){
            String message = e.getMessage();
            response.sendError(
                HttpServletResponse.SC_INTERNAL_SERVER_ERROR,message);
        }
      }else{
        //执行其他代码
      }
    }
  }
```

这里,withdraw()方法用于从账户中取款。如果账户资金余额不足,将抛出一个用户自定义的业务逻辑异常 InsufficientFundsException。我们在 catch 块中处理该异常,这样它就不会发送给 Web 容器处理。在 catch 块中得到异常消息,然后通过 HttpServletResponse 的 sendError()方法将消息发送给用户。InsufficientFundsException 类的代码简单定义如下:

```
public class InsufficientFundsException extends Exception{
    public double amount, withdraw;
    public InsufficientFundsException(
                    double pamount,pwithdraw){
        super("账户剩余资金:" + amount + "不能取出资金:" + withdraw);
        amount = pamount;
        withdraw = pwithdraw;
    }
}
```

本章小结

本章讨论了在 JSP 页面中可以使用指令、声明、小脚本、表达式、动作以及注释等语法元素。JSP 页面中可以使用的指令有三种:page 指令、include 指令和 taglib 指令。在 JSP 页面中还可以使用 9 个隐含变量:application、session、request、response、page、pageContext、out、config 和 exception 等。

在 JSP 页面中通过包含组件的内容或输出实现 Web 组件的重用。有两种实现方式:使用 include 指令的静态包含和使用<jsp:include>动作的动态包含。

JavaBeans 是遵循一定规范的 Java 类,它在 JSP 页面中主要用来表示数据。JSP 规范提供了下面三个标准动作:<jsp:useBean>、<jsp:setProperty>和<jsp:getProperty>。

MVC 设计模式是 Web 应用开发中最常使用的设计模式,它将系统中的组件分为模型、视图和控制器,实现了业务逻辑和表示逻辑的分离。

思考与练习

1. 下面左边一栏是JSP元素类型，右边是对应名称，请连线。

`<% Float one = new Float(88.88) %>`	指令
`<%! int y = 3; %>`	EL表达式
`<%@ page import = "java.util. * " %>`	声明
`<jsp:include page = "foo.jsp" />`	小脚本
`<% = pageContext.getAttribute("foo") %>`	动作
`email: ${applicationScope.mail}`	表达式

2. 执行下面JSP代码输出结果是多少？(　　)

```
<% int x = 3; %>
<%! int x = 5; %>
<%! int y = 6; %>
x与y的和是: <% = x + y %>
```

A. x与y的和是：8　　B. x与y的和是：9
C. x与y的和是：11　　D. 发生错误

3. 下面JSP代码有什么错误？

```
<! % int i = 5; %>
<! % int getI() { return i; } %>
```

4. 假设myObj是一个对象的引用，m1()是该对象上一个合法的方法。下面的JSP结构哪个是合法的(　　)。

A. <% myObj. m1() %>　　B. <%= myObj. m1() %>
C. <% =myObj. m1() %>　　D. <% =myObj. m1()； %>

5. 说明下面代码是否是合法的JSP结构？

A. <%=myObj. m1()； %>

B. <% int x=4，y=5； %>
<%=x=y%>

C. <% myObj. m1()； %>

6. 下面哪个page指令是合法的？(　　)

A. <% page language="java" %>　　B. <%! page language="java" %>
C. <%@ page language="java" %>　　D. <%@ Page language="java" %>

7. 下面的page指令哪个是合法的？(　　)

A. <%@ page import="java. util. * java. text. * " %>

B. <%@ page import="java. util. * ", "java. text. * " %>

C. <%@ page buffer="8kb", session="false" %>

D. <%@ page import="com. manning. servlets. * " %>
<%@ page session="true" %>
<%@ page import="java. text. * " %>

E. <%@ page bgcolor="navy" %>

F. <%@ page buffer="true" %>

G. <%@ Page language='java' %>

8. 下面哪些是合法的 JSP 隐含变量？(　　)

A. stream　　B. context　　C. exception　　D. listener

E. application

9. 下面是 JSP 生命周期的各个阶段,正确的顺序应该是(　　)。

① 调用_jspService()

② 把 JSP 页面转换为 Servlet 源代码

③ 编译 Servlet 源代码

④ 调用 jspInit()

⑤ 调用 jspDestroy()

⑥ 实例化 Servlet 对象

10. 有下面 JSP 页面,给出该页面每一行在转换的 Servlet 中的代码。

```
<html><body>
  <% int count = 0 ; %>
  The page count is now:
  <% = ++count %>
</body></html>
```

11. 有下列名为 counter.jsp 的页面,其中有 3 处错误。执行该页面,从浏览器输出中找出错误,修改错误直到页面执行正确。

```
<%@ Page contentType = "text/html;charset = UTF - 8" %>
<html><body>
  <%! int count = 0 %>
  <% count++; %>
  该页面已被访问 <% = count ; %> 次
</body></html>
```

12. 以下关于 JSP 生命周期方法,哪个是正确的？(　　)

A. 只有 jspInit()可以被覆盖

B. 只有 jspdestroy()可以被覆盖

C. jspInit()和 jspdestroy()都可以被覆盖

D. jspInit()、_jspService()和 jspdestroy()都可以被覆盖

13. 下面哪个 JSP 标签可以在请求时把另一个 JSP 页面的结果包含到当前页面中？(　　)

A. <%@ page import %>　　B. <jsp:include>

C. <jsp: plugin>　　D. <%@ include %>

14. 在一个 JSP 页面中要把请求转发到 view.jsp 页面,下面哪个是正确的？(　　)

A. <jsp:forward file="view.jsp" />　　B. <jsp:forward page="view.jsp" />

C. <jsp:dispatch file="view.jsp" />　　D. <jsp:dispatch page="view.jsp" />

15. 当 Servlet 处理请求发生异常时,使用下面哪个方法可向浏览器发送错误消

息？（　　）

A. HttpServlet 的 sendError(int errorCode)方法

B. HttpServletRequest 的 sendError(int errorCode)方法

C. HttpServletResponse 的 sendError(int errorCode)方法

D. HttpServletResponset 的 sendError(String errorMsg)方法

16. 在部署描述文件中<exception-type>元素包含在哪个元素中？（　　）

A. <error>　　B. <error-mapping>

C. <error-page>　　D. <exception-page>

17. MVC 设计模式不包括下面哪个？（　　）

A. 模型　　B. 视图　　C. 控制器　　D. 数据库

18. 什么是 MVC 设计模式？简述实现 MVC 设计模式的一般步骤。

19. 简述声明式错误处理和编程式错误处理。

第4章 会话与文件管理

本章目标

- 了解 HTTP 协议的无状态特性和会话的概念；
- 掌握如何使用 HttpSession 对象实现会话管理；
- 学会 Cookie 及其使用；
- 了解 URL 重写和隐藏表单域；
- 掌握使用 Part 对象实现文件上传的方法；
- 掌握文件下载的实现。

在很多应用中，要求 Web 服务器能够跟踪客户的状态。跟踪客户状态可以使用数据库实现，但在 Web 容器中通常使用会话机制维护客户状态。

本章首先介绍会话的概念，然后介绍使用 HttpSession 实现会话机制，接下来介绍 Cookie 技术、URL 重写和隐藏表单域。最后介绍文件的上传和下载。

4.1 会话管理

Web 服务器跟踪客户的状态通常有 4 种方法：①使用 Servlet API 的 Session 机制；②使用持久的 Cookie 对象；③使用 URL 重写机制；④使用隐藏的表单域。第一种方法是目前最常用的方法，后三种方法是传统的实现会话跟踪的方法，每种方法都有各自的优缺点。

会话管理

4.1.1 理解状态与会话

协议记住客户及其请求的能力称为状态(state)。按这个观点，协议分成两种类型：有状态的和无状态的。

1. HTTP 的无状态特性

HTTP 协议是一种无状态的协议，HTTP 服务器对客户的每个请求和响应都是作为一个分离的事务处理。服务器无法确定多个请求是来自相同的客户还是不同的客户。这意味着服务器不能在多个请求中维护客户的状态。

有些 Web 应用不需要服务器记住客户，HTTP 无状态的特性对这样的应用会工作得很好。例如，在线查询系统就不需要维护客户的状态。但某些应用程序中客户与服务器的交互中就需要有状态的。典型的例子是购物车应用。客户可以多次向购物车中添加商品，也可以清除商品。在处理过程中,服务器应该能够显示购物车中的商品并计算总价格。为了实现这一点,服务器必须跟踪所有的请求并把它们与客户关联。

2. 会话的概念

会话(session)是客户与服务器之间的不间断的请求响应序列。当一个客户向服务器发送第一个请求时就开始了一个会话。对该客户之后的每个请求,服务器能够识别出请求来自于同一个客户。当客户明确结束会话或服务器在一个预定义的时限内没从客户接收任何请求时,会话就结束了。当会话结束后,服务器就忘记了客户以及客户的请求。

4.1.2 会话管理机制

Web 容器使用 HttpSession 表示会话对象。该接口由容器实现并提供一个简单的管理用户会话的方法。容器使用 HttpSession 对象管理会话的过程,如图 4.1 所示。图中圆圈表示请求对象,圆角矩形表示会话对象。

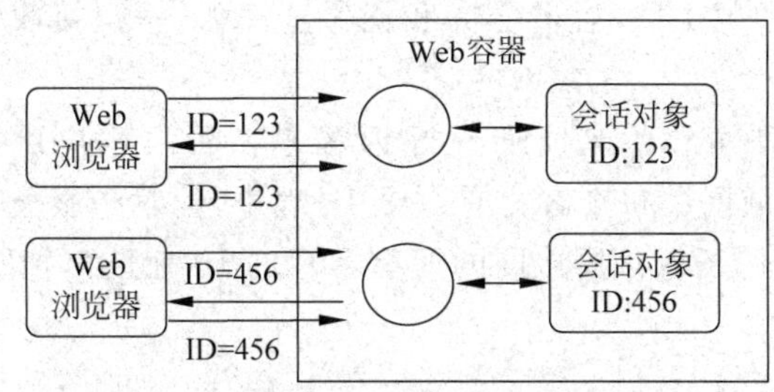

图 4.1　会话管理示意图

(1) 当客户向服务器发送第一个请求时,服务器就可以为该客户创建一个 HttpSession 会话对象,并将请求对象与该会话对象关联。服务器在创建会话对象时为其指定一个唯一标识符,称为会话 ID,它可作为该客户的唯一标识。此时,该会话处于新建状态,可以使用 HttpSession 接口的 isNew()来确定会话是否属于该状态。

(2) 当服务器向客户发送响应时,服务器将该会话 ID 与响应数据一起发送给客户,这是通过 Set-Cookie 响应头实现的,响应消息可能为:

```
HTTP/1.1 200 OK
Set-Cookie:JSESSIONID=61C4F23524521390E70993E5120263C6
Content-Type:text/html
…
```

这里,JSESSIONID 的值即为会话 ID,它是 32 位的十六进制数。

(3) 客户在接收到响应后将会话 ID 存储在浏览器的内存中。当客户再次向服务器发送请求时,它使用 Cookie 请求头把会话 ID 与请求一起发送给服务器。这时请求消息可能为:

```
POST /helloweb/selectProduct.do HTTP/1.1
Host:www.mydomain.com
Cookie: JSESSIONID=61C4F23524521390E70993E5120263C6
…
```

(4) 服务器接收到请求后,从请求对象中取出会话 ID,在服务器中查找之前创建的会话对象,找到后将该请求与之前创建的 ID 值相同的会话对象关联起来。

上述过程的第(2)步到第(4)步一直保持重复。如果客户在指定时间没有发送任何请求,服务器将使会话对象失效。一旦会话对象失效,即使客户再发送同一个会话 ID,会话对象也不能恢复。对于服务器来说,此时客户的请求被认为是第一次请求(如第(1)步),它不与某个存在的会话对象关联。服务器可以为客户创建一个新的会话对象。

通过会话机制可以实现购物车应用。当用户登录购物网站时,Web 容器就为客户创建一个 HttpSession 对象。实现购物车的 Servlet 使用该会话对象存储用户的购物车对象,购物车中存储着用户购买的商品列表。当客户向购物车中添加商品或删除商品时,Servlet 就更新该列表。当客户要结账时,Servlet 就从会话中检索购物车对象,从购物车中检索商品列表并计算总价格。一旦客户结算完成,容器就会关闭会话。如果用户再发送另一个请求,就会创建一个新的会话。显然,有多少个会话,服务器就会创建多少个 HttpSession 对象。换句话说,对每个会话(用户)都有一个对应的 HttpSession 对象。然而,无须担心 HttpSession 对象与客户的关联,容器会为我们做这一点,一旦接收到请求,它会自动返回合适的会话对象。

注意,不能使用客户的 IP 地址唯一标识客户。因为客户可能是通过局域网访问 Internet 的。尽管在局域网中每个客户有一个 IP 地址,但对于服务器来说,客户的实际 IP 地址是路由器的 IP 地址,所以该局域网的所有客户的 IP 地址都相同!因此也就无法唯一标识客户。

4.1.3 HttpSession API

下面是 HttpSession 接口中定义的常用方法。

- public String getId():返回为该会话指定的唯一标识符,它是一个 32 位的十六进制数。
- public long getCreationTime():返回会话创建的时间。时间为从 1970 年 1 月 1 日午夜到现在的毫秒数。
- public long getLastAccessedTime():返回会话最后被访问的时间。
- public boolean isNew():如果会话对象还没有同客户关联,则返回 true。
- public ServletContext getServletContext():返回该会话所属的 ServletContext 对象。
- public void setAttribute (String name, Object value):将一个指定名称和值的属性存储到会话对象上。
- public Object getAttribute(String name):返回存储到会话上的指定名称的属性值,如果没有指定名称的属性,则返回 null。
- public Enumeration getAttributeNames():返回存储在会话上的所有属性名的一个枚举对象。
- public void removeAttribute(String name):从会话中删除存储的指定名称的属性。
- public void setMaxInactiveInterval(int interval):设置在容器使该会话失效前客户的两个请求之间最大间隔的时间,单位为秒。参数为负值表示会话永不失效。
- public int getMaxInactiveInterval():返回以秒为单位的最大间隔时间,在这段时间

内，容器将在客户请求之间保持该会话打开状态。

- public void invalidate()：使会话对象失效并删除存储在其上的任何对象。

4.1.4 使用 HttpSession 对象

使用 HttpSession 对象通常需要三步：①创建或返回与客户请求关联的会话对象。②在会话对象中添加或删除“名/值”对属性。③如果需要可使会话失效。

创建或返回 HttpSession 对象需要使用 HttpServletRequest 接口提供的 getSession()，该方法有两种格式：

- public HttpSession getSession(boolean create)：返回或创建与当前请求关联的会话对象。如果没有与当前请求关联的会话对象，当参数为 true 时创建一个新的会话对象，当参数为 false 时返回 null。
- public HttpSession getSession()：该方法与调用 getSession(true)等价。

下面的 Servlet 可显示客户会话的基本信息。程序调用 request.getSession()获取现存的会话，在没有会话的情况下创建新的会话。然后，在会话对象上查找类型为 Integer 的 accessCount 属性。如果找不到这个属性，则使用 1 作为访问计数。然后，对这个值进行递增，并用 setAttribute()与会话关联起来。

程序 4.1　ShowSessionServlet.java

```
package com.demo;
import java.io.*;
import javax.servlet.*;
import javax.servlet.http.*;
import java.time.LocalTime;
import javax.servlet.annotation.WebServlet;

@WebServlet("/ShowSessionServlet")
public class ShowSessionServlet extends HttpServlet{
   public void doGet(HttpServletRequest request,
                HttpServletResponse response)
                 throws ServletException, IOException {
       response.setContentType("text/html;charset=utf-8");
       //创建或返回用户会话对象
       HttpSession session = request.getSession(true);
       String heading = null;
       //从会话对象中检索 accessCount 属性
       Integer accessCount = (Integer)session.getAttribute("accessCount");
       if(accessCount == null){
          accessCount = new Integer(1);
          heading = "欢迎您,首次登录该页面!";
       }else{
          heading = "欢迎您,再次访问该页面!";
          accessCount = accessCount + 1;
       }
       //将 accessCount 作为属性存储到会话对象中
```

```
        session.setAttribute("accessCount",accessCount);
        PrintWriter out = response.getWriter();
        out.println("<html><head>");
        out.println("<title>会话跟踪示例</title></head>");
        out.println("<body><center>");
        out.println("<h4>" + heading
            + "<a href = 'ShowSessionServlet'>再次访问</a>" + "</h4>");
        out.println("<table border = '0'>");
        out.println("<tr bgcolor = \"ffad00\"><td>信息</td><td>值</td>\n");
        String state = session.isNew()?"新会话":"旧会话";
        out.println("<tr><td>会话状态：<td>" + state + "\n");
        out.println("<tr><td>会话 ID:<td>" + session.getId() + "\n");
        out.println("<tr><td>创建时间:<td>");
        out.println("" + session.getCreationTime() + "\n");
        out.println("<tr><td>最近访问时间:<td>");
        out.println("" + session.getLastAccessedTime() + "\n");
        out.println("<tr><td>最大不活动时间:<td>" +
            session.getMaxInactiveInterval() + "\n");
        out.println("<tr><td>Cookie:<td>" + request.getHeader("Cookie") + "\n");
        out.println("<tr><td>已被访问次数:<td>" + accessCount + "\n");
        out.println("</table>");
        out.println("</center></body></html>");
    }
}
```

第一次访问该 Servlet，将显示如图 4.2 所示的页面，此时计数变量 accessCount 值为 1，Cookie 请求头的值为 null。再次访问页面(单击“再次访问”链接或通过刷新页面)显示结果如图 4.3 所示，计数变量 accessCount 值增 1，但会话 ID 的值相同。如果再打开一个浏览器窗口访问该 Servlet，计数变量仍从 1 开始，因为又开始了一个新的会话，服务器将为该会话创建一个新的会话对象并分配一个新的会话 ID。

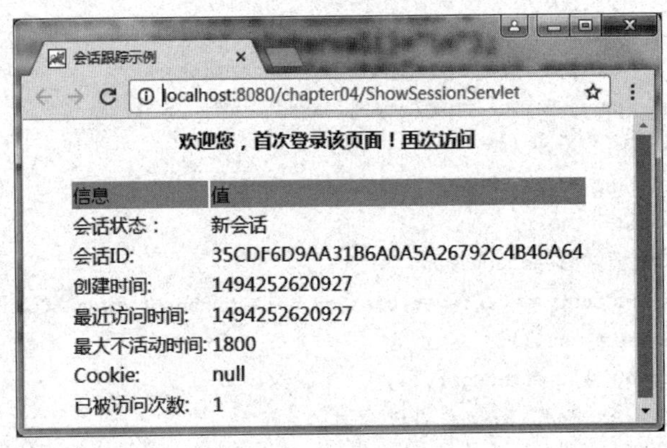

图 4.2　首次访问结果

注意，这里没有写任何代码来标识用户，仅调用了请求对象的 getSession()并假设每次处理同一客户的请求时都返回相同的 HttpSession 对象。如果请求是用户的首次请求，不

图 4.3　再次访问结果

能使用会话，这时将为新用户创建一个新的会话。

4.1.5　会话超时与失效

会话对象会占用一定的系统资源，我们不希望会话不必要地长久保留。然而，HTTP 协议没有提供任何机制让服务器知道客户已经离开，但我们可以规定当用户在一个指定的期限内处于不活动状态时，就将用户的会话终止，这称为会话超时(session timeout)。

可以在 DD 文件中设置会话超时时间。

```
<session-config>
    <session-timeout>10</session-timeout>
</session-config>
```

<session-timeout>元素中指定的以分钟为单位的超时期限。0 或小于 0 的值表示会话永不过期。如果没有通过上述方法设置会话的超时期限，默认情况下是 30 分钟。如果用户在指定期间内没有执行任何动作，服务器就认为用户处于不活动状态并使会话对象无效。

在 DD 文件中设置的会话超时时间针对 Web 应用程序中的所有会话对象，但有时可能需要对特定的会话对象指定超时时间，可使用会话对象的 setMaxInactiveInterval()。要注意，该方法仅对调用它的会话有影响，其他会话的超时期限仍然是 DD 文件中设置的值。

在某些情况下，可能希望通过编程的方式结束会话。例如，在购物车的应用中，我们希望在用户付款处理完成后结束会话。这样，当客户再次发送请求时，就会创建一个购物车中不包含商品的新的会话。可使用 HttpSession 接口的 invalidate()。

下面是一个猜数游戏的 Servlet。当使用 GET 请求访问它时，生成一个 0～100 的随机整数，将其作为一个属性存储到用户的会话对象中，同时提供一个表单供用户输入猜测的数。如果该 Servlet 接收到一个 POST 请求，它将比较用户猜的数和随机生成的数是否相等，若相等在响应页面中给出信息，否则，应该告诉用户猜的数是大还是小，并允许用户重新猜。

程序 4.2　GuessNumberServlet.java

```
package com.demo;
import java.io.*;
```

```
import javax.servlet.*;
import javax.servlet.http.*;
import javax.servlet.annotation.WebServlet;

@WebServlet("/GuessNumberServlet")
public class GuessNumberServlet extends HttpServlet{
   public void doGet(HttpServletRequest request,
                    HttpServletResponse response)
                    throws ServletException, IOException {
     int magic = (int)(Math.random() * 101);
     HttpSession session = request.getSession();
     //将随机生成的数存储到会话对象中
     session.setAttribute("num",new Integer(magic));

     response.setContentType("text/html;charset=utf-8");
     PrintWriter out = response.getWriter();
     out.println("<html><body>");
     out.println("我想出一个 0 到 100 之间的数,请你猜!");
     out.println("<form action='/chapter04/GuessNumberServlet'
                    method='post'>");
     out.println("<input type='text' name='guess' />");
     out.println("<input type='submit' value='确定'/>");
     out.println("</form>");
     out.println("</body></html>");
   }

   public void doPost(HttpServletRequest request,
                    HttpServletResponse response)
                throws ServletException, IOException {
     //得到用户猜的数
     int guess = Integer.parseInt(request.getParameter("guess"));
     HttpSession session = request.getSession();
     //从会话对象中取出随机生成的数
     int magic = (Integer)session.getAttribute("num");

     response.setContentType("text/html;charset=utf-8");
     PrintWriter out = response.getWriter();
     out.println("<html><body>");
     if(guess==magic){
         session.invalidate();              //销毁会话对象
         out.println("祝贺你,答对了!");
         out.println("<a href = '/chapter04/GuessNumberServlet'>
                    再猜一次.</a>");
     }else if(guess>magic){
         out.println("太大了! 请重猜!");
     }else{
          out.println("太小了! 请重猜!");
     }
     out.println("<form action='/chapter04/GuessNumberServlet'
                  method='post'>");
     out.println("<input type='text' name='guess' />");
```

```
        out.println("< input type = 'submit' value = '确定'/>");
        out.println("</form >");
        out.println("</body></html >");
    }
}
```

程序中当用户猜对时调用了会话对象的 invalidate()使会话对象失效，再通过链接发送一个 GET 请求允许用户再继续猜。程序运行结果如图 4.4 和图 4.5 所示。

图 4.4　GET 请求显示的页面

图 4.5　猜正确的页面

4.2　使用会话实现购物车

本节利用前面学习的知识实现一个简单的购物车系统。该系统采用 MVC 设计模式。首先，商品信息使用 Product 模型类表示，所有商品信息存储在应用作用域对象中，通过实现上下文监听器在应用程序启动时存储在应用上下文对象中。

使用会话实现购物车

4.2.1　模型类设计

模型类包括商品类 Product，它表示商品信息，GoodsItem 类实例用来表示购物车中的一种商品。存储商品信息的 Product 类代码如下。

程序 4.3　Product. java

```
package com.model;
import java.io.Serializable;
public class Product implements Serializable{
    private int id;                          //商品编号
    private String pname;                    //商品名称
    private double price;                    //商品价格
    private int stock;                       //商品库存量
    private String type;                     //商品类别
    //构造方法
```

```
    public Product(){}
    public Product(int id, String pname, double price,
                   int stock, String type) {
      this.id = id;
      this.pname = pname;
      this.price = price;
      this.stock = stock;
      this.type = type;
    }
    //这里省略各属性的 setter 方法和 getter 方法
}
```

Pruduct 类实现了 Serializable 接口,它的实例才可安全地存储在 Session 对象中。购物车中的每件商品使用 GoodsItem 对象存放,该类代码如下。

程序 4.4　GoodsItem. java

```
package com.model;
import java.io.Serializable;
public class GoodsItem implements Serializable {
    private Product product;            //商品对象
    private int quantity;               //商品数量
    public GoodsItem(Product product) {
        this.product = product;
        quantity = 1;
    }
    public GoodsItem(Product product, int quantity) {
        this.product = product;
        this.quantity = quantity;
    }
    //属性的 getter 方法和 setter 方法
    public Product getProduct() {
        return product;
    }
    public void setProduct(Product product) {
        this.product = product;
    }
    public int getQuantity() {
        return quantity;
    }
    public void setQuantity(int quantity) {
        this.quantity = quantity;
    }
}
```

4.2.2　购物车类设计

购物车是购物系统中最重要的类,它用来临时存放用户购买的商品(Product)信息,购物车对象将被存储到用户的会话对象中。下面是购物车类 ShoppingCart 的代码。

程序 4.5　ShoppingCart. java

```
package com.model;
import java.util.*;
```

```
public class ShoppingCart {
    //这里 Map 的键是商品号
    HashMap<Integer,GoodsItem> items = null;
    public ShoppingCart() {              //购物车的构造方法
        items = new HashMap<Integer,GoodsItem>();
    }
    //向购物车中添加商品方法
    public void add(GoodsItem goodsItem) {
        //返回添加的商品号
        int productid = goodsItem.getProduct().getId();
        //如果购物车中包含指定的商品,返回该商品并增加数量
        if(items.containsKey(productid)) {
            GoodsItem scitem = (GoodsItem) items.get(productid);
            //修改该商品的数量
            scitem.setQuantity(scitem.getQuantity()
                              + goodsItem.getQuantity());
        } else {
            //否则将该商品添加到购物车中
            items.put(productid, goodsItem);
        }
    }
    //从购物车中删除一件商品
    public void remove(Integer productid) {
        if(items.containsKey(productid)) {
            GoodsItem scitem = (GoodsItem) items.get(productid);
            scitem.setQuantity(scitem.getQuantity() - 1);
            if(scitem.getQuantity() <= 0)
                items.remove(productid);
        }
    }
    //返回购物车中 GoodsItem 的集合
    public Collection<GoodsItem> getItems() {
        return items.values();
    }
    //计算购物车中所有商品价格
    public double getTotal() {
        double amount = 0.0;
        for(Iterator<GoodsItem> i = getItems().iterator(); i.hasNext(); ) {
            GoodsItem item = (GoodsItem) i.next();
            Product product = (Product) item.getProduct();
            amount += item.getQuantity() * product.getPrice();
        }
        return roundOff(amount);
    }
    //对数值进行四舍五入并保留两位小数
    private double roundOff(double x) {
        long val = Math.round(x * 100);
        return val/100.0;
    }
    //清空购物车方法
    public void clear() {
```

```
            items.clear();
        }
    }
```


4.2.3 上下文监听器设计

本示例没有使用数据库存放商品信息,而是使用 ArrayList 对象存放,该对象在应用程序启动时创建,因此这里设计一个上下文监听器,代码如下。

程序 4.6 ProductContextListener.java

```
package com.listener;
import javax.servlet.*;
import javax.servlet.annotation.WebListener;
import java.util.ArrayList;
import com.model.Product;

@WebListener                                    //使用注解注册监听器
public class ProductContextListener implements ServletContextListener{
    private ServletContext context = null;
    //在上下文对象初始化时将商品信息存储到 ArrayList 对象中
    public void contextInitialized(ServletContextEvent sce){
        ArrayList<Product> productList = new ArrayList<Product>();
        productList.add(new Product(101, "单反相机",4159.95,10, "家用"));
        productList.add(new Product(102, "苹果手机",1199.95,8, "家用"));
        productList.add(new Product(103, "笔记本电脑",5129.95,20, "电子"));
        productList.add(new Product(104, "平板电脑",1239.95,20, "电子"));
        context = sce.getServletContext();
        //将 productList 存储在应用作用域中
        context.setAttribute("productList",productList);     //添加属性
    }
    public void contextDestroyed(ServletContextEvent sce){
        context = sce.getServletContext();
        context.removeAttribute("productList");
    }
}
```

该监听器实现当应用程序启动时就将商品信息存储到一个 ArrayList 对象中,并将该对象作为属性存储到作用域对象(ServletContext)中。这样在应用的其他组件中可以获得商品信息。关于监听器的详细内容,可参阅第 8 章内容。

4.2.4 视图设计

本示例视图共包含 3 个 JSP 页面,index.jsp 用于显示商品信息;showProduct.jsp 用于显示一件商品详细信息;showCart.jsp 用于显示购物车中的商品信息,并提供删除一件商品的功能。

程序 4.7 index.jsp

```
<%@ page contentType="text/html; charset=UTF-8" pageEncoding="UTF-8"%>
<%@ page import="java.util.ArrayList,com.model.Product" %>
```

```
<html>
<head><title>购物系统首页面</title></head>
<body>
<center>
<h3>商品列表</h3>
<table>
  <tr><td>商品号</td><td>商品名</td><td>价格</td><td>库存量</td>
      <td>类型</td><td>详细信息</td></tr>
  <!-- 从应用作用域中取出 productList 对象 -->
  <% ArrayList<Product> productList =
        (ArrayList<Product>)application.getAttribute("productList");
     //对 productList 中每种商品循环
     for(Product product:productList){
  %>
  <tr>
    <td><% = product.getId() %></td>
    <td><% = product.getPname() %></td>
    <td><% = product.getPrice() %></td>
    <td><% = product.getStock() %></td>
    <td><% = product.getType() %></td>
    <td><a href = "viewProductDetails?id = <% = product.getId() %>">详细信息</td>
  </tr>
  <%} %>
</table>
<a href = "showCart.jsp">查看购物车</a>
</center>
</body>
</html>
```

访问该页面,运行结果如图 4.6 所示。

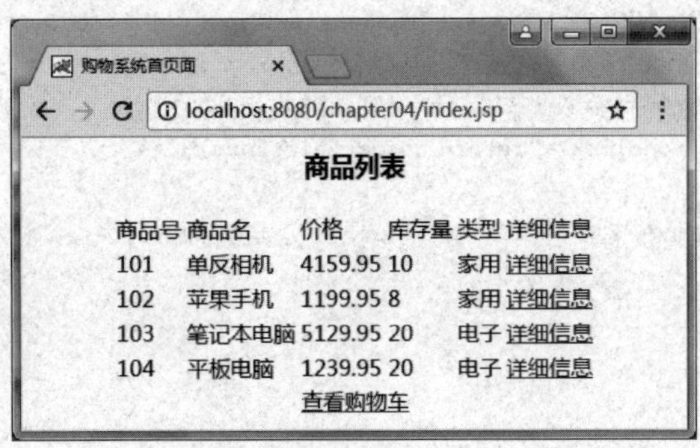

图 4.6 index.jsp 页面的运行结果

showProduct.jsp 页面用于显示一件商品的详细信息,并提供加入购物车功能,代码如下。

程序 4.8 showProduct.jsp

```
<%@ page contentType = "text/html; charset = UTF-8" pageEncoding = "UTF-8" %>
<%@ page import = "com.model.Product" %>
<html>
```

```
<head><title>显示商品详细信息</title>
<!-- 使用 JavaScript 脚本保证文本域中输入整数值 -->
<script language = "JavaScript" type = "text/javascript">
   function check(form) {
      var regu = /^[1-9]\d* $/;
      if(form.quantity.value == '') {
          alert("数量值不能为空!");
          form.quantity.focus();
          return false;
      }
      if(!regu.test(form.quantity.value)) {
          alert("必须输入整数!");
          form.quantity.focus();
          return false;
      }
  }
</script>
</head>
<body>
<%
     Product product = (Product)session.getAttribute("product");
%>
<p>商品详细信息</p>
<form name = "myform" method = 'post' action = 'addToCart'>
   <!-- 使用隐藏表单域将 id 请求参数传递给 addToCart 动作 -->
   <input type = 'hidden' name = 'id' value = '<% = product.getId() %>'/>
   <table>
      <tr><td>商品名:</td><td><% = product.getPname() %></td></tr>
      <tr><td>价格:</td><td><% = product.getPrice() %></td></tr>
      <tr><td>库存量:</td><td><% = product.getStock() %></td></tr>
      <tr><td>类型:</td><td><% = product.getType() %></td></tr>
      <tr><td><input type = "text" name = 'quantity' id = 'quantity' /></td>
      <td><input type = 'submit' value = '放入购物车'
                      onclick = "return check(this.form)" /></td>
                   </tr>
     <tr><td colspan = '2'><a href = 'index.jsp'>显示商品列表</a></td></tr>
    </table>
</form>
</body>
</html>
```

该页面显示结果如图 4.7 所示。

showCart.jsp 页面用于显示购物车中的商品信息,并提供删除一件商品的功能,代码如下。

程序 4.9　showCart.jsp

```
<%@ page contentType = "text/html; charset = UTF-8" pageEncoding = "UTF-8" %>
<%@ page import = "java.util.*,com.model.*" %>
<html>
<head><title>用户购物车信息</title></head>
```

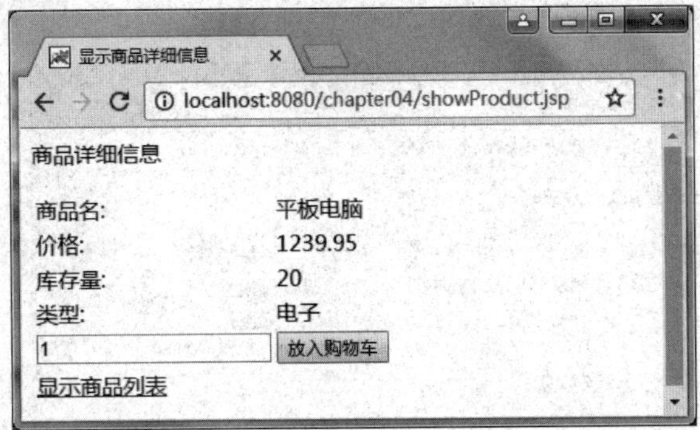

图 4.7　showProduct.jsp 页面的运行结果

```
<body>
<%
  //从会话作用域中取出购物车对象 cart
  ShoppingCart cart = (ShoppingCart) session.getAttribute("cart");
  //从购物车中取出每件商品并存储在 ArrayList 中
  ArrayList<GoodsItem> items = new ArrayList<GoodsItem>(cart.getItems());
%>
<p>您购物车信息</p>
<table>
<tr><td style='width:50px'>数量</td>
    <td style='width:80px'>商品</td>
    <td style='width:80px'>价格</td>
    <td style='width:80px'>小计</td>
    <td style='width:80px'>是否删除</td>
</tr>
<%
  //显示购物车中每件商品的信息
  for (GoodsItem goodsItem : items) {
    Product product = goodsItem.getProduct();
%>
  <tr><td><%=goodsItem.getQuantity() %></td>
  <td><%=product.getPname() %></td>
  <td><%=product.getPrice() %></td>
  <td><%=((int)(product.getPrice() *
          goodsItem.getQuantity()*100+0.5))/100.00 %></td>
  <td><a href="deleteItem?id=<%=product.getId() %>">删除</a></td>
  </tr>
      <%
    }
      %>
  <tr><td colspan='4' style='text-align:right'>
              总计:<%=cart.getTotal() %></td></tr>
</table>
<a href="index.jsp">返回继续购物</a>
</body>
</html>
```

页面显示结果如图 4.8 所示。

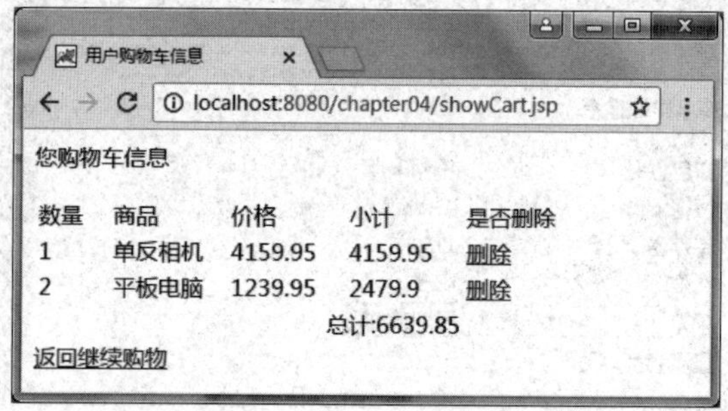

图 4.8　showCart.jsp 页面的运行结果

4.2.5　控制器的设计

本系统使用 Servlet 作为控制器,ControllerServlet 类主要处理商品显示、查看购物车、添加商品到购物车等动作。

程序 4.10　ControllerServlet.java

```
package com.demo;
import java.io.IOException;
import java.util.ArrayList;
import javax.servlet.ServletException;
import javax.servlet.annotation.WebServlet;
import javax.servlet.ServletContext;
import javax.servlet.http.*;
import com.model.*;
@WebServlet(name = "ControolerServlet", urlPatterns = {
        "/addToCart","/viewProductDetails", "/deleteItem" })
public class ControllerServlet extends HttpServlet {
    ServletContext context;
    public void doGet(HttpServletRequest request,
                    HttpServletResponse response)
                throws ServletException, IOException {
      String uri = request.getRequestURI();
      if (uri.endsWith("/viewProductDetails")) {
          showProductDetails(request, response);
      } else if (uri.endsWith("deleteItem")) {
          deleteItem(request, response);
      }
  }
  public void doPost(HttpServletRequest request,
                    HttpServletResponse response)
                throws ServletException, IOException {
      //将一件商品放入购物车
      int productId = 0;
      int quantity = 0;
      try {
          productId = Integer.parseInt(request.getParameter("id"));
```

```
        quantity = Integer.parseInt(request.getParameter("quantity"));
    } catch (NumberFormatException e) {
        System.out.println(e);
    }
    Product product = getProduct(productId);
    if (product != null && quantity >= 0) {
        GoodsItem goodsItem = new GoodsItem(product,quantity);
        HttpSession session = request.getSession();
        ShoppingCart cart = (ShoppingCart) session.getAttribute("cart");
        if (cart == null) {
            cart = new ShoppingCart();
            session.setAttribute("cart", cart);
        }
        cart.add(goodsItem);
    }
    //显示购物车信息
    response.sendRedirect("showCart.jsp");
}
//显示商品细节并可添加到购物车
private void showProductDetails(HttpServletRequest request,
                               HttpServletResponse response)
            throws IOException,ServletException {
  int productId = 0;
  try {
      productId = Integer.parseInt(request.getParameter("id"));
  } catch (NumberFormatException e) {
      System.out.println(productId);
      System.out.println(e);
  }
  //根据商品号返回商品对象
  Product product = getProduct(productId);
  if (product != null) {
      HttpSession session = request.getSession();
      session.setAttribute("product", product);
      response.sendRedirect("showProduct.jsp");
  }else {
      //out.println("No product found");
  }
}
//从购物车中删除一件商品
private void deleteItem(HttpServletRequest request,
            HttpServletResponse response) throws IOException {
  HttpSession session = request.getSession();
  ShoppingCart cart = (ShoppingCart) session.getAttribute("cart");
  try{
      int id = Integer.parseInt(request.getParameter("id"));
      GoodsItem item = null;
      for(GoodsItem shopItem: cart.getItems()){
          if(shopItem.getProduct().getId() == id){
           item = shopItem;
           break;
```

```
            }
          }
        cart.remove(item.getProduct().getId());
      }catch(NumberFormatException e){
          System.out.println("发生异常：" + e.getMessage());
    }
      session.setAttribute("cart", cart);
      response.sendRedirect("showCart.jsp");
    }
    //根据给定的商品号返回商品对象
    private Product getProduct(int productId) {
      context = getServletContext();
      ArrayList<Product> products =
              (ArrayList<Product>)context.getAttribute("productList");
      for (Product product : products) {
          if (product.getId() == productId) {
              return product;
          }
      }
      return null;
    }
}
```

本控制器主要处理三个动作,查看商品详细信息(/viewProductDetails)、从购物车中删除一件商品(/deleteItem),这两个动作使用 doGet()方法处理。向购物车中添加商品动作(/addToCart)由 doPost()方法处理。

4.3 Cookie 及其应用

Cookie 是客户访问 Web 服务器时,服务器在客户硬盘上存放的信息,好像是服务器送给客户的"点心"。Cookie 实际上是一小段文本信息,客户以后访问同一个 Web 服务器时浏览器会把它们原样发送给服务器。

通过让服务器读取它原先保存到客户端的信息,网站能够为浏览者提供一系列的方便,例如,在线交易过程中标识用户身份、安全要求不高的场合避免客户登录时重复输入用户名和密码等。

4.3.1 Cookie API

对 Cookie 的管理需要使用 javax.servlet.http.Cookie 类,构造方法如下:

```
public Cookie(String name, String value)
```

参数 name 为 Cookie 名,value 为 Cookie 的值,它们都是字符串。

Cookie 类的常用方法如下。

- public String getName():返回 Cookie 名称,名称一旦创建不能改变。
- public String getValue():返回 Cookie 的值。
- public void setValue(String newValue):在 Cookie 创建后为它指定一个新值。

- public void setMaxAge(int expiry)：设置 Cookie 在浏览器中的最长存活时间，单位为秒。如果参数值为负，表示 Cookie 并不永久存储，如果是 0 表示删除该 Cookie。
- public int getMaxAge()：返回 Cookie 在浏览器上的最大存活时间。
- public void setDomain(String pattern)：设置该 Cookie 所在的域。域名以点号(.)开头，例如，.foo.com。默认情况下，只有发送 Cookie 的服务器才能得到它。
- public String getDomain()：返回为该 Cookie 设置的域名。

Cookie 的管理包括两个方面：将 Cookie 对象发送到客户端和从客户端读取 Cookie。

4.3.2 向客户端发送 Cookie

要把 Cookie 发送到客户端，Servlet 先要使用 Cookie 类的构造方法创建一个 Cookie 对象，通过 set*Xxx*()设置各种属性，通过响应对象的 addCookie(cookie)把 Cookie 加入响应头。具体步骤如下：

(1) 创建 Cookie 对象。调用 Cookie 类的构造方法可以创建 Cookie 对象。下面语句创建了一个 Cookie 对象：

```
Cookie userCookie = new Cookie("username", "hacker");
```

(2) 设置 Cookie 的最大存活时间。在默认情况下，发送到客户端的 Cookie 对象只是一个会话级别的 Cookie，它存储在浏览器的内存中，用户关闭浏览器后 Cookie 对象将被删除。如果希望浏览器将 Cookie 对象存储到磁盘上，需要使用 Cookie 类的 setMaxAge()设置 Cookie 的最大存活时间。下面的代码将 userCookie 对象的最大存活时间设置为一个星期。

```
userCookie.setMaxAge(60 * 60 * 24 * 7);
```

(3) 向客户发送 Cookie 对象。要将 Cookie 对象发送到客户端，需要调用响应对象的 addCookie()将 Cookie 添加到 Set-Cookie 响应头，如下代码所示。

```
response.addCookie(userCookie);
```

下面的 Servlet 向客户发送一个 Cookie 对象。

程序 4.11 SendCookieServlet.java

```
package com.demo;
import java.io.*;
import javax.servlet.*;
import javax.servlet.http.*;
import javax.servlet.annotation.WebServlet;

@WebServlet("/SendCookie")
public class SendCookieServlet extends HttpServlet{
  public void doGet(HttpServletRequest request,
                    HttpServletResponse response)
                    throws IOException,ServletException{
      Cookie userCookie = new Cookie("username", "hacker");
      //设置 Cookie 存活时间为一星期
      userCookie.setMaxAge(60 * 60 * 24 * 7);
      response.addCookie(userCookie);
```

```
        response.setContentType("text/html;charset = UTF-8");
        PrintWriter out = response.getWriter();
        out.println("<html><title>发送 Cookie</title>");
        out.println("<body><h3>已向浏览器发送一个 Cookie.</h3></body>");
        out.println("</html>");
    }
}
```

访问该 Servlet,服务器将在浏览器上写一个 Cookie 文件,该文件是一个文本文件。在 Windows 7 中,保存在 C:\Users\用户名\AppData\Local\Microsoft\Windows\Temporary Internet Files 文件夹中。

4.3.3 从客户端读取 Cookie

要从客户端读入 Cookie,Servlet 应该调用请求对象的 getCookies(),该方法返回一个 Cookie 对象的数组。大多数情况下,只需要用循环访问该数组的各个元素寻找指定名字的 Cookie,然后对该 Cookie 调用 getValue()取得与指定名字关联的值。具体步骤如下:

1) 调用请求对象的 getCookies 方法

该方法返回一个 Cookie 对象的数组。如果请求中不含 Cookie,返回 null 值。

```
Cookie[] cookies = request.getCookies();
```

2) 对 Cookie 数组循环

有了 Cookie 对象数组后,就可以通过循环访问它的每个元素,然后调用每个 Cookie 的 getName(),直到找到一个与希望的名称相同的对象为止。找到所需要的 Cookie 对象后,一般要调用它的 getValue(),并根据得到的值做进一步处理。

程序 4.12 ReadCookieServlet.java

```
package com.demo;
import java.io.*;
import javax.servlet.*;
import javax.servlet.http.*;
import javax.servlet.annotation.WebServlet;

@WebServlet("/ReadCookie")
public class ReadCookieServlet extends HttpServlet{
  public void doGet(HttpServletRequest request,
                    HttpServletResponse response)
                    throws IOException,ServletException{
        String cookieName = "username";
        String cookieValue = null;
        Cookie[] cookies = request.getCookies();
        if (cookies!= null){
           for(int i = 0;i<cookies.length;i++){
              Cookie cookie = cookies[i];
              if(cookie.getName().equals(cookieName))
                 cookieValue = cookie.getValue();
           }
```

```
        }
        response.setContentType("text/html;charset=utf-8");
        PrintWriter out = response.getWriter();
        out.println("<html><title>读取 Cookie</title>");
        out.println("<body><h3>从浏览器读回一个 Cookie</h3>");
        out.println("Cookie 名:" + cookieName + "<br>");
        out.println("Cookie 值:" + cookieValue + "<br>");
        out.println("</body></html>");
    }
}
```

访问该 Servlet 将从客户端读回此前写到客户端的 Cookie。

4.3.4 Cookie 的安全问题

Cookie 是服务器向客户机上写的数据,因此有些用户认为 Cookie 会带来安全问题,认为 Cookie 会带来病毒。事实上,Cookie 并不会造成安全威胁,Cookie 永远不会以任何方式执行。另外,由于浏览器一般只允许存放 300 个 Cookie,每个站点的 Cookie 最多存放 20 个,每个 Cookie 的大小限制为 4 KB,因此 Cookie 不会占据硬盘多大空间。

为了保证安全,许多浏览器还是提供了设置是否使用 Cookie 的功能。例如,在 IE 浏览器中打开"工具"菜单中的"Internet 选项"对话框,在"隐私"选项卡中可以设置浏览器是否接受 Cookie,如图 4.9 所示。在该对话框中可以通过一个滑块设置浏览器接收 Cookie 的级别。其中有 6 个级别,将滑块移到最上方,浏览器将阻止所有的 Cookie,即来自所有网站的 Cookie 都将被阻止,并且计算机上现有的 Cookie 不能被网站读取。将滑块移到最下方,浏览器将接受所有的 Cookie,即所有 Cookie 都将被保存到计算机上,其他级别处于二者之间。

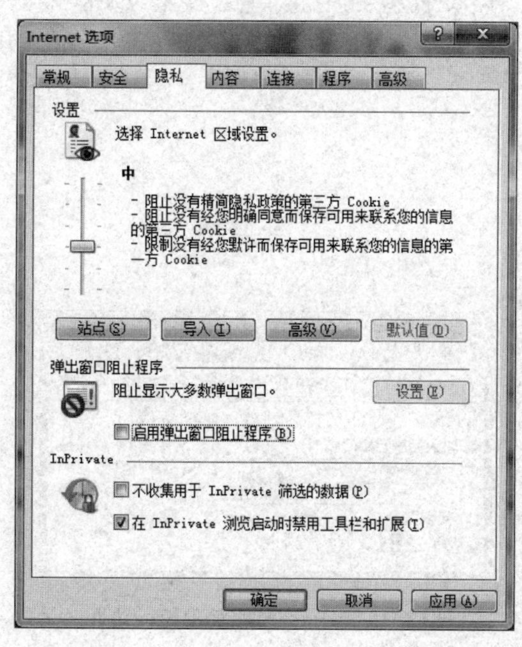

图 4.9 "Internet 选项"的"隐私"选项卡

在“Internet 选项”对话框的“常规”选项卡中，单击“删除”按钮可以删除所有 Cookie。单击“设置”按钮，在打开的对话框中单击“查看文件”按钮，就会打开存放 Cookie 文件的临时文件夹，可以有选择地删除 Cookie。

注意，即使客户将 Cookie 设置为“阻止所有 Cookie”，浏览器仍然自动支持会话级的 Cookie。

4.3.5 实例：用 Cookie 实现自动登录

许多网站都提供用户自动登录功能，即用户第一次登录网站，服务器将用户名和密码以 Cookie 的形式发送到客户端。当客户之后再次访问该网站时，浏览器自动将 Cookie 文件中的用户名和密码随请求一起发送到服务器，服务器从 Cookie 中取出用户名和密码并且通过验证，这样客户不必再次输入用户名和密码登录网站，这称为自动登录。下面的 login.jsp 是登录页面。

程序 4.13 login.jsp

```
<%@ page contentType = "text/html;charset = UTF - 8"
          pageEncoding = "UTF - 8" %>
<html>
<head><title>登录页面</title></head>
<body>
   ${sessionScope.message}<br>
  <form action = "CheckUserServlet" method = "post">
      请输入用户名和口令:<br>
      用户名:<input type = "text" name = "username" /><br>
      口  令:<input type = "password" name = "password" /><br>
      <input type = "checkbox" name = "check" value = "check" />自动登录<br>
      <input type = "submit" value = "提交"/>
      <input type = "reset" value = "重置"/>
   </form>
</body>
</html>
```

该 JSP 页面运行结果如图 4.10 所示。

图 4.10 login.jsp 页面的运行结果

CheckUserServlet 代码如下。

程序 4.14　CheckUserServlet.java

```
package com.demo;
import java.io.IOException;
import javax.servlet.*;
import javax.servlet.http.*;
import javax.servlet.annotation.WebServlet;

@WebServlet("/CheckUserServlet")
public class CheckUserServlet extends HttpServlet {
    String message = null;
    protected void doGet(HttpServletRequest request,
                    HttpServletResponse response)
                    throws ServletException, IOException {
        response.setContentType("text/html;charset=utf-8");
        String value1 = "",value2 = "";
        Cookie cookie = null;
        Cookie[] cookies = request.getCookies();
        if (cookies!= null){
            for(int i = 0;i<cookies.length;i++){
              cookie = cookies[i];
              if(cookie.getName().equals("username"))
                value1 = cookie.getValue();
              if(cookie.getName().equals("password"))
                value2 = cookie.getValue();
            }
            if(value1.equals("admin")&&value2.equals("admin")){
                message = "欢迎您!" + value1 + "再次登录该页面!";
                request.getSession().setAttribute("message", message);
                response.sendRedirect("welcome.jsp");
            }else{
                response.sendRedirect("login.jsp");
            }
        }else{
            response.sendRedirect("login.jsp");
        }
    }
    protected void doPost(HttpServletRequest request,
                    HttpServletResponse response)
                    throws ServletException, IOException {
        response.setContentType("text/html;charset=utf-8");
        String username = request.getParameter("username").trim();
        String password = request.getParameter("password").trim();
        if(!username.equals("admin") || !password.equals("admin")){
            message = "用户名或口令不正确,请重试!";
            request.getSession().setAttribute("message",message);
            response.sendRedirect("login.jsp");
        }else{
            //如果用户选中了"自动登录"复选框,向浏览器发送两个Cookie
            if((request.getParameter("check")!= null) &&
                    (request.getParameter("check").equals("check"))){
```

```
                Cookie nameCookie = new Cookie("username", username);
                Cookie pswdCookie = new Cookie("password", password);
                nameCookie.setMaxAge(60 * 60);
                pswdCookie.setMaxAge(60 * 60);
                response.addCookie(nameCookie);
                response.addCookie(pswdCookie);
              }
            message = "你已成功登录!";
            request.getSession().setAttribute("message",message);
            response.sendRedirect("welcome.jsp");
        }
    }
}
```

以 GET 方法访问 CheckUserServlet(在浏览器地址栏中输入该 Servlet 的 URL 地址),由于是首次访问,请求中并不包含 Cookie,该 Servlet 将响应重定向到 login.jsp 页面。在该页面中如果用户输入了正确的用户名和口令,且选中"自动登录"复选框,单击"提交"按钮,将发送 POST 请求由 CheckUserServlet 的 doPost()处理。在该方法中使用用户名和口令创建两个 Cookie 对象并发送到客户端。

之后再发送 GET 请求,Servlet 将从 Cookie 中检索出用户名和口令,并对其验证。验证通过后将响应重定向到 welcome.jsp 页面。

4.4 URL 重写与隐藏表单域

4.4.1 URL 重写

如果浏览器不支持 Cookie 或用户阻止了所有 Cookie,可以把会话 ID 附加在 HTML 页面中所有的 URL 上,这些页面作为响应发送给客户。这样,当用户单击 URL 时,会话 ID 被自动作为请求行的一部分而不是作为头行发送回服务器。这种方法称为 URL 重写(URL rewriting)。

为了更好地理解这一点,考虑下面的由名为 HomeServlet 的 Servlet(没有进行 URL 重写)返回的 HTML 页面代码:

```
<html><body>
   单击链接查询:<br>
   <a href = "/chapter04/ReportServlet">查询销售报表</a><br>
   <a href = "/chapter04/AccountServlet">查询账户信息</a><br>
</body></html>
```

上述 HTML 页面是不包含任何特殊代码的普通 HTML 页面。然而,如果 Cookie 不可用,当用户单击该页显示的超链接时,不会向服务器发送会话 ID。下面来看同样的带有 URL 重写的 HTML 代码,但包含了会话 ID:

```
<html><body>
  单击链接查询:<br>
  <a href =
"/chapter04/ReportServlet;jsessionid = C084B32241B2F8F060230440C0158114">
```

```
查询销售报表</a><br>
<a href =
"/chapter04/AccountServlet;jsessionid = C084B32241B2F8F060230440C0158114">
查询账户信息</a><br>
</body></html>
```

这里在超链接的 URL 的后面通过 jsessionid 附加了会话 ID。当用户单击该页面的 URL 时,会话 ID 将作为请求的一部分发送。但如何将会话 ID 附加到 URL 的后面?为此,HttpServletResponse 接口提供了两个方法。

- public String encodeURL(String url):返回带会话 ID 的 URL,它主要用于 Servlet 发出的一般的 URL。
- public String encodeRedirectURL(String url):返回带会话 ID 的 URL,它主要用于使用 sendRedirect()方法的 URL 进行解码。

这两个方法首先检查附加会话 ID 是否必要。如果请求包含一个 Cookie 头行,则 Cookie 是可用的,就不需要重写 URL。此时返回的 URL 并不将会话 ID 附加在其上。如果请求不包含 Cookie 头行,则 Cookie 不可用,此时调用上述方法将对 URL 重写,并将会话 ID 附加到 URL 上。

注意:jsessionid 使用;而不是?附加到 URL 上,这是因为 jsessionid 是请求 URI 路径信息的一部分,它不是一个请求参数,因此,也不能使用 ServletRequest 的 getParameter("jsessionid")方法检索。

下面程序说明了如何使用这些方法。HomeServlet 产生了前面给出的 HTML 页面。

程序 4.15 HomeServlet.java

```
package com.demo;
import java.io.*;
import javax.servlet.*;
import javax.servlet.http.*;
import javax.servlet.annotation.WebServlet;

@WebServlet("/HomeServlet")
public class HomeServlet extends HttpServlet{
    public void doGet(HttpServletRequest request,
                 HttpServletResponse response)
              throws ServletException, IOException{
        HttpSession session = request.getSession();
        response.setContentType("text/html;charset = utf - 8");
        PrintWriter out = response.getWriter();

        out.println("<html><body>");
        out.println("单击链接查询:<br>");
        out.println("<a href = \""
                + response.encodeURL("/chapter04/ReportServlet")
                + "\">查看销售信息</a><br>");
        out.println("<a href = \""
                + response.encodeURL("/chapter04/AccountServlet")
```

```
                + "\">查看账户信息</a><br>");
        out.println("</body></html>");
    }
}
```


注意,在 Servlet 中检索会话仍然调用 getSession()方法。Servlet 容器自动地解析附加在请求 URL 上的会话 ID,并返回适当的会话对象。

一般来说,URL 重写是支持会话的非常健壮的方法。在不能确定浏览器是否支持 Cookie 的情况下应该使用这种方法。然而,使用 URL 重写应该注意下面几点:

- 如果使用 URL 重写,应该在应用程序的所有页面中,对所有的 URL 编码,包括所有的超链接和表单的 action 属性值。
- 应用程序的所有页面都应该是动态的。因为不同的用户具有不同的会话 ID,因此在静态 HTML 页面中无法在 URL 上附加会话 ID。
- 所有静态的 HTML 页面必须通过 Servlet 运行,在它将页面发送给客户时会重写 URL。

4.4.2 隐藏表单域

在 HTML 页面中,可以使用下面代码实现隐藏的表单域:

```
<input type = "hidden" name = "userName" value = "hacker">
```

当表单提交时,浏览器将指定的名称和值包含在 GET 或 POST 的数据中。这个隐藏域可以存储有关会话的信息。但它的缺点是:仅当每个页面都是由表单提交而动态生成时,才能使用这种方法。单击常规的超链接(<a href>)并不产生表单提交,因此,隐藏的表单域不能支持通常的会话跟踪,只能用在某些特定的操作中,例如在线商店的结账过程。

4.5 文件上传

文件上传和下载是 Web 开发中经常需要实现的功能。文件上传是指将客户端的一个或多个文件传输并存储到服务器上,文件下载是从服务器上把文件传输到客户端。本节介绍 Servlet 3.0 API 提供的文件上传功能的实现。

文件上传

4.5.1 客户端编程

在 Servlet 3.0 之前,上传文件通常使用 Apache 的 Commons FileUpload 组件,在 Servlet 3.0 API 中则通过使用@MultipartConfig 注解和 javax.servlet.http.Part 对象实现文件上传功能。

实现文件上传首先需要在客户端的 HTML 或 JSP 页面中通过一个表单打开一个文件,然后提交给服务器。上传文件表单的<form>标签中应该指定 enctype 属性,它的值应该为“multipart/form-data”,<form>标签的 method 属性应该指定为“post”,同时表单应该提供一个<input type="file">的输入域用于指定上传的文件。

在服务器端，可以使用请求对象的 getPart()返回 Part 对象，文件内容就包含在该对象中，另外其中还包含表单域的名称和值、上传的文件名、内容类型等信息。例如，假设上传一个 Java 源文件，返回的输入流的内容可能如下：

```
-----------------------------7d81a5209008a
Content-Disposition: form-data; name="mnumber"

223344
-----------------------------7d81a5209008a
Content-Disposition:form-data; name="fileName"; filename="HelloWorld.java"
Content-Type: application/octet-stream

public class HelloWorld {
   public static void main(String ars[]){
      System.out.println("Hello,World!");
  }
}
-----------------------------7d81a5209008a
Content-Disposition: form-data; name="submit"

提交
-----------------------------7d81a5209008a--
```

上述代码中的“-----------------------------7d81a5209008a”为分隔符，最后一行是结束符。粗体部分的内容为文件的内容。其中，文件名包含在 content-disposition 请求头中，对该值解析可得到文件名。

下面是一个用于上传文件的 JSP 页面 fileUpload.jsp。

程序 4.16　fileUpload.jsp

```
<%@ page contentType="text/html; charset=UTF-8" pageEncoding="UTF-8"%>
<!DOCTYPE html>
<html>
<head><meta charset="UTF-8">
      <title>上传文件</title></head>
<body>
     ${message}<br>
   <form action="fileUpload.do" enctype="multipart/form-data"
          method="post">
    <table>
      <tr><td colspan="2" align="center">文件上传</td></tr>
      <tr><td>会员号:</td>
        <td><input type="text" name="mnumber" size="30" /></td>
      </tr>
      <tr><td>文件名:</td>
          <td><input type="file" name="fileName" size="30" /></td>
      </tr>
      <tr>
         <td align="right"><input type="submit" value="提交" /></td>
         <td align="left"><input type="reset" value="重置"/></td>
      </tr>
    </table>
```

```
</form>
</body>
</html>
```

页面的显示效果如图 4.11 所示。

图 4.11 fileUpload.jsp 页面

在 HTML5 之前，如果要上传多个文件，必须使用多个文件 input 元素。但是在 HTML5 中，通过在 input 元素中指定 multiple 属性，就可以上传多个文件。在 HTML5 中编写下面任意一行代码，就可以生成一个按钮供选择多个文件。

```
<input type="file" name="fileName" multiple />
<input type="file" name="fileName" multiple= "multiple"/>
<input type="file" name="fileName" multiple="" />
```

4.5.2 服务器端编程

当表单提交时，浏览器将表单各部分的数据发送到服务器端，每个部分之间使用分隔符隔开。在服务器端使用 Servlet 就可以得到上传来的文件内容并将其存储到服务器的特定位置。通过请求对象的下面两个方法来处理上传的文件。

- public Part getPart(String name)：返回用 name 指定名称的 Part 对象。
- public Collection<Part> getParts()：返回所有 Part 对象的一个集合。如果要处理多个上传文件，使用该方法。

Part 表示多部分表单数据的一个部分，文件内容就包含在该对象中，另外其中还包含表单域的名称和值、上传的文件名、内容类型等信息。它提供了下面的常用方法。

- public InputStream getInputStream() throws IOException：返回 Part 对象的输入流对象。
- public String getContentType()：返回 Part 对象的内容类型。
- public String getName()：返回 Part 对象的名称。
- public long getSize()：返回 Part 对象的大小。
- public String getHeader(String name)：返回 Part 对象指定的 MIME 头的值。
- public Collection<String> getHeaders(String name)：返回 name 指定的头值的集合。
- public Collection<String> getHeaderNames()：返回 Part 对象头名称的集合。
- public void delete() throws IOExceeption：删除临时文件。
- public void write(String fileName) throws IOException：将上传的文件内容写到指

定的文件中。

下面的 FileUploadServlet 处理客户上传来的文件,并将其写到磁盘上。

程序 4.17　FileUploadServlet.java

```
package com.demo;
import java.io.*;
import javax.servlet.*;
import javax.servlet.http.*;
import javax.servlet.annotation.*;

@WebServlet(name = "FileUploadServlet",urlPatterns = {"/fileUpload.do"})
@MultipartConfig(location = "D:\\",fileSizeThreshold = 1024)
public class FileUploadServlet extends HttpServlet{
    //返回上传来的文件名
    private String getFilename(Part part){
        String fname = null;
        //返回上传的文件部分的 content-disposition 请求头的值
        String header = part.getHeader("content-disposition");
        //返回不带路径的文件名
        fname = header.substring(header.lastIndexOf("=")+2,
                header.length()-1);
        return fname;
    }
    public void doPost(HttpServletRequest request,
                    HttpServletResponse response)
                throws ServletException,IOException{
        //返回 Web 应用程序文档根目录
        String path = this.getServletContext().getRealPath("/");
        String mnumber = request.getParameter("mnumber");
        Part p = request.getPart("fileName");
        String message = "";
        if(p.getSize() > 1024 * 1024){    //上传的文件不能超过 1MB 大小
          p.delete();
          message = "文件太大,不能上传!";
        }else{
          //文件存储在文档根目录下 member 子目录中会员号子目录中
          path = path + "\\member\\" + mnumber;
          File f = new File(path);
          if( !f.exists()){                //若目录不存在,则创建目录
            f.mkdirs();
          }
          String fname = getFilename(p); //得到文件名
          p.write(path + "\\" + fname); //将上传的文件写入磁盘
          message = "文件上传成功!";
        }
        request.setAttribute("message", message);
        RequestDispatcher rd = request.getRequestDispatcher("/fileUpload.jsp");
        rd.forward(request, response);
    }
}
```

实现文件上传的 Servlet 类必须使用@MultipartConfig 注解，该注解告诉容器该 Servlet 能够处理 multipart/form-data 的请求。使用该注解，HttpServletRequest 对象才可以得到表单上传的文件。

使用该注解可以配置容器存储临时文件的位置，文件和请求数据的大小限制以及阈值大小，该注解定义了如表 4-1 所示的元素。

表 4-1 @MultipartConfig 注解的常用元素

属性名	类型	说明
location	String	指定容器临时存放文件的目录
maxFileSize	long	指定允许上传文件的最大字节数
maxRequestSize	long	指定允许整个请求的 multipart/form-data 数据的最大字节数
fileSizeShreshold	int	指定一个阈值，当上传的数据大于该值，将数据写到磁盘

除了在注解中指定文件的限制外，还可以在 web.xml 文件中使用< servlet >的子元素< multipart-config >指定这些限制，该元素包括 4 个子元素，分别为< location >、< max-file-size >、< max-request-size >和< file-size-threshold >。

在带有 multipart/form-data 的表单中还可以包含一般的文本域，这些域的值仍然可以使用请求对象的 getParameter()得到。

在一个表单中也可以一次上传多个文件，此时可以使用请求对象的 getParts()得到一个包含多个 Part 对象的 Collection 对象，从该集合对象中解析出每个 Part 对象，它们就表示上传的多个文件。

4.6 文件下载

文件下载是 Web 应用程序经常提供的功能。对于静态资源，如图像或 Word 文档，可以在页面中使用一个指向该资源的 URL 实现下载，只要资源在 Web 应用程序的目录中即可(但不能在 WEB-INF 目录中)。

```
<a href = "video/dance.mp4" download = "download">下载视频</a><br/>
```

单击该链接浏览器将打开下载对话框，下载 video/dance.mp4 视频文件。

如果资源存储在应用程序外的目录或数据库中，或者要限制哪些用户可下载文件时，这时需要编写程序为用户提供下载功能。

要实现编程方式下载文件，在 Servlet 中需要完成下面操作。

- 将响应对象的内容类型设置为文件的内容类型。使用响应对象的 setContentType()方法设置资源文件的内容类型。如果不能确定文件类型，或者希望浏览器总是打开文件下载对话框，可以将内容设置为 application/octet-stream，该值不区分大小写。
- 添加一个名为 Content-Disposition 的响应头，其值为 attachment; filename = fileName，这里 fileName 为在文件下载对话框中显示的默认文件名，该文件名可以与文件的实际名称不同。

程序 FileDownloadServlet 实现文件下载，要求只有登录用户才能下载指定的文件，这里的文件是/WEB-INF/data/Java.pdf。若用户没有登录,请求将被转发到登录页面 login.jsp,用户输入用户名和密码后,控制转到 LoginServlet,如果用户合法再把控制转到 FileDownloadServlet。

程序 4.18　FileDownloadServlet.java

```
package com.demo;
import java.io.*;
import javax.servlet.*;
import javax.servlet.annotation.*;
import javax.servlet.http.*;

@WebServlet(urlPatterns = {"/download"})
public class FileDownloadServlet extends HttpServlet {
    public void doGet(HttpServletRequest request,
                HttpServletResponse response)
            throws ServletException, IOException {
        HttpSession session = request.getSession();
        //若用户没有登录则转到登录页面
        if (session == null || session.getAttribute("loggedIn") == null) {
            RequestDispatcher dispatcher =
                request.getRequestDispatcher("/login.jsp");
            dispatcher.forward(request, response);
            return;                          //该语句是必需的
        }
        String dataDirectory =
            request.getServletContext().getRealPath("/WEB-INF/data");
        File file = new File(dataDirectory, "Java.pdf");
        if (file.exists()) {
            //设置响应的内容类型为 PDF 文件
            response.setContentType("application/pdf");
            //设置 Content-Disposition 响应头,指定文件名
            response.addHeader("Content-Disposition", "attachment;
                            filename=Java.pdf");
            byte[] buffer = new byte[1024];
            FileInputStream fis = null;
            BufferedInputStream bis = null;
            try {
                fis = new FileInputStream(file); //创建文件输入流
                bis = new BufferedInputStream(fis);
                //返回输出流对象
                OutputStream os = response.getOutputStream();
                //读取 1KB
                int i = bis.read(buffer);
                while (i != -1) {
                    os.write(buffer, 0, i);
                    i = bis.read(buffer);
                }
            } catch (IOException ex) {
                System.out.println (ex.toString());
            } finally {
```

```
                if (bis != null) {
                    bis.close();
                }
                if (fis != null) {
                    fis.close();
                }
            }
        }else{
            response.setContentType("text/html;charset = UTF - 8");
            PrintWriter out = response.getWriter();
            out.println("文件不存在!");
        }
    }
}
```

程序首先检查会话对象上是否有 loggedIn 属性,若无则将请求转发到 login.jsp 页面,若存在该属性表明用户已登录。登录页面 login.jsp 代码如下。

程序 4.19　login.jsp

```
<%@ page contentType = "text/html; charset = UTF - 8" pageEncoding = "UTF - 8" %>
<html>
<head><title>登录页面</title></head>
<body>
<form action = "login" method = "post">
    <table>
    <tr><td>用户名:</td><td><input type = "text" name = "userName"/></td></tr>
    <tr><td>密码:</td><td><input type = "password" name = "password"/></td></tr>
    <tr><td colspan = "2"><input type = "submit" value = "登录"/></td></tr>
    </table>
</form>
</body>
</html>
```

验证用户的 LoginServlet.java 程序。

程序 4.20　LoginServlet.java

```
package com.demo;
import java.io.*;
import javax.servlet.*;
import javax.servlet.annotation.*;
import javax.servlet.http.*;

@WebServlet(urlPatterns = { "/login" })
public class LoginServlet extends HttpServlet {
    public void doPost(HttpServletRequest request,
                HttpServletResponse response)
            throws ServletException, IOException {
        String userName = request.getParameter("userName");
        String password = request.getParameter("password");
        if (userName != null && userName.equals("member")
                && password != null && password.equals("member01")) {
            HttpSession session = request.getSession(true);
```

```
                session.setAttribute("loggedIn", Boolean.TRUE);
                response.sendRedirect("download");
                return;
            } else {
                RequestDispatcher dispatcher =
                        request.getRequestDispatcher("/login.jsp");
                dispatcher.forward(request, response);
            }
        }
    }
```

当用户直接或者通过链接访问 FileDownloadServlet 时，该类首先检查用户会话中是否包含 loggedIn 属性，若无则将控制转到如图 4.12 所示的登录页面。

图 4.12　用户登录页面

输入用户名和密码(分别为 member 和 member01)，单击"登录"按钮后，控制转到 LoginServlet，其中检查用户名和密码，如果合法则将控制转到 FileDownloadServlet 执行文件下载。浏览器将打开文件下载对话框，单击"保存"按钮可将文件下载保存到本地磁盘上。

也可以编写一个 Web 页面实现文件下载，通过超链接访问该 FileDownloadServlet，代码如下。

```
下载文件<a href = "download.do">下载 Java.pdf 文件</a>
```

单击该超链接，浏览器同样打开文件下载对话框。

本 章 小 结

在 Java Web 开发中经常需要在本来无状态的 HTTP 协议上实现状态。Web 服务器跟踪客户的状态通常有多种方法：使用 HttpSession、使用 Cookie、使用 URL 重写和使用隐藏表单域等。其中，使用 HttpSession 对象是最常用的跟踪客户状态的方法。

文件上传和下载是 Web 开发中经常需要实现的功能。本章介绍了 Servlet 3.0 API 提供的文件上传功能，还介绍了 Servlet 技术实现的文件下载功能。

思考与练习

1. 下面哪个接口或类检索与用户相关的会话对象？(　　)

A. HttpServletResponse　　　　B. ServletConfig

C. ServletContext　　　　D. HttpServletRequest

2. 给定 request 是一个 HttpServletRequest 对象,下面哪两行代码会在不存在会话的情况下创建一个会话?(　　)

A. request. getSession()　　　　B. request. getSession(true)

C. request. getSession(false)　　　　D. request. createSession()

3. 关于会话属性,下面哪两个说法是正确的?(　　)

A. HttpSession 的 getAttribute(String name)返回类型为 Object

B. HttpSession 的 getAttribute(String name)返回类型为 String

C. 在一个 HttpSession 上调用 setAttribute("keyA","valueB")时,如果这个会话中对应键 keyA 已经有一个值,就会导致抛出一个异常

D. 在一个 HttpSession 上调用 setAttribute("keyA","valueB")时,如果这个会话中对应键 keyA 已经有一个值,则这个属性的原先值会被 valueB 替换

4. 调用下面哪个方法将使会话失效?(　　)

A. session. invalidate();　　　　B. session. close();

C. session. destroy();　　　　D. session. end();

5. 是否能够通过客户机的 IP 地址实现会话跟踪?

6. 如何理解会话失效与超时?如何通过程序设置最大失效时间?如何通过 Web 应用程序部署描述文件设置最大超时时间?二者有什么区别?

7. 关于 HttpSession 对象,下面哪两个说法是正确的?(　　)

A. 会话的超时时间设置为−1,则会话永远不会到期

B. 一旦用户关闭所有浏览器窗口,会话就会立即失效

C. 在部署描述文件中定义的超时时间之后,会话会失效

D. 可以调用 HttpSession 的 invalidateSession()使会话失效

8. 给定一个会话对象 s,有两个属性,属性名分别为 myAttr1 和 myAttr2,下面哪行(段)代码会把这两个属性从会话中删除?(　　)

A. s. removeAllValues();

B. s. removeAllAttributes();

C. s. removeAttribute("myAttr1");
   s. removeAttribute("myAttr2");

D. s. getAttribute("myAttr1",UNBIND);
   s. getAttribute("myAttr2",UNBIND);

9. 将下面哪个代码片段插入到 doGet()中可以正确记录用户的 GET 请求的数量?(　　)

A. HttpSession session = request. getSession();
   int count = session. getAttribute("count");
   session. setAttribute("count", count++);

B. HttpSession session = request. getSession();
   int count = (int) session. getAttribute("count");
   session. setAttribute("count", count++);

C. HttpSession session = request. getSession();

```
int count = ((Integer) session.getAttribute("count")).intValue();
session.setAttribute("count", count++);
```

D.
```
HttpSession session = request.getSession();
int count = ((Integer) session.getAttribute("count")).intValue();
session.setAttribute("count", new Integer(++count));
```

10. 以下哪段代码能从请求对象中获取名为"ORA-UID"的 Cookie 的值？（　　）

A.
```
String value = request.getCookie("ORA-UID");
```

B.
```
String value = request.getHeader("ORA-UID");
```

C.
```
Cookie[] cookies = request.getCookies();
String cName=null;
String value = null;
if(cookies !=null){
    for(inti = 0 ;i< cookies.length; i++){
        cName = cookies[i].getName();
        if(cName!=null && cName.equalsIgnoreCase("ORA_UID")){
            value = cookies[i].getValue();
        }
    }
}
```

D.
```
Cookie[] cookies = request.getCookies();
    if(cookies.length > 0){
        String value = cookies[0].getValue();
    }
```

11. 上传文件使用什么表单域？表单有什么特殊要求？

12. 上传文件如何从 Part 对象中检索上传文件的文件名？

13. 能将服务器上 Web 应用程序外的文件提供给客户下载吗？

第5章　JDBC 访问数据库

本章目标

- 学会 MySQL 数据库的下载与安装；
- 了解 JDBC 的体系结构；
- 熟悉常用的 JDBC API；
- 掌握使用 JDBC 连接数据库的步骤；
- 学会数据源的配置和使用；
- 了解和掌握 DAO 设计模式。

Web 应用程序需要访问数据库。Java 使用 JDBC 访问数据库，JDBC 是访问数据库的标准 API。本章首先介绍 MySQL 数据库，然后介绍使用 JDBC 连接数据库的方法以及常用的 JDBC API，接下来介绍数据源连接数据库的方法，最后讨论 DAO 设计模式。

5.1　MySQL 数据库

MySQL 是一种开放源代码的关系型数据库管理系统（RDBMS），目前属于 Oracle 旗下产品。它使用 SQL 语言进行数据库管理。MySQL 软件采用了双授权政策，它分为社区版和商业版，由于其体积小、速度快、总体成本低，尤其是开放源码这一特点，一般中小型网站的开发都选择 MySQL 作为网站数据库。

MySQL 数据库

5.1.1　MySQL 的下载与安装

可以到 Oracle 官方网站下载最新的 MySQL 软件，MySQL 提供 Windows 下的安装程序，本书使用的是社区版（MySQL Community Server），下载地址如下。

```
https://www.mysql.com/downloads/
```

MySQL 的最新版本是 MySQL 8.0，下载文件名为 mysql-installer-community-8.0.11.0.msi，双击该文件即开始安装。安装过程中需要选择安装类型和安装路径。安装结束后需要配置 MySQL，指定配置类型，这里选择 Development Machine，还需要打开 TCP/IP 网络以及指定数据库的端口号，默认值为 3306。单击 Next 按钮，在出现的页面中需要指定 root 账户的密码，这里输入 123456。最后还需要指定 Windows 服务名，这里 MySQL80。

5.1.2 使用 MySQL 命令行工具

选择“开始”→“所有程序”→MySQL→MySQL Server 8.0→MySQL 8.0 Command Line Client，打开命令行窗口，输入 root 账户密码，出现 mysql>提示符，如图 5.1 所示。

在 MySQL 命令提示符下可以通过命令操作数据库，使用 show databases;命令可以显示所有数据库信息。

```
mysql > show databases;
```

在对数据库操作之前，必须使用 use 命令打开数据库，下面命令打开 world 数据库。

```
mysql > use world;
```

使用 show tables 命令可以显示当前数据库中的表。

```
mysql > show tables;
```

使用 create database 命令可以建立数据库，使用 create table 语句可完成对表的创建，使用 alter table 语句可以对创建后的表进行修改，使用 describe 命令可查看已创建的表的详细信息，使用 insert 命令可以向表中插入数据、使用 delete 命令可以删除表中的数据，使用 update 命令可以修改表中的数据，使用 select 命令可以查询表中的数据。

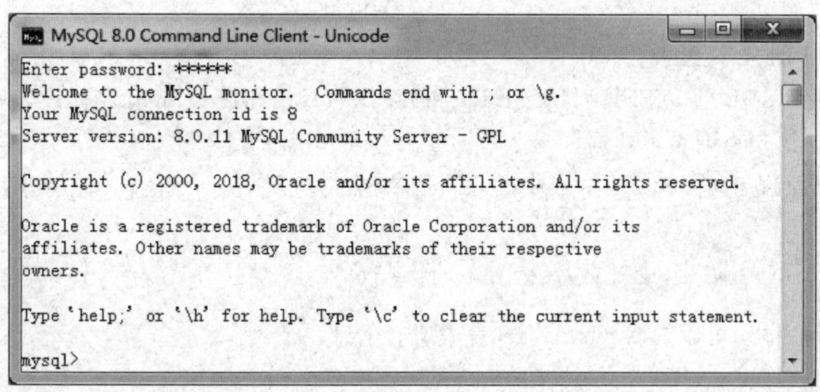

图 5.1 MySQL 命令行窗口

1. 创建数据库

创建数据库使用 create database 命令，格式如下：

```
create database <数据库名>
```

下面命令创建一个名为 webstore 的数据库。

```
mysql > create database webstore;
```

默认情况下，新建的数据库属于创建它的用户。也可以新建用户并把数据库上的操作权限授予新用户。

2. 创建用户

可以使用 CREATE USER 命令创建新用户，也可以使用 GRANT 命令在创建用户的

同时授予该用户特权。要允许用户从本地主机访问数据库,使用下面的命令:

```
mysql > grant all privileges on webstore. * to xiaozhang@localhost
       identified by '12345';
```

webstore 是数据库名,xiaozhang 是新用户名,@localhost 表示本地主机上的用户。12345 是密码。要准许用户从其他客户机访问数据库,使用下面的命令:

```
mysql > grant all privileges on database. * to xiaozhang@" % "
       identified by '12345';
```

其中@"%"的作用是通配符,表示任何客户机对数据库的访问。如果创建新用户时发生问题,请检查是否作为 root 用户启动 MySQL 服务器。

3. 使用 DDL 创建表

创建表使用 CREATE TABLE 命令,使用下面 SQL 语句创建 customers 客户表。

```
create table customers(
    id INTEGER primary key,
    name VARCHAR(20) not null,
    email VARCHAR(20),
    balance DOUBLE
);
```

4. 使用 DML 操纵表

可以使用 SQL 的 INSERT、DELETE 和 UPDATE 语句插入、删除和修改表中数据,使用 SELECT 语句查询表中数据。

使用下面语句向 customers 表中插入一行数据。

```
insert into customers
values(1001,'张大海','zhangda@163.com',35800.00);
```

使用下面语句可以查询 customers 表中所有信息。

```
select * from customers;
```

5.1.3 使用 Navicat 操作数据库

Navicat for MySQL 是一款专为 MySQL 设计的高性能数据库管理及开发工具,使用它可以简化数据库的管理及降低系统管理成本。它的设计符合数据库管理员、开发人员及中小企业的需要。Navicat 适用于 Microsoft Windows、Mac OS X 及 Linux 三种平台。它可以让用户连接到任何本地机或远程服务器、它提供一些实用的数据库工具如数据模型、数据传输、数据同步、结构同步、导入、导出、备份、还原、报表创建工具等。

Navicat for MySQL 可用于任何版本的 MySQL 数据库服务器,并支持大部分 MySQL 最新版本的功能,包括触发器、存储过程、函数、事件、视图、管理用户等。

用户可以到 http://www.formysql.com/xiazai_mysql.html 下载最新的 Navicat for MySQL 11 中文版。图 5.2 是 Navicat for MySQL 的运行界面。

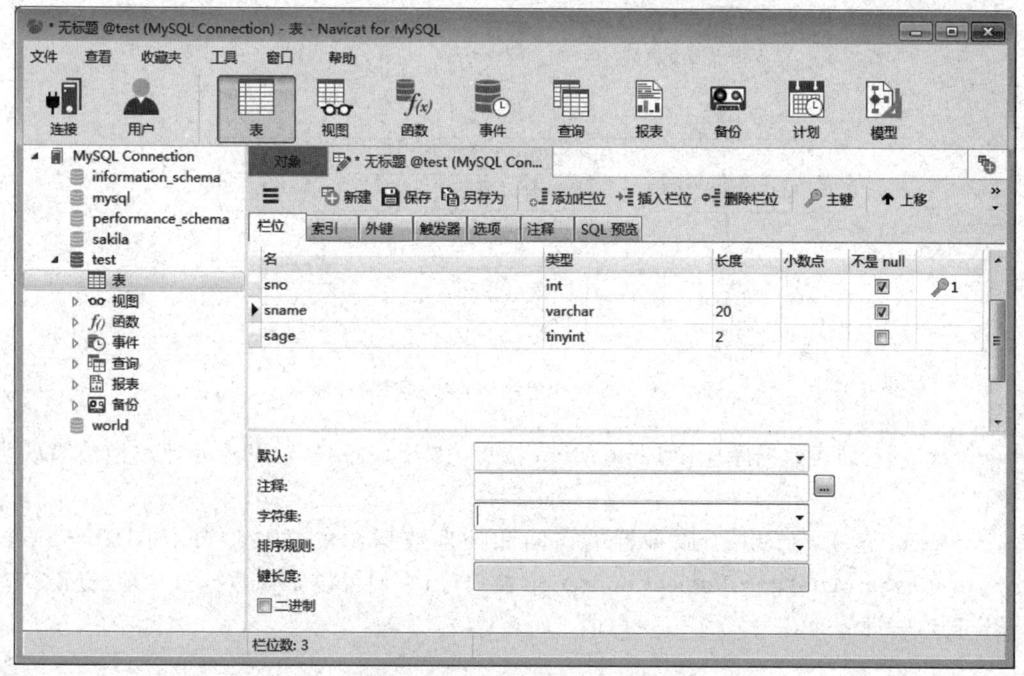

图 5.2 Navcat for MySQL 的运行界面

5.2 JDBC API

JDBC 是 Java 程序访问数据库的标准，它是由一组 Java 语言编写的类和接口组成的，这些类和接口称为 JDBC API，它为 Java 程序提供一种通用的数据访问接口。

JDBC 的基本功能包括：①建立与数据库的连接。②发送 SQL 语句。③处理数据库操作结果。

5.2.1 JDBC 访问数据库

Java 应用程序访问数据库的一般过程如图 5.3 所示。应用程序通过 JDBC 驱动程序管理器加载相应的驱动程序，通过驱动程序与具体的数据库连接，然后访问数据库。

Java 应用程序要成功访问数据库，首先要加载相应的驱动程序。要使驱动程序加载成功，必须安装驱动程序。通常，JDBC 驱动程序由数据库厂商提供，可以到网上下载驱动程序，然后将驱动程序的 JAR 文件复制到 WEB-INF\lib 目录中，这样 Web 应用程序才能找到其中的驱动程序。

提示：在 Java 8 中 JDBC-ODBC 桥驱动程序已被删除，所以不能再使用这种方法连接数据库。

使用 JDBC API 可以访问从关系数据库到电子表格的任何数据源，它使开发人员可以用纯 Java 语言编写完整的数据库应用程序。JDBC API 已经成为 Java 语言的标准 API，在 Java 8 中的版本是 JDBC 4.2。在 JDK 中是通过 java.sql 和 javax.sql 两个包提供的。

java.sql 包提供了为基本的数据库编程服务的类和接口，如驱动程序管理的类

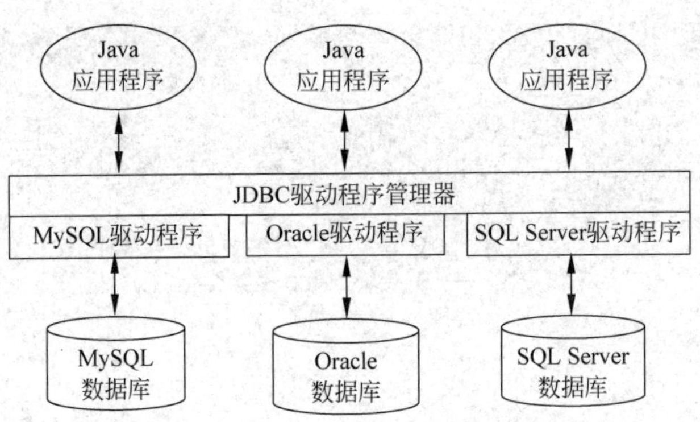

图 5.3　Java 应用程序访问数据库的过程

DriverManager、创建数据库连接 Connection 接口、执行 SQL 语句以及处理查询结果的类和接口等。

javax.sql 包主要提供了服务器端访问和处理数据源的类和接口，如 DataSource、RowSet、RowSetMetaData、PooledConnection 接口等，它们可以实现数据源管理、行集管理以及连接池管理等。

5.2.2　Connection 接口

通过调用 DriverManager 类的静态方法 getConnection()或数据源(DataSource)对象的 getConnection()都可以得到连接(Connection)对象。

1. DriverManager 类

DriverManager 类是 JDBC 的管理层，作用于应用程序和驱动程序之间。DriverManager 类跟踪可用的驱动程序，并在数据库和驱动程序之间建立连接。

DriverManager 类维护一个注册的 Driver 类的列表。建立数据库连接的方法是调用 DriverManager 类的静态方法 getConnection()，该方法的声明格式为：

- public static Connection getConnection(String dburl)
- public static Connection getConnection(String dburl,String user,String password)

这里字符串参数 dburl 表示 JDBC URL，user 表示数据库用户名，password 表示口令。调用该方法，DriverManager 类试图从注册的驱动程序中选择一个合适的驱动程序，然后建立到给定的 JDBC URL 的连接。如果不能建立连接将抛出 SQLException 异常。

2. 数据库 URL

数据库 URL 与一般的 URL 不同，它用来标识数据源，这样驱动程序就可以与它建立连接。下面是数据库 URL 的标准语法，它包括由冒号分隔的三个部分：

```
jdbc:<subprotocol>:<subname>
```

其中，jdbc 表示协议，数据库 URL 的协议总是 jdbc。subprotocol 表示子协议，它表示驱动程序或数据库连接机制的名称，子协议名通常为数据库厂商名，如 mysql、oracle、postgresql 等。subname 为子名称，它表示数据库标识符，该部分内容随数据库驱动程序的不同而不同。

5.2.3 Statement 接口

得到连接对象后就可以调用它的 createStatement()创建 SQL 语句(Statement)对象以及在连接对象上完成各种操作,下面是 Connection 接口创建 Statement 对象的方法。

- public Statement createStatement( ):创建一个 Statement 对象。如果这个 Statement 对象用于查询,那么调用它的 executeQuery()返回的 ResultSet 是一个不可滚动、不可更新的 ResultSet。
- public Statement createStatement(int resultType, int concurrency):创建一个 Statement 对象。如果这个 Statement 对象用于查询,那么这两个参数决定 executeQuery()返回的 ResultSet 是否是一个可滚动、可更新的 ResultSet。

一旦创建了 Statement 对象,就可以用它来向数据库发送 SQL 语句,实现对数据库的查询和更新操作等。

1. 执行查询语句

可以使用 Statement 接口的下列方法向数据库发送 SQL 查询语句。

```
public ResultSet executeQuery(String sql)
```

该方法用来执行 SQL 查询语句。参数 sql 为用字符串表示的 SQL 查询语句。查询结果以 ResultSet 对象返回,一般称为结果集对象。在 ResultSet 对象上可以逐行逐列地读取数据。

使用该方法创建的 ResultSet 对象是一个不可滚动的结果集,或者说是一个只能向前滚动的结果集,即只能从第一行向前移动直到最后一行为止,而不能向后访问结果集。

2. 执行非查询语句

可以使用 Statement 接口的下列方法向数据库发送非 SQL 查询语句。

```
public int executeUpdate(String sql)
```

该方法执行由字符串 sql 指定的 SQL 语句,该语句可以是 INSERT、DELETE、UPDATE 语句或者无返回值的 SQL 语句,如 SQL DDL 语句 CREATE TABLE。返回值是更新的行数,如果语句没有返回则返回值为 0。

- public boolean execute(String sql):执行可能有多个结果集的 SQL 语句,sql 为任何的 SQL 语句。如果语句执行的第一个结果为 ResultSet 对象,该方法返回 true,否则返回 false。
- public int[] executeBatch():用于在一个操作中发送多条 SQL 语句。

3. 释放 Statement

与 Connection 对象一样,Statement 对象使用完毕应该用 close()将其关闭,释放其占用的资源。但这并不是说在执行了一条 SQL 语句后就立即释放这个 Statement 对象,可以用同一个 Statement 对象执行多个 SQL 语句。

5.2.4 ResultSet 接口

ResultSet 对象表示 SELECT 语句查询得到的记录集合,结果集一般是一个记录表,其中包含多个记录行和列标题,记录行从 1 开始,一个 Statement 对象一个时刻只能打开一个

ResultSet 对象。

如果需要对结果集的每行进行处理,需要移动结果集的游标。所谓游标(cursor)是结果集的一个标志或指针。对新产生的 ResultSet 对象,游标指向第一行的前面,可以调用 ResultSet 的 next(),使游标定位到下一条记录。next()的格式如下:

```
public boolean next() throws SQLException
```

将游标从当前位置向下移动一行。第一次调用 next()将使第一行成为当前行,以后调用游标依次向后移动。如果该方法返回 true,说明新行是有效的行,若返回 false,说明已无记录。

1. 检索字段值

ResultSet 接口提供了检索行的字段值的方法,由于结果集列的数据类型不同,所以应该使用不同的 getXxx()获得列值,例如若列值为字符型数据,可以使用下列方法检索列值:

- public String getString (int columnIndex)
- public String getString (String columnName)

返回结果集中当前行指定的列号或列名的列值,结果作为字符串返回。columnIndex 为列在结果行中的序号,序号从 1 开始,columnName 为结果行中的列名。

下面列出了返回其他数据类型的方法,这些方法都可以使用这两种形式的参数:

- public short getShort(int columnIndex):返回指定列的 short 值。
- public byte getByte(int columnIndex):返回指定列的 byte 值。
- public int getInt(int columnIndex):返回指定列的 int 值。
- public long getLong(int columnIndex):返回指定列的 long 值。
- public float getFloat(int columnIndex):返回指定列的 float 值。
- public double getDouble(int columnIndex):返回指定列的 double 值。
- public boolean getBoolean(int columnIndex):返回指定列的 boolean 值。
- public Date getDate(int columnIndex):返回指定列的 Date 对象值。
- public Object getObject(int columnIndex):返回指定列的 Object 对象值。
- public Blob getBlob(int columnIndex):返回指定列的 Blob 对象值。
- public Clob getClob(int columnIndex):返回指定列的 Clob 对象值。

2. 数据类型转换

在 ResultSet 对象中的数据为从数据库中查询出的数据,调用 ResultSet 对象的 get*Xxx*()方法返回的是 Java 语言的数据类型,因此这里就有数据类型转换的问题。实际上调用 get*Xxx*()方法就是把 SQL 数据类型转换为 Java 语言数据类型,表 5-1 列出了 SQL 数据类型与 Java 数据类型的转换。

表 5-1 SQL 数据类型与 Java 数据类型之间的对应关系

SQL 数据类型	Java 数据类型	SQL 数据类型	Java 数据类型
CHAR	String	DOUBLE	double
VARCHAR	String	NUMERIC	java. math. BigDecimal
BIT	boolean	DECIMAL	java. math. BigDecimal
TINYINT	byte	DATE	java. sql. Date

续表

SQL 数据类型	Java 数据类型	SQL 数据类型	Java 数据类型
SMALLINT	short	TIME	java. sql. Time
INTEGER	int	TIMESTAMP	java. sql. Timestamp
REAL	float	CLOB	Clob
FLOAT	double	BLOB	Blob
BIGINT	long	STRUCT	Struct

5.2.5 预处理语句 PreparedStatement

Statement 对象在每次执行 SQL 语句时都将语句传给数据库,这样在多次执行同一个语句时效率较低,这时可以使用 PreparedStatement 对象。如果数据库支持预编译,它可以将 SQL 语句传给数据库作预编译,以后每次执行这个 SQL 语句时,速度就可以提高很多。

PreparedStatement 接口继承了 Statement 接口,因此它可以使用 Statement 接口中定义的方法。PreparedStatement 对象还可以创建带参数的 SQL 语句,在 SQL 语句中指出接收哪些参数,然后进行预编译。

创建 PreparedStatement 对象与创建 Statement 对象类似,唯一不同的是需要给创建的 PreparedStatement 对象传递一个 SQL 命令,即需要将执行的 SQL 命令传递给其构造方法而不是 execute()。用 Connection 的下列方法创建 PreparedStatement 对象。

- public PreparedStatement prepareStatement(String sql):使用给定的 SQL 命令创建一个 PreparedStatement 对象,在该对象上返回的 ResultSet 是只能向前滚动的结果集。
- public PreparedStatement prepareStatement(String sql, int resultType, int concurrency):使用给定的 SQL 命令创建一个 PreparedStatement 对象,在该对象上返回的 ResultSet 可以通过 resultType 和 concurrency 参数指定是否可滚动、是否可更新。

这些方法的第一个参数是 SQL 字符串。这些 SQL 字符串可以包含一些参数,这些参数在 SQL 中使用问号(?)作为占位符,在 SQL 语句执行时将用实际数据替换。

PreparedStatement 对象通常用来执行动态 SQL 语句,此时需要在 SQL 语句通过问号指定参数,每个问号为一个参数。通过使用带参数的 SQL 语句可以大大提高 SQL 语句的灵活性。例如:

```
String sql = "SELECT * FROM products WHERE id = ?";
String sql = "INSERT INTO products VALUES(?, ?, ?, ?) ";
PreparedStatement pstmt = conn.prepareStatement(sql);
```

SQL 命令中的每个占位符都是通过它们的序号被引用的,从 SQL 字符串左边开始,第一个占位符的序号为 1,以此类推。当把预处理语句的 SQL 发送到数据库时,数据库将对它进行编译。

1. 设置占位符

创建 PreparedStatement 对象之后,在执行该 SQL 语句之前,必须用数据替换每个占位符。可以通过 PreparedStatement 接口中定义的 setXxx()为占位符设置具体的值。例如,下面方法分别为占位符设置整数值和字符串值。

- public void setInt(int parameterIndex,int x):这里 parameterIndex 为参数的序号,x 为一个整数值。
- public void setString(int parameterIndex, String x):为占位符设置一个字符串值。

每个 Java 基本类型都有一个对应的 setXxx(),此外,还有许多对象类型,如 BigDecimal 有相应的 setXxx()方法。关于这些方法的详细信息请参考 Java API 文档。

对前面的 INSERT 语句,可以使用下面的方法设置占位符的值。

```
pstmt.setString(1, 105);
pstmt.setString(2,"iPhone 5 手机");
pstmt.setDouble(3, 1490.00);
pstmt.setInt(4, 5);
```

使用预处理语句还有另外一个好处,每次执行这个 SQL 命令时已经设置的值不需要再重新设置,也就是说设置的值是可保持的。另外,还可以使用预处理语句执行批量更新。

2. 用复杂数据设置占位符

使用预处理语句可以对要插入到数据库的数据进行处理。对于日期、时间和时间戳的情况,只要简单地创建相应的 java.sql.Date 或 java.sql.Time 对象,然后把它传给预处理语句对象的 setDate()或 setTime()方法即可。在 Java 8 中,java.sql 包中的 Date、Time 和 Timestamp 类都提供了一些方法,可以与 java.time 包中对应的 LocalDate、LocalTime 和 LocalDateTime 类互相进行转换。例如,在 java.sql.Date 类中定义了下面方法。

- public static Date valueOf(LocalDate date):将 LocalDate 对象转换成 java.sql.Date 对象。
- public LocalDate toLocalDate():将 java.sql.Date 对象转换成 LocalDate 对象。

下面代码将 LocalDate 对象转换成 java.sql.Date 对象并设置为预编译语句的参数。

```
LocalDate localDate = LocalDate.of(2022, Month.NOVEMBER, 20);
java.sql.Date d = java.sql.Date.valueOf(localDate);
pstmt.setDate(1, d);          //将第一个参数设置为 d
```

3. 设置空值

如果需要为某个占位符设置空值,需要使用 PreparedStatement 对象的 setNull()方法,该方法有下面两种格式:

- public void setNull(int parameterIndex, int sqlType)
- public void setNull(int parameterIndex, int sqlType, String typeName)

参数 parameterIndex 是占位符的索引,sqlType 参数是指定 SQL 类型,它的取值为 java.sql.Types 类中的常量。在 java.sql.Types 类中,每个 JDBC 类型都对应一个 int 常量,例如,如果想把 String 列设置为空,应该使用 Types.VARCHAR,这里 VARCHAR 是 SQL 的字符类型。如果要把一个 Date 列设置为空,应该使用 Types.DATE。

typeName 参数用来指定用户定义类型名或 REF 类型,用户定义类型包括 STRUCT、DISTINCT、Java 对象类型及命名数组类型等。

4. 执行预处理语句

设置好 PreparedStatement 对象的全部参数后,调用它的有关方法执行语句。对查询语句应该调用 executeQuery(),如下所示:

```
ResultSet result = pstmt.executeQuery();
```

对更新语句,应该调用 executeUpdate(),如下所示:

```
int n = pstmt.executeUpdate();
```

对其他类型的语句,应该调用 execute(),如下所示:

```
boolean b = pstmt.execute();
```

注意,对于预处理语句,必须调用这些方法的无参数版本,如 executeQuery()等。如果调用 executeQuery(String)、executeUpdate(String)或者 execute(String),将抛出 SQLException 异常。如果在执行 SQL 语句之前没有设置好全部参数,也会抛出一个 SQLException 异常。

5.3 数据库连接步骤

下面介绍使用 JDBC API 访问数据库的基本步骤。

5.3.1 加载驱动程序

要使应用程序能够访问数据库,首先必须加载驱动程序。驱动程序是实现了 Driver 接口的类,它一般由数据库厂商提供。加载 JDBC 驱动程序最常用的方法是使用 Class 类的 forName()静态方法,该方法的声明格式为:

```
public static Class<?> forName(String className)
                       throws ClassNotFoundException
```

参数 className 为字符串表示的完整的驱动程序类名。如果找不到驱动程序将抛出 ClassNotFoundException 异常。该方法返回一个 Class 类的对象。

对不同的数据库,驱动程序的类名不同。下面几行代码分别是加载 MySQL 数据库、Oracle 数据库和 PostgreSQL 数据库驱动程序。

```
//加载 MySQL 数据库驱动程序
Class.forName("com.mysql.cj.jdbc.Driver");
//加载 Oracle 数据库驱动程序
Class.forName("oracle.jdbc.driver.OracleDriver");
//加载 PostgreSQL 数据库驱动程序
Class.forName("org.postgresql.Driver");
```

5.3.2 建立连接对象

驱动程序加载成功后应使用 DriverManager 类的 getConnection()建立数据库连接对象。下面代码建立一个到 MySQL 数据库的连接。

```
String dburl = "jdbc:mysql://127.0.0.1:3306/webstore?useSSL = true";
Connection conn = DriverManager.getConnection(
                    dburl, "root", "123456");
```


上述代码中 127.0.0.1 为本机 IP 地址,也可以使用 localhost,3306 为 MySQL 数据库服务器使用的端口号,数据库名为 webstore,用户名为 root,口令为 12345。

下面代码建立一个到 PostgreSQL 数据库的连接。

```
String dburl = "jdbc:postgresql://127.0.0.1:5432/webstore"
Connection conn = DriverManager.getConnection(
                dburl, "automan", "hacker");
```

上述代码中 5432 为数据库服务器使用的端口号,数据库名为 webstore,用户名为 automan,口令为 hacker。

表 5-2 列出了常用数据库 JDBC 连接代码。

表 5-2　常用数据库的 JDBC 连接代码

数据库	连接代码
MySQL	Class.forName("com.mysql.cj.jdbc.Driver"); Connection conn = DriverManager.getConnection("jdbc:mysql://dbServerIP:3306/dbName? user = userName&password = password");
Oracle	Class.forName("oracle.jdbc.driver.OracleDriver"); Connection conn = DriverManager.getConnection("jdbc:oracle:thin:@dbServerIP:1521:ORCL",user,password);
SQL Server	Class.forName("com.micrsoft.jdbc.sqlserver.SQLServerDriver"); Connection conn = DriverManager.getConnection("jdbc:microsoft:sqlserver://dbServerIP:1433;databaseName=master", user, password);
PostgreSQL	Class.forName("org.postgresql.Driver"); Connection conn = DriverManager.getConnection("jdbc:postgresql://dbServerIP/dbName", user, password);

表中 forName()方法中的字符串为驱动程序名,getConnection()方法中的字符串即为数据库 URL,其中 dbServerIP 为数据库服务器的主机名或 IP 地址,端口号为相应数据库的默认端口。

5.3.3 创建语句对象

通过 Connection 对象,可以创建语句(Statement)对象。对于不同的语句对象,可以使用 Connection 接口的不同方法创建。例如,要创建一个简单的 Statement 对象可以使用 createStatement(),创建 PreparedStatement 对象应该使用 prepareStatement(),创建 CallableStatement 对象应该使用 prepareCall()。下面代码创建一个简单的 Statement 对象。

```
Statement stmt = conn.createStatement();
```

下面代码创建一个预编译的 PreparedStatement 对象。

```
String sql = "SELECT * FROM products";
PreparedStatement pstmt = dbconn.prepareStatement(sql);
```

5.3.4 执行 SQL 语句并处理结果

执行 SQL 语句使用 Statement 对象的方法。对于查询语句，调用 executeQuery(String sql)返回 ResultSet。ResultSet 对象保存查询的结果集，再调用 ResultSet 的方法可以对查询结果的每行进行处理。

```
String sql = "SELECT * FROM products" ;
Statement stmt = conn.createStatement();
ResultSet rst = stmt.executeQuery(sql) ;
while(rst.next()){
    out.print(rst.getString(1) + "\t") ;
}
```

对于 DDL 语句如 CREATE、ALTER、DROP 和 DML 语句如 INSERT、UPDATE、DELETE 等须使用语句对象的 executeUpdate(String sql)。该方法返回值为整数，用来指示被影响的行数。

5.3.5 关闭建立的对象

在 Connection 接口、Statement 接口和 ResultSet 接口中都定义了 close()。当这些对象使用完毕后应使用 close()关闭。如果使用 Java 7 的 try-with-resources 语句，则可以自动关闭这些对象。

5.3.6 实例：Servlet 访问数据库

本示例程序可以根据用户输入的商品号从数据库中查询该商品信息，或者查询所有商品信息。本应用的设计遵循了 MVC 设计模式，其中视图有 queryProduct.jsp、displayProduct.jsp、displayAllProduct.jsp 和 error.jsp 几个页面，Product 类实现模型，ProductQueryServlet 类实现控制器。

该应用需要访问数据库表 products 中的数据，该表的定义如下：

```
CREATE TABLE products (
   id INTEGER   NOT NULL PRIMARY KEY,              -- 商品号
   pname VARCHAR(20) NOT NULL,                     -- 商品名
   brand VARCHAR(20) NOT NULL,                     -- 品牌
   price FLOAT,                                    -- 价格
   stock SMALLINT                                  -- 库存量
);
```

根据表的定义，设计下面的 Product 类存放商品信息，这里 Product 类的成员变量与表的字段对应。

程序 5.1　Product.java

```
package com.model;
import java.io.Serializable;
public class Product implements Serializable {
    private int id;
    private String pname;
    private String brand;
    private float price;
    private int stock;

    public Product() { }
    public Product(int id, String pname, String brand,
                   float price, int stock) {
      this.id = id;
      this.pname = pname;
      this.brand = brand;
      this.price = price;
      this.stock = stock;
    }
    //这里省略属性的 getter 和 setter 方法
}
```

下面是 queryProduct.jsp 页面代码。

程序 5.2　queryProduct.jsp

```
<%@ page contentType = "text/html;charset = UTF-8"
                      pageEncoding = "UTF-8" %>
<html>
<head><title>商品查询</title></head>
<body>
<p><a href = "query-product">查询所有商品</a></p>
<form action = "query-product" method = "post">
  请输入商品号:
  <input type = "text" name = "productid" size = "15">
  <input type = "submit" value = "确定">
</form>
</body>
</html>
```

页面运行结果如图 5.4 所示。

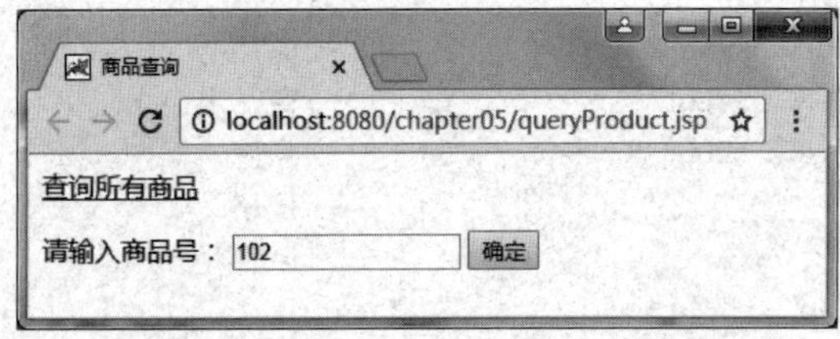

图 5.4　queryProduct.jsp 页面的运行结果

下面的 Servlet 连接数据库，当用户在文本框中输入商品号，单击“确定”按钮，将执行 doPost()，当用户单击“查询所有商品”链接时，将执行 doGet()。

程序 5.3　ProductQueryServlet.java

```
package com.demo;
import java.io.*;
import java.sql.*;
import java.util.*;
import javax.servlet.*;
import javax.servlet.http.*;
import javax.servlet.annotation.WebServlet;
import com.model.Product;

@WebServlet("/query-product")
public class ProductQueryServlet extends HttpServlet{
   private static final long serialVersionUID = 1L;
   Connection dbconn = null;
   public void init() {
      String driver = "com.mysql.cj.jdbc.Driver";
      String dburl = "jdbc:mysql://127.0.0.1:3306/webstore?useSSL=true";
      String username = "root";
      String password = "123456";
      try{
          Class.forName(driver); //加载驱动程序
          //创建连接对象
          dbconn = DriverManager.getConnection(
                           dburl,username,password);
      }catch(ClassNotFoundException e1){
          System.out.println(e1);
          getServletContext().log("驱动程序类找不到!");
      }catch(SQLException e2){
          System.out.println(e2);
      }
   }
   public void doGet(HttpServletRequest request,
                     HttpServletResponse response)
                     throws ServletException,IOException{
      ArrayList<Product> productList = null;
      productList = new ArrayList<Product>();
      try{
         String sql = "SELECT * FROM products";
         PreparedStatement pstmt = dbconn.prepareStatement(sql);
         ResultSet result = pstmt.executeQuery();
         while(result.next()){
            Product product = new Product();
            product.setId(result.getInt("id"));
            product.setPname(result.getString("pname"));
            product.setBrand(result.getString("brand"));
            product.setPrice(result.getFloat("price"));
            product.setStock(result.getInt("stock"));
```

```
            productList.add(product);
        }
        if(!productList.isEmpty()){
            request.getSession().setAttribute("productList",productList);
            response.sendRedirect("/chapter05/displayAllProduct.jsp");
        }else{
            response.sendRedirect("/chapter05/error.jsp");
        }
    }catch(SQLException e){
        e.printStackTrace();
    }
}

public void doPost(HttpServletRequest request,
                  HttpServletResponse response)
            throws ServletException,IOException{
    String productid = request.getParameter("productid");
    try{
      String sql = "SELECT * FROM products WHERE id = ?";
      PreparedStatement pstmt = dbconn.prepareStatement(sql);
      pstmt.setString(1,productid);
      ResultSet rst = pstmt.executeQuery();
      if(rst.next()){
         Product product = new Product();
         product.setId(rst.getInt("id"));
         product.setPname(rst.getString("pname"));
         product.setBrand(rst.getString("brand"));
         product.setPrice(rst.getFloat("price"));
         product.setStock(rst.getInt("stock"));
         request.getSession().setAttribute("product", product);
         response.sendRedirect("/chapter05/displayProduct.jsp");
      }else{
         response.sendRedirect("/chapter05/error.jsp");
      }
    }catch(SQLException e){
         e.printStackTrace();
    }
}
public void destroy(){
   try {
     dbconn.close();
   }catch(Exception e){
       e.printStackTrace();
    }
}
}
```

程序在 init()中建立数据库连接对象,在 doPost()中根据商品号查询商品信息,并将其存储到会话对象中。在 doGet()方法中查询数据库中所有商品信息并将结果存储到 ArrayList 中并将其存储到会话对象中。destroy()关闭数据库的连接。

下面的 JSP 页面 displayProduct.jsp 和 displayAllProduct.jsp 分别显示查询一件商品和所有商品信息。

程序 5.4　displayProduct.jsp

```
<%@ page contentType = "text/html; charset = utf - 8" %>
<jsp:useBean id = "product" type = "com.model.Product"
            scope = "session"></jsp:useBean>
<html>
<head><title>商品信息</title></head>
<body>
<table border = "0">
<tr><td>商品号:</td>
    <td><jsp:getProperty name = "product" property = "id" /></td>
</tr>
<tr><td>商品名:</td>
    <td><jsp:getProperty name = "product" property = "pname" /></td>
</tr>
<tr><td>品牌:</td>
    <td><jsp:getProperty name = "product" property = "brand" /></td>
</tr>
<tr><td>价格:</td>
    <td><jsp:getProperty name = "product" property = "price" /></td>
</tr>
<tr><td>库存量:</td>
    <td><jsp:getProperty name = "product" property = "stock" /></td>
</tr>
</table>
</body></html>
```

当单击图 5.6 中的"查询所有商品"链接时，将执行 Servlet 的 doGet()方法，查询所有商品，最后控制将转到 displayAllProduct.jsp 页面，如下所示。

程序 5.5　displayAllProduct.jsp

```
<%@ page contentType = "text/html; charset = UTF - 8"
                            pageEncoding = "UTF - 8" %>
<%@ page import = "java.util.*,com.model.Product" %>
<html>
<head><title>显示所有商品</title></head>
<body>
<table border = "1">
<tr><td>商品号</td><td>商品名</td><td>品牌</td>
      <td>价格</td><td>数量</td></tr>
<% ArrayList<Product> productList =
      (ArrayList<Product>)session.getAttribute("productList");
   for(Product product:productList){
%>
  <tr><td><% = product.getId() %></td>
      <td><% = product.getPname() %></td>
      <td><% = product.getBrand() %></td>
      <td><% = product.getPrice() %></td>
```

```
        <td><%=product.getStock() %></td></tr>
<%
   }
 %>
</table>
</body></html>
```

当查询的商品不存在时,显示下面的页面。

程序 5.6　error.jsp

```
<%@ page contentType="text/html; charset=UTF-8" %>
<html><body>
  该商品不存在.<a href="/chapter05/queryProduct.jsp">返回</a>
</body></html>
```

在图 5.4 的页面中输入商品号,单击“确定”按钮,则显示如图 5.5 所示的页面。在图 5.4 中单击“查询所有商品”链接,则显示如图 5.6 所示的页面。

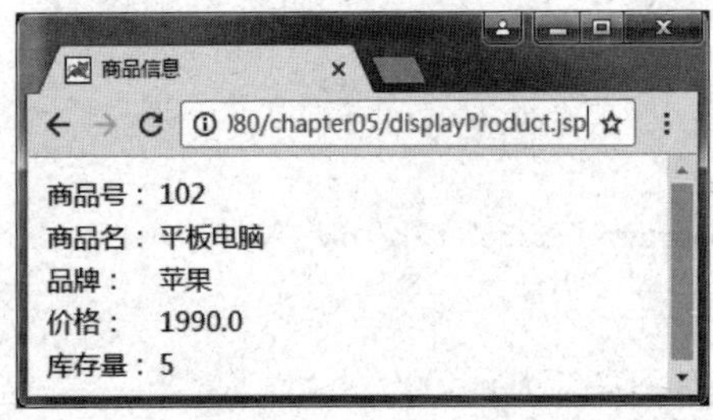

图 5.5　显示指定商品

图 5.6　显示所有商品

5.4　使用数据源

在设计需要访问数据库的 Web 应用程序时,需要考虑的一个主要问题是如何管理 Web 应用程序与数据库的通信。一种方法是为每个 HTTP 请求创建一个连接对象,Servlet 建立数据库连接、执行查询、处理结果集、请求结束关闭连接。建立连接是比较耗费时间的操作,如果在客户每次请求时都要建立连接,这将导致增大请求的响应时间。此外,有些数据库支持同时连接的数量要比 Web 服务器少,这种方法限制了应用程序的可缩放性。

使用数据源

为了提高数据库访问效率,从 JDBC 2.0 开始提供了一种更好的方法建立数据库连接对象,即使用连接池和数据源的技术访问数据库。

5.4.1　数据源概述

数据源(DataSource)的概念是在 JDBC 2.0 中引入的,是目前 Web 应用开发中获取数据库连接的首选方法。这种方法是事先建立若干连接对象,将它们存放在数据库连接池(connection pooling)中供数据访问组件共享。使用这种技术,应用程序在启动时只需创建少量的连接对象即可。这样就不需要为每个 HTTP 请求都创建一个连接对象，这会大大降低请求的响应时间。

数据源是通过 javax.sql.DataSource 接口对象实现的，通过它可以获得数据库连接，因此它是对 DriverManager 工具的一个替代。通常 DataSource 对象是从连接池中获得连接对象。连接池预定义了一些连接，当应用程序需要连接对象时就从连接池中取出一个，当连接对象使用完毕将其放回连接池，从而可以避免在每次请求连接时都要创建连接对象。

通过数据源获得数据库连接对象不能直接在应用程序中通过创建一个实例的方法来生成 DataSource 对象，而是需要采用 Java 命名与目录接口（Java Naming and Directory Interface，JNDI）技术来获得 DataSource 对象的引用。

可以简单地把 JNDI 理解为一种将名字和对象绑定的技术，对象工厂负责创建对象，这些对象都和唯一的名字绑定，外部程序可以通过名字来获得某个对象的访问。

在 javax.naming 包中提供了 Context 接口，该接口提供了将名字和对象绑定，通过名字检索对象的方法。可以通过该接口的一个实现类 InitialContext 获得上下文对象。

下面讨论在 Tomcat 中如何配置使用 DataSource 建立数据库连接。

5.4.2 配置数据源

在 Tomcat 中可以配置两种数据源：局部数据源和全局数据源。局部数据源只能被定义数据源的应用程序使用，全局数据源可被所有的应用程序使用。

1. 配置局部数据源

建立局部数据源非常简单，首先在 Web 应用程序的 META-INF 目录中建立一个 context.xml 文件，下面代码配置了连接 MySQL 数据库的数据源，内容如下。

程序 5.7 context.xml

```
<?xml version = "1.0" encoding = "utf - 8"?>
<Context reloadable = "true">
<Resource
    name = "jdbc/webstoreDS"
    type = "javax.sql.DataSource"
    maxTotal = "4"
    maxIdle = "2"
    driverClassName = "com.mysql.cj.jdbc.Driver"
    url = "jdbc:mysql://127.0.0.1:3306/webstore?useSSL = true"
    username = "root"
    password = "12345"
    maxWaitMillis = "5000" />
</Context>
```

上述代码中<Resource>元素各属性的含义如下。

- name：数据源名，这里是 jdbc/webstoreDS。
- driverClassName：使用的 JDBC 驱动程序的完整类名。
- url：传递给 JDBC 驱动程序的数据库 URL。
- username：数据库用户名。
- password：数据库用户口令。

- type：指定该资源的类型，这里为 DataSource 类型。
- maxTotal：指定数据源最多连接数。
- maxIdle：连接池中可空闲的连接数。
- maxWaitMillis：在没有可用连接的情况下，连接池在抛出异常前等待的最大毫秒数。

通过上面的设置后，不用在 Web 应用程序的 web.xml 文件中声明资源的引用就可以直接使用局部数据源。

2. 配置全局数据源

全局数据源可被所有应用程序使用，它是通过< *tomcat-install* >/conf/server.xml 文件的< GlobalNamingResources >元素定义的，定义后就可在任何的应用程序中使用。假设要配置一个名为 jdbc/webstoreDS 的数据源，应该按下列步骤操作。

(1) 首先在 server.xml 文件的< GlobalNamingResources >元素内增加下面的代码。

```
<Resource
      name = "jdbc/webstoreDS"
      type = "javax.sql.DataSource"
      maxTotal = "4"
      maxIdle = "2"
      username = "root"
      maxWaitMillis = "5000"
      driverClassName = "com.mysql.cj.jdbc.Driver"
      password = "12345"
      url = "jdbc:mysql://127.0.0.1:3306/webstore?useSSL = true "
/>
```

这里的 name 属性值是指全局数据源名称，其他属性与局部数据源属性含义相同。

(2) 在 Web 应用程序中建立一个 META-INF 目录，在其中建立一个 context.xml 文件，内容如下。

程序 5.8　context.xml

```
<?xml version = "1.0" encoding = "utf - 8"?>
<Context reloadable = "true">
  <ResourceLink
    global  =  "jdbc/webstoreDS"
    name  =  "jdbc/sampleDS"
    type  =  "javax.sql.DataSource"/>
<WatchedResource> WEB - INF/web.xml </WatchedResource>
</Context>
```

上述文件中< ResourceLink >元素用来创建到全局 JNDI 资源的链接，该元素有三个属性。

- global：指定在全局 JNDI 环境中所定义的全局资源名。
- name：指定数据源名，该名相对于 java:comp/env 命名空间前缀。
- type：指定该资源的类型的完整类名。

配置了全局数据源后，需重新启动 Tomcat 服务器才能生效。使用全局数据源访问数据库与局部数据源相同。

5.4.3 在应用程序中使用数据源

配置了数据源后，就可以使用 javax. naming. Context 接口的 lookup()查找 JNDI 数据源，如下面代码可以获得 jdbc/webstoreDS 数据源的引用。

```
Context context = new InitialContext();
DataSource dataSource =
      (DataSource)context.lookup("java:comp/env/jdbc/webstoreDS");
```

查找数据源对象的 lookup()的参数是数据源名字符串，但要加上"java:comp/env"前缀，它是 JNDI 命名空间的一部分。得到了 DataSource 对象的引用后，就可以通过它的 getConnection()获得数据库连接对象 Connection。

对程序 5.3 的数据库连接程序，如果使用数据源获得数据库连接对象，修改后的程序如下。

程序 5.9 ProductQueryServlet. java

```
package com.demo;
import java.io.*;
import java.sql.*;
import javax.sql.DataSource;
import javax.servlet.*;
import javax.servlet.annotation.WebServlet;
import javax.servlet.http.*;
import com.model.Product;
import java.util.*;
import javax.naming.*;

@WebServlet("/query-product")
public class ProductQueryServlet extends HttpServlet {
    private static final long serialVersionUID = 1L;
    Connection dbconn = null;
    DataSource dataSource;                //声明一个数据源变量

    public void init() {
        try {
            Context context = new InitialContext();
            //查找数据源
            dataSource =
                (DataSource)context.lookup("java:comp/env/jdbc/webstoreDS");
            //通过数据源返回连接对象,即从连接池中取出一个连接
            dbconn = dataSource.getConnection();
        }catch(NamingException ne){
            System.out.println("Exception:" + ne);
        }catch(SQLException se){
            System.out.println("Exception:" + se);
        }
    }
```

```
    public void doPost(HttpServletRequest request,
                       HttpServletResponse response)
                       throws ServletException, IOException {
        //代码同程序 5.3 的 doPost()
    }
    public void doGet(HttpServletRequest request,
                       HttpServletResponse response)
                       throws ServletException, IOException {
        //代码同程序 5.3 的 doGet()
    }
}
```

代码首先通过 InitialContext 类创建一个上下文对象 context,然后通过它的 lookup()查找数据源对象,最后通过数据源对象从连接池中返回一个数据库连接对象。当程序结束数据库访问后,应该调用 Connection 的 close()将连接对象返回到数据库连接池。这样,就避免了每次使用数据库连接对象都要重新创建,从而可以提高应用程序的效率。

5.5 DAO 设计模式

DAO(Data Access Object)称为数据访问对象。DAO 设计模式可以在使用数据库的应用程序中实现业务逻辑和数据访问逻辑分离,从而使应用的维护变得简单。它通过将数据访问实现(通常使用 JDBC 技术)封装在 DAO 类中,提高应用程序的灵活性。

DAO 模式有很多变体,这里介绍一种比较简单的形式。首先定义一个 DAO 接口,它负责建立数据库连接。然后为每种实体的持久化操作定义一个接口,如 ProductDao 接口负责 Product 对象的持久化,CustomerDao 接口负责 Customer 对象的持久化,最后定义这些接口的实现类。图 5.7 给出 Dao 接口、ProductDao 接口和 CustomerDao 接口的关系。

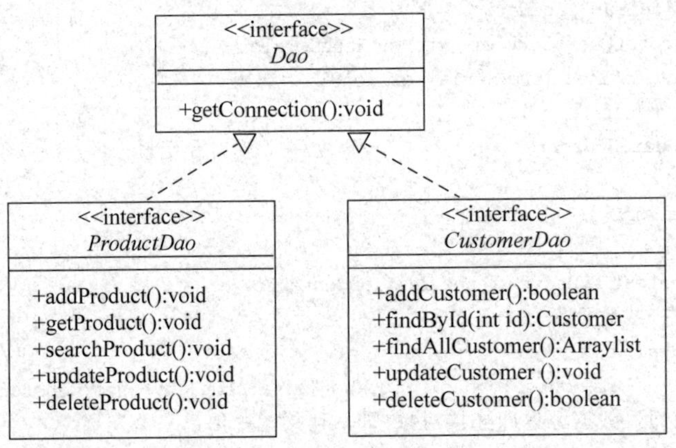

图 5.7　Dao 接口及其子接口

在 DAO 模式中,通常要为需要持久存储的每种实体类型编写一个相应的类。如要存储 Customer 信息就需要编写一个类。实现类应该提供以下功能:添加、删除、修改、检索、查找等功能。

5.5.1 设计实体类

实体类是用来存储要与数据库交互的数据。实体类通常不包含任何业务逻辑，业务逻辑由业务对象实现，因此实体类有时也叫普通的 Java 对象（Plain Old Java Object，POJO）。实体类必须是可序列化的，也就是它必须实现 java.io.Serializable 接口，下面的 Customer 类就是实体类。

程序 5.10 Customer.java

```java
package com.model;
import java.io.Serializable;
public class Customer implements Serializable{
    private int id;
    private String name;
    private String email;
    private double balance;
    public int getId() {
        return id;
    }
    public void setId(int id) {
        this.id = id;
    }
    public String getName() {
        return name;
    }
    public void setName(String name) {
        this.name = name;
    }
    public String getEmail() {
        return email;
    }
    public void setEmail(String email) {
        this.email = email;
    }
    public double getBalance() {
        return balance;
    }
    public void setBalance(double balance) {
        this.balance = balance;
    }
}
```

该持久化对象用于在程序中保存应用数据，并可实现对象与关系数据的映射，它实际上是一个可序列化的 JavaBeans。

5.5.2 设计 DAO 对象

本示例的数据访问对象组件包含下面的接口和类：

- Dao 接口是所有接口的根接口，其中定义了默认方法建立到数据库的连接。

- DaoException 类是一个异常类,当 Dao 方法发生运行时异常时抛出。
- CustomerDao 接口和 CustomerDaoImpl 实现类提供了对 Customer 对象持久化的各种方法。

异常类 DaoException 如程序 5.11 所示,Dao 接口如程序 5.12 所示,CustomerDao 接口如程序 5.13 所示,CustomerDaoImpl 类如程序 5.14 所示。

程序 5.11 DaoException.java

```
package com.dao;
public class DaoException extends Exception{
   private static final long serialVersionUID = 19192L;
   private String message;
   public DaoException() {}
   public DaoException(String message){
      this.message = message;
   }
   public String getMessage(){
      return message;
   }
   public void setMessage(String message) {
      this.message = message;
   }
   public String toString(){
      return message;
   }
}
```

程序 5.12 Dao.java

```
package com.dao;
import java.sql.*;
import javax.sql.DataSource;
import javax.naming.*;

public interface Dao {
    //查找并返回数据源对象
    public static DataSource getDataSource(){
        DataSource dataSource = null;
        try {
            Context context = new InitialContext();
            dataSource =
                (DataSource)context.lookup("java:comp/env/jdbc/webstoreDS");
        }catch(NamingException ne){
            System.out.println("异常:" + ne);
        }
        return dataSource;
    }
    //返回连接对象方法
    public default Connection getConnection() throws DaoException {
        DataSource dataSource = getDataSource();
        Connection conn = null;
```

```
        try{
            conn = dataSource.getConnection();
        }catch(SQLException sqle){
            System.out.println("异常:" + sqle);
        }
        return conn;
    }
}
```

该接口的 getDataSource()静态方法用于查找并返回数据源对象，getConnection()方法是接口的默认方法，它通过一个数据源对象创建并返回数据库连接对象，该方法将被子接口或实现类继承。

程序 5.13　CustomerDao.java

```
package com.dao;
import java.util.ArrayList;
import com.model.Customer;
public interface CustomerDao extends Dao{
    //添加客户方法
    public boolean addCustomer (Customer customer) throws DaoException;
    //按 id 查询客户方法
    public Customer findById (int id) throws DaoException;
    //查询所有客户方法
    public ArrayList<Customer> findAllCustomer ()throws DaoException;
}
```

为了简单，该接口只定义了三个对 Customer 的操作方法。addCustomer()用来插入一个客户记录、findById()用来查询一个客户，findAllCustomer()返回所有客户信息。

程序 5.14　CustomerDaoImpl.java

```
package com.dao;
import java.sql.*;
import java.util.ArrayList;
import com.model.Customer;
public class CustomerDaoImpl implements CustomerDao{
    //插入一条客户记录
    public boolean addCustomer(Customer customer)
              throws DaoException{
      String sql = "INSERT INTO customers VALUES(?,?,?,?)";
      try(
          Connection conn = getConnection();
          PreparedStatement pstmt = conn.prepareStatement(sql))
      {
        pstmt.setInt(1,customer.getId());
        pstmt.setString(2,customer.getName());
        pstmt.setString(3,customer.getEmail());
        pstmt.setDouble(4,customer.getBalance());
        pstmt.executeUpdate();
        return true;
      }catch(SQLException se){
```

```
            se.printStackTrace();
            return false;
        }
    }
    //按 id 查询客户记录
    public Customer findById(int id) throws DaoException{
        String sql = "SELECT id,name,email,balance" +
                " FROM customers WHERE id = ?";
        Customer customer = new Customer();
        try(
          Connection conn = getConnection();
          PreparedStatement pstmt = conn.prepareStatement(sql)){
          pstmt.setInt(1,id);
          try(ResultSet rst = pstmt.executeQuery()){
             if(rst.next()){
               customer.setId(rst.getInt("id"));
               customer.setName(rst.getString("name"));
               customer.setEmail(rst.getString("email"));
               customer.setBalance(rst.getDouble("balance"));
             }
          }
        }catch(SQLException se){
          return null;
        }
         return customer;
    }
    //查询所有客户信息
    public ArrayList<Customer> findAllCustomer()throws DaoException{
        Customer customer = new Customer();
        ArrayList<Customer> custList = new ArrayList<Customer>();
        String sql = "SELECT * FROM customers";
        try(
            Connection conn = getConnection();
            PreparedStatement pstmt = conn.prepareStatement(sql);
            ResultSet rst = pstmt.executeQuery()){
            while(rst.next()){
              customer.setId(rst.getInt("id"));
              customer.setName(rst.getString("name"));
              customer.setEmail(rst.getString("email"));
              customer.setBalance(rst.getDouble("balance"));
              custList.add(customer);
        }
          return custList;
      }catch(SQLException e){
          e.printStackTrace();
          return null;
      }
   }
}
```

该类没有给出修改记录和删除记录的方法，读者可自行补充完整。

5.5.3 使用 DAO 对象

下面的 addCustomer.jsp 页面通过一个表单提供向数据库中插入的数据。

程序 5.15 addCustomer.jsp

```
<%@ page contentType = "text/html; charset = UTF - 8" %>
<html><head><title>添加客户</title></head>
<body>
<font color = red><% = request.result %></font>
<p>请输入一条客户记录</p>
<form action = "addCustomer.do" method = "post">
  <table>
    <tr><td>客户号: </td><td><input type = "text" name = "id" ></td></tr>
    <tr><td>客户名: </td><td><input type = "text" name = "cname" ></td></tr>
    <tr><td>Email: </td><td><input type = "text" name = "email"></td></tr>
    <tr><td>余额: </td><td><input type = "text" name = "balance" ></td></tr>
    <tr><td><input type = "submit" value = "确定" ></td>
      <td><input type = "reset" value = "重置" ></td>
  </tr>
</table>
</form>
</body></html>
```

下面的 AddCustomerServlet 使用了 DAO 对象和持久化对象,通过 JDBC API 实现将数据插入到数据库中。

程序 5.16 AddCustomerServlet.java

```
package com.demo;
import java.io.*;
import javax.servlet.*;
import javax.servlet.http.*;
import com.model.Customer;
import com.dao.CustomerDao;
import com.dao.CustomerDaoImpl;
import javax.servlet.annotation.WebServlet;

@WebServlet("/addCustomer.do")
public class AddCustomerServlet extends HttpServlet{
  public void doPost(HttpServletRequest request,
                  HttpServletResponse response)
                throws ServletException,IOException{
    CustomerDao dao = new CustomerDaoImpl();
    Customer customer = new Customer();
    String message = null;
    try{
        customer.setId(Integer.parseInt(request.getParameter("id")));
        //将传递来的字符串重新使用 utf - 8 编码,以免产生乱码
        customer.setName(new String(request.getParameter("cname")
```

```
                .getBytes("iso-8859-1"),"UTF-8"));
        customer.setEmail(new String(request.getParameter("email")
                .getBytes("iso-8859-1"),"UTF-8"));
        customer.setBalance(
            Double.parseDouble(request.getParameter("balance")));
        boolean success = dao.addCustomer(customer);
        if(success){
            message = "<li>成功插入一条记录!</li>";
        }else{
          message = "<li>插入记录错误!</li>";
        }
      }catch(Exception e){
        System.out.println(e);
        message = "<li>插入记录错误!</li>" + e;
      }
      request.setAttribute("result", message);
      RequestDispatcher rd =
        getServletContext().getRequestDispatcher("/addCustomer.jsp");
      rd.forward (request,response);
    }
}
```

该程序首先从请求对象中获得请求参数并进行编码转换,创建一个 Customer 对象,然后调用 CustomerDao 对象的 addCustomer()方法将客户对象插入数据库中,最后根据该方法执行结果将请求再转发到 JSP 页面。

访问 addCustomer.jsp 页面,输入客户信息,单击“确定”按钮可将客户信息插入数据库,如图 5.8 所示。

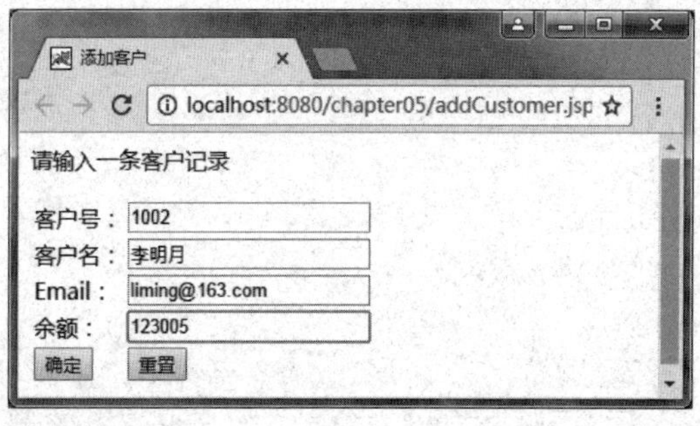

图 5.8 addCustomer.jsp 的运行结果

本 章 小 结

Java 程序是通过 JDBC API 访问数据库的。JDBC API 定义了 Java 程序访问数据库的接口。访问数据库首先应该建立到数据库的连接。传统的方法是通过 DriverManager 类的 getConnection()建立连接对象。使用这种方法很容易产生性能问题。因此,从 JDBC 2.0 开始提供了通过数据源建立连接对象的机制。

通过 PreparedStatement 对象可以创建预处理语句对象，它可以执行动态 SQL 语句。通过数据源连接数据库，首先需要建立数据源，然后通过 JNDI 查找数据源对象，建立连接对象，最后通过 JDBC API 操作数据库。

DAO 设计模式是数据库访问的标准方法，它是一种面向接口的设计方法，实现数据访问逻辑，通常为每个实体类设计一个接口和一个实现类。

思考与练习

1. Web 应用程序需要访问数据库，数据库驱动程序应该安装在哪个目录中？（　　）

   A. 文档根目录　　B. WEB-INF\lib

   C. WEB-INF　　D. WEB-INF\classes

2. 使用 Class 类的 forName()加载驱动程序需要捕获什么异常？（　　）

   A. SQLException　　B. IOException

   C. ClassNotFoundException　　D. DBException

3. 程序若要连接 Oracle 数据库，请给出连接代码。数据库驱动程序名是什么？数据库 JDBC URL 串的内容是什么？

4. 试说明使用数据源对象连接数据库的优点是什么？通过数据源对象如何获得连接对象？

5. 编写一个 Servlet，查询 books 表中所有图书的信息并在浏览器中通过表格的形式显示出来。

6. 请为本章的 CustomerDao.java 程序增加两个方法实现删除和修改客户信息，这两个方法的格式为：

```
public boolean deleteCustomer(String custName)
public boolean updateCustomer(Customer customer)
```

7. 编写一个名为 SelectCustomerServlet 的 Servlet，在其中使用 CustomerDao 类的 findById()，实现客户查询功能，然后将请求转发到 displayCustomer.jsp 页面，显示查询结果。

8. 改写 4.7 节购物车应用，使用数据库存放商品信息，实现商品的显示、删除等操作。

9. C3P0 是一个开源的 JDBC 连接池，它实现了数据源和 JNDI 绑定，支持 JDBC 4 规范的标准扩展。目前使用它的开源项目有 Hibernate，Spring 等。在 Java Web 应用中可以使用它来建立数据源而不需要使用 JNDI。可到网上下载 C3P0 或从 Hibernate 的打包文件中获得，最新版本是 0.9.5.2。将 c3p0-0.9.5.2.jar 和 mchange-commons-java-0.2.11.jar 两个文件复制到 WEB-INF\lib 目录中。请改写本章 5.9 程序使用 C3P0 创建数据源对象。

10. 开发一个如图 5.9 所示的应用程序，其功能是插入和删除数据库表中学生记录。当插入一条学生记录后，程序应显示表中所有记录。要求数据库连接使用数据源，数据库操作通过 DAO 设计模式实现。

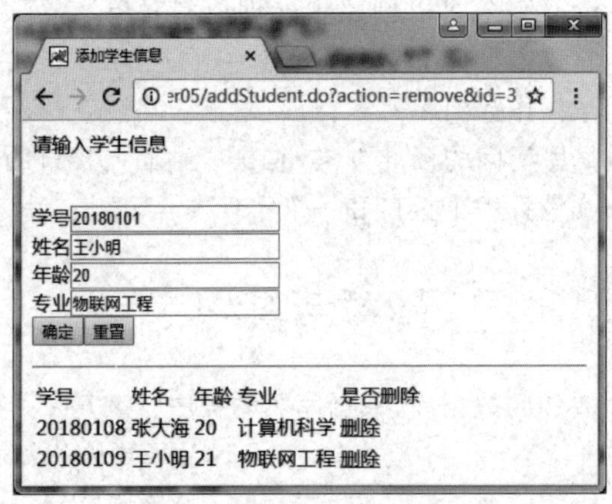

图 5.9　添加学生记录页面

第6章　表达式语言

本章目标

- 了解如何在 JSP 页面中使用表达式语言；
- 掌握表达式语言的各种运算符的使用；
- 掌握用 EL 访问作用域变量的方法；
- 掌握用 EL 访问 JavaBeans 属性的方法；
- 掌握用 EL 访问集合元素的方法；
- 掌握表达式语言隐含变量的使用。

表达式语言(Expression Language，EL)是 JSP 2.0 新增加的特性，它是一种可以在 JSP 页面中使用的数据访问语言。EL 的主要目标是使动态网页的设计、开发和维护更加容易，网页编写者不必懂得 Java 编程语言，也可以编写 JSP 网页。本章主要介绍如何在 JSP 页面中使用表达式语言。其中包括 EL 的各种运算符的使用、在 EL 中访问作用域变量和使用隐含对象等。

6.1　理解表达式语言

EL 并不是一种通用的编程语言，它仅仅是一种数据访问语言。网页作者通过它可以很方便地在 JSP 页面中访问应用程序数据，无须使用小脚本(<%和%>)或 JSP 请求时表达式(<%＝和%>)，甚至不用学习 Java 语言就可以使用表达式语言。

理解表达式语言

作为一种数据访问语言，EL 具有自己的运算符、语法和保留字。作为 JSP 开发员，我们的工作是创建 EL 表达式并将其添加到 JSP 的响应中。

6.1.1　表达式语言的语法

在 JSP 页面中，表达式语言的使用形式如下。

```
${expression}
```

表达式语言是以$开头，后面是一对大括号，括号中是合法的 EL 表达式。该结构可以出现在 JSP 页面的模板文本中，也可以出现在 JSP 标签的属性值中，只要属性允许常规的 JSP 表达式即可。

下面是在 JSP 模板文本中使用 EL 表达式。

```
<ul>
   <li>客户名: ${customer.name}
   <li>邮箱地址: ${customer.email}
</ul>
```

下面是在 JSP 标准动作的属性中使用 EL 表达式。

```
<jsp:include page = "${expression1}" />
<c:out value = "${expression2}" />
```

6.1.2 表达式语言的功能

表达式语言的目的是简化页面的表示逻辑,它的主要功能包括:

(1) 提供了一组简单的运算符。表达式语言提供了一组简单有效的运算符,通过这些运算符可以完成算术、关系、逻辑、条件或空值检查运算。

(2) 对作用域变量的方便访问。作用域变量是使用 setAttribute()存储在 PageContext、HttpServletRequest、HttpSession 或 ServletContext 作用域中的对象,可以简单地使用下面的形式访问:

```
${userName}
```

(3) 对 JavaBeans 对象访问的简单表示。在 JSP 页面中要访问一个 JavaBean 对象 customer 的 name 属性,需要下面的语法:

```
<jsp:getProperty name="customer" property="name">
```

而使用 EL 表达式,可以表示为:

```
${customer.name}
```

(4) 对集合元素的简单访问。集合包括数组、List 对象、Map 对象等,对这些对象的元素的访问可以使用下面的简单形式:

```
${variable[indexOrKey]}
```

(5) 对请求参数、Cookie 和其他请求数据的简单访问。如要访问 Accept 请求头,可以使用 header 隐含变量,如下所示:

```
${header.Accept}或${header["Accept"]}
```

(6) 提供了在 EL 中使用 Java 函数的功能。EL 中不能定义和使用变量,也不能调用对象的方法,但可以通过标签的形式使用 Java 语言定义的函数。

6.1.3 表达式语言与 JSP 表达式的区别

使用 EL 表达式和 JSP 表达式都可以向 JSP 页面输出数据,但二者仍有区别。JSP 表达式的使用格式为:

```
<%=expression %>
```

这里的 expression 为合法的 Java 表达式，它属于脚本语言的代码。在 expression 中可以使用由脚本声明的变量。

EL 表达式的格式为：

```
${expression}
```

这里的 expression 是符合 EL 规范的表达式，并且不需要包含在标签内。在 EL 表达式中不能使用脚本中声明的变量。

使用传统的脚本语言，很容易在 JSP 中声明变量，使用的标签为<%！和%>，例如：

```
<%! int count = 100; %>
```

这里声明了一个整型变量，接下来使用下面的 JSP 表达式语句，这将输出变量 count 的值为 100。

```
The count value is :<% = count %>
```

而如果使用下面的语句，将返回一个空值，即用 EL 的 empty 运算符测试结果为 true。

```
The count value is: ${count}
```

在 EL 中不能定义变量，也不能使用脚本中声明的变量，但它可以访问请求参数、作用域变量、JavaBeans 以及 EL 隐含变量等。

6.2 EL 运算符

EL 作为一种简单的数据访问语言，提供了一套运算符。EL 的运算符包括：算术运算符、关系运算符、逻辑运算符、条件运算符、empty 运算符以及属性与集合访问运算符。这些运算符与 Java 语言中使用的运算符类似，但在某些细节上仍有不同。

6.2.1 算术运算符

在 EL 中允许使用数据类型与 java.math 包中提供的数据类型类似的数值。特别地，对定点数，可以使用 Integer 和 BigInteger 类型的值，对于浮点数可以使用 Double 和 BigDecimal 类型值。表 6-1 给出了在这些类型上的算术运算符。

表 6-1　EL 算术运算符

算术运算符	说明	示　　例	结果
+	加	${6.80 + -12}	-5.2
-	减	${15-5}	10
*	乘	${2 * 3.14159}	6.28318
/或 div	除	${25 div4}与${25/4}	6.25
%或 mod	取余	${24 mod 5}与${24 % 5}	4

在 EL 表达式中还可以使用“e”在浮点数中表示幂运算，例如：

${1.5e4/10000}的结果为 1.5；

${1e4 * 1}的结果为 10000.0。

这些操作在执行时调用类中的方法,但是要注意操作结果的数据类型。例如,定点数和浮点数的运算结果总是浮点数值。类似地,低精度的值与高精度的值进行运算,如一个 Integer 的值与一个 BigInteger 的值相加,总是得到一个高精度的值。

与数值一样,String 对象上也可以使用算术运算符,只要 String 对象能够转换为数值即可。例如,表达式 ${"16" * 4}的结果为 64,字符串"16"被转换成整数 16。

6.2.2 关系与逻辑运算符

EL 的关系运算符与一般的 Java 代码的关系运算符类似,如表 6-2 所示。

表 6-2 EL 关系运算符

关系运算符	说明	示 例	结果
==或 eq	相等	${3==5}或 ${3 eq 5}	false
!=或 ne	不相等	${3!=5}或 ${3 ne 5}	true
<或 lt	小于	${3<5}或 ${3 lt 5}	true
>或 gt	大于	${3>5}或 ${3 gt 5}	false
<=或 le	小于等于	${3<=5}或 ${3 le 5}	true
>=或 ge	大于等于	${3>=5}或 ${3 ge 5}	false

关系表达式产生的 boolean 型值可以与 EL 的逻辑运算符结合运算,这些运算符如表 6-3 所示。

表 6-3 EL 逻辑运算符

逻辑运算符	说明	示 例	结果
&& 或 and	逻辑与	${(9.2 >=4) && (le2 <= 63)}	false
||或 or	逻辑或	${(9.2>= 4) || (le2 <= 63)}	true
! 或 not	逻辑非	${ not 4 >= 9.2) }	true

在 EL 中不允许使用 Java 的流程控制语句,如 if、for 及 while,因此,逻辑表达式的使用是直接显示表达式的 boolean 值。

6.2.3 条件运算符

EL 的条件运算符的语法是:

```
expression ? expression1 : expression2
```

表达式的值是基于 expression 的值,它是一个 boolean 表达式。如果 expression 的值为 true,则返回 expression1 结果;如果 expression 的值为 false,则返回 expression2 的结果。

${(5 * 5) == 25 ? 1 : 0}的结果为 1;

${(3 gt 2) && ! (12 gt 6) ? "Right" : "Wrong"}的结果为 Wrong;

${("14" eq 14.0) && (14 le 16) ? "Yes" : "No"}的结果为 Yes;

${(4.0 ne 4) || (100 <= 10) ? 1 : 0}的结果为 0。

6.2.4 empty 运算符

empty 运算符的使用格式为:

```
${empty expression}
```

它判断 expression 的值是否为 null、空字符串、空数组、空 Map 或空集合，若是则返回 true，否则返回 false。

6.2.5 属性与集合元素访问运算符

属性访问运算符用来访问对象的成员，集合访问运算符用来检索 Map、List 或数组对象的元素。这些运算符在处理隐含变量时特别有用。在 EL 中，这类运算符有下面两个。

- 点号(.)运算符。
- 方括号([])运算符。

1. 点号(.)运算符

点号运算符用来访问 bean 对象的属性值或 Map 对象一个键的值，例如：param 是 EL 的一个隐含对象，它是一个 Map 对象，下面代码返回 param 对象 username 请求参数的值：

```
${param.username}
```

再如，假设 customer 是 Customer 类的一个实例，下面代码访问该实例的 name 属性值：

```
${customer.name}
```

2. 方括号([])运算符

方括号运算符除了可以访问 Map 对象键值和 bean 的属性值外，还可以访问 List 对象和数组对象的元素。例如：

```
${param["username"]}或${ param['username']}
${customer["name"]}
```

下面程序使用表格的形式输出了使用各种运算符的 EL 表达式的值。

程序 6.1 eloperator.jsp

```
<!DOCTYPE html>
<%@ page contentType="text/html;charset=UTF-8" %>
<html><head>
  <title>表达式语言示例</title>
</head>
<body>
<p>JSP Expression Language Example</p>
<table border="1">
  <thead><td>Expression</td><td>Value</td></thead>
  <tr><td>\${2+5}</td><td>${2+5}</td></tr>
  <tr><td>\${4/5}</td><td>${4/5}</td></tr>
  <tr><td>\${5 div 6}</td><td>${5 div 6}</td></tr>
  <tr><td>\${5 mod 7}</td><td>${5 mod 7}</td></tr>
  <tr><td>\${2<3}</td><td>${2<3}</td></tr>
  <tr><td>\${2gt3}</td><td>${2 gt 3}</td></tr>
  <tr><td>\${3.1 le 3.2}</td><td>${3.1 le 3.2}</td></tr>
  <tr><td>\${(5>3)?5:3}</td><td>${(5>3)?5:3}</td></tr>
```

```
    <tr><td>\${empty null}</td><td>${empty null}</td></tr>
    <tr><td>\${empty param}</td><td>${empty param}</td></tr>
  </table>
  </body></html>
```

页面的运行结果如图 6.1 所示。

表达式语言示例

localhost:8080/chapter06/eloperator.jsp

JSP Expression Language Example

Expression	Value
${2+5}	7
${4/5}	0.8
${5 div 6}	0.8333333333333334
${5 mod 7}	5
${2<3}	true
${2gt3}	false
${3.1 le 3.2}	true
${(5>3)?5:3}	5
${empty null}	true
${empty param}	true

图 6.1　eloperator.jsp 的运行结果

为了在 JSP 页面中输出文本 \$\{2+5\},需要在"\$"符号前使用转义字符"\",否则将输出 EL 表达式的值。

6.3　使用 EL 访问数据

使用 EL 可以很方便地访问作用域变量、JavaBeans 的属性和集合的元素值。此外,EL 还提供了隐含变量。

使用 EL 访问数据

6.3.1　访问作用域变量

在 JSP 页面中,可以使用 JSP 表达式访问作用域变量。一般做法是:在 Servlet 中使用 setAttribute()将一个变量存储到某个作用域对象上,如 HttpServletRequest、HttpSession 及 ServletContext 等。然后使用 RequestDispatcher 对象的 forward()将请求转发到 JSP 页面,在 JSP 页面中调用隐含变量的 getAttribute()返回作用域变量的值。

使用 EL 就可以更方便地访问这些作用域变量。要输出作用域变量的值,只需在 EL 中使用变量名即可,例如:

```
${variable_name}
```

对该表达式,容器将依次在页面作用域、请求作用域、会话作用域和应用作用域中查找名为 variable_name 的属性。如果找到该属性,则调用它的 toString()并返回属性值。如果没有找到,则返回空字符串(不是 null)。

下面通过一个例子说明如何访问作用域变量。

程序 6.2 VariableServlet.java

```
package com.demo;
import java.io.*;
import javax.servlet.*;
import javax.servlet.http.*;
import javax.servlet.annotation.WebServlet;
import java.time.LocalDate;

@WebServlet("/VariableServlet")
public class VariableServlet extends HttpServlet {
    public void doGet(HttpServletRequest request,
                      HttpServletResponse response)
                throws ServletException, IOException {
       request.setAttribute("attrib1", new Integer(250));
       HttpSession session = request.getSession();
       session.setAttribute("attrib2", "Java World!");
       ServletContext application = getServletContext();
       application.setAttribute("attrib3",LocalDate.now());

       request.setAttribute("attrib4", "请求作用域");
       session.setAttribute("attrib4", "会话作用域");
       application.setAttribute("attrib4", "应用作用域");
       //请求转发到 JSP 页面
       RequestDispatcher rd =
                request.getRequestDispatcher("/variables.jsp");
       rd.forward(request, response);
    }
}
```

程序在 HttpServletRequest 和 HttpSession 作用域对象中各存储了一个 String 对象，在 ServletContext 中存储了一个 LocalDate 对象。又将一个 String 对象分别存储在这三个作用域中。

然后该 Servlet 将请求转发给 JSP 页面 variables.jsp，在 JSP 页面中使用 EL 访问这些作用域变量。

程序 6.3 variables.jsp

```
<%@ page contentType="text/html;charset=UTF-8" %>
<html>
<head><title>访问作用域变量</title></head>
<body>
  <h3>访问作用域变量</h3>
  <ul>
    <li>属性 1: ${attrib1}
    <li>属性 2: ${attrib2}
    <li>属性 3: ${attrib3}
    <li>属性 4: ${attrib4}
</ul>
</body></html>
```

运行结果如图 6.2 所示。

图 6.2 请求 VariableServlet 的运行结果

从运行结果可以看到，如果在不同的作用域对象上存储了同名的变量，将输出最先找到的变量。如果需要明确指定访问哪个作用域中的变量，可以使用 EL 隐含变量，如 ${sessionScope.attrib4}可输出存储在会话作用域中的属性 attrib4。

6.3.2 访问 JavaBeans 属性

设有一个名为 com.demo.Employee 的 JavaBeans，它有一个名为 name 的属性。在 JSP 页面中如果需要访问 name 属性，应使用下面代码来实现。

```
<%@ page import = "com.demo.Employee" %>
<%
   Employee employee =
           (Employee)pageContext.findAttribute("employee");
   employee.setName("Hacker");
%>
<% = employee.getName() %>
```

这里使用了 pageContext 的 findAttribute()查找名为 employee 的属性，使用 JSP 表达式输出 name 的值，但是如果找不到指定的属性，上面的代码会抛出 NullPointerException 异常。

如果知道 JavaBeans 的完整名称和它的作用域，也可以使用下面 JSP 标准动作访问 JavaBeans 的属性：

```
<jsp:useBean id = "employee" class = "com.demo.Employee"
                              scope = "session" />
<jsp:getProperty name = "employee" property = "name" />
```

如果使用表达式语言，就可以通过点号表示法很方便地访问 JavaBeans 的属性，如下所示：

```
${employee.name}
```

使用表达式语言，如果没有找到指定的属性不会抛出异常，而是返回空字符串。

使用表达式语言还允许访问嵌套属性。例如，如果 Employee 有一个 address 属性，它的类型为 Address，而 Address 又有 zipCode 属性，则可以使用下面的简单形式访问 zipCode 属性。

```
${employee.address.zipCode}
```

上面的方法不能使用<jsp:useBean>和<jsp:getProperty>实现。

下面通过一个示例来说明对JavaBeans属性的访问。该例中有两个JavaBeans，分别为Address，它有三个字符串类型的属性，city、street和zipCode；Employee是在前面的类的基础上增加了一个Address类型的属性address表示地址。

在EmployeeServlet.java程序中创建了一个Employee对象并将其设置为请求作用域的一个属性，然后将请求转发到JSP页面，在JSP页面中使用下面的EL访问客户地址的三个属性。

```
<li>城市:${employee.address.city}
<li>街道:${employee.address.street}
<li>邮编:${employee.address.zipCode}
```

这些JavaBeans、Servlet及JSP页面代码如程序5.4～程序5.7所示。

程序 6.4　Address.java

```
package com.model;
public class Address implements java.io.Serializable {
  private String city;
  private String street;
  private String zipCode;

  public Address() { }
  public Address(String city,String street,String zipCode) {
    this.city = city;
    this.street = street;
    this.zipCode = zipCode;
  }
  //这里省略了属性的getter方法和setter方法
}
```

程序 6.5　Employee.java

```
package com.model;
public class Employee implements java.io.Serializable{
    private String name;
    private String email;
    private String phone;
    private Address address;

    public Employee(){}
    public Employee(String name,String email,
                    String phone,Address address ){
        this.name = name;
        this.email = email;
        this.phone = phone;
        this.address = address;
    }
    public void setName(String name){ this.name = name; }
```

```
    public void setEmail(String email) { this.email = email; }
    public void setPhone(String phone) { this.phone = phone; }
    public void setAddress(Address address){ this.address = address; }

    public String getNmae(){ return this.name; }
    public String getEmail() { return this.email; }
    public String getPhone() { return this.phone; }
     public Address getAddress(){return address; }
}
```

程序 6.6 EmployeeServlet.java

```
package com.demo;
import java.io.*;
import javax.servlet.*;
import javax.servlet.http.*;
import com.model.Address;
import com.model.Employee;
import javax.servlet.annotation.WebServlet;

@WebServlet("/EmployeeServlet")
public class EmployeeServlet extends HttpServlet{
  public void doGet(HttpServletRequest request,
                    HttpServletResponse response)
             throws ServletException,IOException{
      Address address = new Address("上海市",
                              "科技路 25 号","201600");
      Employee employee = new Employee("automan",
              "hacker@163.com","8899123",address);
      request.setAttribute("employee", employee);
      RequestDispatcher rd =
                 request.getRequestDispatcher("/beanDemo.jsp");
      rd.forward(request, response);
  }
}
```

程序 6.7 beanDemo.jsp

```
<%@ page contentType="text/html;charset=UTF-8" %>
<html>
<head><title>访问 JavaBeans 的属性</title></head>
<body>
<h4>使用 EL 访问 JavaBeans 的属性</h4>
<ul>
  <li>员工名: ${employee.name}
  <li>Email 地址: ${employee.email}
  <li>电话: ${employee.phone}
  <li>客户地址:
  <ul>
    <li>城市: ${employee.address.city}
    <li>街道: ${employee.address.street}
    <li>邮编: ${employee.address.zipCode}
```

```
    </ul>
  </ul>
  </body></html>
```

运行结果如图 6.3 所示。

图 6.3 请求 CustomerServlet 的运行结果

6.3.3 访问集合元素

在 EL 中可以访问各种集合对象的元素，集合可以是数组、List 对象或 Map 对象。这需要使用数组记法的运算符([])。例如，假设有一个上述类型的对象 attributeName，可以使用下面形式访问其元素。

```
${attributeName[entryName]}
```

(1) 如果 attributeName 对象是数组，则 entryName 为下标。上述表达式返回指定下标的元素值。假设在 Servlet 中包含下列代码：

```
String[]fruit = {"apple","orange","banana"};
request.setAttribute("myFruit", fruit);
```

在 JSP 页面中就可以使用下面 EL 访问下标是 2 的数组元素。

```
我最喜欢的水果是：${myFruit[2]}
我最喜欢的水果是：${myFruit["2"]}
```

(2) 如果 attributeName 对象是实现了 List 接口的对象，则 entryName 为索引。假设在 Servlet 中包含下列代码：

```
ArrayList<String> fruit = new ArrayList<String>();
fruit.add("apple");
fruit.add("orange");
fruit.add("banana");
request.setAttribute("myFruit", fruit);
```

在 JSP 页面中就可以使用下面 EL 访问下标是 2 的列表元素。

```
我最喜欢的水果是：${myFruit[2]}
```

(3) 如果 attributeName 对象是实现了 Map 接口的对象，则 entryName 为键，相应的值

通过 Map 对象的 get(key)获得。假设在 Servlet 中包含下列代码:

```
Map<String,String> capital = new HashMap<String,String>();
capital.put("England","伦敦");
capital.put ("China","北京");
capital.put ("Russia","莫斯科");
request.setAttribute("capital", capital);
```

在 JSP 页面中就可以使用下面 EL 访问指定键的值。

```
中国的首都是:${capital["China"]}<br>
俄罗斯的首都是:${capital.Russia}
```

下面程序说明了集合对象元素的访问。

程序 6.8 CollectServlet.java

```
package com.demo;
import java.util.*;
import java.io.*;
import javax.servlet.*;
import javax.servlet.http.*;
import javax.servlet.annotation.WebServlet;

@WebServlet("/CollectServlet")
public class CollectServlet extends HttpServlet{
    public void doGet(HttpServletRequest request,
                      HttpServletResponse response)
                     throws ServletException,IOException{
        response.setContentType("text/html;charset=UTF-8");
        ArrayList<String> country = new ArrayList<String>();
        country.add("China");
        country.add("England");
        country.add("Russia");

        HashMap<String,String> capital = new HashMap<String,String>();
        capital.put("China","北京");
        capital.put("England","伦敦");
        capital.put("Russia","莫斯科");
        request.setAttribute("country",country);
        request.setAttribute("capital",capital);
        RequestDispatcher rd =
                request.getRequestDispatcher("/collections.jsp");
        rd.forward(request,response);
    }
}
```

下面的 JSP 页面访问 Servlet 传递过来的集合对象的元素。

程序 6.9 collections.jsp

```
<%@ page contentType="text/html;charset=UTF-8" %>
<html>
<head><title>访问集合元素</title>
</head>
<body>
```

```
<p>访问集合元素</p>
<ul>
  <li> ${country[0]}的首都是: ${capital["China"]}
  <li> ${country[1]}的首都是: ${capital["England"]}
  <li> ${country[2]}的首都是: ${capital.Russia}
</ul>
</body>
</html>
```

访问 CollectServlet 的输出结果如图 6.4 所示。

图 6.4　在 EL 中访问集合对象

6.4　EL 隐含变量

EL 隐含变量

在 JSP 页面的脚本中可以访问 JSP 隐含变量，如 request、session、application 等。EL 也定义了一套自己的隐含变量。使用 EL 可以直接访问这些隐含变量。表 6-4 给出了 EL 中可以使用的隐含变量及其说明。

表 6-4　EL 表达式中的隐含变量

变 量 名	说　明
pageContext	包含 JSP 常规隐含对象的 PageContext 类型对象
param	包含请求参数字符串的 Map 对象
paramValues	包含请求参数字符串数组的 Map 对象
header	包含请求头字符串的 Map 对象
headerValues	包含请求头字符串数组的 Map 对象
initParam	包含 Servlet 上下文参数的参数名和参数值的 Map 对象
cookie	匹配 Cookie 域和单个对象的 Map 对象
pageScope	包含 page 作用域属性的 Map 对象
requestScope	包含 request 作用域属性的 Map 对象
sessionScope	包含 session 作用域属性的 Map 对象
applicationScope	包含 application 作用域属性的 Map 对象

6.4.1　pageContext 变量

pageContext 是 PageContext 类型的变量。pageContext 变量包含 request、response、 session、out 和 servletContext 属性,使用 pageContext 变量可以访问这些属性的属性。下面是一些例子。

```
${pageContext.request.method}                //获得 HTTP 请求的方法,如 GET 或 POST
${pageContext.request.queryString}           //获得请求的查询串
${pageContext.request.requestURL}            //获得请求的 URL
${pageContext.request.remoteAddr}            //获得请求的 IP 地址
${pageContext.session.id}                    //获得会话的 ID
${pageContext.session.new}                   //判断会话对象是否是新建的
${pageContext.servletContext.serverInfo}     //获得服务器的信息
```

上述 EL 是通过成员访问运算符访问对象的属性的。在 EL 中不允许调用对象的方法,所以下面的使用是错误的。

```
${pageContext.request.getMethod()}
```

然而,仍然可以使用下面的脚本表达式。

```
<% = request.getMethod() %>
```

6.4.2 param 和 paramValues 变量

param 和 paramValues 变量用来从请求对象中检索请求参数值。param 变量是调用给定参数名的 getParameter(String name)的结果,使用 EL 表示如下:

```
${param.name}
```

类似地,paramValues 是使用 getParameterValues(String name)返回给定名称的参数值的数组。要访问参数值数组的第一个元素,可使用下面的代码:

```
${paramValues.name[0]}
```

上述代码也可以用下面两种形式表示:

```
${paramValues.name["0"]}
${paramValues.name['0']}
```

因为数组元素是按整数下标访问的,因此必须使用“[]”运算符访问数组元素。下面两个表达式都会产生编译错误。

```
${paramValues.name.0}
${paramValues.name."0"}
```

所以,EL 在处理属性和集合的访问时与传统的 Java 语法并不完全一样。

6.4.3 initParam 变量

initParam 变量存储了 Servlet 上下文的参数名和参数值。例如,假设在 DD 中定义了如下初始化参数:

```
<context-param>
```

```
    <param-name>email</param-name>
    <param-value>hacker@163.com</param-value>
</context-param>
```

则可以使用下面的EL表达式得到参数email的值。

```
${initParam.email}
```

如果通过JSP脚本元素访问该Servlet上下文参数，应该使用下面的表达式：

```
<%= application.getInitParameter("email") %>
```

6.4.4 pageScope、requestScope、sessionScope和applicationScope变量

这几个隐含变量很容易理解，它们用来访问不同作用域的属性。例如，下面代码在会话作用域中添加一个表示商品价格的totalPrice属性，然后使用EL访问该属性值。

```
session.setAttribute("totalPrice",1000);
```

在JSP页面中使用sessionScope变量访问：

```
${sessionScope.totalPrice}
```

6.4.5 header和headerValues变量

header和headerValues变量是从HTTP请求头中检索值，它们的运行机制与param和paramValues类似。下面代码使用EL显示了请求头host的值。

```
${header.host}或${header["host"]}
```

类似地，headerValues.host是一个数组，它的第一个元素可使用下列表达式之一显示。

```
${headerValues.host[0]}
${headerValues.host["0"]}
${headerValues.host['0']}
```

6.4.6 cookie变量

在Servlet中向客户发送一个Cookie可以使用下面的代码：

```
Cookie cookie = new Cookie("userName","Hacker");
response.addCookie(cookie);
```

要检索客户发给服务器的Cookie，应该使用下面的代码：

```
Cookie[] cookies = request.getCookies();
for(int i = 0; i<cookies.length;i++){
  if((cookies[i].getName()).equals("userName")){
      out.println(cookies[i].getValue());
  }
}
```

在 JSP 页面中可以使用 EL 的 cookie 隐含变量得到客户向服务器发回的 Cookie 数组，即调用 request 对象的 getCookies()的返回结果。如果要访问 cookie 的值，则需要使用 Cookie 类的属性 value(即 getValue 方法)。因此，下面一行可以输出名为 userName 的 Cookie 的值。如果没有找到这个 cookie 对象，则输出空字符串。

```
${cookie.userName.value}
```

使用 cookie 变量还可以访问会话 Cookie 的 ID 值，例如：

```
${cookie.JSESSIONID.value}
```

下面的 JSP 页面演示了 EL 隐含变量的使用。

程序 6.10　implicitEL.jsp

```
<%@ page contentType="text/html;charset=UTF-8" %>
<%@ page import="com.model.*" %>
<html><head><title>EL 隐含变量的使用</title></head><body>
<%
   Address address = new Address("上海市", "科技路 25 号","201600");
   Employee employee = new Employee("automan",
          "hacker@163.com","8899123",address);
   session.setAttribute("employee", employee);
   Cookie cookie = new Cookie("userName","Hacker");
   response.addCookie(cookie);
  %>
<h5>EL 隐含变量的使用</h5>
<table border="1">
  <tr><td>EL 表达式</td><td>值</td></tr>
  <tr><td>\${pageContext.request.method}</td>
      <td>${pageContext.request.method}</td></tr>
  <tr><td>\${param.userName}</td><td>${param.userName}</td></tr>
  <tr><td>\${header.host}</td><td>${header.host}</td></tr>
  <tr><td>\${cookie.userName.value}</td>
      <td>${cookie.userName.value}</td></tr>
  <tr><td>\${initParam.email}</td><td>${initParam.email}</td></tr>
  <tr><td>\${sessionScope.employee.address.street}</td>
      <td>${sessionScope.employee.address.street}</td></tr>
</table>
</body></html>
```

使用下面 URL 访问该页面：

```
http://localhost:8080/chapter06/implicitEL.jsp?userName=Smith
```

运行结果如图 6.5 所示。

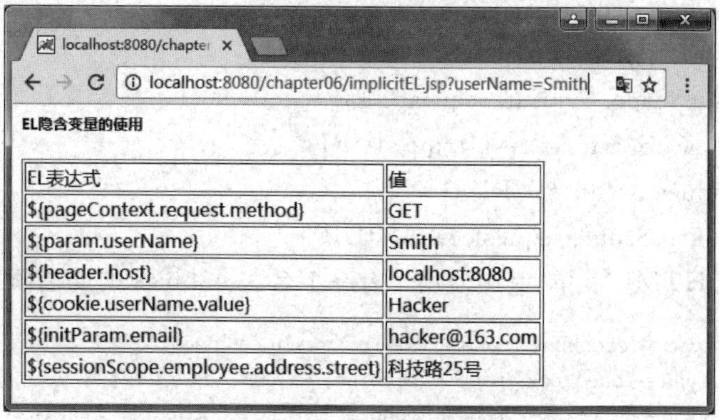

localhost:8080/chapter06/implicitEL.jsp?userName=Smith

EL隐含变量的使用

EL表达式	值
${pageContext.request.method}	GET
${param.userName}	Smith
${header.host}	localhost:8080
${cookie.userName.value}	Hacker
${initParam.email}	hacker@163.com
${sessionScope.employee.address.street}	科技路25号

图 6.5　implicitEL.jsp 页面的运行结果

本 章 小 结

表达式语言(EL)是一种数据访问语言,通过它可以很方便地在 JSP 页面中访问应用程序数据,无须使用小脚本和请求时表达式。网页作者甚至不用学习 Java 语言就可以使用表达式语言。

表达式语言最重要的目的是创建无脚本的 JSP 页面。为了实现这个目的,EL 定义了自己的运算符、语法等,它完全能够替代传统的 JSP 中的声明、表达式和小脚本。使用 EL 可以访问作用域变量、JavaBeans 属性以及集合元素,还可以使用 EL 隐含变量访问请求参数、请求头、Cookie 以及作用域变量等。

思考与练习

1. 有下面 JSP 页面,叙述正确的是(　　)。

```
<html><body>
  ${(5 + 3 + a>0) ? 10 : 20}
</body></html>
```

A. 语句合法,输出 10　　B. 语句合法,输出 20

C. 因为 a 没有定义,因此抛出异常　　D. 表达式语法非法,抛出异常

2. 表达式 ${(10 le 10) && !(24+1 lt 24) ? "Yes" :"No"}的结果是(　　)。

A. Yes　　B. No　　C. true　　D. false

3. 下面哪个变量不能用在 EL 表达式中?(　　)

A. param　　B. cookie　　C. header　　D. pageContext

E. contextScope

4. 下面哪两个表达式不能返回 header 的 accept 域?(　　)

A. ${header.accept}　　B. ${header[accept]}

C. ${header['accept']}　　D. ${header["accept"]}

E. ${header. 'accept'}

5. 如果使用 EL 显示请求的 URI,下面正确的是(　　)。

A. ${pageScope. request. requestURI}

B. ${pageContext. request. requestURI}

C. ${ request. requestURI}

D. ${requestScope. request. requestURI}

6. 给定一个 HTML 表单,其中使用了有一个名为 hobbies 的复选框,如下所示:

```
兴趣: <input type = "checkbox" name = "hobbies" value = "reading">文学
      <input type = "checkbox" name = "hobbies" value = "sport">体育
      <input type = "checkbox" name = "hobbies" value = "computer">电脑<br>
```

下面哪些表达式能够计算并得到 hobbies 参数的第一个值?(　　)

A. ${param. hobbies }　　B. ${ paramValues. hobbies }

C. ${paramValues. hobbies[0]}　　D. ${ paramValues. hobbies[1]}

E. ${ paramValues. [hobbies][0]}

7. 一个 Web 站点将管理员的 Email 地址存储在一个名为 master-email 的 ServletContxt 参数中,如何使用 EL 得到这个值?(　　)

A. <a href="mailto: ${initParam. master-email}"> email me</a>

B. <a href="mailto: ${contextParam. master-email}"> email me</a>

C. <a href="mailto: ${initParam['master-email']}"> email me</a>

D. <a href="mailto: ${contextParam['master-email']}"> email me</a>

8. 设在应用作用域中使用 setAttribute("count",100)定义一个 count 属性,在 JSP 页面中访问它的合法表达式是(　　)。

A. ${pageScope. count}　　B. ${PageContext. count}

C. ${applicationScope. count}　　D. ${application. count}

9. 下面页面的输出结果是什么?

```
<%@ page isELIgnored = "true" %>
<html><head>
    ${(5 + 3 > 0) ? true : false}
</body></html>
```

10. 属性与集合的访问运算符的点(.)运算符与方括号([])运算符有什么不同?

11. 在 EL 中都可以访问哪些类型的数据?

第7章　JSTL与自定义标签

本章目标

- 掌握JSTL的核心标签库的使用；
- 学会开发简单的自定义标签的步骤；
- 了解SimpleTag接口的生命周期方法；
- 理解标签库描述文件的作用；
- 开发带属性的标签和对标签体的处理；
- 学会在Web应用中使用标签。

从JSP 1.1版开始就可以在JSP页面中使用标签了，使用标签不但可以实现代码重用，而且可以使JSP代码更简洁。在JSP页面中，不但可以使用JSP标准标签(如<jsp:include>)，也可以使用JSTL和自定义标签。

本章首先介绍JSTL的核心标签库的使用，然后介绍简单标签的开发及其生命周期，最后介绍几种类型标签的开发。

7.1　JSTL

从JSP 2.0开始，JSP规范将标准标签库作为标准支持，它可以简化JSP页面和Web应用程序的开发。JSTL(JSP Standard Tag Library)称为JSP标准标签库，是为实现Web应用程序常用功能而开发的标签库，它是由一些专家和用户开发的。使用JSTL可以提高JSP页面的开发效率，也可以避免重复开发标签库。

JSTL

在使用JSTL前，首先应该获得JSTL包，并安装到Web应用程序中。可以到Jakarta网站下载JSTL包，地址为http://tomcat.apache.org/download-taglibs.cgi。JSTL目前的最新版本是1.2.5。需下载taglibs-standard-impl-1.2.5.jar和taglibs-standard-spec-1.2.5.jar两个文件，将它们复制到应用程序的WEB-INF/lib目录中即可。

实际上在Tomcat服务器安装的examples示例应用程序的WEB-INF\lib目录中就包含上述两个文件，将它们复制到Web应用的WEB-INF/lib目录中即可。

JSTL共提供了5个库，每个子库提供了一组实现特定功能的标签，具体来说，这些子库包括：

- 核心标签库，包括通用处理的标签。

- XML 标签库,包括解析、查询和转换 XML 数据的标签。
- 国际化和格式化库,包括国际化和格式化的标签。
- SQL 标签库,包括访问关系数据库的标签。
- 函数库,包括管理 String 和集合的函数。

表 7-1 给出了所有 JSTL 标签库的 URI 和前缀。

表 7-1 JSTL 库及使用的 URI 与前缀

库 名 称	使用的 URI	前缀
核心标签库	http://java.sun.com/jsp/jstl/core	c
XML 标签库	http://java.sun.com/jsp/jstl/xml	x
国际化和格式化库	http://java.sun.com/jsp/jstl/fmt	fmt
SQL 标签库	http://java.sun.com/jsp/jstl/sql	sql
函数库	http://java.sun.com/jsp/jstl/functions	fn

本节主要介绍核心(core)标签库,该库的标签可以分成 4 类,如表 7-2 所示。

表 7-2 JSTL 核心标签的分类

JSTL 标签类别	JSTL 标签	标签说明
通用目的	<c:out>	在页面中显示内容
	<c:set>	定义或设置一个作用域变量值
	<c:remove>	清除一个作用域变量
	<c:catch>	捕获异常
条件控制	<c:if>	根据一个属性等于一个值改变处理
	<c:choose>	根据一个属性等于一组值改变处理
	<c:when>	用来测试一个条件
	<c:otherwise>	当所有 when 条件都为 false 时,执行该标签内的内容
循环控制	<c:forEach>	对集合中的每个对象作迭代处理
	<c:forTokens>	对给定字符串中的每个子串执行处理
URL 处理	<c:url>	重写 URL 并对它们的参数编码
	<c:import>	访问 Web 应用程序外部的内容
	<c:redirect>	告诉客户浏览器访问另一个 URL
	<c:param>	用来传递参数

在 JSP 页面中使用 JSTL,必须使用 taglib 指令来引用标签库,例如,要使用核心标签库,必须在 JSP 页面中使用下面的 taglib 指令。

```
<%@ taglib prefix = "c" uri = "http://java.sun.com/jsp/jstl/core" %>
```

7.1.1 通用目的标签

通用目的标签包括<c:out>、<c:set>、<c:remove>和<c:catch> 4 个标签。

1. <c:out>标签

<c:out>标签的功能与 JSP 中脚本表达式(用<%=和%>表示的)相同,用于向页面输出值,它有两种语法格式。

【格式 1】 不带标签体的情况。

```
<c:out value = "value" [escapeXml = "{true|false}"]
        default = "defaultValue" />
```

【格式 2】 带标签体的情况。

```
<c:out value = "value" [escapeXml = "{true|false}"]>
        default value
</c:out>
```

标签需要一个 value 属性，它的值是向 JSP 页面中输出的值。default 表示如果 value 的值为 null 或不存在，则输出该默认值；如果 escapeXml 的值为 true（默认值），表示将 value 属性值中包含的<、>、'、"或 & 等特殊字符转换为相应的实体引用（或字符编码），如小于号(<)将转换为 <，大于号(>)将转换为 >。如果 escapeXml 的值为 false 将不转换。在格式 2 中默认值在标签体中给出。

在 value 属性值中可以使用 EL 表达式，例如：

```
<c:out value = "${pageContext.request.remoteAddr}" />
<c:out value = "${number}" />
```

上述代码分别输出客户地址和 number 变量的值。从<c:out>标签的功能可以看到，它可以替换 JSP 的脚本表达式。

2. <c:set>标签

尽管 EL 可以有很多方式管理变量，但不能定义作用域变量和从作用域中删除变量。使用<c:set>和<c:remove>标签，就能完成这些操作而不用使用 JSP 脚本。

使用<c:set>标签可以：

(1) 定义一个字符串类型的作用域变量，并通过变量名引用它。

(2) 通过变量名引用一个现有的作用域变量。

(3) 重新设置作用域变量的属性值。

该标签有下面 4 种语法格式。

【格式 1】 不带标签体的情况。

```
<c:set var = "varName" value = "value"
    [scope = "{page| request| session| application}"] />
```

【格式 2】 带标签体的情况。

```
c:set var = "varName" [scope = "{page|request|session|application}"]>
    body content
</c:set>
```

这里，var 的属性值指定作用域变量名，value 属性指定变量的值，scope 指定变量的作用域，缺省为 page 作用域。这两种格式的区别是格式 1 使用 value 属性指定变量值，而格式 2 是在标签体中指定变量值。

例如，下面两个标签：

```
<c:set var = "number" value = "${4 * 4}" scope = "session" />
```

与

```
<c:set var = "number" scope = "session">
   ${4 * 4}
</c:set>
```

都将变量 number 的值设置为 16,且其作用域为会话(session)作用域。

要输出作用域变量的值,可以使用下列代码:

```
<c:out value = "${number}" />
```

使用<c:set>标签还可以设置指定对象的属性值,对象可以是 JavaBeans 或 Map 对象。这可以使用下面两种格式实现。

【格式 3】 不带标签体的情况。

```
<c:set target = "target" property = "propertyName" value = "value" />
```

【格式 4】 带标签体的情况。

```
<c:set target = "target" property = "propertyName" >
      body content
</c:set>
```

target 属性指定对象名,property 属性指定对象的属性名(JavaBeans 的属性或 Map 的键)。与设置变量值一样,属性值可以通过 value 属性或标签体内容指定。

下面程序为一个名为 product 的 JavaBeans 对象设置 pname 属性值。

程序 7.1 setDemo.jsp

```
<%@ page contentType = "text/html; charset = UTF-8" %>
<%@ taglib prefix = "c" uri = "http://java.sun.com/jsp/jstl/core" %>
<jsp:useBean id = "product" class = "com.demo.Product" scope = "session"/>
<html>
<head><title>Set Tag Example</title></head>
<body>
  <c:set target = "${product}" property = "pname" value = "苹果 iPhone 8 手机" />
  <c:out value = "${sessionScope.product.pname}" /><br>
  <c:set target = "${product}" property = "pname">
   OLYMPUS 数码相机
  </c:set>
  <c:out value = "${product.pname}" />
</body></html>
```

该页面的输出结果如图 7.1 所示。

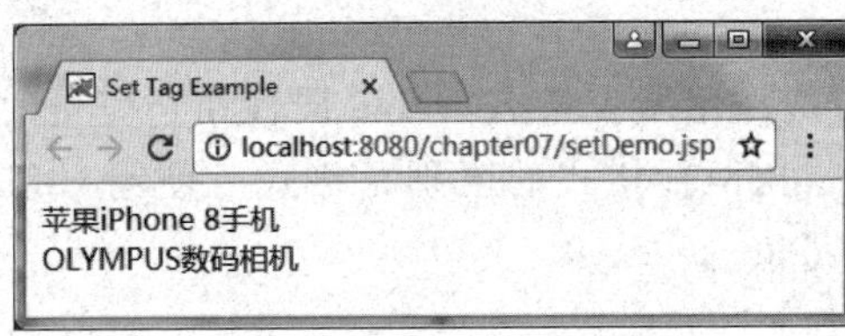

图 7.1 setDemo.jsp 的输出结果

注意：target 属性的值应该使用 EL 的形式，如 target="${book}"，如果写成下面的形式将出现错误：target="book"。

<c:set>标签对 Map 对象的用法类似，只是 property 属性表示的是 Map 对象键的名称。

3. <c:remove>标签

<c:remove>标签用来从作用域中删除变量，它的语法格式为：

```
<c:remove var = "varName"
        [scope = "{page| request| session| application}"] />
```

var 属性指定要删除的变量名，可选的 scope 属性指定作用域。如果没有指定 scope 属性，容器将先在 page 作用域查找变量，然后是 request，接下来是 session，最后是 application 作用域，找到后将变量清除。

例如，使用下面标签将从 session 作用域中删除 number 变量。

```
<c:remove var = "number" scope = "session" />
```

与<c:set>标签不同，<c:remove>标签不能用于删除 JavaBeans 或 Map 对象。

4. <c:catch>标签

<c:catch>标签的功能是捕获标签体中出现的异常，语法格式为：

```
<c:catch [var = "varName"]>
      body content
</c:catch>
```

这里，var 是为捕获到的异常定义的变量名，当标签体中代码发生异常时，将由该变量引用异常对象，变量具有 page 作用域，例如：

```
<c:catch var = "myexception">
<%
    int i = 0;
    int j = 10 / i;                //该语句发生异常
 %>
</c:catch>
<c:out value = "${myexception}" /><br>
<c:out value = "${myexception.message}" />
```

该段代码的输出结果为：

```
java.lang.ArithmeticException: /by zero
/by zero
```

7.1.2 条件控制标签

条件控制标签有 4 个：<c:if>、<c:choose>、<c:when>和<c:otherwise>。<c:if>和<c:choose>标签的功能类似于 Java 语言的 if 语句和 switch-case 语句。

1. <c:if>标签

<c:if>标签用来进行条件判断，它有下面两种语法格式。

【格式 1】 不带标签体的情况。

```
<c:if test = "testCondition" var = "varName"
       [scope = "{page| request| session| application}"] />
```

【格式 2】 带标签体的情况。

```
<c:if test = "testCondition" var = "varName"
       [scope = "{page| request| session| application}"] >
       body content
</c:if>
```

每个< c:if >标签必须有一个名为 test 的属性,它是一个 boolean 表达式。对于格式 1,只将 test 的结果存于变量 varName 中。对于格式 2,若 test 的结果为 true,则执行标签体。

例如,在下面代码中如果 number 的值等于 16,则会显示其值。

```
<c:set var = "number" value = "${4 * 4}" scope = "session" />
<c:if test = "${number == 16}" var = "result" scope = "session">
     ${number}<br>
</c:if><br>
<c:out value = "${result}" />
```

2. < c:choose >标签

< c:choose >标签类似于 Java 语言的 switch-case 语句,它本身不带任何属性,但包含多个< c:when >标签和一个< c:otherwise >标签,这些标签能够完成多分支结构。例如,下面代码根据 color 变量的值显示不同的文本。

```
<c:set var = "color" value = "white" scope = "session" />
<c:choose>
  <c:when test = "${color == 'white'}">
      白色!
  </c:when>
  <c:when test = "${color == 'black'}">
      黑色!
  </c:when>
  <c:otherwise>
      其他颜色!
  </c:otherwise>
</c:choose>
```

正像 Java 语言的 switch 语句,在其他条件都不满足时可以有一个 default 入口一样,JSTL 也提供了一个可选的< c:otherwise >标签作为默认选项。

7.1.3 循环控制标签

核心标签库的< c:forEach >和< c:forTokens >标签允许重复处理标签体内容。使用这些标签,能以三种方式控制循环的次数。

- 对数的范围使用< c:forEach >以及它的 begin、end 和 step 属性。
- 对 Java 集合中元素使用< c:forEach >以及它的 var 和 items 属性。
- 对 String 对象中的令牌(token)使用< c:forTokens >以及它的 items 属性。

1. < c:forEach >标签

< c:forEach >标签主要实现迭代，它可以对标签体迭代固定的次数，也可以在集合对象上迭代，该标签有两种格式。

【格式 1】 迭代固定的次数。

```
<c:forEach [var = "varName"] [begin = "begin" end = "end" step = "step"]
        [varStatus = "varStatusName"]>
    body content
</c:forEach>
```

这种迭代方法就像 Java 语言的 for 循环。首先标签创建一个由 var 属性指定的变量，然后，用 begin 的值初始化变量，接着处理标签体内容直到变量值超过 end 为止。step 属性指定变量 varName 每次增加的步长。

< c:forEach >标签还可以嵌套，如下面的 table99.jsp 页面使用了嵌套的< c:forEach >标签实现输出九九乘法表。

程序 7.2　table99.jsp

```
<%@ taglib uri = "http://java.sun.com/jsp/jstl/core" prefix = "c" %>
<html><body>
<c:forEach var = "x" begin = "1" end = "9" step = "1">
   <c:forEach var = "y" begin = "1" end = "${x}" step = "1">
      ${y} * ${x} = ${x * y}  
   </c:forEach>
   <br>
</c:forEach>
</body></html>
```

页面的运行结果如图 7.2 所示。

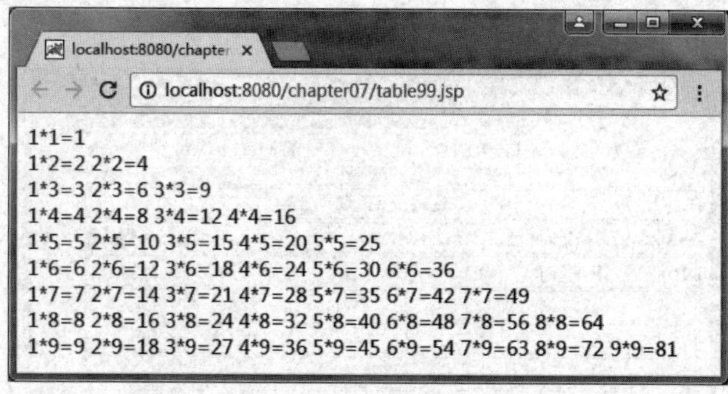

图 7.2　嵌套的< c:forEach >标签的使用

在< c:forEach >标签中还可以指定 varStatus 属性值来保存迭代的状态，例如，如果指定：

```
varStatus = "status"
```

则可以通过 status 访问迭代的状态。其中包括：本次迭代的索引、已经迭代的次数、是否是第一个迭代、是否是最后一个迭代等。它们分别用 status.index、status.count、status.

first、status. last 访问。

下面代码从 10 计数到 20,每 3 个输出一个数。

程序 7.3 foreachDemo. jsp

```
<%@ page contentType = "text/html; charset = UTF - 8" %>
<%@ taglib uri = "http://java.sun.com/jsp/jstl/core" prefix = "c" %>
<html>
<head><title>forEach 示例</title></head>
<body>
<table border = "1">
<th colspan = "6">forEach 示例</th>
<tr><td>x 值</td>
    <td>status.index</td>
    <td>status.current</td>
    <td>status.count</td>
    <td>status.first</td>
    <td>status.last</td>
</tr>
<c:forEach var = "x" varStatus = "status" begin = "10" end = "20" step = "3">
<tr><td align = "center"><font color = "blue">${x}</font></td>
    <td align = "center">${status.index}</td>
    <td align = "center">${status.current}</td>
    <td align = "center">${status.count}</td>
    <td align = "center">${status.first}</td>
    <td align = "center">${status.last}</td>
</tr>
</c:forEach>
</table>
</body></html>
```

运行结果如图 7.3 所示。

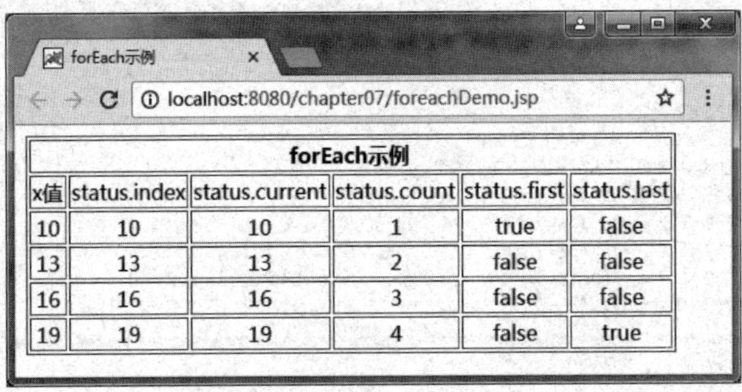

forEach示例					
x值	status.index	status.current	status.count	status.first	status.last
10	10	10	1	true	false
13	13	13	2	false	false
16	16	16	3	false	false
19	19	19	4	false	true

图 7.3 <c:forEach>标签的使用

【格式 2】 在集合对象上迭代。

```
<c:forEach var = "varName" items = "collection"
        [varStatus = "statusName"][begin = "begin" end = "end" step = "step"]>
  body content
</c:forEach>
```

这种迭代主要用于对Java集合对象的元素迭代，集合对象如List、Set或Map等。标签对每个元素处理一次标签体内容。这里，items属性值指定要迭代的集合对象，var用来指定一个作用域变量名，该变量只在<c:forEach>标签内部有效。

下面例子使用<c:forEach>标签显示List对象的元素。假设有一个Book类定义如下：

```
package com.model;
public class Book{
    private String isbn;
    private String title;
    private double price;
    public Book(String isbn, String title, double price){
        this.isbn = isbn;
        this.title = title;
        this.price = price;
    }
    //这里省略了属性的setter方法和getter方法
}
```

下面的BooksServlet创建一个List<Book>对象，然后将控制转发到books.jsp页面，在该页面中使用<c:forEach>标签访问每本书的信息。

程序7.4 BooksServlet.java

```
package com.demo;
import java.io.IOException;
import javax.servlet.RequestDispatcher;
import javax.servlet.ServletException;
import javax.servlet.annotation.WebServlet;
import javax.servlet.http.HttpServlet;
import javax.servlet.http.HttpServletRequest;
import javax.servlet.http.HttpServletResponse;
import java.util.List;
import java.util.ArrayList;
import com.model.Book;

@WebServlet("/BooksServlet")
public class BooksServlet extends HttpServlet {
    @Override
    public void doGet(HttpServletRequest request,
                    HttpServletResponse response)
                    throws ServletException, IOException {
        List<Book> books = new ArrayList<Book>();
        Book book1 = new Book("978-7-302-23059-5","Java语言程序设计",45.00);
        Book book2 = new Book("978-7-302-21540-0","Java Web编程技术",39.00);
        Book book3 = new Book("978-7-302-24130-0","C#入门经典",99.80);
        books.add(book1);
        books.add(book2);
        books.add(book3);
        request.setAttribute("books", books);
```

```
            RequestDispatcher rd = request.getRequestDispatcher("/books.jsp");
            rd.forward(request, response);
        }
    }
```

在 books.jsp 页面中使用<c:forEach>标签访问列表中的元素,代码如下。

程序 7.5　books.jsp

```
<%@ page contentType="text/html;charset=UTF-8" %>
<%@ page import="java.util.*,com.model.Book" %>
<%@ taglib uri="http://java.sun.com/jsp/jstl/core" prefix="c" %>
<html>
<head><title>图书列表</title>
<style>
  table tr,td{
    border:1px solid brown;
  }
</style>
</head>
<body>
<table>
  <tr style="background:#ababff">
    <td>书号</td><td>书名</td><td>价格</td>
  </tr>
  <c:forEach var="book" items="${requestScope.books}"
             varStatus="status">
    <%-- 为奇数行和偶数行设置不同的背景颜色 --%>
    <c:if test="${status.count % 2 == 0}">
      <tr style="background:#eeeeff">
    </c:if>
    <c:if test="${status.count % 2!= 0}">
      <tr style="background:#dedeff">
    </c:if>
    <%-- 用 EL 访问作用域变量的成员 --%>
    <td>${book.isbn}</td>
    <td>${book.title}</td>
    <td>${book.price}</td>
  </tr>
  </c:forEach>
</table>
</body></html>
```

访问 BooksServlet,结果如图 7.4 所示。

2. <c:forTokens>标签

该标签用来在字符串中的令牌(token)上迭代,它的语法格式为:

```
<c:forTokens items="stringOfTokens" delims="delimiters"
            [var="varName"][varStatus="varStatusName"]
              [begin="begin"] [end="end"] [step="step"]>
    body content
</c:forTokens>
```

图 7.4　用<c:forEach>标签访问集合

这里，items 属性是一个 String 对象，它是由分隔符分隔的令牌(tokens)组成的。delims 属性用来指定分隔符。下面的 JSP 页面 tokens.jsp 使用<forTokens>标签输出一个字符串中各令牌的内容。

程序 7.6　tokens.jsp

```
<%@ page contentType="text/html;charset=UTF-8" %>
<%@ taglib uri="http://java.sun.com/jsp/jstl/core" prefix="c" %>
<html><head><title>唐诗一首</title></head>
<body>
  <c:set var="poems"
        value="朝辞白帝彩云间,千里江陵一日还,两岸猿声啼不住,轻舟已过万重山" />
  <center>
  <h4>早发白帝城[唐]李白 </h4>
   <c:forTokens var="line" items="${poems}" delims=",">
      ${line}<br>
   </c:forTokens>
  </center>
</body>
</html>
```

页面的运行结果如图 7.5 所示。

图 7.5　<c:forTokens>标签的使用

7.1.4　URL 相关的标签

与 URL 相关的标签有 4 个：<c:import>、<c:url>、<c:redirect>和<c:param>。

1. <c:param>标签

<c:param>标签主要用于在<c:import>、<c:url>和<c:redirect>标签中指定请求参数，它的格式有下面两种。

【格式 1】 参数值使用 value 属性指定。

```
<c:param name="name" value="value" />
```

【格式 2】 参数值在标签体中指定。

```
<c:param name="name" > param value </c:param>
```

2. <c:import>标签

<c:import>标签的功能与<jsp:include>标准动作的功能类似,可以将一个静态或动态资源包含到当前页面中。<c:import>标签有下面两种语法格式。

【格式 1】 资源内容作为字符串对象包含。

```
<c:import url = "url" [context = "context"] [var = "varName"]
        [scope = "{page| request| session| application}"]
        [charEncoding = "charEncoding"]>
    body content
</c:import>
```

这里,url 的值表示要包含的资源的 URL,它用 String 对象表示。url 的值可以是绝对的(如 http://localhost:8080/paipaistore/footer.jsp)或相对的(如/footer.jsp); context 表示资源所在的上下文路径; var 表示变量名,用来存放包含的内容的 HTML 代码; scope 表示 var 变量的作用域,默认的作用域为 page; charEncoding 表示包含资源使用的字符编码; 在标签体中可以使用<c:param>指定 URL 的请求参数。

【格式 2】 资源内容作为 Reader 对象包含。

```
<c:import url = "url" [context = "context"] [varReader = "varreaderName"]
        [charEncoding = "charEncoding"]
    body content
</c:import>
```

这里,varReader 用于表示读取的文件的内容。其他属性与上面格式中含义相同。

下面代码使用<c:import>标签包含了 footer.jsp 页面,并向其传递了一个名为 email 的请求参数。

程序 7.7 importDemo.jsp

```
<%@ taglib uri="http://java.sun.com/jsp/jstl/core" prefix="c" %>
<%@ page contentType="text/html;charset=UTF-8" %>
<html><head><title>首页</title></head>
<body>
<img src="images/duke.gif">
<font color="blue">欢迎访问我的首页面!</font>
<c:import url="/footer.jsp" context="/helloweb" charEncoding="UTF-8" >
    <c:param name = "email" value="hacker@163.com" />
</c:import>
</body></html>
```

被包含的页面 footer.jsp 代码如下。

程序 7.8　footer.jsp

```
<%@ page contentType = "text/html; charset = UTF - 8" %>
<hr />
<p align = "center" ><font color = "blue">
    版权 &copy; 2018 百斯特电子商城有限责任公司,8899123.</font>
    <br>邮箱地址：${param.email}
</p>
```

运行结果如图 7.6 所示。

图 7.6　<c:import>标签的使用

使用<jsp:include>标准动作能够包含的文件类型有一定限制，它所包含的内容必须位于与所在页面相同的上下文（ServletContext）中，而使用<c:import>标签所包含的资源可以位于不同的上下文。

3. <c:redirect>标签

<c:redirect>标签的功能是将用户的请求重定向到另一个资源，它有两种语法格式。

【格式 1】　不带标签体的情况。

```
<c:redirect url = "url" [context = "context"] />
```

【格式 2】　在标签体中指定查询参数。

```
<c:redirect url = "url" [context = "context"] >
    <c:param> subtags
</c:redirect>
```

该标签的功能与 HttpServletResponse 的 sendRedirect()的功能相同。它向客户发送一个重定向响应并告诉客户访问由 url 属性指定的 URL。与<c:import>标签一样，可以使用 context 属性指定 URL 的上下文，也可以使用<c:param>标签添加请求参数。

下面的代码给出了一个<c:redirect>标签如何转向到一个新的 URL 的例子。

```
<c:redirect url = "/content.jsp">
    <c:param name = "par1" value = "val1"/>
    <c:param name = "par2" value = "val2"/>
</c:redirect>
```

4. <c:url>标签

如果用户浏览器不接受 Cookie，那么就需要重写 URL 来维护会话状态。为此核心库提供了<c:url>标签。通过 value 属性来指定一个基 URL，而转换的 URL 由 JspWriter 显示出来或者保存到由可选的 var 属性命名的变量中。

<c:url>标签有如下两种格式。

【格式 1】 不带标签体的情况。

```
<c:url value = "value" [context = "context"] [var = "varName"]
        [scope = "{page|request|session|application}"] />
```

【格式 2】 带标签体的情况。

```
<c:url value = "value" [context = "context"] [var = "varName"]
        [scope = "{page|request|session|application}"] >
    <c:param name = "name" value = "value">
</c:url>
```

这里,value 属性指定需要重写的 URL,var 指定的变量存放 URL 值,scope 属性指定 var 的作用域,它的值可以为 page、request、session 及 application。可选的 context 属性指定上下文,如果 value 以斜杠开头,就加上下文名,否则不加上下文名。下面是一个简单的例子。

```
<c:url value = "/page.jsp" var = "pagename"/>
```

由于 value 参数以斜杠开头,容器将把上下文名(假设为/helloweb)插入到该 URL 前面。例如,如果浏览器接受 Cookie,前面一行代码中 var 的值为:

```
/helloweb/page.jsp
```

如果浏览器不接受 Cookie,容器将用其会话 ID 号重写该 URL。在这种情况下,结果可能类似下面形式:

```
/helloweb/page.jsp;jsessionid = 307FC94E10B7B2AEE74C3743964AA6FC
```

可以通过在<c:url>的标签中使用<c:param>标签向 URL 传递请求参数,下面代码给出了实现方法。

```
<c:url value = "/page.jsp" var = "pagename">
    <c:param name = "param1" value = "${2 * 2}"/>
    <c:param name = "param2" value = "${3 * 3}"/>
</c:url>
```

在<c:param>标签中的参数通过 name 和 value 属性指定。如果浏览器接受 Cookie,var 属性的值将为:

```
/helloweb/page.jsp?param1 = 4&param2 = 9
```

标签处理将根据需要对 URL 和其参数编码。

7.2 自定义标签

除了可使用 JSTL 标签外,还可以定义自定义标签。所谓自定义标签是用 Java 语言开发的程序,当其在 JSP 页面中使用时将执行某种动作,所以有时自定义标签又叫作自定义动作(custom action)。

自定义标签

使用自定义标签,使开发人员能够把复杂的功能封装在 HTML 风格的标签中。在简单的标签后面,Java 代码处理格式化任务,访问外部资源,并完成其他各种处理动作。

7.2.1 标签扩展 API

在 JSP 页面中可以使用两类自定义标签。一类是简单的(simple)自定义标签,一类是传统的(classic)自定义标签。传统的自定义标签是 JSP 1.1 中提供的,简单的自定义标签是 JSP 2.0 增加的。

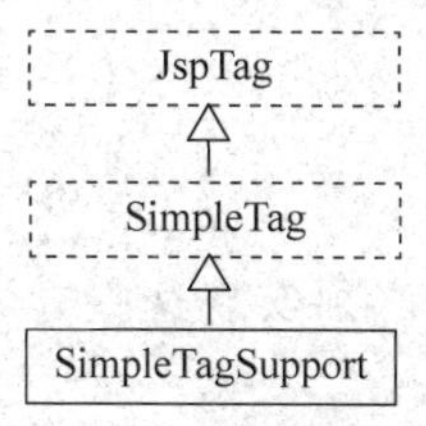

图 7.7 简单标签 API 层次

要开发自定义标签,需要使用 javax.servlet.jsp.tagext 包中的接口和类,这些接口和类称为标签扩展 API。图 7.7 给出了简单标签扩展 API 的层次结构。

- JspTag 接口是自定义标签根接口,该接口中没有定义任何方法,它只起到接口标识和类型安全的作用。
- SimpleTag 接口是 JspTag 接口的子接口,用来实现简单的自定义标签。
- SimpleTagSupport 类是 SimpleTag 接口的实现类。

除上面的接口和类外,标签处理类还要使用到 javax.servlet.jsp 包中定义的两个异常类:JspException 和 JspTagException 类。

7.2.2 自定义标签的开发步骤

本节首先通过一个简单的例子说明自定义标签的开发过程,从中了解各种概念。创建自定义标签需要下面两步:

(1) 创建标签处理类。

(2) 创建标签库描述文件 TLD。

1. 创建标签处理类

标签处理类(tag handler)是实现某个标签接口或继承某个标签类的实现类,程序 7.9 给出了一个标签处理类,它实现了 SimpleTag 接口,该标签的功能是向 JSP 页面输出一条消息。

程序 7.9 HelloTag.java

```
package com.mytag;
import java.io.*;
import javax.servlet.jsp.*;
import javax.servlet.jsp.tagext.*;
import java.time.LocalTime;

public class HelloTag implements SimpleTag{
    JspContext jspContext = null;
    JspTag parent = null;
    public void setJspContext(JspContext jspContext){
        this.jspContext = jspContext;
```

```
    }
    public void setParent(JspTag parent){
        this.parent = parent;
    }
    public void setJspBody(JspFragment jspBody){
    }
    public JspTag getParent(){
        return parent;
    }
    public void doTag() throws JspException, IOException{
        JspWriter out = jspContext.getOut();
        out.print("<p style=\"color:blue\">这是简单标签</p><br>");
        out.print("现在时间是: " + LacalTime.now());
    }
}
```

SimpleTag 接口共声明了 5 个生命周期方法,简单标签处理类必须实现这些方法。下节将详细说明这些方法。

2. 创建标签库描述文件

标签库描述文件(Tag Library Descriptor,TLD)用来定义使用标签的 URI 和对标签的描述,它是 XML 格式的文件,扩展名一般为.tld。下面的 TLD 文件定义了一个名为 hello 的标签。

程序 7.10　mytaglib.tld

```
<?xml version = "1.0" encoding = "UTF - 8" ?>
<taglib xmlns = "http://java.sun.com/xml/ns/j2ee"
    xmlns:xsi = "http://www.w3.org/2001/XMLSchema - instance"
        xsi:schemaLocation = "http://java.sun.com/xml/ns/j2ee
        http://java.sun.com/xml/ns/j2ee/web - jsptaglibrary_2_0.xsd"
    version = "2.0">
  <tlib - version>1.0</tlib - version>
  <short - name>TagExample</short - name>
  <uri>http://www.mydomain.com/sample</uri>
  <tag>
    <name>hello</name>
    <tag - class>com.mytag.HelloTag</tag - class>
    <body - content>empty</body - content>
</tag>
</taglib>
```

TLD 文件的根元素是<taglib>,其子元素<uri>用来定义标签库的 URI,<tag>元素用来定义一个标签,它至少要包含下面的内容:标签名、标签处理类的完整名称和标签体类型,它们分别由<name>、<tag-class>和<body-content>元素定义。

TLD 文件一般存放在 Web 应用程序的 WEB-INF 目录或其子目录下。

3. 在 JSP 页面中使用标签

在 JSP 页面使用自定义标签,需要通过 taglib 指令声明自定义标签的前缀和标签库的 URI,taglib 指令的格式如下:

```
<%@ taglib prefix="prefixName" uri="tag library uri" %>
```

prefix 属性值为标签的前缀，uri 属性值为标签库的 URI。如果在一个 JSP 页面中需要使用多个标签库的标签，要保证每个 TLD 中的 URI 是唯一的。另外，在 JSP 的 taglib 指令中，前缀名称不能使用 JSP 的保留前缀名，它们包括 jsp、jspx、java、javax、servlet、sun、sunw。

程序 7.11　helloTag.jsp

```
<%@ page contentType="text/html;charset=UTF-8" %>
<%@ taglib prefix="demo" uri="http://www.mydomain.com/sample" %>
<html>
<head><title>自定义标签</title></head>
<body>
  <h2>Hello Tag Example</h2>
  <demo:hello /><br>
</body>
</html>
```

在 taglib 指令中，prefix 属性值是 demo，uri 属性值为 TLD 文件中指定的 uri。由于该标签是空标签，所以还可以通过下面形式使用。

```
<demo:hello></demo:hello>
```

页面的运行结果如图 7.8 所示。

图 7.8　helloTag.jsp 的运行结果

7.2.3　SimpleTag 接口及其生命周期

创建简单标签需要使用 SimpleTag 接口或 SimpleTagSupport 类，SimpleTag 接口中定义了简单标签的生命周期方法，下面详细讨论它们。

1. SimpleTag 接口的方法

SimpleTag 接口中的方法有两个目的。第一，它允许在 Java 类和 JSP 之间传输信息。第二，它是由 Web 容器调用来初始化 SimpleTag 操作的。该接口共定义了以下 5 个方法。

- public void setJspContext(JspContext pc)：该方法由容器调用，用来设置 JspContext 对象，使其在标签处理类中可用。
- public void setParent(JspTag parent)：该方法由容器调用，用来设置父标签对象。
- public void setJspBody(JspFragment jspBody)：若标签带标签体，容器调用该方法将标签体内容存放到 JspFragment 中。

- public JspTag getParent():返回当前标签的父标签。
- public void doTag() throws JspException, IOException:该方法是简单标签的核心方法,由容器调用完成简单标签的操作。

2. 简单标签的生命周期

当容器在 JSP 页面中遇到自定义标签时,它将加载标签处理类并创建一个实例,然后调用标签类的生命周期方法。标签的生命周期有下面几个主要阶段。

1) 调用 setJspContext()

容器为该方法传递一个 JspContext 类的实例,该实例称为 JSP 上下文对象。可将该对象保存到一个实例变量中以备以后使用。

javax.servlet.jsp.JspContext 类定义了允许标签处理类访问 JSP 页面作用域中属性的方法,如 setAttribute()、getAttribute()、removeAttribute()和 findAttribute()等。该类还提供了 getOut(),它返回 JspWriter 对象,用来向 JSP 输出信息。

2) 调用 setParent()

标签可以相互嵌套。在相互嵌套的标签中,外层标签称为父标签(parent tag),内层标签称为子标签(child tag)。如果标签是嵌套的,容器调用 setParent()设置标签的父标签对象。因为 setParent()返回一个 JspTag 对象,所以返回的父标签可以是实现 SimpleTag、Tag、IterationTag 或 BodyTag 等接口的对象。

3) 调用属性的修改方法

如果自定义标签带属性,那么容器在运行时将调用属性修改方法设置属性值。由于方法格式依赖于属性名和类型,这些方法在标签处理类中定义。

例如,假设标签处理类提供了下面属性:

```
private boolean condition = false;
```

则应该提供下面的属性修改方法:

```
public void setCondition(boolean condition){
    this.condition = condition;
}
```

4) 调用 setJspBody()

如果标签包含标签体内容,容器将调用 setJspBody(JspFragment jspBody)方法设置标签体。它将标签体中的内容存放到 JspFragment 对象中,以后调用该对象的 invoke()输出标签体。在本章的后面将详细讨论 JspFragment 类。

5) 调用 doTag()

该方法是简单标签的核心方法,在 doTag()中完成标签的功能。该方法不返回任何值,当它返回时,容器返回到前面的处理任务中。不需要调用特殊的方法,使用常规的 Java 代码,就可以控制所有迭代和标签体的内容。

7.2.4 SimpleTagSupport 类

SimpleTagSupport 类是 SimpleTag 接口的实现类,它除实现了 SimpleTag 接口中的方法外,还提供了另外三个方法。

- protected JspContext getJspContext()：返回标签中要处理的 JspContext 对象。
- protected JspFragment getJspBody()：返回 JspFragment 对象，它存放了标签体的内容。
- public static final JspTag findAncestorWithClass(JspTag from, Class klass)：根据给定的实例和类型查找最接近的实例。该方法主要用在开发协作标签中。

编写简单标签处理类通常不必实现 SimpleTag 接口，而是继承 SimpleTagSupport 类，并且仅需覆盖该类的 doTag()。修改 HelloTag. java 代码使其继承 SimpleTagSupport 可实现与程序 7.1 相同的功能。

```
public class HelloTag extends SimpleTagSupport{
   public void doTag() throws JspException, IOException{
      JspWriter out = getJspContext().getOut();
      out.print("<p style = \"color:blue\">这是简单标签</p><br>");
      out.print("现在时间是: " + LacalTime.now());
   }
}
```

7.3 理解 TLD 文件

自定义标签需要在 TLD 文件中声明。当在 JSP 页面中使用自定义标签时，容器将读取 TLD 文件，从中获取有关自定义标签的信息，如标签名、标签处理类名、是否是空标签以及是否有属性等。

TLD 文件的第一行是声明，它的根元素是<taglib>，该元素定义了一些子元素。下面详细说明这些元素的使用。

7.3.1 <taglib>元素

<taglib>元素是 TLD 文件的根元素，该元素带若干属性，它们指定标签库的命名空间、版本等信息等。表 7-3 简要说明了这些元素的用法。

表 7-3 <taglib>的子元素

元　素	说　明
description	描述该标签库的文本
display-name	图形工具可显示的简短名称
icon	图形工具可显示的图标
tlib-version	指定标签库的版本，该元素是必需的
short-name	为库中的标签指定一个名称
uri	指定使用该标签库中标签的 URI
validator	关于该库的 TagLibraryValidator 信息
listener	指定事件监听器类
tag	定义一个标签
function	定义一个在 EL 中使用的函数

<taglib>元素中只有<tlib-version>和<short-name>元素是必需的，其他元素都是可

选的。下面重点介绍< uri >元素和< tag >元素。

7.3.2 < uri >元素

< uri >元素指定在 JSP 页面中使用 taglib 指令时 uri 属性的值。例如,若该元素的定义如下:

```
<uri> http://www.mydomain.com/sample </uri>
```

则在 JSP 页面中 taglib 指令应该如下所示:

```
<%@ taglib prefix = "demo" uri = "http://www.mydomain.com/sample" %>
```

这里的< uri >元素值看上去像一个 Web 资源的 URI,但实际上它仅仅是一个逻辑名称,并不与任何 Web 资源对应,容器使用它仅完成 URI 与 TLD 文件的映射。

Web 应用中可以使用三种类型的 URI:

- 绝对 URI。例如,http://www.mydomain.com/sample 和 http://localhost:8080/taglibs 都是绝对 URI。
- 根相对 URI。以"/"开头且不带协议、主机名或端口号的 URI。它被解释为相对于 Web 应用程序文档根目录。/mytaglib 和/taglib1/helloLib 是根相对 URI。
- 非根相对 URI。不以"/"开头也不带协议、主机名或端口号的 URI。它被解释为相对于当前 JSP 页面或相对于 WEB-INF 目录,这要看它在哪使用的。HelloLib 和 taglib2/helloLib 是非根相对 URI。

在 TLD 文件中也可以不指定< uri >元素,这时容器会尝试将 taglib 指令中的 uri 属性看作 TLD 文件的实际路径(以"/"开头)。例如,对 HelloTag 标签,如果没有在 TLD 文件中指定< uri >元素,在 JSP 页面中可以像下面这样访问标签库:

```
<%@ taglib prefix = "demo" uri = "/WEB-INF/mytaglib.tld" %>
```

1. 容器如何查找 TLD 文件

在 JSP 页面中只是指定了 URI,那么容器是如何找到正确的 TLD 文件的呢?实际上,在部署一个 Web 应用时,容器会自动建立一个 URI 与 TLD 之间的映射。

只要把 TLD 文件放在容器会查找的位置上,容器就会找到这个 TLD,并为标签库建立一个映射。

容器自动查找 TLD 文件的位置包括:

- 在/WEB-INF 目录或其子目录中查找。
- 在/WEB-INF/lib 目录下的 JAR 文件中的 META-INF 目录或其子目录中查找。

因此,只需要将 TLD 文件放到上述目录中,容器就会自动找到这些文件并建立 URI 与 TLD 之间的映射。

2. 在 DD 文件中定义 URI

在 JSP 2.0 之前,开发人员必须在 web.xml 中为 URI 指定其 TLD 文件的具体位置。然后,容器会查找 web.xml 文件的< taglib >元素,建立 URI 与 TLD 之间的映射。

例如,对于上述标签库,可以将下面代码加到 web.xml 文件的< web-app >元素中。

```
<jsp-config>
```

```
    <taglib>
        <taglib-uri>http://www.mydomain.com/sample</taglib-uri>
        <taglib-location>/WEB-INF/mytaglib.tld</taglib-location>
    </taglib>
<jsp-config>
```

在< jsp-config >元素的< taglib >元素中使用< taglib-uri >元素来声明 taglib 指令中使用的 URI,< taglib-location >指定 TLD 文件的具体位置。这里的 URI 名称还可以与 TLD 文件中指定的 URI 不同。

在 web. xml 中定义了 URI 与 TLD 之间的映射关系后,就可以在 JSP 中通过 taglib 指令使用标签了。容器将优先使用 DD 中的< taglib-uri >和< taglib-location >值建立映射。

7.3.3 <tag>元素

< taglib >元素可以包含一个或多个< tag >元素,每个< tag >元素都提供了关于标签的信息,如在 JSP 页面中使用的标签名、标签处理类及标签的属性等。表 7-4 给出了< tag >元素的常用子元素及简要说明。

表 7-4 <tag>元素的子元素

子 元 素	说 明
description	指定针对标签的信息
display-name	开发工具用于显示的一个简短名称
icon	可被开发工具使用的图标
name	唯一的标签名,JSP 页面中将使用该名称
tag-class	标签处理类的完整名称
tei-class	javax. servlet. jsp. tagext. TagExtraInfo 类的一个可选子类
body-content	标签体的内容类型,其值可以为 scriptless、tagdependent 或 empty,默认值为 empty
variable	定义一个作用域变量名称,它可设置 JspContext 属性
attribute	定义该标签可接受的属性
example	使用该标签例子的可选的非正式描述

< name >元素指定标签名,< tag-class >元素指定实现了该标签功能的完整的类名。这里指定的类必须实现 javax. servlet. jsp. tagext. JspTag 接口。< body-content >元素指定标签体的内容。

在一个 TLD 中不能定义多个同名的标签,因为容器不能解析标签处理类。因此,下面代码是非法的。

```
<tag>
    <name>hello</name>
    <tag-class>com.mytag.HelloTag</tag-class>
</tag>
<tag>
    <name>hello</name>
    <tag-class>com.mytag.WelcomeTag</tag-class>
</tag>
```

但是,可以使用一个标签处理类定义多个名称不同的标签。例如:

```
<tag>
    <name>hello</name>
    <tag-class>com.mytag.HelloTag</tag-class>
</tag>
<tag>
    <name>welcome</name>
    <tag-class>com.mytag.HelloTag</tag-class>
</tag>
```

在 JSP 页面中,假设使用 demo 作为前缀,则< demo:hello >和< demo:welcome >两个标签都将调用 com.mytag.HelloTag 类。

7.3.4 < attribute >元素

如果自定义标签带属性,则每个属性的信息应该在< attribute >元素中指定。在< attribute >元素中,只有< name >元素是必需的且只能出现一次。所有其他元素都是可选的并最多只能出现一次,表 7-5 描述了每个子元素。

表 7-5 < attribute >的子元素

元素	说明
description	有关描述的文本信息
name	在 JSP 标签中使用的属性名称
required	指定属性是必需的还是可选的,默认值为 false,表示属性可选。如果该值设置为 true,则 JSP 页面必须为该属性提供一个值。该元素可能的值包括 true、false、yes 和 no
rtexprvalue	指定属性是否能接收请求时表达式的值,默认值为 false,表示不能接收请求时表达式的值。可能的值包括 true、false、yes 和 no
type	属性的数据类型,该元素只能用在当< rtexprvalue >设置为 true 时,它指定当使用请求时属性表达式(<%= %>)的返回类型,默认值为 String

7.3.5 < body-content >元素

< tag >的子元素< body-content >指定标签体的内容类型,在简单标签中它的值是下面三者之一:empty(默认值)、scriptless 和 tagdependent。

1. empty

< body-content >元素值指定为 empty,表示标签不带标签体。下面的例子声明了< hello >标签并指定标签体为空。

```
<tag>
    <name>hello</name>
    <tag-class>com.mytag.HelloTag</tag-class>
    <body-content>empty</body-content>
</tag>
```

对空标签,如果使用时页面作者指定了标签体,容器在转换时产生错误。下面对该标签的使用是不合法的:

```
<demo:hello>john</demo:hello>
```

```
<demo:hello><% = "john" %></demo:hello>
<demo:hello> </demo:hello>
<demo:hello>
</demo:hello>
```

提示：起始标签和结束标签之间的空格和换行都认为是指定了标签体。

2. scriptless

<body-content>元素值指定为 scriptless，表示标签体中不能包含 JSP 脚本元素（JSP 声明<%! >、表达式<%=>和小脚本<% >），但可以包含普通模板文本、HTML、EL 表达式、标准动作、甚至在该标签中嵌套其他自定义标签。下面的例子声明了<if>标签，并指定标签体中不能使用脚本。

```
<tag>
    <name>if</name>
    <tag-class>com.mytag.IfTag</tag-class>
    <body-content>scriptless</body-content>
</tag>
```

因此，下面对<if>标签的使用是合法的：

```
<demo:if condition="true">
    <demo:hello user="john" />
    2 + 3 = ${2 + 3}
</demo:if>
```

3. tagdependent

<body-content>元素值指定为 tagdependent，表示容器不会执行标签体，而是在请求时把它传递给标签处理类，由标签处理类根据需要决定处理标签体。如果希望引进其他语言的代码片段就需要在<body-content>元素中使用该值。例如，可以开发一个执行 SQL 语句的标签并将结果集插入到输出中。

```
<demo:query>
    SELECT * FROM customers
</demo:query>
```

query 标签的标签处理类将处理与数据库有关的操作，如打开一个数据库连接、发出 SQL 查询等。在上述标签中只需指定实际的 SQL 查询串。对该标签，<body-content>元素值必须指定为 tagdependent。

```
<tag>
    <name>query</name>
    <tag-class>com.mytag.QueryTag</tag-class>
    <body-content>tagdependent<body-content>
</tag>
```

7.4 几种类型标签的开发

7.4.1 空标签的开发

空标签是不含标签体的标签，它主要向 JSP 发送静态信息。下面是一个标签处理类的实现,它是一个空标签。当它在页面中使用时打印一个红色的星号(*)字符。

几种类型标签的开发

程序 7.12　RedStarTag.java

```
package com.mytag;
import java.io.*;
import javax.servlet.jsp.*;
import javax.servlet.jsp.tagext.*;

public class RedStarTag extends SimpleTagSupport {
   public void doTag() throws JspException, IOException{
        JspWriter out = getJspContext().getOut();
        out.print("<font color='#FF0000'>*</font>");
   }
}
```

下面在 TLD 文件中通过<tag>元素描述该标签的定义。

```
<tag>
     <name>star</name>
     <tag-class>com.mytag.RedStarTag</tag-class>
     <body-content>empty</body-content>
</tag>
```

这里将<body-content>元素值指定为 empty,是因为该标签不需要有标签体。在下面 JSP 页面中,使用了名为 star 的空标签。

在 JSP 页面中访问空标签有两种写法,一种写法是由一对开始标签和结束标签组成,中间不含任何内容,例如:

```
<prefix:tagName></prefix:tagName>
```

另一种写法是简化的格式,即在开始标签末尾使用一个斜线(/)表示标签结束,例如:

```
<prefix:tagName />
```

程序 7.13　register.jsp

```
<%@ page contentType="text/html;charset=UTF-8" %>
<%@ taglib uri="http://www.mydomain.com/sample" prefix="demo" %>
<html><head><title>用户注册</title></head>
<body>
     请输入客户信息,带<demo:star />的域必须填写
     <form action="validateCustomer.do" method="post">
     <table>
       <tr><td>客户名</td>
       <td><input type='text' name='custName'><demo:star /></td>
       </tr>
       <tr><td>Email 地址</td>
       <td><input type='text' name='email'><demo:star /></td>
       </tr>
       <tr><td>电话 </td>
       <td><input type='text' name='phone'><demo:star /></td>
```

```
      </tr>
    </table>
    <input type='submit' value="提交">
  </form>
</body></html>
```

页面运行的结果如图7.9所示。

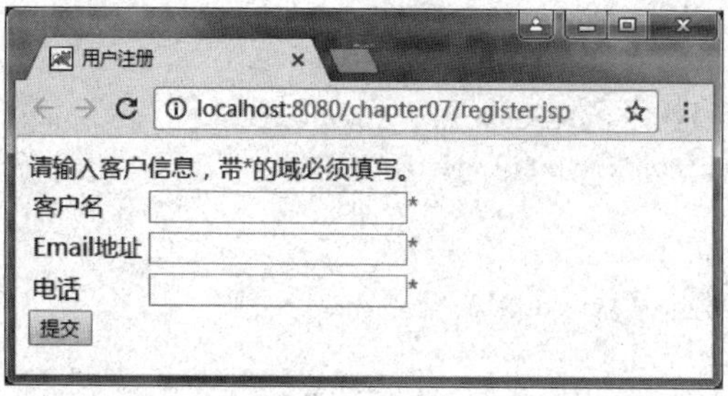

图7.9　使用star标签的JSP页面

该标签尽管简单但在接收用户的表单输入时非常有用。有了它页面作者不必为了在页面中显示一个红色星号而使用<font color= '#FF0000'>*</font>了。此外，如果以后决定要使用另一种颜色的星号或使用图片代替星号，只修改标签处理类即可，然后修改的结果就会反映到页面中，且不必修改任何JSP页面。

7.4.2　带属性标签的开发

自定义标签可以具有属性，属性可以是必选的，也可以是可选的。对必选的属性，如果没有指定值，容器在JSP页面转换时将给出错误。对可选的属性，如果没有指定值，标签处理类将使用默认值。默认值依赖于标签处理类的实现。在JSP页面中使用带属性的自定义标签的格式如下：

```
<prefix:tagName attrib1 = "fixedValue"
                attrib2 = "${elVariable}"
                attrib3 = "<% = someJSPExpression %>"
/>
```

属性值可以是常量或EL表达式，也可以是JSP表达式。表达式是在请求时计算的，并传递给相应的标签处理类。

当标签接受属性时，对每个属性需要做三件重要的事情。

- 必须在标签处理类中声明一个实例变量存放属性的值。
- 如果属性不是必需的，则必须要么提供一个默认值，要么在代码中处理相应的null实例变量。
- 对每个属性，必须实现适当的修改方法。

下面开发一个名为welcome的标签，它接受一个名为user的属性，它在输出中打印欢迎词。

程序7.14　WelcomeTag.java

```
package com.mytag;
```

```
import java.io.*;
import javax.servlet.jsp.*;
import javax.servlet.jsp.tagext.*;

public class WelcomeTag extends SimpleTagSupport {
  private String user;
  public void setUser(String user) {
    this.user = user;
  }
  public void doTag() throws JspException, IOException {
    JspWriter out = getJspContext().getOut();
    try{
      if (user == null){
          out.print("欢迎光临!<br>");
      }else{
          out.print("欢迎您," + user + "!<br>");
      }
    } catch(Exception e){
        throw new JspException("Error in WelcomeTag.doTag()");}
  }
}
```

上述代码定义了一个名为 user 的实例变量和 setUser()的修改方法。当容器在标签中遇到 user 属性时,它将调用 setUser()并将属性值传递给它。setUser()将该值存储在私有实例变量中,在 doTag()中就可以使用该变量。

下面的<tag>元素是在 TLD 文件中对该标签的描述。

```
<tag>
  <name>welcome</name>
  <tag-class>com.mytag.WelcomeTag</tag-class>
  <body-content>scriptless</body-content>
  <attribute>
    <name>user</name>
    <required>false</required>
    <rtexprvalue>true</rtexprvalue>
  </attribute>
</tag>
```

该定义中为<welcome>标签指定了一个名为 user 属性,该属性不是必需的。属性值可以使用请求时表达式。对上述定义的<welcome>标签,若使用 demo 前缀,则下面的使用是合法的。

```
<demo:welcome />
<demo:welcome></demo:welcome>
<demo:welcome user = "john" />
<demo:welcome user = '<% = request.getParameter("userName") %>' />
<demo:welcome user = "${param.userName}"></demo:hello>
```

属性值的指定也可以使用 JSP 的标准动作<jsp:attribute>,通过该标签的 name 属性指定属性名,属性值在标签体中指定。

```
<demo:welcome>
    <jsp:attribute name = "user">${param.userName}</jsp:attribute>
</demo:welcome>
```

程序 7.15　welcome.jsp

```
<%@ page contentType = "text/html;charset = UTF - 8" %>
<%@ taglib prefix = "demo" uri = "http://www.mydomain.com/sample" %>
<html><title>Welcome Tag</title><body>
   <h3><demo:welcome /></h3>
   <h3><demo:welcome user = "小明" /></h3>
   <h3><demo:welcome user = "${param.userName}" /></h3>
   <h3><demo:welcome user = '<% = request.getParameter("userName") %>'/></h3>
</body></html>
```

使用下面带请求参数的 URL 访问该页面。

```
http://localhost:8080/chapter07/welcome.jsp?userName = 张大海
```

显示结果如图 7.10 所示。

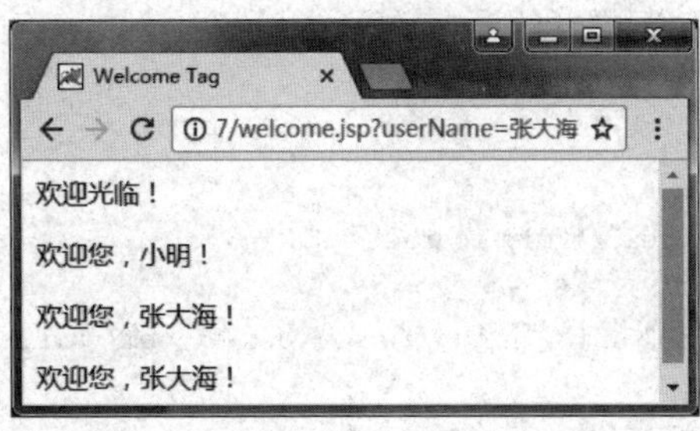

图 7.10　welcome.jsp 页面的运行结果

在前面的标签定义中，如果将<required>元素指定为 true，那么在 JSP 页面中必须为该属性指定一个值，否则将产生一个转换时错误。如果将<rtexprvalue>元素属性值指定为 false，那么在 JSP 页面中将不能使用请求时表达式。

7.4.3　带标签体的标签

在起始标签和结束标签之间包含的内容称为标签体(body content)。对于 SimpleTag 标签，标签体可以是文本、HTML、EL 表达式等，但不能包含 JSP 脚本(如声明、表达式和小脚本)。如果需要访问标签体，应该调用简单标签类的 getJspBody()，它返回一个抽象类 JspFragment 对象。该类只定义了两个方法。

- public JspContext getJspContext()：返回与 JspFragment 有关的 JspContext 对象。
- public void invoke(Writer out)：执行标签体中的代码并将结果发送到 Writer 对象。如果将结果输出到 JSP 页面，参数应该为 null。

程序 7.16　BodyTagDemo.java

```
package com.mytag;
import java.io.*;
import javax.servlet.jsp.*;
```

```
import javax.servlet.jsp.tagext.*;

public class BodyTagDemo extends SimpleTagSupport{
    public void doTag() throws JspException, IOException{
        JspWriter out = getJspContext().getOut();
        out.print("<p style=\"color:red\">********前</p>");
        //获得标签体内容并发送到 JSP 显示
        getJspBody().invoke(null);
        out.print("<p style=\"color:blue\">#######后</p>");
    }
}
```

代码给出了 doTag()如何获得 SimpleTag 标签体内容及将它发送到 JSP 显示。由于简单标签的标签体中不能包含脚本元素,所以在 TLD 中应将<body-content>的值指定为 scriptless 或 tagdependent,如下所示:

```
<tag>
    <name>dobody</name>
    <tag-class>com.mytag.BodyTagDemo</tag-class>
    <body-content>scriptless</body-content>
</tag>
```

程序 7.17 dobody.jsp

```
<%@ page contentType="text/html; charset=UTF-8"
        pageEncoding="UTF-8" %>
<%@ taglib prefix="demo" uri="http://www.mydomain.com/sample" %>
<html>
<head><title>带标签体标签</title></head>
<body>
  <p>带标签体标签</p>
  <demo:dobody>
     这是标签体内容.<br>
  </demo:dobody>
</body></html>
```

该页面运行结果如图 7.11 所示。

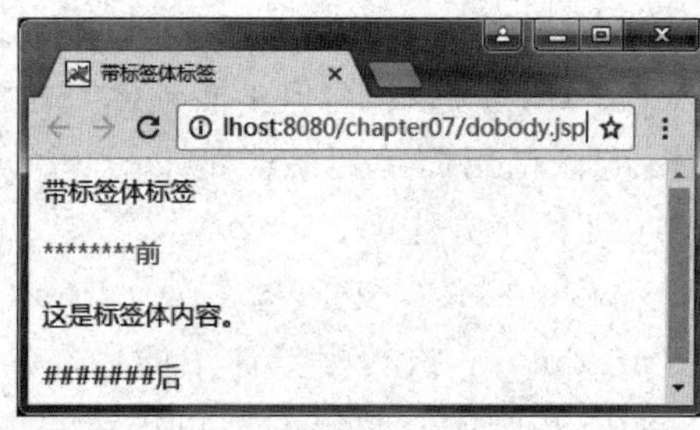

图 7.11 dobody.jsp 页面的运行结果

如果希望多次执行标签体,可以在 doTag()中使用循环结构,多次调用 JspFragment 的 invoke(null)即可。修改 BodyTagDemo 类的 doTag()中的代码。

```
for(int i = 0 ; i<5 ; i++){
  getJspBody().invoke(null);
}
```

如果需要对标签体进行处理，可以将标签体内容保存到 StringWriter 对象中，然后将修改后的输出流对象发送到 JspWrier 对象。

下面的 marker 标签从标签体中查找指定的字符串，然后将其使用蓝色大字输出。

程序 7.18　MarkerTag.java

```
package com.mytag;
import javax.servlet.jsp.*;
import javax.servlet.jsp.tagext.*;
import java.io.*;

public class MarkerTag extends SimpleTagSupport {
    private String search = null; //search 属性
    public void setSearch(String search){
        this.search = search;
    }
    public void doTag() throws JspException, IOException{
       JspWriter out = getJspContext().getOut();
       StringWriter sw = new StringWriter();
       getJspBody().invoke(sw);
       String text = sw.toString();

       int len = search.length();
       int oldIndex=0, newIndex=0;
       while((newIndex = text.indexOf(search,oldIndex))>=0){
          if (newIndex<oldIndex){
             break;
          }
       out.print(text.substring(oldIndex,newIndex));
       out.print("<b><font color='blue' size='15'>" + search + "</font></b>");
       oldIndex = newIndex + len;
     }
     out.print(text.substring(oldIndex));
   }
}
```

在 TLD 文件中使用下面代码定义该标签。

```
<tag>
    <name>marker</name>
    <tag-class>com.mytag.MarkerTag</tag-class>
    <body-content>scriptless</body-content>
    <attribute>
        <name>search</name>
        <required>true</required>
    </attribute>
</tag>
```

下面的 JSP 页面使用了 marker 标签。

程序 7.19 marker.jsp

```
<%@ page contentType="text/html;charset=UTF-8" %>
<%@ taglib prefix="demo" uri="http://www.mydomain.com/sample" %>
<html><head><title>Tag With Body</title></head>
<body>
  <demo:marker search="sh">
     she sells sea shells on the sea shore!
  </demo:marker>
</body></html>
```

该页面的运行结果如图 7.12 所示。

图 7.12 marker.jsp 的运行结果

7.4.4 迭代标签

所谓迭代标签就是能够多次访问标签体的标签,它实现了类似于编程语言的循环的功能。下面的迭代标签通过一个名为 count 的属性指定对标签体的迭代次数。

程序 7.20 LoopTag.java

```
package com.mytag;
import javax.servlet.jsp.*;
import javax.servlet.jsp.tagext.*;
import java.io.*;

public class LoopTag extends SimpleTagSupport{
   private int count = 0;
   public void setCount(int count){
      this.count = count;
   }
   public void doTag() throws JspException,IOException{
      JspWriter out = getJspContext().getOut();
      StringWriter sw = new StringWriter();
      getJspBody().invoke(sw);
      String text = sw.toString();
      for(int i = 1;i<=count;i++){
         out.print("<h" + i + ">" + text + "</h" + i + ">");
      }
   }
}
```

程序中首先将标签体的内容存储到字符串对象 text 中,之后通过循环每次以不同的标题输出标签体的内容。

下面的< tag >元素在 TLD 文件中描述了该循环标签。

```
<tag>
  <name>loop</name>
  <tag-class>com.mytag.LoopTag</tag-class>
  <body-content>scriptless</body-content>
  <attribute>
      <name>count</name>
      <required>true</required>
      <rtexprvalue>true</rtexprvalue>
  </attribute>
</tag>
```

下面是使用 loop 标签的 JSP 页面。

程序 7.21　loop.jsp

```
<%@ page contentType="text/html;charset=UTF-8" %>
<%@ taglib prefix="demo" uri="http://www.mydomain.com/sample" %>
<html>
<head><title>Loop Tag Example</title></head>
<body>
<demo:loop count="3">
    这是标签体内容!
</demo:loop>
</body></html>
```

上述标签有一个名为 count 的属性，它接收一个整型值，指定标签主体应该执行的次数。上述代码将在输出中打印三次标签体的内容，结果如图 7.13 所示。

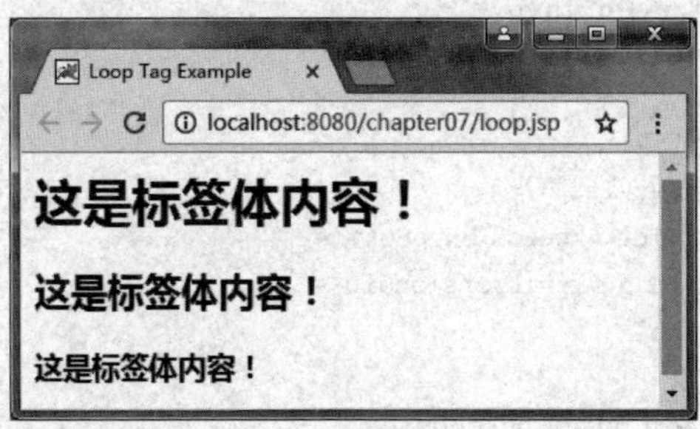

图 7.13　loop.jsp 页面的运行结果

7.4.5　在标签中使用 EL

在标签体中还可以使用 EL 表达式，例如：

```
<demo:dobody>
    商品名称为：${product}
</demo:dobody>
```

那么在标签处理类中的 doTag()应该如下：

```
public void doTag() throws JspException,IOException{
   getJspContext().setAttribute("product","苹果 iPhone 5 手机");
   getJspBody().invoke(null);
}
```

标签体中的 EL 表达式可以是一个集合(数组、List 或 Map)对象,在标签体中可以访问它的每个元素,这只需要在 doTag()中使用循环即可,例如:

```
<table border='1'>
<demo:dobody>
  <tr><td>${product}</td></tr>
</demo:dobody>
</table>
```

在标签处理类的 doTag()中的代码如下:

```
public void doTag() throws JspException,IOException{
    String products[] = {"苹果 iPhone 5 手机","OLYMPUS 数码相机",
                          "文曲星电子词典"};
    for( int i = 0; i<products.length; i++){
       getJspContext().setAttribute("product", products[i]);
       getJspBody().invoke(null);
    }
}
```

在自定义标签的属性值中还可以使用 EL 表达式。下面的示例首先在 ProductServlet 中连接数据库查询 products 表中的指定商品,创建一个 ArrayList <Product>对象并存储在会话作用域中,最后将控制重定向到 showProduct.jsp 页面,在 JSP 页面中使用<showProduct>标签显示商品信息,并为其传递 productList 属性。

程序 7.22　ProductServlet.java

```
package com.demo;
//这里省略了若干导入语句
@WebServlet("/ProductServlet")
public class ProductServlet extends HttpServlet {
  private static final long serialVersionUID = 1L;
  Connection dbconn = null;
  public void init() {
    String driver = "com.mysql.jdbc.Driver";
    String dburl = "jdbc:mysql://127.0.0.1:3306/webstore";
    String username = "root";
    String password = "12345";
    try{
      Class.forName(driver);            //加载驱动程序
      //创建连接对象
      dbconn = DriverManager.getConnection(
                        dburl,username,password);
    }catch(ClassNotFoundException e1){
      System.out.println(e1);
    }catch(SQLException e2){
      System.out.println(e1);
```

```
        }
    }

    public void doGet(HttpServletRequest request,
                    HttpServletResponse response)
                    throws ServletException, IOException{
        ArrayList<Product> prodList = null;
        prodList = new ArrayList<Product>();
        try{
        String sql = "SELECT * FROM products WHERE id<104";
        PreparedStatement pstmt = dbconn.prepareStatement(sql);
        ResultSet result = pstmt.executeQuery();
        while(result.next()){
          Product product = new Product();
          product.setId(result.getInt("id"));
          product.setPname(result.getString("pname"));
          product.setBrand(result.getString("brand"));
          product.setPrice(result.getFloat("price"));
          product.setStock(result.getInt("stock"));
          prodList.add(product);
        }
        if(!prodList.isEmpty()){
          request.getSession().setAttribute("prodList",prodList);
          response.sendRedirect("/chapter07/showProduct.jsp");
        }else{
          response.sendRedirect("/chapter07/error.jsp");
        }
      }catch(SQLException e){
          e.printStackTrace();
      }
    }
}
```

程序 7.23 ProductTag.java

```
package com.mytag;
import java.io.*;
import javax.servlet.jsp.*;
import javax.servlet.jsp.tagext.*;
import java.util.*;
import com.model.Product;

public class ProductTag extends SimpleTagSupport{
  private ArrayList<Product> productList;
  public void setProductList(ArrayList<Product> productList){
      this.productList = productList;
  }
  public void doTag() throws JspException, IOException{
      for(Product product:productList){
          getJspContext().setAttribute("product", product);
```

```
            getJspBody().invoke(null);
        }
    }
}
```

在 TLD 文件中使用下面代码定义 showProduct 标签。

```
<tag>
    <name>showProduct</name>
    <tag-class>com.mytag.ProductTag</tag-class>
    <body-content>scriptless</body-content>
    <attribute>
        <name>productList</name>
        <required>true</required>
        <rtexprvalue>true</rtexprvalue>
    </attribute>
</tag>
```

下面的 JSP 页面使用 showProduct 标签显示商品信息。

程序 7.24　showProduct.jsp

```
<%@ page contentType="text/html;charset=UTF-8" %>
<%@ taglib prefix="demo" uri="http://www.mydomain.com/sample" %>
<html>
<head><title>商品信息</title></head>
<body>
  <table border='1'>
    <tr>
     <td>商品号</td><td>商品名</td><td>品牌</td><td>价格</td><td>库存量</td>
    </tr>
    <demo:showProduct productList="${prodList}">
    <tr>
      <td>${product.id}</td>
      <td>${product.pname}</td>
      <td>${product.brand}</td>
      <td>${product.price}</td>
      <td>${product.stock}</td>
    </tr>
    </demo:showProduct>
  </table>
</body></html>
```

页面中通过为<showProduct>标签的 productList 指定属性值,在其标签体中使用 EL 输出数据库中 products 表中数据。该页面的运行结果如图 7.14 所示。

7.4.6 使用动态属性

在简单标签中还可以处理动态属性。所谓动态属性(dynamic attribute),就是不需要在 TLD 文件中指定的属性。

要在简单标签中使用动态属性,标签处理类应该实现 DynamicAttributes 接口,该接口

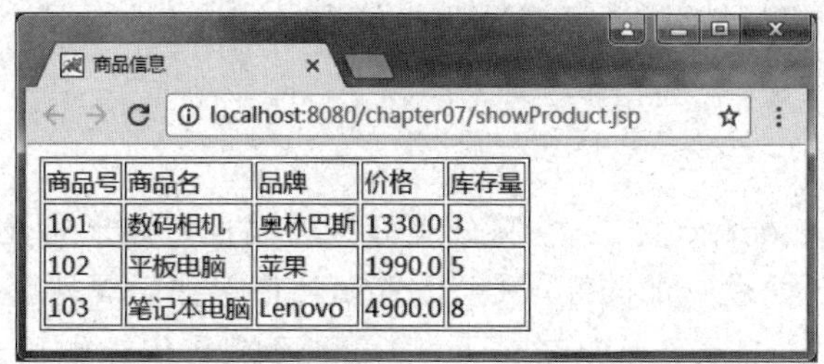

图 7.14　showProduct.jsp 页面的运行结果

中只定义了一个名为 setDynamicAttribute()的方法，它用来处理动态属性，格式为：

```
public void setDynamicAttribute(String uri, String localName,
                                Object value) throws JspException
```

参数 uri 表示属性的命名空间，如果属于默认命名空间，其值为 null；参数 localName 表示要设置的动态属性名；value 表示属性值。当标签声明允许接受动态属性，而传递的属性又没有在 TLD 中声明时将调用该方法。

下面程序定义了一个带动态属性的标签处理类。在该类中创建了一个 String 对象 output，对每个动态属性它将被 setDynamicAttribute()更新。一旦结束读取属性，它将调用 doTag()，把该 String 对象发送给 JSP 显示。

程序 7.25　MathTag.java

```
package com.mytag;
import java.io.*;
import javax.servlet.jsp.*;
import javax.servlet.jsp.tagext.*;

public class MathTag extends SimpleTagSupport
                                implements DynamicAttributes{
   double num = 0;
   String output = "";
   public void setNum(double num){
      this.num = num;
   }
   public void setDynamicAttribute(String uri, String localName,
                                 Object value ) throws JspException{
      double val = Double.parseDouble((String)value);
      if (localName == "min"){
         output = output + "<tr><td>" + num + "与" + val + "的最小值" +
                  "</td><td>" + Math.min(num, val) + "</td></tr>";
        } else if (localName == "max"){
           output = output + "<tr><td>" + num + "与" + val + "的最大值" +
                  "</td><td>" + Math.max(num, val) + "</td></tr>";
        } else if (localName == "pow"){
           output = output + "<tr><td>" + num + " 的 " + val +
                   " 次方" + "</td><td>" + Math.pow(num, val) + "</td></tr>";
      }
   }
```

```
    public void doTag() throws JspException, IOException{
        getJspContext().getOut().print(output);
    }
}
```

容器在初始化 JspContext 之后,它将处理标签的属性。如果属性是静态的(如 num),它将调用该属性的修改方法(如 setNum())设置属性值。如果属性是动态的(没有在 TLD 中给出),容器将调用 setDynamicAttribute(),并将属性名传递给该方法的 localName 参数,将属性值传递给 value 参数。对每个动态属性都调用一次该方法。

在 TLD 的< tag >标签中,静态属性使用< attribute >元素定义,动态属性需要使用< dynamic-attributes >元素定义并将其值指定为 true,如下所示:

```
<tag>
    <name>mathtag</name>
    <tag-class>com.mytag.MathTag</tag-class>
    <body-content>empty</body-content>
    <attribute>
        <name>num</name>
        <required>true</required>
        <rtexprvalue>true</rtexprvalue>
    </attribute>
    <dynamic-attributes>true</dynamic-attributes>
</tag>
```

下面代码给出了如何在 JSP 中使用该标签。

程序 7.26　mathTag.jsp

```
<%@ page contentType="text/html;charset=UTF-8" %>
<%@ taglib prefix="demo" uri="http://www.mydomain.com/sample" %>
<html><head><title>动态属性</title></head>
<body>
<p>动态属性的使用</p>
    <table border="1">
      <demo:mathtag num="6" pow="2" min="4" max="8"/>
      <demo:mathtag num="${5*2}" pow="2" />
    </table>
</body></html>
```

访问页面的输出结果如图 7.15 所示。

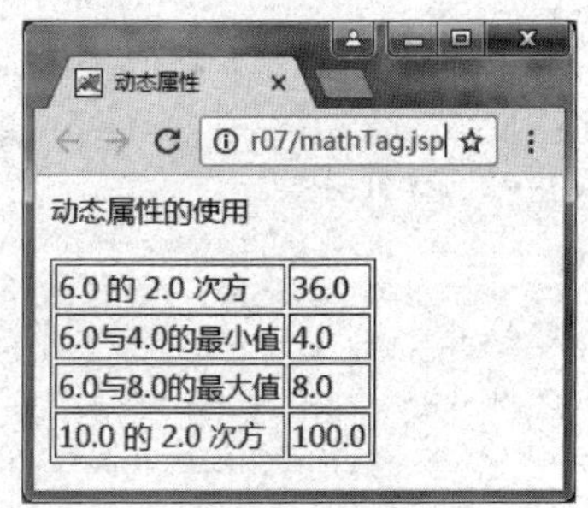

图 7.15　使用动态属性的标签

注意，在 JSP 页面中应首先指定静态属性 num 的值，这样在处理其他属性时就可以使用它的值。可以使用 EL 指定 num 属性值，因为在 TLD 中把该属性的< rtexprvalue >元素设置为 true。但动态属性没有这个选项，不能使用 EL 表达式，如果使用 EL 设置 pow、min 及 max 的值，将产生错误。

7.4.7 编写协作标签

在标签的设计和开发中，通常一组标签协同工作，这些标签称为协作标签(cooperative tags)。协作标签的一个最简单的例子是实现类似于 Java 编程语言提供的 switch-case 功能。来看下面三个标签：< switch >、< case >和< default >，它们可以用在 JSP 页面中，如下所示。

程序 7.27 switchTag.jsp

```
<%@ page contentType = "text/html;charset = UTF - 8" %>
<%@ taglib prefix = "demo" uri = "http://www.mydomain.com/sample" %>
<html><body>
<demo:switch conditionValue = "${param.action}" >
  <demo:case caseValue = "sayHello">
      Hello!
  </demo:case>
   <demo:case caseValue = "sayGoodBye" >
      Good Bye!!
   </demo:case>
   <demo:default>
      I am Dumb!!!
   </demo:default>
  </demo:switch>
</body></html>
```

switch 标签的 conditionValue 属性就像 Java switch 语句的 switch 条件一样，case 标签的 caseValue 属性就像 Java switch 语句的 case 值一样。只有 caseValue 属性值与 switch 标签的 conditionValue 属性值匹配的标签才打印出主体内容。因此，上面页面如果使用下面的 URL 访问，在浏览器中将输出 Hello!。

```
http://localhost:8080/helloweb/switchTag.jsp?action = sayHello
```

下面是 SwitchTag.java、CaseTag.java 和 DefaultTag.java，它们分别是 switch 标签、case 标签和 default 标签的处理类。

程序 7.28 SwitchTag.java

```
package com.mytag;
import java.io.*;
import javax.servlet.jsp.*;
import javax.servlet.jsp.tagext.*;
public class SwitchTag extends SimpleTagSupport{
    private String conditionValue;
    private boolean caseFound = false;
    public void setConditionValue(String value) {
```

```
        this.conditionValue = value;
    }
    public String getConditionValue() {
        return conditionValue;
    }
    public void setCaseFound(boolean caseFound){
        this.caseFound = caseFound;
    }
    public boolean getCaseFound(){
        return caseFound;
    }
    public void doTag() throws JspException,IOException{
        if (conditionValue.equals("")){
            getJspContext().getOut().print
                ("You did not provide 'action' parameter.");
        }else{
            getJspBody().invoke(null);
        }
    }
}
```

SwitchTag 类中定义了两个属性：conditionValue 和 caseFound。conditionValue 属性是使用标签时必须给出的属性，caseFound 属性表示是否找到一个匹配的 case 标签。

在 doTag()中根据 conditionValue 属性的值决定是直接输出信息还是调用标签体。

程序 7.29 CaseTag.java

```
package com.mytag;
import java.io.*;
import javax.servlet.jsp.*;
import javax.servlet.jsp.tagext.*;
public class CaseTag extends SimpleTagSupport{
    private String caseValue;
    public void setCaseValue(String caseValue){
        this.caseValue = caseValue;
    }
    public void doTag() throws JspException,IOException{
        SwitchTag parent = (SwitchTag) getParent(); //返回父标签引用
        String conditionValue = parent.getConditionValue();
        if (conditionValue.equals(caseValue)){
            parent.setCaseFound(true);
            getJspBody().invoke(null);
        }else{
            return;                  //不执行标签体
        }
    }
}
```

该类定义了一个 caseValue 属性及修改方法 setCaseValue()。在 doTag()中首先使用 getParent()得到父标签的引用，然后通过该引用的 getConditionValue()得到父标签的 conditionValue 属性值，接下来比较该值与 caseValue 属性值，如果相等先将父标签的

caseFound 属性设置为 true，然后执行标签体，如果不相等则不执行标签体。

要得到父标签的引用，还可以使用 findAncestorWithClass()，它是 SimpleTagSupport 类的静态方法，例如：

```
SwitchTag parent = (SwitchTag) findAncestorWithClass(this, SwitchTag.class);
```

使用该方法的一个优点是可以返回多层嵌套的父标签的引用，而使用 getParent()只能得到直接父标签的引用。

程序 7.30　DefaultTag.java

```
package com.mytag;
import java.io.*;
import javax.servlet.jsp.*;
import javax.servlet.jsp.tagext.*;
public class DefaultTag extends SimpleTagSupport {
  public void doTag() throws JspException, IOException{
       SwitchTag parent = (SwitchTag) getParent();
       if(parent.getCaseFound()){
           return;
       }else{
           getJspBody().invoke(null);
       }
    }
}
```

在 doTag()中首先得到父标签的引用，然后判断是否已找到一个匹配的标签，如没有则执行标签体。

下面描述了这些标签在 TLD 文件中的定义：

```
<tag>
  <name>switch</name>
  <tag-class>com.mytag.SwitchTag</tag-class>
  <body-content>scriptless</body-content>
  <attribute>
    <name>conditionValue</name>
    <required>true</required>
    <rtexprvalue>true</rtexprvalue>
  </attribute>
</tag>
<tag>
  <name>case</name>
  <tag-class>com.mytag.CaseTag</tag-class>
  <body-content>scriptless</body-content>
  <attribute>
    <name>caseValue</name>
    <required>true</required>
  </attribute>
</tag>
<tag>
  <name>default</name>
```

```
    <tag-class>com.mytag.DefaultTag</tag-class>
    <body-content>scriptless</body-content>
</tag>
```


提示：在 JSP 1.1 版中提供了 Tag 接口、IterationTag 接口、BodyTag 接口、TagSupport 类和 BodyTagSupport 类，它们构成传统标签 API。本书不介绍这些 API，感兴趣的读者请参阅有关资料。

本章小结

本章主要讨论了 JSP 标签技术，包括 JSTL 和自定义标签。JSTL 是为实现 Web 应用程序常用功能而开发的标签库，它是由一些专家和用户开发的。使用 JSTL 可以提高 JSP 页面的开发效率，也可以避免重复开发标签库。

开发自定义标签主要使用 SimpleTag 接口和 SimpleTagSupport 类。自定义标签的开发首先需要创建标签处理类，该类封装了标签要实现的业务逻辑。自定义标签的类型包括：带或不带主体内容的标签、带属性的标签、迭代标签和嵌套标签等。

思考与练习

1. 下面哪个与<%= var %>产生的结果相同？(　　)

A. <c:set value=var />　　B. <c:var out=${var} />

C. <c:out value=${var} />　　D. <c:out var="var" />

2. 下面代码的输出结果为(　　)。

```
<c:set value="3" var="a" />
<c:set value="5" var="b" />
<c:set value="7" var="c" />
${a div b} + ${b mod c}
```

A. 5.6　　B. 0.6+5

C. a div b+b mod c　　D. 3 div 5+5 mod 7

3. <c:if>的哪个属性指定条件表达式？(　　)

A. cond　　B. value　　C. check　　D. expr

E. test

4. 在 JSTL 的<c:choose>标签中可以出现哪两个标签？(　　)

A. case　　B. choose　　C. check　　D. when

E. otherwise

5. 下面 JSP 页面中使用了 JSTL 标签，它的运行结果如何？

```
<%@ taglib uri="http://java.sun.com/jstl/core" prefix="c" %>
<html><body>
  <c:forEach var="x" begin="0" end="30" step="3">
     ${x}
  </c:forEach>
```

```
</body></html>
```

6. 下面哪个 JSTL 的<c:forEach>标签是合法的？（　　）

A. <c:forEach varName="count" begin="1" end="10" step="1">

B. <c:forEach var="count" begin="1" end="10" step="1">

C. <c:forEach test="count" beg="1" end="10" step="1">

D. <c:forEach varName="count" val="1" end="10" inc="1">

E. <c:forEach var="count" start="1" end="10" step="1">

7. 为下面各段代码填入合法的属性名或标签名。

```
① <c:forEach var="movie" items="{movieList}" [    ] ="foo">
      ${movie}
   </c:forEach>
② <c:if [    ] ="${userPref= ='safety'}" >
     Mybe you should just walk…
    </c:if>
③ <c:set var="userLevel" scope="session" [    ] ="foo"/>
④ <c:choose>
      <c:[    ]  [    ] ="${userPref = = 'performance'}">
         Now you can stop even if you <em>do</em> drive insanely fast.
      </c:[    ]>
      <c:[    ]>
         Our brakes are the best.
      </c:[    ]>
   </c:choose>
```

8. 下面哪个是 SimpleTag 接口的 doTag()的返回值？（　　）

A. EVAL_BODY_INCLUDE　　B. SKIP_BODY

C. void　　D. EVAL_PAGE

9. 下面哪个类提供了 doTag()的实现？（　　）

A. TagSupport　　B. SimpleTagSupport

C. IterationTagSupport　　D. JspTagSupport

10. JspContext. getOut()返回的是哪一种对象类型？（　　）

A. ServletOutputStream　　B. PrintWriter

C. BodyContent　　D. JspWriter

11. 下面哪个方法不能直接被 SimpleTagSupport 的子类使用？（　　）

A. getJspBody()

B. getJspContext(). getAttribute("name");

C. getParent()

D. getBodyContent()

12. 下面是简单标签的 TLD 文件的<body-content>元素内容，哪个是不合法的？(　　)

A. JSP　　B. scriptless　　C. tagdependent　　D. empty

13. 下面哪个是合法的 taglib 指令？(　　)

A. <% taglib uri="/stats" prefix="stats" %>

B. <%@ taglib uri="/stats" prefix="stats" %>

C. <%! taglib uri="/stats" prefix="stats" %>

D. <%@ taglib name="/stats" prefix="stats" %>

14. 下面哪个是合法的 taglib 指令？(　　)

A. <%@ taglib prefix="java" uri="sunlib"%>

B. <%@ taglib prefix="jspx" uri="sunlib"%>

C. <%@ taglib prefix="jsp" uri="sunlib"%>

D. <%@ taglib prefix="servlet" uri="sunlib"%>

E. <%@ taglib prefix="sunw" uri="sunlib"%>

F. <%@ taglib prefix="suned" uri="sunlib"%>

15. 一个标签库有一个名为 printReport 的标签，该标签可以接收一个名为 department 的属性，它不能接收动态值。下面哪两个是该标签的正确使用？(　　)

A. <mylib:printReport/>

B. <mylib:printReport department="finance"/>

C. <mylib:printReport attribute="department" value="finance"/>

D. <mylib:printReport attribute="department"
    attribute-value="finance"/>

E. <mylib:printReport>
    <jsp:attribute name="department" value="finance" />
  </mylib:printReport>

16. 下面哪个是将一个标签嵌套在另一个标签中的正确用法？(　　)

A.
```
 <greet:hello>
 <greet:world>
 </greet:hello>
</greet:world>
```

B.
```
<greet:hello>
  <greet:world>
  </greet:world>
</greet:hello>
```

C.
```
<greet:hello
  <greet:world/>
/>
```

D.
```
<greet:hello>
</greet:hello>
<greet:world>
</greet:world>
```

17. 一个标签库有一个名为 getMenu 的标签，该标签有一个名为 subject 的属性，该属性可以接收动态值。下面哪两个是对该标签的正确使用？(　　)

A. <mylib:getMenu />

B. <mylib:getMenu subject="finance"/>

C. <% String subject="HR";%>

< mylib:getMenu subject="<%=subject%>"/>

D. < mylib:getMenu > < jsp:param subject="finance"/> </mylib:getMenu >

E. < mylib:getMenu >

< jsp:param name="subject" value="finance"/>

</mylib:getMenu >

18. 在 web. xml 文件中的一个合法的< taglib >元素需要哪两个元素？(　　)

A. uri　　B. taglib-uri　　C. tagliburi

D. tag-uri　　E. location　　F. taglib-location

19. 考虑下面一个 Web 应用程序部署描述文件中的< taglib >元素：

```
<taglib>
    <taglib-uri>/accounting</taglib-uri>
    <taglib-location>/WEB-INF/tlds/SmartAccount.tld</taglib-location>
</taglib>
```

下面在 JSP 页面中哪个正确指定了上述标签库的使用？(　　)

A. <%@ taglib uri="/accounting" prefix="acc"%>

B. <%@ taglib uri="/acc" prefix="/accounting"%>

C. <%@ taglib name="/accounting" prefix="acc"%>

D. <%@ taglib library="/accounting" prefix="acc"%>

20. 下面有三个文件分别是标签处理类、TLD 文件和 JSP 页面的部分代码，根据已有内容在方框中填上正确的内容，并指出它们之间的关系。

标签处理类 LoginTagHandler. java 部分代码如下：

```
public class LoginTagHandler{
    public void doTag(){
          //标签逻辑
    }
    public void setUser(String user){
         this.user = user;
    }
}
```

TLD 文件的部分代码如下：

```
<taglib …>
  <uri>randomthings</uri>
  <tag>
         <name>advice</name>
         <tag-class>foo.LoginTagHandler</tag-class>
         <body-content>empty</body-content>
         <attribute>
           <name>[    ]</name>
           <required>true</required>
           <rtexprvalue>[    ]</rtexprvalue>
         </attribute>
```

```
  </tag>
</taglib>
```

JSP 页面代码如下：


```
<html><body>
<%@ taglib prefix="[    ]" uri="[    ]" %>
  Login page<br>
  <mine:[    ] user = "${foo}" />
</body><html>
```

21. 把下面哪个代码放入简单标签的标签体中不可能输出 9?(　　)

A. ${3+3+3}　　　　B. "9"

C. <c:out value="9">　　　　D. <%=27/3>

第8章 Java Web 高级应用

本章目标

- 了解 Web 应用中事件类型及发生事件的对象；
- 掌握使用监听器处理 Web 事件的方法；
- 了解过滤器的开发步骤；
- 学会过滤器的开发与配置；
- 掌握 Servlet 的多线程问题；
- 了解 Servlet 的异步处理机制。

Web 应用程序运行过程中可能发生各种事件，如应用上下文事件、会话事件及请求有关的事件等，Web 容器采用监听器模型处理这些事件。过滤器用于拦截传入的请求或传出的响应，并监视、修改或以某种方式处理这些通过的数据流。

本章主要介绍这两个高级应用，它们是 Web 事件处理模型和 Servlet 过滤器。此外，本章还将讨论 Servlet 多线程问题以及 Servlet 3.0 的异步处理问题。

8.1 Web 监听器

Web 应用程序中的事件主要发生在三个对象上：ServletContext、HttpSession 和 ServletRequest 对象。事件的类型主要包括对象的生命周期事件和属性改变事件。例如，对于 ServletContext 对象，当它初始化和销毁时会发生 ServletContextEvent 事件，当在该对象上添加属性、删除属性或替换属性时会发生 ServletContextAttributeEvent 事件。对于会话对象和请求对象也有类似的事件。为了处理这些事件，Servlet 容器采用了监听器模型，即需要实现有关的监听器接口。

在 Servlet 3.0 API 中定义了 7 个事件类和 9 个监听器接口，根据监听器所监听事件的类型和范围，可以把它们分为三类：ServletContext 事件监听器、HttpSession 事件监听器和 ServletRequest 事件监听器。

8.1.1 监听 ServletContext 事件

在 ServletContext 对象上可能发生两种事件，对这些事件可使用两个事件监听器接口处理，如表 8-1 所示。

表 8-1　ServletContext 事件类与监听器接口

监听对象	事　　件	监听器接口
ServletContext	ServletContextEvent	ServletContextListener
	ServletContextAttributeEvent	ServletContextAttributeListener

下面介绍这些事件和监听器接口。

1. 处理 ServletContextEvent 事件

该事件是 Web 应用程序生命周期事件，当容器对 ServletContext 对象进行初始化或销毁操作时，将发生 ServletContextEvent 事件。要处理这类事件，需实现 ServletContextListener 接口，该接口定义了如下两个方法。

- publicvoid contextInitialized (ServletContextEvent sce)：当 ServletContext 对象初始化时调用。
- public void contextDestroyed (ServletContextEvent sce)：当 ServletContext 对象销毁时调用。

上述方法的参数是一个 ServletContextEvent 事件类对象，该类只定义了一个方法，如下所示：

```
public ServletContext getServletContext()
```

该方法返回状态发生改变的 ServletContext 对象。

2. 处理 ServletContextAttributeEvent 事件

当 ServletContext 对象上属性发生改变时，如添加属性、删除属性或替换属性等，将发生 ServletContextAttributeEvent 事件，要处理该类事件，需要实现 ServletContextAttributeListener 接口。该接口定义了如下三个方法。

- public void attributeAdded(ServletContextAttributeEvent sre)：当在 ServletContext 对象中添加属性时调用该方法。
- publicvoid attributeRemoved(ServletContextAttributeEvent sre)：当从 ServletContext 对象中删除属性时调用该方法。
- public void attributeReplaced(ServletContextAttributeEvent sre)：当在 ServletContext 对象中替换属性时调用该方法。

上述方法的参数是 ServletContextAttributeEvent 类的对象，它是 ServletContextEvent 类的子类，它定义了下面三个方法。

- public ServletContext getServletContext()：返回属性发生改变的 ServletContext 对象。
- public String getName()：返回发生改变的属性名。
- public Object getValue()：返回发生改变的属性值对象。注意，当替换属性时，该方法返回的是替换之前的属性值。

下面程序实现当 Web 应用启动时就创建一个数据源对象并将它保存在 ServletContext 对象上，当应用程序销毁时将数据源对象从 ServletContext 对象上清除，当 ServletContext 上属性发生改变时登记日志。

程序 8.1　MyContextListener.java

```
package com.listener;
import javax.sql.*;
import java.time.LocalTime;
import javax.servlet.*;
import javax.naming.*;
import javax.servlet.annotation.WebListener;

@WebListener              //使用注解注册监听器
public class MyContextListener implements ServletContextListener,
                            ServletContextAttributeListener{
   private ServletContext context = null;
   public void contextInitialized(ServletContextEvent sce){
      Context ctx = null;
      DataSource dataSource = null;
      context = sce.getServletContext();
      try{
        if(ctx == null){
          ctx = new InitialContext();
        }
        dataSource =
            (DataSource)ctx.lookup("java:comp/env/jdbc/webstoreDS");
      }catch(NamingException ne){
        context.log("发生异常:" + ne);
      }
      context.setAttribute("dataSource",dataSource);       //添加属性
      context.log("应用程序已启动: " + LocalTime.now());
   }
   public void contextDestroyed(ServletContextEvent sce){
       context = sce.getServletContext();
       context.removeAttribute("dataSource");
       context.log("应用程序已关闭: " + LocalTime.now());
   }
   public void attributeAdded(ServletContextAttributeEvent sce){
       context = sce.getServletContext();
       context.log("添加一个属性: " + sce.getName() + ": " + sce.getValue());
   }
   public void attributeRemoved(ServletContextAttributeEvent sce){
       context = sce.getServletContext();
       context.log("删除一个属性: " + sce.getName() + ": " + sce.getValue());
   }
   public void attributeReplaced(ServletContextAttributeEvent sce){
       context = sce.getServletContext();
     context.log("替换一个属性: " + sce.getName() + ": " + sce.getValue());
   }
}
```

该程序在 ServletContextListener 接口的 contextInitialized()中首先从 InitialContext 对象中查找数据源对象 dataSource 并将其存储在 ServletContext 对象中。在 ServletContext

的属性修改方法中先通过事件对象的 getServletContext()获得上下文对象,然后调用它的 log()向日志中写一条消息。

下面的 listenerTest.jsp 页面是对监听器的测试,这里使用了监听器对象创建的数据源对象。

程序 8.2　listenerTest.jsp

```
<%@ page contentType="text/html;charset=UTF-8" %>
<%@ page import="java.sql.*,javax.sql.*" %>
<%
   DataSource dataSource =
      (DataSource)application.getAttribute("dataSource");
   Connection conn = dataSource.getConnection();
   Statement stmt = conn.createStatement();
   ResultSet rst = stmt.executeQuery(
            "SELECT * FROM products WHERE id<104");
%>
<html><head><title>监听器示例</title></head>
<body>
<h4>商品表中信息</h4>
<table border="1">
<tr><td>商品号</td><td>商品名</td><td>品牌</td>
        <td>价格</td><td>库存</td></tr>
<% while (rst.next()){ %>
<tr><td><%= rst.getInt(1) %></td>
    <td><%= rst.getString(2) %></td>
    <td><%= rst.getString(3) %></td>
    <td><%= rst.getFloat(4) %></td>
    <td><%= rst.getInt(5) %></td></tr>
<% } %>
</table>
</body>
</html>
```

在该页面中首先通过隐含对象 application 的 getAttribute()得到数据源对象,然后创建 ResultSet 对象访问数据库,该页面运行结果如图 8.1 所示。

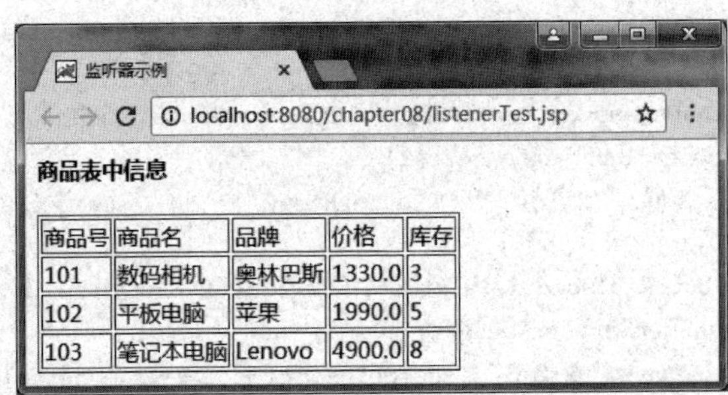

图 8.1　listenerTest.jsp 页面的运行结果

在 Web 应用程序启动和关闭以及 ServletContext 对象上属性发生变化时,都将在日志文件中写入一条信息。可以打开 Tomcat 日志文件/logs/localhost.*2012-10-08*.log 查看写入的信息。

8.1.2 监听请求事件

在 ServletRequest 对象上可能发生两种事件，对这些事件使用两个事件监听器处理，如表 8-2 所示。

表 8-2 ServletRequest 事件类与监听器接口

监听对象	事　　件	监听器接口
ServletRequest	ServletRequestEvent	ServletRequestListener
	ServletRequestAttributeEvent	ServletRequestAttributeListener

1. 处理 ServletRequestEvent 事件

ServletRequestEvent 事件是请求对象生命周期事件，当一个请求对象初始化或销毁时将发生该事件，处理该类事件需要使用 ServletRequestListener 接口，该接口定义了如下两个方法。

- public void requestInitialized (ServletRequestEvent sce)：当请求对象初始化时调用。
- public void requestDestroyed (ServletRequestEvent sce)：当请求对象销毁时调用。

上述方法的参数是 ServletRequestEvent 类对象，该类定义了下面两个方法：

- public ServletContext getServletContext()：返回发生该事件的 ServletContext 对象。
- public ServletRequest getServletRequest()：返回发生该事件的 ServletRequest 对象。

2. 处理 ServletRequestAttributeEvent 事件

在请求对象上添加、删除和替换属性时将发生 ServletRequestAttributeEvent 事件，处理该类事件需要使用 ServletRequestAttributeListener 接口，它定义了如下三个方法。

- public void attributeAdded(ServletRequestAttributeEvent src)：当在请求对象中添加属性时调用该方法。
- public void attributeRemoved(ServletRequestAttributeEvent src)：当从请求对象中删除属性时调用该方法。
- public void attributeReplaced(ServletRequestAttributeEvent src)：当在请求对象中替换属性时调用该方法。

在上述方法中传递的参数为 ServletRequestAttributeEvent 类的对象，该类定义了下面两个方法。

- public String getName()：返回在请求对象上添加、删除或替换的属性名。
- public Object getValue()：返回在请求对象上添加、删除或替换的属性值。注意，当替换属性时，该方法返回的是替换之前的属性值。

下面的 MyRequestListener 监听器类监听对某个页面的请求并记录自应用程序启动以来被访问的次数。

程序 8.3　MyRequestListener. java

```
package com.listener;
import javax.servlet.http.HttpServletRequest;
import javax.servlet.ServletRequestEvent;
import javax.servlet.ServletRequestListener;
import javax.servlet.annotation.WebListener;

@WebListener
public class MyRequestListener
                    implements ServletRequestListener{
   private int count = 0;
   public void requestInitialized(ServletRequestEvent re){
      HttpServletRequest request =
               (HttpServletRequest)re.getServletRequest();
      if(request.getRequestURI().endsWith("onlineCount.jsp")){
         count++;
         re.getServletContext().setAttribute("count",new Integer(count));
      }
   }
   public void requestDestroyed(ServletRequestEvent re){
   }
}
```

下面是一个测试 JSP 页面：

程序 8.4　onlineCount. jsp

```
<%@ page contentType="text/html;charset=UTF-8" %>
<html>
<head><title>请求监听器示例</title></head>
<body>
  欢迎您,您的 IP 地址是 ${pageContext.request.remoteAddr}<br>
  <p>自应用程序启动以来,该页面被访问了
  <font color="blue">${applicationScope.count}
  </font>次<br>
</body>
</html>
```

图 8.2 是该页面的运行结果。

图 8.2　onlineCount. jsp 的运行结果

8.1.3　监听会话事件

在 HttpSession 对象上可能发生两种事件,对这些事件可使用 4 个事件监听器处理,这

些类和接口如表 8-3 所示。

表 8-3 HttpSession 事件类与监听器接口

监听对象	事　　件	监听器接口
HttpSession	HttpSessionEvent	HttpSessionListener
		HttpSessionActivationListener
	HttpSessionBindingEvent	HttpSessionAttributeListener
		HttpSessionBindingListener

1. 处理 HttpSessionEvent 事件

HttpSessionEvent 事件是会话对象生命周期事件，当一个会话对象被创建和销毁时发生该事件，处理该事件应该使用 HttpSessionListener 接口，该接口定义了以下两个方法。

- public void sessionCreated(HttpSessionEvent se)：当会话创建时调用该方法。
- public void sessionDestroyed(HttpSessionEvent se)：当会话销毁时调用该方法。

上述方法的参数是一个 HttpSessionEvent 类对象，该类中只定义了一个 getSession()，它返回状态发生改变的会话对象，格式如下：

```
public HttpSession getSession()
```

2. 处理会话属性事件

当在会话对象上添加属性、删除属性、替换属性时将发生 HttpSessionBindingEvent 事件，处理该事件需使用 HttpSessionAttributeListener 接口，该接口定义了下面三个方法。

- public void attributeAdded(HttpSessionBindingEvent se)：当在会话对象上添加属性时调用该方法。
- public void attributeRemoved(HttpSessionBindingEvent se)：当从会话对象上删除属性时调用该方法。
- public void attributeReplaced(HttpSessionBindingEvent se)：当替换会话对象上的属性时调用该方法。

注意：上述方法的参数是 HttpSessionBindingEvent，没有 HttpSessionAttributeEvent 这个类。

HttpSessionBindingEvent 类中定义了下面三个方法。

- public HttpSession getSession()：返回发生改变的会话对象。
- public String getName()：返回绑定到会话对象或从会话对象解除绑定的属性名。
- public Object getValue()：返回在会话对象上添加、删除或替换的属性值。

下面定义的监听器类实现了 HttpSessionListener 接口，它用来监视当前所有会话对象。当一个会话对象创建时，将其添加到一个 ArrayList 对象中并将其设置为 ServletContext 作用域的属性以便其他资源可以访问。当销毁一个会话对象时，从 ArrayList 中删除会话。

程序 8.5 MySessionListener.java

```
package com.listener;
import javax.servlet.*;
```

```
import javax.servlet.http.*;
import java.util.ArrayList;
import javax.servlet.annotation.WebListener;

@WebListener
public class MySessionListener implements HttpSessionListener{
    private ServletContext context = null;
    public void sessionCreated(HttpSessionEvent se){
        HttpSession session = se.getSession();
        context = session.getServletContext();
        ArrayList<HttpSession> sessionList = (ArrayList<HttpSession>)
                    context.getAttribute("sessionList");
        if(sessionList == null){
            sessionList = new ArrayList<HttpSession>();
          context.setAttribute("sessionList",sessionList);
        }else{
           sessionList.add(session);
        }
        context.log("创建一个会话: " + session.getId());
    }
  public void sessionDestroyed(HttpSessionEvent se){
       HttpSession session = se.getSession();
       context = session.getServletContext();
       ArrayList<HttpSession> sessionList = (ArrayList<HttpSession>)
                    context.getAttribute("sessionList");
       sessionList.remove(session);
       context.log("销毁一个会话: " + session.getId());
    }

}
```

下面的 JSP 页面通过 applicationScope 访问存有会话对象的 ArrayList,然后显示出每个会话对象的信息。

程序 8.6 sessionDisplay.jsp

```
<%@ page contentType="text/html;charset=UTF-8" %>
<%@ page import="java.util.*" %>
<%@ taglib prefix="c" uri="http://java.sun.com/jsp/jstl/core" %>
<html>
<head><title>会话监听器示例</title></head>
<body>
<table border="1">
    <c:forEach var="s" items="${applicationScope.sessionList}">
        <tr><td><c:out value="${s.id}" /></td>
             <td><c:out value="${s.creationTime}" /></td>
        </tr>
    </c:forEach>
</table>
</body>
</html>
```

访问该页面可以显示当前服务器活动会话的信息。

3. 处理会话属性绑定事件

当一个对象绑定到会话对象或从会话对象中解除绑定时发生 HttpSessionBindingEvent 事件，应该使用 HttpSessionBindingListener 接口来处理这类事件，该接口定义的方法如下。

- public void valueBound(HttpSessionBindingEvent event)：当对象绑定到一个会话上时调用该方法。
- public void valueUnbound (HttpSessionBindingEvent event)：当对象从一个会话上解除绑定时调用该方法。

下面定义的 User 类实现了 HttpSessionBindingListener 接口。当将该类的一个对象绑定到会话对象上时，容器将调用 valueBound()，当从会话对象上删除该类的对象时，容器将调用 valueUnbound()，这里向日志文件写入有关信息。

程序 8.7 User. java

```
package com.model;
import javax.servlet.http.*;

public class User implements HttpSessionBindingListener{
    public String username = "";
    public String password = "";
    public User(){}
    public User(String username,String password){
       this.username = username;
       this.password = password;
    }
    public void valueBound(HttpSessionBindingEvent e){
        HttpSession session = e.getSession();
        session.getServletContext().log("用户名:" + username
                + ", 口令:" + password + " 登录系统.");
    }
    public void valueUnbound(HttpSessionBindingEvent e){
        HttpSession session = e.getSession();
        session.getServletContext().log("用户名:" + username
            + "口令:" + password + " 退出系统.");
    }
}
```

程序从 HttpSessionBindingEvent 对象中检索会话对象，从会话对象中得到 ServletContext 对象并使用 log()登录消息。

下面是一个 Servlet，它接受登录用户的用户名和口令，然后创建一个 User 对象并将其绑定到会话对象上。

程序 8.8 LoginServlet. java

```
package com.demo;
import javax.servlet.*;
import javax.servlet.http.*;
import java.io.*;
import java.sql.*;
```

```
import javax.sql.DataSource;
import com.model.User;
import javax.servlet.annotation.WebServlet;

@WebServlet("/login.do")
public class LoginServlet extends HttpServlet{
    public void doPost(HttpServletRequest request,
                HttpServletResponse response)
                throws IOException, ServletException {
        response.setContentType("text/html;charset=UTF-8");
        PrintWriter out = response.getWriter();
        String username = request.getParameter("username");
        String password = request.getParameter("password");
        DataSource dataSource =
              (DataSource)getServletContext().getAttribute("dataSource");
        try{
            Connection conn = dataSource.getConnection();
            String sql = "SELECT * FROM users WHERE username=? AND password=?";
            PreparedStatement pstmt = conn.prepareStatement(sql);
            pstmt.setString(1,username);
            pstmt.setString(2,password);
            ResultSet rst = pstmt.executeQuery();

            boolean valid = rst.next();
            if(valid){
                User validuser = new User(username,password);
                request.getSession().setAttribute("user", validuser);
                out.println("欢迎您,"+username);
            }else{
              response.sendRedirect("login.jsp");
            }
        }catch(Exception e){
            log("产生异常: " + e.getMessage());
        }
    }
}
```

HttpSessionAttributeListener 与 HttpSessionBindingListener 这两个接口都用来监听会话中属性改变的事件,但二者不同,区别如下。

(1) 实现 HttpSessionAttributeListener 接口的类与一般监听器一样需要用@WebListener 注解或在 DD 文件中注册该监听器类,而实现 HttpSessionBindingListener 接口的监听器,不必注册,而是当相应事件发生时由容器调用对象相应的方法。

(2) 所有会话中产生的属性改变事件都被发送到实现 HttpSessionAttributeListener 接口的对象。对 HttpSessionBindingListener 接口来说,只有当实现该接口的对象添加到会话中或从会话中删除时,容器才在对象上调用有关方法。

8.1.4 事件监听器的注册

从前面的例子中可看到,我们使用@WebListener 注解来注册监听器,这是 Servlet 3.0

规范增加的功能。事件监听器也可以在 web.xml 文件中使用<listener>元素注册。该元素只包含一个<listener-class>元素，用来指定实现了监听器接口的完整的类名。下面代码给出了如何注册 MyContextListener 和 MySessionListener 两个监听器。

```
<listener>
  <listener-class>com.listener.MyContextListener</listener-class>
</listener>
<listener>
  <listener-class>com.listener.MySessionListener</listener-class>
</listener>
```

在 web.xml 文件中并没有指定哪个监听器类处理哪个事件，这是因为当容器需要处理某种事件时，它能够找到有关的类和方法。容器实例化指定的类并检查类实现的全部接口。对每个相关的接口，它都向各自的监听器列表中添加一个实例。容器按照 DD 文件中指定的类的顺序将事件传递给监听器。这些类必须存放在 WEB-INF\classes 目录中或者与其他 Servlet 类一起打包在 JAR 文件中。

提示：可以在一个类中实现多个监听器接口。这样，在部署描述文件中就只需要一个<listener>元素。容器就仅创建该类的一个实例并把所有的事件都发送给该实例。

8.2 Web 过滤器

过滤器(Filter)是 Web 服务器上的组件，它拦截客户对某个资源的请求和响应，对其进行过滤。

8.2.1 过滤器的概念

图 8.3 说明了过滤器的一般概念，其中 F1 是一个过滤器。它显示了请求经过滤器 F1 到达 Servlet，Servlet 产生响应再经过滤器 F1 到达客户。这样，过滤器就可以在请求和响应到达目的地之前对它们进行监视。

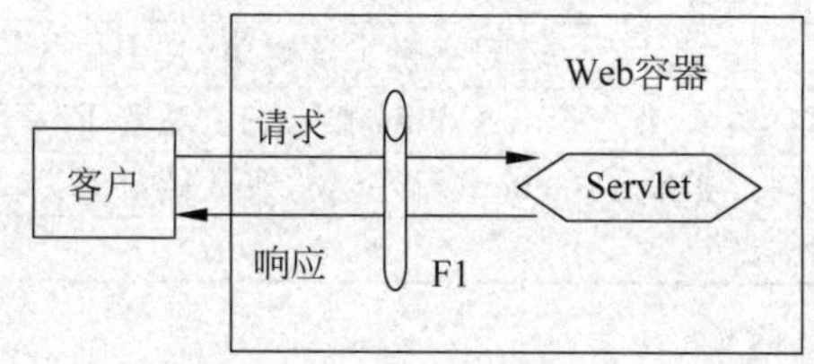

图 8.3　单个的过滤器

可以在客户和资源之间建立多个过滤器，从而形成过滤器链(filter chain)。在过滤器链中每个过滤器都对请求处理，然后将请求发送给链中的下一个过滤器(如果它是链中的最后一个，将发送给实际的资源)。类似地，在响应到达客户之前，每个过滤器以相反的顺序对响应进行处理，图 8.4 说明了这个过程。

这里，请求是按下列顺序处理的：过滤器 F1、过滤器 F2、过滤器 F3，而响应的处理顺序是过滤器 F3、过滤器 F2、过滤器 F1。

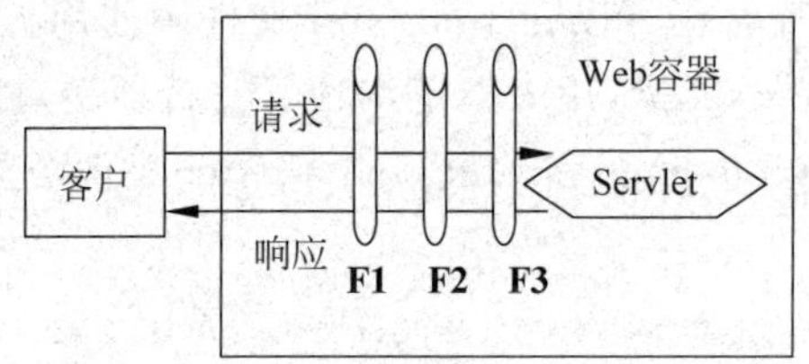

图 8.4 使用多个过滤器

1. 过滤器是如何工作的

当容器接收到对某个资源的请求时,它首先检查是否有过滤器与该资源关联。如果有过滤器与该资源关联,容器先把该请求发送给过滤器,而不是直接发送给资源。在过滤器处理完请求后,它将做下面三件事:

(1) 将请求发送到目标资源。

(2) 如果有过滤器链,它将把请求(修改过或没有修改过)发送给下一个过滤器。

(3) 直接产生响应并将其返回给客户。

当请求返回到客户时,它将以相反的方向经过同一组过滤器。过滤器链中的每个过滤器都可能修改响应。

2. 过滤器的用途

Servlet 规范中提到的过滤器的一些常见应用包括:验证过滤器、登录和审计过滤器、数据压缩过滤器、加密过滤器和 XSLT 过滤器等。

8.2.2 过滤器 API

表 8-4 描述了过滤器 API,其中 HttpFilter 类定义在 javax. servlet. http 包中,其他接口和类定义在 javax. servlet 包中。

表 8-4 过滤器使用的接口和类

接　口	说　明
Filter	所有的过滤器都需要实现该接口
FilterConfig	过滤器配置对象。容器提供了该对象,其中包含了该过滤器的初始化参数
GenericFilter	该抽象类实现了 FilterConfig 接口的方法和 Filter 接口的 init()方法
HttpFilter	该抽象类扩展了 GenericFilter 类,实现针对 HTTP 协议的过滤器
FilterChain	过滤器链对象

1. Filter 接口

Filter 接口是过滤器 API 的核心,所有的过滤器都必须实现该接口。该接口声明了三个方法,分别是 init()、doFilter()和 destroy(),它们是过滤器的生命周期方法。

init()是过滤器初始化方法。在过滤器的生命周期中,init()仅被调用一次。在该方法结束之前,容器并不向过滤器转发请求。该方法的声明格式为:

```
public void init(FilterConfig filterConfig)
```

参数 FilterConfig 是过滤器配置对象,通常将 FilterConfig 参数保存起来以备以后使用。该方法抛出 ServletException 异常。

doFilter()是实现过滤的方法。如果客户请求的资源与该过滤器关联，容器将调用该方法，格式如下：

```
public void doFilter(ServletRequest request, ServletResponse response,
                     FilterChain chain)
                   throws IOException, ServletException;
```

该方法执行过滤功能，对请求进行处理或者将请求转发到下一个组件或者直接向客户返回响应。注意，request 和 response 参数被分别声明为 ServletRequest 和 ServletResponse 的类型。因此，过滤器并不只限于处理 HTTP 请求。但如果过滤器用在使用 HTTP 协议的 Web 应用程序中，这些变量就分别指 HttpServletRequest 和 HttpServletResponse 类型的对象。在使用它们之前应把这些参数转换为相应的 HTTP 类型。

destroy()是容器在过滤器对象上调用的最后一个方法，声明格式为：

```
public void destroy();
```

该方法给过滤器对象一个释放其所获得资源的机会，在结束服务之前执行一些清理工作。

2. FilterConfig 接口

FilterConfig 对象是过滤器配置对象，通过该对象可以获得过滤器名、过滤器运行的上下文对象以及过滤器的初始化参数。它声明了如下 4 个方法。

- public String getFilterName()：返回在注解或在 DD 文件中< filter-name >元素指定的过滤器名。
- public ServletContext getServletContext()：返回与该应用程序相关的 ServletContext 对象，过滤器可使用该对象返回和设置应用作用域的属性。
- public String getInitParameter(String name)：返回用注解或 DD 文件中指定的过滤器初始化参数值。
- public Enumeration getInitParameterNames()：返回所有指定的参数名的一个枚举。

容器提供了 FilterConfig 接口的一个具体实现类，容器创建该类的一个实例、使用初始化参数值对它初始化，然后将它作为一个参数传递给过滤器的 init()。

3. FilterChain 接口

FilterChain 接口只有一个方法，如下所示：

```
public void doFilter(ServletRequest request, ServletResponse response)
        throws IOException, ServletException
```

在 Filter 对象的 doFilter()中调用该方法使过滤器继续执行，它将控制转到过滤器链的下一个过滤器或实际的资源。

容器提供了该接口的一个实现并将它的一个实例作为参数传递给 Filter 接口的 doFilter()。在 doFilter()内，可以使用该接口将请求传递给链中的下一个组件，它可能是另一个过滤器或实际的资源。该方法的两个参数将被链中下一个过滤器的 doFilter()或 Servlet 的 service()接收。

4. GenericFilter 和 HttpFilter 类

GenericFilter 抽象类实现了 FilterConfig 接口的方法和 Filter 接口的 init()方法。HttpFilter 抽象类扩展了 GenericFilter 类,实现了 doFilter()方法。

```
protected void doFilter(HttpServletRequest request,
                         HttpServletResponse response,FilterChain chain )
                       throws IOException, ServletException;
```

HttpFilter 主要用来开发针对 HTTP 协议的过滤器。

8.2.3 一个简单的过滤器

下面是一个简单的日志过滤器,这个过滤器拦截所有的请求并将请求有关信息记录到日志文件中。程序声明的 LogFilter 类继承了 HttpFilter 接口,覆盖了其中的 init()和 doFilter()方法。

程序 8.9 LogFilter.java

```
package com.filter;
import java.io.IOException;
import javax.servlet.*;
import javax.servlet.annotation.WebFilter;
import javax.servlet.http.HttpFilter;
import javax.servlet.http.HttpServletRequest;
import javax.servlet.http.HttpServletResponse;

@WebFilter(filterName = "logFilter", urlPatterns = { "/*" })
public class LogFilter extends HttpFilter {
    private FilterConfig config;
    //实现初始化方法
    public void init(FilterConfig fConfig) throws ServletException {
            this.config = fConfig;
    }
    //实现过滤方法
    public void doFilter(HttpServletRequest request,
                        HttpServletResponse response,
            FilterChain chain) throws IOException, ServletException {
        //获得应用上下文对象
        ServletContext context = config.getServletContext();
        //记录开始过滤时间
        long start = System.currentTimeMillis();
        System.out.println("请求的资源:" + request.getRequestURI());
        System.out.println("用户地址:" + request.getRemoteAddr());
        context.log("请求的资源:" + request.getRequestURI());
        context.log("用户地址:" + request.getRemoteAddr());
        //请求转到下一资源或下一过滤器
        chain.doFilter(request, response);
        //记录返回到过滤器时间
```

```
            long end = System.currentTimeMillis();
            System.out.println("请求的总时间: " + (end - start) + "毫秒");
            context.log("请求的总时间: " + (end - start) + "毫秒");
        }
    }
```

程序在 init()方法中获得 FilterConfig 对象,然后在 doFilter()中首先获得 ServletContext 对象,然后获得当前时间、客户请求资源的 URI 和客户地址,并将其写到日志文件中。之后将请求转发到资源,当请求返回到过滤器后再得到当前时间,计算请求资源的时间并写到日志文件中。

要使过滤器起作用必须配置过滤器。对支持 Servlet 3.0 规范的容器,可以使用注解或部署描述文件的< filter >元素两种方法配置过滤器。本程序使用的是注解。下面是访问 listenerTest.jsp 页面后,在控制台输出和日志中写入的信息:

```
请求的资源: /chapter08/listenerTest.jsp
用户地址: 127.0.0.1
请求的总时间: 570 毫秒
```

8.2.4 @WebFilter 注解

@WebFilter 注解用于将一个类声明为过滤器,该注解在部署时被容器处理,容器根据具体的配置将相应的类部署为过滤器。表 8-5 给出该注解包含的常用属性。

表 8-5 @WebFilter 注解的常用属性

属性名	类型	说明
filterName	String	指定过滤器的名称,等价于 web.xml 中的< filter-name >元素。如果没有显式指定,则使用 Filter 的完全限定名作为名称
urlPatterns	String[]	指定一组过滤器的 URL 匹配模式,该元素等价于 web.xml 文件中的< url-pattern >元素
value	String[]	该属性等价于 urlPatterns 元素。两个元素不能同时使用
servletNames	String[]	指定过滤器应用于哪些 Servlet。取值是@WebServlet 中 name 属性值,或者是 web.xml 中< servlet-name >的取值
dispatcherTypes	DispatcherType	指定过滤器的转发类型。具体取值包括 ASYNC、ERROR、FORWARD、INCLUDE 和 REQUEST
initParams	WebInitParam[]	指定一组过滤器初始化参数,等价于< init-param >元素
asyncSupported	boolean	声明过滤器是否支持异步调用,等价于< async-supported >元素
description	String	指定该过滤器的描述信息,等价于< description >元素
dispalyName	String	指定该过滤器的显示名称,等价于< display-name >元素

表 8-5 中所有属性均为可选属性,但是 value、urlPatterns、servletNames 三者必须至少包含一个,且 value 和 urlPatterns 不能共存,如果同时指定,通常忽略 value 的取值。

过滤器接口 Filter 与 Servlet 非常相似,它们具有类似的生命周期行为,区别只是 Filter 的 doFilter()中多了一个 FilterChain 的参数,通过该参数可以控制是否放行用户请求。像 Servlet 一样,Filter 也可以具有初始化参数,这些参数可以通过@WebFilter 注解或部署描述文件定义。在过滤器中获得初始化参数使用 FilterConfig 实例的 getInitParameter()。

在实际应用中,使用 Filter 可以更好实现代码复用。例如,一个系统可能包含多个 Servlet,这些 Servlet 都需要进行一些通用处理,例如权限控制、记录日志等,这将导致多个 Servlet 的 service()中包含部分相同代码。为解决这种代码重复问题,就可以考虑把这些通用处理提取到 Filter 中完成,这样在 Servlet 中就只剩下针对特定请求相关的处理代码。

8.2.5 在 web.xml 中配置过滤器

除了可以通过注解配置过滤器外,还可以使用部署描述文件 web.xml 配置过滤器类并把请求 URL 映射到该过滤器上。

配置过滤器要用下面两个元素:<filter>和<filter-mapping>。每个<filter>元素向 Web 应用程序引进一个过滤器,每个<filter-mapping>元素将一个过滤器与一组请求 URI 关联。两个元素都是<web-app>的子元素。

1. <filter>元素

每个过滤器都需要一个<filter-name>元素和一个<filter-class>元素。其他元素如<description>、<display-name>、<icon>与<init-param>具有通常的含义并且是可选的。下面代码说明了<filter>元素的使用。

```
<filter>
  <!-- 指定过滤器名和过滤器类 -->
  <filter-name>validatorFilter</filter-name>
  <filter-class>filter.ValidatorFilter</filter-class>
    <init-param>
      <param-name>locale</param-name>
      <param-value>USA</param-value>
    </init-param>
</filter>
```

这里定义了一个名为 validatorFilter 的过滤器,同时为该过滤器定义了一个名为 locale 的初始化参数。这样,在应用程序启动时容器将创建一个 filter.ValidatorFilter 类的实例。在初始化阶段,过滤器将调用 FilterConfig 对象的 getParameterValue("locale")检索 locale 参数的值。

2. <filter-mapping>元素

该元素的作用定义过滤器映射。<filter-name>元素是在<filter>元素中定义的过滤器名,<url-pattern>用来将过滤器应用到一组通过 URI 标识的请求,<servlet-name>用来将过滤器应用到通过该名标识的 Servlet 提供服务的所有请求。在使用<servlet-name>情况下,模式匹配遵循与 Servlet 映射同样的规则。

下面代码说明了<filter-mapping>元素的使用:

```
<filter-mapping>
    <filter-name>validatorFilter</filter-name>
    <url-pattern>*.jsp</url-pattern>
</filter-mapping>
<filter-mapping>
    <filter-name>validatorFilter</filter-name>
    <servlet-name>reportServlet</servlet-name>
```

```
</filter-mapping>
```

上面的第一个映射将 validatorFilter 与所有的请求 URL 后缀为.jsp 的请求相关联。第二个映射将 validatorFilter 与所有对名为 reportServlet 的 Servlet 的请求相关联。这里使用的 Servlet 名必须是部署描述文件中使用< servlet >元素定义的一个 Servlet。

3. 配置过滤器链

在某些情况下,对一个请求可能需要应用多个过滤器,这样的过滤器链可以使用多个< filter-mapping >元素配置。当容器接收到一个请求,它将查找所有与请求 URI 匹配的过滤器映射的 URL 模式,这是过滤器链中的第一组过滤器。接下来,它将查找与请求 URI 匹配的 Servlet 名,这是过滤器链中的第二组过滤器。在这两组过滤器中,过滤器的顺序是它们在 DD 文件中的顺序。

为了理解这个过程,考虑下面对过滤器和 Servlet 映射的代码。

```
<servlet-mapping>
    <servlet-name>FrontController</servlet-name>
    <url-pattern>*.do</url-pattern>
</servlet-mapping>

<filter-mapping>
    <filter-name>perfFilter</filter-name>
    <servlet-name>FrontController</servlet-name>
</filter-mapping>

<filter-mapping>
    <filter-name>auditFilter</filter-name>
    <url-pattern>*.do</url-pattern>
</filter-mapping>

<filter-mapping>
    <filter-name>transformFilter</filter-name>
    <url-pattern>*.do</url-pattern>
</filter-mapping>
```

如果一个请求 URI 为/admin/addCustomer.do,将以下面的顺序应用过滤器:auditFilter、transformFilter、perfFilter。

4. 为转发的请求配置过滤器

通常,过滤器只应用在直接来自客户的请求。但从 Servlet 2.4 开始,过滤器还可以应用在从组件内部转发的请求上,这包括使用 RequestDispatcher 的 include()和 forward()转发的请求以及对错误处理调用的资源的请求。

要为转发的请求配置过滤器,可以使用< filter-mapping >元素的子元素< dispatcher >实现,该元素的取值包括下面 4 个:REQUEST、INCLUDE、FORWARD 和 ERROR。

- REQUEST 表示过滤器应用在直接来自客户的请求上。
- INCLUDE 表示过滤器应用在与调用 RequestDispatcher 的 include()匹配的请求。
- FORWARD 表示过滤器应用在与调用 RequestDispatcher 的 forward()匹配的请求。

• ERROR 表示过滤器应用于由在发生错误而引起转发的请求上。

在< filter-mapping >元素中可以使用多个< dispatcher >元素使过滤器应用在多种情况下，例如：

```
<filter-mapping>
    <filter-name>auditFilter</filter-name>
    <url-pattern>*.do</url-pattern>
    <dispatcher>INCLUDE</dispatcher>
    <dispatcher>FORWARD</dispatcher>
</filter-mapping>
```

上述过滤器映射将只应用在从内部转发的且其 URL 与 *.do 匹配的请求上，任何直接来自客户的请求，即使其 URL 与 *.do 匹配也将不应用 auditFilter 过滤器。

8.2.6 实例：用过滤器实现水印效果

过滤器除了拦截客户与 Web 应用组件外，还可以操纵请求和修改响应。本节使用过滤实现 Web 页面中的水印效果。

首先介绍请求和响应包装类。在 Servlet API 中提供了 4 个包装类，它们是：

- javax.servlet.ServletRequestWrapper
- javax.servlet.ServletResponseWrapper
- javax.servlet.http.HttpServletRequestWrapper
- javax.servlet.http.HttpServletResponseWrapper

这 4 个类提供了一个对相应接口的一种方便的实现，如 HttpServletRequestWrapper 类实现了 HttpServletRequest 接口。开发人员使用它们可以方便地修改请求和响应。这 4 个类的工作方式相同，在它们的构造方法中可以传递一个请求或响应对象，然后将所有的方法调用代理给该对象。我们通常是扩展这些类，覆盖有关方法提供自定义行为。

本节我们在过滤器中使用这些类解决一个简单的问题。假设我们有一些文本文件的报表，打算从浏览器访问这些文件内容并在报表的背景带一张图像，即通常所说的水印效果，如图 8.5 所示。同时，我们不希望浏览器缓存报表文件。

图 8.5 带背景图案的文本页面

可以通过下面两步很容易地解决这个问题：

(1) 把报表文本嵌入在 Web 页面的< html >和< body >标签中，并为< body >标签指定一个背景图片：

```
<html>
   <body background = "textReport.gif">
   <pre>
        这里是报表文本内容
   </pre>
   </body>
</html>
```

< body >标签的 background 属性值显示给定图像作为报表的背景，< pre >元素实现保持原文本文件的格式。

(2) 覆盖 If-Modified-Since 请求头。浏览器发送该请求头使服务器决定是否需要发送资源。如果在 If-Modified-Since 值指定的期限内资源没有被修改，服务器将不发送该资源。

实现上述功能，我们将过滤所有对.txt 文件的请求，过滤器需完成下面操作：

(1) 把请求对象包装到 HttpServletRequestWrapper 中并且覆盖 getHeader()方法为 If-Modified-Since 请求头返回 null，null 值保证服务器不发送文件。

(2) 把响应对象包装到 HttpServletResponseWrapper 中，这样过滤器可以修改响应并在响应发送给客户前把需要的 HTML 代码加到响应中。

下面来看实现上述功能的代码。下面程序扩展了 HttpServletRequestWrapper 类，覆盖了 getHeader()方法。

程序 8.10　NonCachingRequestWrapper.java

```
package com.filter;
import javax.servlet.http.*;
public class NonCachingRequestWrapper extends HttpServletRequestWrapper{
   public NonCachingRequestWrapper(HttpServletRequest request){
      super(request);
   }
   @Override
   public String getHeader(String name){
      //隐藏 If - Modified - Since 头值
      if(name.equals("If - Modified - Since")){
           return null;
      }else{
          return super.getHeader(name);
      }
   }
}
```

该类非常简单，它覆盖了 getHeader()方法，仅为 If-Modified-Since 头值返回 null，其他头值保持不变。由于该类扩展了 HttpServletRequestWrapper 类，所有其他方法都代理给通过构造方法传递来的基本请求对象。

下面的 TextResponseWrapper.java 扩展了 HttpServletResponseWrapper 类，它包装了响应对象，实现对文本数据的缓存。

程序 8.11　TextResponseWrapper. java

```
package com.filter;
import java.io.*;
import javax.servlet.*;
import javax.servlet.http.*;
public class TextResponseWrapper extends HttpServletResponseWrapper {
    //内部类扩展 ServletOutputStream,把写给它的数据写到字节数组中而不发给客户
    private static class ByteArraySServletOutputStream
              extends ServletOutputStream{
       ByteArrayOutputStream baos;
       ByteArrayServletOutputStream(ByteArrayOutputStream baos){
         this.baos = baos;
       }
       public void write(int param) throws java.io.IOException{
         baos.write(param);
       }
       public boolean isReady(){
           return true;
       }
       public void setWriteListener(WriteListener listener){
       }
    }
    //PrintWriter 和 ServletOutputStream 使用的字节数组输出流
    private ByteArrayOutputStream baos = new ByteArrayOutputStream();
    //由 ByteArrayOutputStream 创建 PrintWriter
    private PrintWriter pw = new PrintWriter(baos);
   //由 ByteArrayOutputStream 创建 ServletOutputStream
    private ByteArrayServletOutputStream basos
              = new ByteArrayServletOutputStream(baos);
    //构造方法,包装了响应对象
    public TextResponseWrapper(HttpServletResponse response){
       super(response);
    }
    @Override
    public PrintWriter getWriter(){
         return pw;                    //返回定制的 PrintWriter
    }
    @Override
    public ServletOutputStream getOutputStream(){
         return basos;                 //返回定制的 ServletOutputStream 对象
    }
    //将字节输出流转换成字节数组
    byte[] toByteArray(){
       return baos.toByteArray();
    }
}
```

该类创建了 ByteArrayOutputStream 对象存储服务器要写出的所有数据。它也覆盖了 HttpServletResponse 的 getWriter ( ) 方法和 getOutputStream ( ) 方法返回定制的

PrintWriter 对象和 ServletOutputStream 对象，它们都构建在 ByteArrayOutputStream 上，这样数据将不发送到客户。

下面的过滤器类 TextToHTMLFilter.java 把文本报表转换成可打印的 HTML 格式。

程序 8.12　TextToHTMLFilter.java

```
package com.filter;
import java.io.IOException;
import java.io.PrintWriter;
import javax.servlet.*;
import javax.servlet.annotation.WebFilter;
import javax.servlet.http.HttpFilter;
import javax.servlet.http.HttpServletRequest;
import javax.servlet.http.HttpServletResponse;
@WebFilter(dispatcherTypes = {DispatcherType.REQUEST },
      filterName = "TextToHTML", urlPatterns = {"*.txt"})
public class TextToHTMLFilter extends HttpFilter {
    private FilterConfig filterConfig;
    public void init(FilterConfig filterConfig){
      this.filterConfig = filterConfig;
    }
    public void doFilter(HttpServletRequest request,
                         HttpServletResponse response,
            FilterChain filterChain) throws ServletException, IOException{
        NonCachingRequestWrapper ncrw
              = new NonCachingRequestWrapper(request );
        TextResponseWrapper trw = new TextResponseWrapper(res);
        //将包装后的请求和响应对象传到下一组件
        filterChain.doFilter(ncrw, trw);
        String top = "<html><head><title>销售报表</title></head>"
                     + "<body background=\"textReport.gif\"><pre>";
        String bottom = "</pre></body></html>";
        //将文本数据嵌入到页面的<pre>标签中
        StringBuilder htmlFile = new StringBuilder(top);
        String textFile = new String(trw.toByteArray());
        htmlFile.append(textFile);
        htmlFile.append("<br>" + bottom);
        //设置请求的字符编码和响应的内容类型
        request.setCharacterEncoding("UTF-8");
        response.setContentType("text/html;charset=UTF-8");
        //设置内容类型的长度
        response.setContentLength(htmlFile.length());
        //将新数据用实际的 PrintWriter 输出
        PrintWriter out = response.getWriter();
        out.println(htmlFile.toString());
    }
}
```

程序中将实际的请求和响应对象分别包装到 NonCachingRequestWrapper 和 TextResponseWrapper 对象中，然后使用 doFilter()方法将它们传递给过滤器链的下一个组件。当 filterChain.doFilter()方法返回时，文本报表已经写到 TextResponseWrapper 对象中,过滤器从该对象中检索文本数据然后将它们嵌入到适当的 HTML 标签中。最后把数据写到实际的 PrintWriter 对象并发送给客户。

在浏览器地址栏输入下面 URL 即可访问报表文本文件 saleReport. txt,显示如图 8.5 所示的结果。

```
http://localhost:8080/chapter08/saleReport.txt
```

8.3 Servlet 的多线程问题

在 Web 应用程序中,一个 Servlet 在一个时刻可能被多个用户同时访问。这时 Web 容器将为每个用户创建一个线程。如果 Servlet 不涉及共享资源的问题,不必关心多线程问题。但如果 Servlet 需要共享资源,需要保证 Servlet 是线程安全的。

下面首先来看一个非线程安全的 Servlet。该 Servlet 从客户接收两个整数,然后计算它们的和或差。

程序 8.13 CalculatorServlet. java

```
package com.demo;
import javax.servlet.*;
import javax.servlet.http.*;
import java.io.*;
import javax.servlet.annotation.*;

@WebServlet(
    name = "calculatorServlet",
    urlPatterns = { "/calculator.do" },
    initParams = {
        @WebInitParam(name = "sleepTime", value = "2000")
    })
public class CalculatorServlet extends HttpServlet{
   private int result;
   private int sleepTime;
   public void init(){
       String sleep_time = getInitParameter("sleepTime");
       sleepTime = getNumber(sleep_time);
   }
   public void doPost(HttpServletRequest request,
                      HttpServletResponse response)
                      throws IOException,ServletException {
      request.setCharacterEncoding("UTF-8");
      String value1 = request.getParameter("value1");
      int v1 = getNumber(value1);
      String value2 = request.getParameter("value2");
      int v2 = getNumber(value2);
      String op = request.getParameter("submit");
      if(op.equals("相加")){
        result = v1 + v2;
      }else{
```

```
            result = v1 - v2;
        }
        try{
            Thread.sleep(sleepTime);        //当前线程睡眠指定时间
        }catch(InterruptedException e){
            log("Exception during sleeping.");
        }

        try{
            response.setContentType("text/html;charset = UTF - 8");
            PrintWriter out = response.getWriter();
            out.println("<html><body>");
            out.println(v1 + "与" + v2 + op + "结果是" + result);
            out.println("</body></html>");
        }catch(Exception e){
            log("Error writing output.");
        }
    }
    private int getNumber(String s){
        int result = 0;
        try{
            result = Integer.parseInt(s);
        }catch(NumberFormatException e){
            log("Error Parseing " + s);
        }
        return result;
    }
}
```

该程序将计算结果存放在变量 result 中，它根据用户在页面中单击的是“相加”按钮或“相减”按钮决定求和还是求差。注意，result 被声明为一个成员变量。为了演示多个用户请求时出现的问题，程序中调用 Thread 类的 sleep()在计算出 result 后睡眠一段时间（假设 2 秒钟），睡眠的时间通过 Servlet 初始化参数 sleepTime 得到。getNumber()实现字符串到 int 数据的转换。最后输出计算的结果。

下面是一个 JSP 页面，其中的表单包含两个文本框用来接收两个整数，两个提交按钮，一个做加法、一个做减法。

程序 8.14　calculator.jsp

```
<%@ page contentType = "text/html; charset = UTF - 8"
         pageEncoding = "UTF - 8" %>
<html>
<head><title>简单计算器</title></head>
<body>
   <form action = "calculator.do" method = "post">
      <p>操作数 1:<input type = "text" name = "value1" size = "10">
      操作数 2:<input type = "text" name = "value2" size = "10"></p>
      <p><input type = "submit" name = "submit" value = "相加">
        <input type = "submit" name = "submit" value = "相减"></p>
   </form>
```

```
</body>
</html>
```

下面测试该 Servlet 的执行。打开两个浏览器窗口,每个窗口都载入 calculator. jsp 页面,在两个页面的文本框中都输入 100 和 50,如图 8.6 所示。

图 8.6 在两个窗口打开 calculator. jsp 页面

然后单击第一个页面中的“相加”按钮,在 2 秒钟内单击第二个页面的“相减”按钮,得到运行结果如图 8.7 和图 8.8 所示。

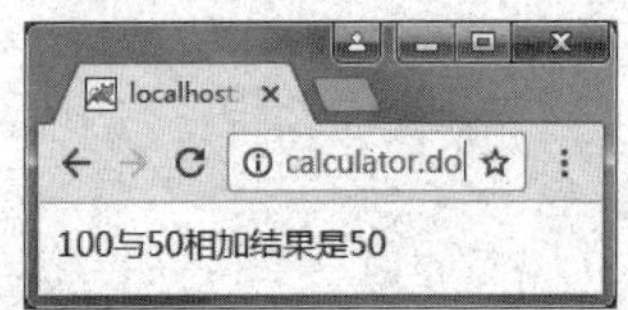

图 8.7 单击“相加”按钮的结果

图 8.8 单击“相减”按钮的结果

从运行结果可以看到,其中一个结果是正确的(第二个页面),另一个结果是错误的。该 Servlet 的执行过程如下:当两个用户同时访问该 Servlet 时,服务器创建两个线程来提供服务。当第一个用户提交表单后,它执行其所在线程的 doPost(),计算 100 与 50 的和并将结果 150 存放在 result 变量中,然后在输出前睡眠 2 秒钟。在这个时间内,当第二个用户提交时,它将计算 100 与 50 的差,将结果 50 写到 result 变量中,此时第一个线程的计算结果被覆盖,当第一个线程恢复执行后输出结果也为 50。

出现这种错误的原因是在 Servlet 中使用成员变量 result 来保存请求计算结果,成员变量在多个线程(请求)中只有一份拷贝,而这里的 result 应该是请求的专有数据。解决这个问题的办法是用方法的局部变量来保存请求的专有数据。这样,进入方法的每个线程都有自己的一份方法变量的拷贝,任何线程都不会修改其他线程的局部变量。

除了上述这种简单情况外,Servlet 还经常要共享外部资源,如使用一个数据库连接对象。如果将连接对象声明为 Servlet 的成员变量,则当多个并发的请求在同一个连接上写入数据时,数据库将产生错误的数据,因此通常不用成员变量来保存请求的专有数据。

下面是编写线程安全的 Servlet 的一些建议:

(1) 用方法的局部变量保存请求中的专有数据。对方法中定义的局部变量,进入方法的每个线程都有自己的一份方法变量拷贝。如果要在不同的请求之间共享数据,应该使用会话来共享这类数据。

(2) 只用 Servlet 的成员变量来存放那些不会改变的数据。有些数据在 Servlet 生命周期中不发生任何变化,通常是在初始化时确定的,这些数据可以使用成员变量保存。如数据库连接名称、其他资源的路径等。在上述例子中 sleepTime 的值是在初始化时设定的并在

Servlet 的生命期内不发生改变,所以可以把它定义为一个成员变量。

(3) 对可能被请求修改的成员变量同步(使用 synchronized 关键字)。有时数据成员变量或者环境属性可能被请求修改。当访问这些数据时应该对它们同步,以避免多个线程同时修改这些数据。

(4) 如果 Servlet 访问外部资源,那么需要对这些资源同步。例如,假设 Servlet 要从文件中读写数据。当一个线程读写一个文件时,其他线程也可能正在读写这个文件。文件访问本身不是线程安全的,所以必须编写同步代码访问这些资源。

在编写线程安全的 Servlet 时,下面两种方法是不应该使用的:

(1) 在 Servlet API 中提供了一个 SingleThreadModel 接口,实现这个接口的 Servlet 在被多个客户请求时一个时刻只有一个线程运行。这个接口已被标记不推荐使用。

(2) 对 doGet()或 doPost()同步。如果必须在 Servlet 中使用同步代码,应尽量在最小的代码块范围上进行同步。同步代码越少,Servlet 执行效率越高。

8.4 Servlet 的异步处理

8.4.1 概述

Servlet 3.0 之前,Servlet 的执行过程大致如下:Web 容器接收到用户对某个 Servlet 请求之后启动一个线程,在该线程中对请求的数据进行预处理;接着,调用业务接口的某些方法,以完成业务处理;最后,根据处理的结果提交或转发响应,Servlet 线程结束。其中的业务处理通常是最耗时的,如访问数据库操作,跨网络调用等。此时,Servlet 线程一直处于阻塞状态,直到业务执行完毕。在此过程中,线程资源一直被占用而得不到释放,对于并发用户较多的应用,这有可能造成性能的瓶颈。

Servlet 3.0 增加了异步处理支持,Servlet 的执行过程调整如下:Web 容器接收到用户对某个 Servlet 请求之后启动一个线程,在该线程中对请求的数据进行预处理;接着,Servlet 线程将请求转交给一个异步线程来执行业务处理,Servlet 线程本身返回至容器,此时 Servlet 还没有生成响应数据。异步线程处理完业务以后,可以直接生成响应数据(异步线程拥有 ServletRequest 和 ServletResponse 对象的引用),或者将请求转发给其他 Servlet 或 JSP 页面。这样,Servlet 线程不再是一直处于阻塞状态以等待业务逻辑的处理,而是启动异步线程之后可以立即返回。

异步线程处理可应用于 Servlet 和过滤器两种组件,由于异步处理的工作模式和普通工作模式在实现上有着本质的区别,因此默认情况下,Servlet 和过滤器并没有开启异步处理特性。

Servlet 3.0 的异步处理是通过 AsyncContext 类来实现的,Servlet 可以通过 ServletRequest 的如下两个方法创建 AsyncContext 对象,开启异步调用。

- public AsyncContext startAsync():开始异步调用并返回 AsyncContext 对象,其中包含最初的请求和响应对象。
- public AsyncContext startAsync(ServletRequest request, ServletResponse response):开启异步调用,并传递经过包装的请求和响应对象。

AsyncContext 表示异步处理的上下文,该类提供了一些工具方法,可完成启动后台线程、转发请求、设置异步调用的超时时长、获取 request 和 response 对象等功能。

8.4.2 异步调用 Servlet 的开发

编写异步 Servlet 和过滤器很简单。如果一个任务需要花费较长时间完成,就应该通过异步 Servlet 实现。在异步 Serlvet 中一般需要执行下面操作:

(1) 调用 ServletRequest 对象的 startAsync(),该方法返回 AsyncContext 对象,它是异步处理的上下文对象。

(2) 调用 AsyncContext 对象的 setTimeout(),传递一个毫秒时间设置容器等待指定任务完成的时间。如果没有设置超时时间,容器将使用默认时间。在指定的时间内任务不能完成将抛出异常。

(3) 调用 AsyncContext 对象的 start(),为其传递一个要用异步线程执行的 Runnable 对象。

(4) 当任务结束时在线程对象中调用 AsyncContext 对象的 complete()或 dispatch()。

下面是一个简单的模拟异步处理的 Servlet。

程序 8.15 AsyncDemoServlet.java

```
package com.demo;
import java.io.IOException;
import java.io.PrintWriter;
import javax.servlet.AsyncContext;
import javax.servlet.ServletException;
import javax.servlet.annotation.WebServlet;
import javax.servlet.http.HttpServlet;
import javax.servlet.http.HttpServletRequest;
import javax.servlet.http.HttpServletResponse;
import java.time.LocalTime;

@WebServlet(urlPatterns = "/asyncDemo", asyncSupported = true)
public class AsyncDemoServlet extends HttpServlet {
    protected void doGet(HttpServletRequest request,
                         HttpServletResponse response)
                         throws ServletException, IOException {
        response.setContentType("text/html;charset = UTF - 8");
        PrintWriter out = response.getWriter();
        out.println("<html><head><title>异步调用示例</title></head>");
        out.println("<body>");
        out.println("进入 Servlet 的时间: " + LocalTime.now() + ".<br>");
        out.flush();
        AsyncContext actx = request.startAsync();
        actx.setTimeout(30 * 1000);      //设置异步调用的超时时长 30 秒
        //启动异步调用的线程
        actx.start(new Executor(actx));
        out.println("结束 Servlet 的时间: " + LocalTime.now() + ".</br>");
        out.flush();
    }
}
```

该类中创建了一个 AsyncContext 对象，并通过该对象以异步的方式启动了一个后台线程。该线程执行体模拟调用耗时的业务方法，下面的 Executor 类就是线程体类。

程序 8.16　Executor.java

```
package com.demo;
import javax.servlet.*;
import java.io.*;
import java.time.LocalTime;

public class Executor implements Runnable{
  private AsyncContext actx = null;
  public Executor(AsyncContext actx){
       this.actx = actx;
   }
  //实现线程体的 run()
  public void run(){
    try{
       //等待 10 秒钟,以模拟业务方法的执行
       Thread.sleep(10000);
       PrintWriter out = actx.getResponse().getWriter();
       out.println("业务处理完毕的时间: " + LocalTime.now() + ".");
       out.flush();
       actx.complete();                    //结束异步线程
     }catch(Exception e){
        e.printStackTrace();
     }
  }
}
```

访问该 Servlet，运行结果如图 8.9 所示。

图 8.9　AsyncDemoServlet 的运行结果

从运行结果可以看到，主线程结束时异步线程还没有结束，主线程已经返回给容器。

对于希望启用异步调用的 Servlet 而言，开发者必须显式指定开启异步调用，有两种方式指定异步调用：

- 为@WebServlet 注解指定 asyncSuppored=true。
- 在 web.xml 文件的< servlet >元素中增加< async-suppored >子元素。

Servlet 3.0 为< servlet >和< filter >标签增加了< async-supported >子标签，该标签的默认取值为 false，要启用异步处理支持，则将其设为 true 即可。以 Servlet 为例，其配置如下所示：

```
<servlet>
  <servlet-name>AsyncDemoServlet</servlet-name>
  <servlet-class>com.demo.AsyncDemoServlet</servlet-class>
  <async-supported>true</async-supported>
</servlet>
```

8.4.3 实现 AsyncListener 接口

在 Servlet 3.0 中增加了一个 AsyncListener 接口来处理异步操作事件。当 Servlet 启用异步调用时发生 AsyncEvent 事件。要处理这类事件,需实现 AsyncListener 接口,该接口定义了如下 4 个方法:

- public void onStartAsync (AsyncEvent event):当异步调用开始时触发该方法。
- public void onComplete (AsyncEvent event):当异步调用完成时触发该方法。
- public void onError (AsyncEvent event):当异步调用出错时触发该方法。
- public void onTimeout (AsyncEvent event):当异步调用超时时触发该方法。

上述方法的参数是 AsyncEvent 类的对象,通过该对象的 getAsyncContext()、getSuppliedRequest() 和 getSuppliedResponse() 可分别返回 AsyncContext 对象、ServletRequest 对象及 ServletResponse 对象等。

下面的 MyAsyncListener 类实现了 AsyncListener 接口,当发生异步操作事件时可由它处理。

程序 8.17 MyAsyncListener.java

```
package com.listener;
import javax.servlet.AsyncListener;
import javax.servlet.AsyncEvent;
import javax.servlet.annotation.*;
import java.io.IOException;

public class MyAsyncListener implements AsyncListener{
    @Override
    public void onStartAsync(AsyncEvent event)throws IOException{
        System.out.println("异步调用开始.");
    }
    public void onComplete(AsyncEvent event)throws IOException {
        System.out.println("异步调用完成.");
    }
    public void onError(AsyncEvent event)throws IOException {
        System.out.println("异步调用出错.");
    }
    public void onTimeout(AsyncEvent event)throws IOException {
        System.out.println("异步调用超时.");
    }
}
```

注意,与其他 Web 监听器不同,AsyncListener 监听器不需要使用@WebListener 注册或在 web.xml 中注册,但需要使用 AsyncContext 对象的 addListener()进行手工注册,该方法格式如下：

```
public void addListener(AsyncListener listener)
```

下面的 AsyncListenerServlet 是一个异步 Servlet，它使用了上述监听器。

程序 8.18　AsyncListenerServlet.java

```
package com.demo;

import java.io.IOException;
import javax.servlet.AsyncContext;
import javax.servlet.ServletException;
import javax.servlet.annotation.WebServlet;
import javax.servlet.http.HttpServlet;
import javax.servlet.http.HttpServletRequest;
import javax.servlet.http.HttpServletResponse;
import com.listener.MyAsyncListener;

@WebServlet(name = "AsyncListenerServlet",
            urlPatterns = {"/asyncListener"},
            asyncSupported = true)
public class AsyncListenerServlet extends HttpServlet {
   private static final long serialVersionUID = 222L;
   @Override
   protected void doGet(final HttpServletRequest request,
                  HttpServletResponse response)
              throws ServletException, IOException {
      final AsyncContext asyncContext = request.startAsync();
      asyncContext.setTimeout(5000);
      //注册监听器
      asyncContext.addListener(new MyAsyncListener());
      System.out.println("主线程输出...");
      System.out.println("主线程名: " + Thread.currentThread().getName());
      asyncContext.start(new Runnable(){
         @Override
         public void run(){
             try{
               Thread.sleep(3000);     //睡眠 3 秒钟
             }catch(InterruptedException e){ }
             String greeting = "Hi from worker thread";
             System.out.println("异步线程输出...");
             System.out.println("异步线程名: "
                    + Thread.currentThread().getName());

             request.setAttribute("greeting", greeting);
             asyncContext.dispatch("/test.jsp");
         }
      });
   }
}
```

为 AsyncContext 对象注册了监听器后，在异步线程调用开始、出错、超时及完成时将被通知。

本章小结

在 Web 应用程序运行过程中会发生某些事件，为了处理这些事件，容器也采用了事件监听器模型。根据事件的类型和范围，可以把事件监听器分为三类：ServletContext 事件监听器、HttpSession 事件监听器和 ServletRequest 事件监听器。

对 Web 应用来说，过滤器是 Web 服务器上的组件，它们对客户和资源之间的请求和响应进行过滤。可以定义多种类型的过滤器，如验证过滤器、审计过滤器、数据压缩过滤器、加密过滤器等。

在编写有多个用户同时访问的 Servlet 时，一定要保证 Servlet 是线程安全的。一般不使用成员变量共享请求的专有数据。如果必须要在多个请求之间共享数据，则应当对这些数据同步，并且尽量在最小的代码块范围上进行同步。

Servlet 3.0 新增的 Servlet 和过滤器的异步处理线程的目的是提高系统的性能。它通过 AsyncContext 对象的 startAsync()和 start()开始和启动一个异步执行的线程，使当前线程立即返回，使耗时的操作在一个异步线程中执行，从而提高系统的性能。

思考与练习

1. Web 应用程序的哪些对象上可以发生事件，如何实现监听器接口，如何注册事件监听器？

2. Web 应用程序启动时将通知应用程序的哪个事件监听器？

3. 在 Web 部署描述文件 web.xml 中注册监听器时需要使用< listener >元素，该元素的唯一一个子元素是(　　)。

A. < listener-name >　　B. < listener-class >

C. < listener-type >　　D. < listener-class-name >

4. 假设你编写了一个名为 MyServletRequestListener 的类监听 ServletRequestEvent 事件，如何在部署描述文件中配置该类？

5. 下面代码是实现了 ServletRequestAttributeListener 接口的类的部分代码，且该监听器已在 DD 中注册：

```
public void attibuteAdded(ServletRequestAttributeEvent ev){
    getServletContext().log("A: " + ev.getName() + " ->" + ev.getValue());
}
public void attibuteRemoved(ServletRequestAttributeEvent ev){
    getServletContext().log("M: " + ev.getName() + " ->" + ev.getValue());
}
public void attibuteReplaced(ServletRequestAttributeEvent ev){
    getServletContext().log("P: " + ev.getName() + " ->" + ev.getValue());
}
```

下面是一个 Servlet 中 doGet()的代码：

```
public void doGet(HttpServletRequest request,
                  HttpServletResponse response)
             throws IOException,ServletException{
    request.setAttibute("a", "b");
    request.setAttibute("a", "c");
    request.removeAttibute("a");
}
```

试问如果客户访问该 Servlet，在日志文件中生成的内容为(　　)。

A. A：a-> b　P：a-> b

B. A：a-> b　M：a-> c

C. A：a-> b　P：a-> b　M：a-> c

D. A：a-> b　M：a-> b　P：a-> c　M：a-> c

6. 在部署描述文件中的< filter-mapping >元素中可以使用哪三个元素？(　　)

A. < servlet-name >

B. < filter-class >

C. < dispatcher >

D. < url-pattern >

E. < filter-chain >

7. 下面代码有什么错误？(　　)

```
public void doFilter(ServletRequest req, ServletResponse, res,
                     FilterChain chain)
            throws ServletException, IOException {
    chain.doFilter(req, res);
    HttpServletRequest request = (HttpServletRequest)req;
    HttpSession session = request.getSession();
    if (session.getAttribute("login") == null) {
      session.setAttribute("login"", new Login());
    }
}
```

A. doFilter()格式不正确，应该带的参数为 HttpServletRequest 和 HttpServletResponse

B. doFilter()应该抛出 FilterException 异常

C. chain. doFilter(req,res)调用应该为 this. doFilter(req,res,chain)

D. 在 chain. doFilter()之后访问 request 对象将产生 IllegalStateException 异常

E. 该过滤器没有错误

8. 给定下面过滤器声明：

```
<filter-mapping>
  <filter-name>FilterOne</filter-name>
  <url-pattern>/admin/*</url-pattern>
  <dispatcher>FORWARD</dispatcher>
</filter-mapping>
<filter-mapping>
  <filter-name>FilterTwo</filter-name>
  <url-pattern>/users/*</url-pattern>
</filter-mapping>
```

```
<filter-mapping>
  <filter-name>FilterThree</filter-name>
  <url-pattern>/admin/*</url-pattern>
</filter-mapping>
<filter-mapping>
  <filter-name>FilterTwo</filter-name>
  <url-pattern>/*</url-pattern>
</filter-mapping>
```

在浏览器中输入请求/admin/index.jsp,将以哪种顺序调用过滤器?( )

A. FilterOne，FilterThree　　B. FilterOne，FilterTwo，FilterThree

C. FilterTwo，FilterThree　　D. FilterThree，FilterTwo

E. FilterThree

9. 编写线程安全的 Servlet,下面哪个是最佳方法?( )

A. 实现 SingleThreadModel 接口　　B. 对 doGet()或 doPost()同步

C. 使用局部变量存放用户专有数据　　D. 使用成员变量存放所有数据

10. 下面哪种方法可在 Servlet 中启动一个异步线程?( )

A. 调用请求对象的 startAsync()

B. 调用 AsyncContext 对象的 start()

C. 调用线程对象的 run()

D. 调用 AsyncContext 对象的 complete()

11. 简述开发支持异步线程调用 Servlet 的一般步骤。

第9章　Web安全性入门

本章目标

- 了解Web应用的安全性措施及验证的类型；
- 掌握基本验证的过程；
- 理解安全域模型及用户与角色的定义；
- 掌握安全约束的定义；
- 学会编程式安全的应用。

随着企业在Internet上处理的业务越来越多，安全性问题也变得越来越重要。Java Web应用是由可以部署到Web容器中的各种组件组成的。Web容器提供了一种强健而且易于配置的安全性机制来验证用户并授权对应用功能以及相关数据的访问。

本章将学习实现Web应用程序安全性的各种技术。首先介绍有关Web应用安全的概念，接下来介绍验证机制以及如何实现声明式的Web应用安全和编程式的Web应用安全。

9.1　Web安全性措施

Web应用程序通常包含许多资源，这些资源可被多个用户访问，有些资源要求用户必须具有一定权限才能访问。可以通过多种措施来保护这些资源。

9.1.1　理解验证机制

Web应用的安全性措施主要包括下面4个方面：

1. 身份验证

对安全性的第一个基本要求是验证用户。验证(authentication)是识别一个人或系统(如应用程序)以及检验其资格的过程。在Internet领域，验证一个用户的基本方法通常是用户名和口令。

2. 授权

一旦用户通过验证，还必须给他授权。授权(authorization)是确定用户是否被允许访问他所请求的资源的过程。例如，在银行系统中，我们只能访问属于自己的银行账户，不能访问别人的账户。授权通常通过一个访问控制列表(Access Control List，ACL)强制实施，该列表指定了用户和他所访问的资源类型。

3. 数据完整性

数据完整性(integrity)是指数据从发送者传输到接收者的过程中数据不被破坏。例如,如果你发送一个请求要从一个账户向另一个账户转账1000元,那么银行得到的请求是转账1000元而不是2000元。数据完整性通常是通过与数据一起发送一个哈希码或签名保证的。在接收端需要验证数据和哈希码。

4. 数据保密性

数据保密性(confidentiality)是保证除应该访问它的用户外,别人不能访问敏感信息。例如,当你发送用户名/口令登录某个Web站点,如果信息在Internet上是以普通文本形式传输的,黑客就可以通过分析HTTP包来获得这些信息。在这种情况下,数据就不具有保密性了。保密性通常是通过对信息加密来实现的,这样只有应该获得信息的用户才能解密。目前,大多数Web站点使用HTTPS协议来对信息加密,这样,即使黑客分析数据,也不能对它解密,所以也不能使用它。

授权与保密的区别是二者对信息保护的方式不同。授权是首先防止信息到达无权访问的用户,而保密是保证即使信息被非法获得,也不能被使用。

9.1.2 验证的类型

在Servlet规范中定义了如下4种用户验证的机制:①HTTP Basic验证;②HTTP Digest验证;③HTTPS Client验证;④HTTP FORM-based验证。

这些验证机制都是基于用户名/口令的机制,在该机制中,服务器维护一个所有用户名和口令的列表以及需要保护的资源列表。

1. HTTP Basic验证

这种验证称为HTTP基本验证,它是由HTTP 1.1规范定义的,这是一种保护资源的最简单和最常用的验证机制。当浏览器请求任何受保护资源时,服务器都要求一个用户名和口令。如果用户输入了合法的用户名/口令,服务器才发送资源。

HTTP基本验证的优点是:实现较容易,所有的浏览器都支持。缺点是:因为用户名/口令没有加密,而是采用Base64编码,所以不是安全的;不能自定义对话框的外观。

2. HTTP Digest验证

这种验证称为HTTP摘要验证,它除了口令是以加密的方式发送的,其他与基本验证都一样,但比基本验证安全。

HTTP摘要验证的优点有:它比基本验证更安全。缺点有:它只能被IE 5以上版本的浏览器支持;许多Servlet容器不支持,因为规范并没有强制要求。

3. FORM-based验证

这种验证称为基于表单的验证,它类似于基本验证,但它使用用户自定义的表单来获得用户名和口令而不是使用浏览器的弹出对话框。开发人员必须创建包含表单的HTML页面,对表单外观可以定制。

基于表单验证的优点是:所有的浏览器都支持,且很容易实现,客户可以定制登录页面的外观(Look And Feel)。缺点是:它不是安全的,因为用户名/口令没有加密。

4. HTTPS Client验证

这种验证称为客户证书验证,它采用HTTPS传输信息。HTTPS是在安全套接层(Secure Socket Layer,SSL)之上的HTTP ,SSL可以保证Internet上敏感数据传输的保密性。在这种机制中,当浏览器和服务器之间建立起SSL连接后,所有的数据都以加密的形式传输。

这种验证的优点有：它是4种验证类型中最安全的；所有常用的浏览器都支持这种验证。缺点有：它需要一个证书授权机构(如VeriSign)的证书；它的实现和维护的成本较高。

9.1.3 基本验证的过程

现在来详细看一下客户请求一个受保护资源时，浏览器和Web容器之间是怎样实现基本身份验证的。

(1) 浏览器向某个受保护资源(Servlet或JSP)发送请求，此时，浏览器并不知道资源是受保护的，所以它发送的请求是一般的HTTP请求，例如：

```
GET /account.do HTTP/1.1
```

(2) 当服务器接收到对资源的请求后，首先在访问控制列表(ACL)中查看该资源是否是受保护资源，如果不是，服务器将该资源发送给用户。如果发现该资源是受保护的，它并不直接发送该资源，而是向客户发送一个401 Unauthorized(非授权)消息。在该消息中包含一个响应头告诉浏览器访问该资源需要验证。响应消息中还包括验证方法和安全域名称以及请求内容的长度和类型。下面是服务器发送的一个响应示例。

```
HTTP/1.1 401 Unauthorized
Server: Tomcat/9.0.0
WWW-Authenticate: Basic realm = "Security Test"
Content-Length = 500
Content-Type = text/html
```

(3) 当浏览器收到上面响应时，打开一个对话框提示输入用户名和密码。使用不同的浏览器，验证对话框的外观略有不同，图9.1是使用Firefox浏览器显示的对话框。

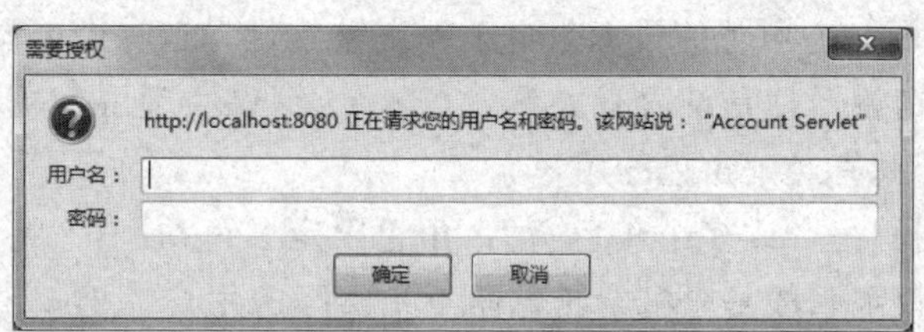

图9.1 用户验证对话框

(4) 用户一旦输入了用户名和密码并单击"确定"按钮，浏览器再次发送请求并在名为Authorization的请求头中传递用户名和密码的值，如下所示：

```
GET /account.do HTTP/1.1
Authorization: Basic bWFyeeTptbW0=
```

上面请求头中包含了用户名和密码串的Base 64编码值。注意，Base 64编码不是一种加密的方法。使用sun.misc.Base64Encoder和sun.misc.Base64Decoder类可以对任何字符串编码和解码。有关更详细信息请参考RFC 1521。

(5) 当服务器接收到该请求，它将在访问控制列表中检验用户名和密码，如果是合法用户且该用户可以访问该资源,它将发送资源并在浏览器中显示出来,否则它将再一次发送 401 Unauthorized 消息,浏览器再一次显示用户名/密码对话框。

9.1.4 声明式安全与编程式安全

我们在 Servlet 规范中提到,实施 Web 应用程序的安全性可以有两种方法:声明式安全和编程式安全。

所谓声明式安全(declarative security)是一个应用程序的安全结构,包括角色、访问控制及验证需求都在应用程序外部表示。在应用程序内通过部署描述文件(web.xml)声明安全约束。应用程序部署人员把应用的安全逻辑需求映射到运行时环境的安全策略表示,容器使用该安全策略实施验证和授权。

安全模型可以应用在 Web 应用程序的静态内容部分,也可以应用在客户请求的 Servlet 和过滤器上,但不能应用在 Servlet 使用 RequestDispatcher 调用的静态资源和使用 forward 和 include 转发和包含的资源上。

声明式安全在资源(如 Servlet)中不包含任何有关安全的代码。但有时可能需要更精细的安全约束或声明式安全不足以表示应用的安全模型,这时可采用编程式安全。编程式安全(programmatic security)主要使用 HttpServletRequest 接口中的有关方法实现。在 9.4 节将介绍编程式安全。

9.2 安全域模型

9.2.1 安全域概述

安全域是 Web 服务器保护 Web 资源的一种机制。所谓安全域(realm)是标识一个 Web 应用程序的合法的用户名和口令的“数据库”,其中包括与用户相关的角色。所谓角色(role)实际上是一组用户。角色的概念来自于现实世界,例如,一个公司可能只允许销售经理访问销售数据,而销售经理是谁没有关系。实际上,销售经理可能更换。任何时候,销售经理实际是一个充当销售经理角色的用户。

每个用户可以拥有一个或多个角色,每个角色限定了可访问的 Web 资源。在 Web 应用中,对资源的访问权限一般是分配给角色而不是实际的用户。把权限分配给角色而不是用户使对权限的改变更灵活。一个用户可以访问其拥有的所有角色对应的 Web 资源。

安全域是 Tomcat 内置的功能,它通过 org.apache.catalina.Realm 接口把一组用户名、口令及用户所关联的角色集成到 Tomcat 中。Tomcat 提供了 5 个实现这一接口的类,它们分别代表 5 种安全域模型,如表 9-1 所示。

表 9-1 Tomcat 的安全域类型

安全域类型	类　名	说　明
内存域	MemoryRealm	在 Tomcat 服务器初始化阶段,从一个 XML 文档中读取验证信息,并把它们以一组对象的形式存放在内存中
JDBC 域	JDBCRealm	通过 JDBC 驱动程序访问存放在数据库中的验证信息
数据源域	DataSourceRealm	通过 JNDI 数据源访问存放在数据库中的验证信息

续表

安全域类型	类　　名	说　　明
JNDI 域	JNDIRealm	通过 JNDI provider 访问存放在基于 LDAP 的目录服务器中的安全验证信息
JAAS 域	JAASRealm	通过 JAAS(Java 验证授权服务)框架访问验证信息

不管使用哪一种安全域模型，都要包含下列步骤。

(1) 定义角色、用户以及用户与角色的映射。

(2) 为 Web 资源设置安全约束。

下面主要介绍内存域的使用，关于其他安全域，请参考 Tomcat 文档。

9.2.2 定义角色与用户

使用的安全域模型不同，用户和角色的定义也不同。下面介绍使用内存域定义角色与用户。内存域安全模型通过 org.apache.catalina.realm.MemoryRealm 类实现，它将用户和角色信息存储在一个 XML 文件中，当应用程序启动时将其读入内存中。默认情况下，该 XML 文件为< *tomcat-install* >\conf\tomcat-users.xml，在该文件中定义了角色和用户，其顶层元素为< tomcat-users >，子元素< role >用来定义角色，< user >元素用来定义用户及用户与角色的映射关系。默认情况下 tomcat-users.xml 文件中定义了一些角色和用户，还可以在该文件中增加或修改角色和用户以及用户和角色的映射，假设修改后的文件内容如下。

程序 9.1　tomcat-users.xml

```
<?xml version="1.0" encoding="UTF-8"?>
<tomcat-users version="1.0"
       xmlns="http://tomcat.apache.org/xml"
       xmlns:xsi="http://www.w3.org/2001/XMLSchema-instance"
       xsi:schemaLocation="http://tomcat.apache.org/xml tomcat-users.xsd">

  <role rolename="admin"/>
  <role rolename="manager"/>
  <role rolename="member"/>
  <role rolename="guest"/>

  <user username="admin" password="admin" roles="admin,manager"/>
  <user username="smith" password="sss" roles="manager"/>
  <user username="mary" password="mmm" roles="member,guest"/>
  <user username="annie" password="aaa" roles="guest"/>
</tomcat-users>
```

这里定义了 4 个角色名，分别为 admin、manager、member(会员)和 guest(游客)，定义了 4 个用户及口令，同时指定了他们具有的角色，如 admin 具有 admin 和 manager 角色，smith 具有 manager 角色，mary 具有 member 和 guest 角色，而 annie 仅具有 guest 角色，这些用户与角色的映射关系如图 9.2 所示。

注意：在 tomcat-users.xml 文件中添加或修改了角色和用户后需重新启动 Tomcat，设置才能生效。另外，如果在 Eclipse 中关联了 Tomcat 服务器，在 Eclipse 的项目列表中将包

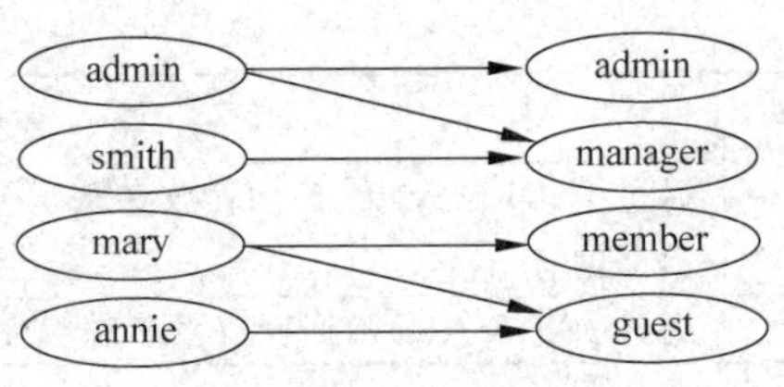

图 9.2 用户与角色的映射

含一个 Servers 节点,应该修改这里的 tomcat-users. xml 文件,否则 Tomcat 每次重新启动将恢复到原来文件内容。

9.3 定义安全约束

为 Web 资源定义安全约束是通过 web. xml 文件实现的,这里主要配置哪些角色可以访问哪些资源。

9.3.1 安全约束定义

安全约束的配置主要是通过< login-config >、< security-role >和< security-constraint >三个元素实现的。

1. < login-config >元素

< login-config >元素定义使用的验证机制。验证机制不同,当 Web 客户访问受保护的 Web 资源时,系统弹出的对话框不同。子元素< auth-method >指定使用的验证方法,其值可以为 BASIC、DIGEST、FORM 和 CLIENT-CERT,分别表示基本验证、摘要验证、基于表单的验证和客户证书验证。< realm-name >元素仅用在 HTTP 基本验证(BASIC)中,指定安全域(realm)名称。< form-login-config >元素仅用在基于表单的验证(FORM)中,指定登录页面的 URL 和错误页面的 URL。

下面是 web. xml 的代码片段,它是 BASIC 验证机制的配置。

```
<login-config>
    <auth-method>BASIC</auth-method>
    <realm-name>Security Test</realm-name>
</login-config>
```

2. < security-role >元素

该元素用来定义安全约束中引用的所有角色名,子元素< role-name >定义角色名。例如,假设在 Web 应用中要引用 manager 角色和 member 角色,则该元素可定义为:

```
<security-role>
    <role-name>manager</role-name>
    <role-name>member</role-name>
</security-role>
```

3. < security-constraint >元素

该元素用来定义受保护的 Web 资源集合、访问资源的角色以及用户数据的约束。

表 9-2 给出了该元素的子元素及说明。

表 9-2 <security-constraint>元素的子元素

属 性 名	说 明
display-name	一个可选的元素。它为安全约束指定一个易于识别的名称
web-resource-collection	指定该安全约束所应用的资源集合
auth-constraint	指定可以访问在<web-resource-collection>部分中指定的资源的角色
user-data-constraint	指定数据应该如何在客户与服务器之间通信

1）<web-resource-collection>元素

该元素定义一个或多个 Web 资源集合，它使用子元素 web-resource-name 指定资源的名称。url-pattern 指定受保护的资源，它是通过资源的 URL 模式指定的，可以指定多个 URL 模式把多个资源组成一组。http-method 元素指定该约束适用的 HTTP 方法。例如，可以限制只有授权用户才能使用 POST 请求，而允许所有的用户使用 GET 请求。

下面看一个 Web 资源集合的示例。

```
<web-resource-collection>
  <web-resource-name>admin resource</web-resource-name>
  <url-pattern>/examination.do</url-pattern>
  <url-pattern>/admin/*</url-pattern>

  <http-method>GET</http-method>
  <http-method>POST</http-method>
</web-resource-collection>
```

该资源集合中指定了一个 Servlet 和 admin 目录中的所有文件。在<http-method>中只定义了 GET 和 POST 方法。这意味着只有这些方法才是受限的访问，对这些资源的所有其他的请求对所有用户开放。如果没有指定<http-method>元素，则约束应用于所有的 HTTP 方法。

注意：这里的资源不仅包含 Servlet 和 JSP 等，还包括访问资源的 HTTP 方法，实际是资源与方法的组合。

2）<auth-constraint>元素

该元素指定可以访问受限资源的角色。子元素 role-name 指定可以访问受限资源的角色。它可以是*（表示 Web 应用程序中定义的所有角色），或者是<security-role>元素中定义的名称。

```
<auth-constraint>
  <description>accessible to all manager</description>
  <role-name>manager</role-name>
</auth-constraint>
```

这个例子说明具有 manager 角色的用户才能访问该资源。

3） <user-data-constraint>元素

该元素指定数据应该如何在客户与服务器之间传输，子元素 transport-guarantee 指定数据传输的方式，它的取值为下面三者之一：NONE、INTEGRAL 或 CONFIDENTIAL。

NONE 表示不对传输的数据有任何完整性和保密性的要求，INTEGRAL 和 CONFIDENTIAL 分别表示要求传输的数据的完整性和保密性。通常，当设置为 NONE 时使用普通的 HTTP 协议，当设置为 INTEGRAL 或 CONFIDENTIAL 时使用 HTTPS 协议。

下面是 user-data-constraint 的一个例子，它表示数据传输要求具有完整性。

```
<user-data-constraint>
  <transport-guarantee>INTEGRAL</transport-guarantee>
</user-data-constraint>
```

9.3.2 安全验证示例

下面通过一个实际的例子说明安全性的使用。首先建立一个名为 AccountServlet 的 Servlet，然后分别采用基本验证和基于表单的方式测试安全性。在做本节例子时，如果对示例应用程序代码或配置作了修改，最好重新启动 Tomcat 然后打开一个新的浏览器窗口。下面的 AccountServlet 作为受限访问资源。

程序 9.2 AccountServlet.java

```
package com.demo;
import java.io.*;
import javax.servlet.*;
import javax.servlet.http.*;
import javax.servlet.annotation.WebServlet;

@WebServlet("/account.do")
public class AccountServlet extends HttpServlet{
    public void doGet(HttpServletRequest request,
                      HttpServletResponse response)
                    throws IOException,ServletException {
        response.setContentType("text/html;charset=UTF-8");
        PrintWriter out = response.getWriter();
        out.println("<html><head>");
        out.println("<title>Declarative Security Example</title>");
        out.println("</head>");
        out.println("<body>");
        String name = request.getRemoteUser();
        out.println("欢迎您, " + name + "!");
        out.println("<br>能够访问该页面,说明你是管理员(manager).");
        out.println("</body></html>");
    }

    public void doPost(HttpServletRequest request,
                      HttpServletResponse response)
                      throws IOException, ServletException {
        response.setContentType("text/html;charset=UTF-8");
        PrintWriter out = response.getWriter();
        out.println("<html><head>");
        out.println("<title>Declarative Security Example</title>");
```

```
        out.println("</head>");
        out.println("<body>");
        out.println("欢迎你!<br>");
        out.println("HTTP POST 请求对所有用户开放!");
        out.println("</body></html>");
    }
}
```

为了说明问题,程序中实现了 doGet()和 doPost()。这里需要注意的是,该 Servlet 没有任何与安全相关的代码,所有安全性都是容器在 web.xml 中设置的。

1. 基本身份验证方法

正如前面所提到的,Web 应用程序的安全约束可以在 web.xml 中指定,下面代码为 /account.do 资源定义了安全约束。

```
<security-constraint>
    <web-resource-collection>
      <web-resource-name>Account Servlet</web-resource-name>
      <url-pattern>/account.do</url-pattern>                    ←指定资源和方法
      <http-method>GET</http-method>
    </web-resource-collection>
    <auth-constraint>                                        ←指定访问资源的角色
      <role-name>manager</role-name>
    </auth-constraint>
    <user-data-constraint>                                   ←指定数据传输方式
      <transport-guarantee>NONE</transport-guarantee>
    </user-data-constraint>
</security-constraint>
<login-config>
    <auth-method>BASIC</auth-method>                         ←指定验证的方法为 BASIC
    <realm-name>Account Servlet</realm-name>
</login-config>
<security-role>                                              ←指定安全约束应用的角色名
    <role-name>manager</role-name>
    <role-name>member</role-name>
</security-role>
```

上面代码中,通过<web-resource-collection>的<url-pattern>元素和<http-method>元素标识被保护的资源。这里仅指定了 GET 方法,这说明该安全约束仅对 GET 请求是受限的。

<auth-constraint>指定该资源仅能被拥有 manager 角色的用户访问,这里的<role-name>必须在<security-role>元素中定义。

<transport-guarantee>定义为 NONE,表示将使用 HTTP 作为通信协议,不要求对传输的数据保证隐秘性和完整性。<login-config>元素中指定 BASIC 验证方法。

当在浏览器中使用 http://localhost:8080/chapter09/account.do 访问 AccountServlet 时,这将向它发送一个 GET 请求。浏览器将弹出一个如图 9.1 所示的对话框,输入具有 manager 角色的用户名和密码,可以看到该 Servlet 发回的响应页面。

2. 基于表单的验证方法

基于表单的验证方法需要使用自定义的登录页面代替标准的登录对话框。这里需要建立两个页面：一个是登录页面，一个是登录失败显示的错误页面。同时需要在 web.xml 的 < login-config >元素的子元素< form-login-config >中指定登录页面和出错页面。

程序 9.3　loginPage.jsp

```
<%@ page contentType = "text/html;charset = UTF - 8" %>
<html><head><title>登录页面</title></head>
<body>
<p>请您输入用户名和口令</p>
<form method = "post" action = "j_security_check">
  <table>
    <tr><td align = "right">用户名：</td>
        <td align = "left"><input type = "text" name = "j_username"><td>
    </tr>
    <tr><td align = "right">口   令：</td>
        <td align = "left"><input type = "password" name = "j_password"></td>
    </tr>
    <tr><td align = "right"><input type = "submit" value = "登录"></td>
        <td align = "center"><input type = "reset" value = "重置"></td>
    </tr>
  </table>
</form>
</body></html>
```

这里要注意，对于使用基于表单验证方法的登录页面，表单的 action 属性值必须为 j_security_check，用户名输入域的 name 属性值必须是 j_username，口令输入域的 name 属性值必须是 j_password。

下面是错误处理页面。

程序 9.4　errorPage.jsp

```
<%@ page contentType = "text/html;charset = UTF - 8" %>
<html><head><title>错误页面</title></head><body>
  <p style = "color:blue">对不起,用户名或口令不正确!</p>
  <p style = "color:blue">请返回重新登录：<a href = "/chapter09/account.do">返回</a>
</body></html>
```

注意，对基于表单的验证，没有写任何的 Servlet 来处理表单。j_security_check 动作触发容器本身完成处理。

下面修改 web.xml 文件，采用基于表单的身份验证方法，这里只需将< login-config >元素的内容修改为：

```
<login - config>
    <auth - method>FORM</auth - method>
    <form - login - config>
        <form - login - page>/loginPage.jsp</form - login - page>
        <form - error - page>/errorPage.jsp</form - error - page>
    </form - login - config>
</login - config>
```

重启服务器，使用 http://localhost:8080/chapter09/account.do 访问 AccountServlet

时，这将发送一个 GET 请求。浏览器将显示 loginPage.jsp 页面的表单，如图 9.3 所示。输入正确用户名和口令即可访问 AccountServlet。如果输入用户名和口令不正确，将显示如图 9.4 所示的错误页面(errorPage.jsp)。

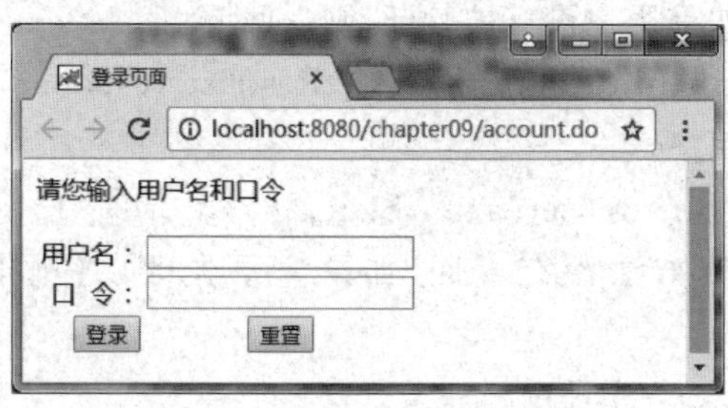

图 9.3 登录页面 loginPage.jsp

图 9.4 错误页面 errorPage.jsp

要看到对 POST 方法的请求行为，可以编写一个包含表单的页面，将表单的< form >元素的 method 属性指定为 post，action 属性指定为 account.do 即可。

9.4 编程式的安全

前面讲的 Web 应用程序的安全属于声明式的安全。可以看到，这种安全机制是部署者在部署 Web 应用时通过 web.xml 配置的，而在资源或 Servlet 中并不涉及安全信息。这种方式的优点是实现了应用程序的开发者和部署者的分离。

然而在某些情况下，声明式安全对应用程序来说还不够精细。例如，假设希望一个 Servlet 能够被所有职员访问。但我们希望服务器为主管(director)产生的输出与为其他职员(employee)产生的输出不同。对这种情况，Servlet 规范允许 Servlet 包含与安全相关的代码，这称为编程式的安全。

9.4.1 Servlet 的安全 API

除了上面讨论的方法外，在 HttpServletRequest 接口中定义了几个方法可以用于实现编程式的安全。

- public String getAuthType()：返回用来保护 Servlet 的认证方案，如果没有安全约束则返回 null。
- public String getRemoteUser()：如果用户已被验证，该方法返回验证用户名。如果用户没有被验证，则返回 null。

- public boolean isUserInRole (String rolename)：返回一个布尔值，表示验证的用户是否属于指定的角色。如果用户没有被验证或不属于指定角色，将返回 false。
- public Principal getUserPrincipal()：返回 java. security. Principal 对象，它包含当前验证的用户名。如果用户没有被验证，则返回 null。
- public boolean authenticate(HttpServletResonse response)：通过指示浏览器显示登录表单来验证用户。
- public void login(Stirng username, String password)：试图使用所提供的用户名和密码进行登录。该方法没有返回，如果登录失败，将抛出一个 ServletException 异常。
- public void logout()：注销用户登录。

下面程序通过编程的方式为主管和雇员产生不同的输出页面。

程序 9.5　AuthorizationServlet. java

```
package com.demo;
import java.io.*;
import javax.servlet.*;
import javax.servlet.http.*;
import sun.misc.BASE64Decoder;

public class AuthorizationServlet extends HttpServlet{
    public void doGet(HttpServletRequest request,
                      HttpServletResponse response)
                      throws IOException,ServletException {
    String authorization = request.getHeader("Authorization");
    if (authorization == null){
       askForPassword(response);
    } else {
       //从 Authorization 请求头中解析出用户名和口令
       String userInfo = authorization.substring(6).trim();
       BASE64Decoder decoder = new BASE64Decoder();
       String nameAndPassword = new String(decoder.decodeBuffer(userInfo));
       int index = nameAndPassword.indexOf(":");
       String username = nameAndPassword.substring(0, index);
       String password = nameAndPassword.substring(index + 1);
       if (request.isUserInRole("director")) {
          showDirectorPage(request, response);
       }else if (request.isUserInRole("employee")){
          showEmployeePage(request, response);
       }
    }
  }
  private void askForPassword(HttpServletResponse response)
                 throws IOException {
     //向客户发送 401 响应
     response.setHeader("WWW - Authenticate",
                        "BASIC realm = \"Programatic Test\"");
     response.sendError(HttpServletResponse.SC_UNAUTHORIZED);
```

```
    }

    private void showDirectorPage(HttpServletRequest request,
                                HttpServletResponse response)
                               throws IOException {
        response.setContentType("text/html;charset = UTF-8");
        PrintWriter out = response.getWriter();
        String username = request.getRemoteUser();
        out.println("<html><head>");
        out.println("<title>Programmatic Security Example</title>");
        out.println("</head><body>");
        out.println("Welcome, " + username + "!");
        out.println("<br>这是为主管(<b>director</b>)产生的页面.");
        out.println("<br>Authorization:" +
                request.getHeader("Authorization") + "</b>");
        out.println("</body></html>");
    }

    private void showEmployeePage(HttpServletRequest request,
                               HttpServletResponse response)
                         throws IOException {
        response.setContentType("text/html;charset = UTF-8");
        PrintWriter out = response.getWriter();
        String username = request.getRemoteUser();
        out.println("<html><head>");
        out.println("<title>Programmatic Security Example</title>");
        out.println("</head><body>");
        out.println("Welcome, " + username + "!");
        out.println("<br>这是为职员(<b>employee</b>)产生的页面.");
        out.println("<br>Authorization:" +
                request.getHeader("Authorization") + "</b>");
        out.println("</body></html>");
     }
}
```

程序在 doGet()中首先从请求对象中获得 Authorization 请求头的值，如果为 null，说明用户没有验证，因此调用 askForPassword()要求用户验证。如果用户已经验证，可以从 Authorization 头中检索出用户名和口令。这里使用了 sun.misc.BASE64Decoder 类。

在上面程序中，把角色名 director 和 employee 硬编码在 Servlet 代码中。然而，在实际部署的地方，用户可能叫做管理员而不是主任。为了在部署时允许角色定义的灵活性，开发人员必须把硬编码值转告给部署人员。部署人员然后把这些硬编码值映射到部署环境中使用的实际角色值上。下面是修改后的部署描述文件。

程序 9.6　web.xml

```
<?xml version = "1.0" encoding = "iso-8859-1"?>
<web-app xmlns = "http://java.sun.com/xml/ns/javaee"
         xmlns:xsi = "http://www.w3.org/2001/XMLSchema-instance"
         xsi:schemaLocation = "http://java.sun.com/xml/ns/javaee
         http://java.sun.com/xml/ns/javaee/web-app_3_0.xsd"
```

```
            version = "3.0" metadata-complete = "true">
  <servlet>
    <servlet-name>authorizeServlet</servlet-name>
    <servlet-class>com.demo.AuthorizationServlet</servlet-class>
    <security-role-ref>
       <role-name>director</role-name>
       <role-link>manager</role-link>
    </security-role-ref>
    <security-role-ref>
       <role-name>employee</role-name>
       <role-link>member</role-link>
    </security-role-ref>
</servlet>
<servlet-mapping>
    <servlet-name>authorizeServlet</servlet-name>
    <url-pattern>/authorize.do</url-pattern>
</servlet-mapping>

<security-constraint>
    <web-resource-collection>
        <web-resource-name>programmatic security</web-resource-name>
        <url-pattern>/authorize.do</url-pattern>
        <http-method>GET</http-method>
    </web-resource-collection>
    <auth-constraint>
        <role-name>manager</role-name>
        <role-name>member</role-name>
    </auth-constraint>
</security-constraint>

<login-config>
    <auth-method>BASIC</auth-method>
    <realm-name>Programatic Test</realm-name>
</login-config>
<security-role>
    <role-name>manager</role-name>
</security-role>
<security-role>
    <role-name>member</role-name>
</security-role>
</web-app>
```

在上面 DD 文件中,<security-role-ref>元素用来把 Servlet 所使用的硬编码的角色名(director、employee)与实际角色名(manager、member)关联起来。该程序仍然使用基本验证方法。输入 URL http://localhost:8080/chapter09/authorize.do 访问该 Servlet,将首先显示验证对话框,如果输入不同角色的用户名和口令将显示不同的页面。

9.4.2 安全注解类型

在 Servlet 3.0 规范中提供了三个注解类型可以实现在 Servlet 级的安全限制,而不需要在部署描述文件中使用< security-constraint >元素。但是，仍然需要用< login-config >元素指定一个身份验证方法。

有关安全的注解类型定义在 javax. servlet. annotation 包中，其中包括@ServletSecutity、@HttpConstraint和@HttpMethodConstraint。

1. @ServletSecurity 注解

@ServletSecutity 注解用于标注一个 Servlet 实施安全约束。它有两个属性，如表 9-3 所示。

表 9-3 @ServletSecurity 注解的属性

属性名	类型	说明
value	HttpConstraint	HttpConstraint 定义了应用到没有在 httpMethodConstraints 返回的数组中指定的所有 HTTP 方法的保护
httpMethodConstraints	HttpMethodConstraint[]	HTTP 方法的特定限定数组

例如，下面的@ServletSecutity 注解包含了一个@HttpConstraint 注解，它决定了该 Servlet 只能由具有 manager 角色的用户访问。

```
@ServletSecurity(value = @HttpConstraint(rolesAllowed = "manager"))
```

2. @HttpConstraint 注解

@HttpConstraint 注解类型用于定义安全约束，它只能用于@ServletSecutity 注解的 value 属性值中。该注解有三个属性，如表 9-4 所示。

表 9-4 @HttpConstraint 注解的属性

属性名	类型	说明
rolesAllowed	String[]	包含授权角色的字符串数组
transportGuarantee	TransportGuarantee	连接请求所必须满足的数据保护需求。有效值为 ServletSecurity. TransportGuarantee 枚举成员(CONFIDENTIAL 或 NONE)
value	EmptyRoleSemantic	默认授权

例如，下面代码使用了@HttpConstraint 注解类型。

```
@ServletSecurity(value = @HttpConstraint(rolesAllowed = "manager"))
```

该注解决定了该 Servlet 只能由具有 manager 角色的用户访问，由于没有定义@HttpMethodConstraint 注解，因此该约束应用到所有的 HTTP 协议方法。

3. @HttpMethodConstraint 注解

@HttpMethodConstraint 注解类型用于定义一个特定的 HTTP 方法的安全性约束，该注解只能出现在@ServletSecutity 注解的 httpMethodConstraints 属性值中。

@HttpMethodConstraint 注解的属性如表 9-5 所示。

表 9-5　@HttpMethodConstraint 注解的属性

属性名	类型	说明
emptyRoleSemantic	EmptyRoleSemantic	当 rolesAllowed 返回一个空数组,(仅)应用的默认授权语义。有效值为 ServletSecurity. EmptyRoleSemantic 枚举值(DENY 或 PERMIT)
rolesAllowed	String[]	包含授权角色的字符串数组
transportGuarantee	TransportGuarantee	连接请求所必须满足的数据保护需求。有效值为 ServletSecurity. TransportGuarantee 枚举成员(CONFIDENTIAL 或 NONE)
value	String	HTTP 协议方法

请看下面示例代码：

```
@ServletSecurity(
        value = @HttpConstraint(rolesAllowed = "manager"),
        httpMethodConstraints = {@HttpMethodConstraint("GET")}
)
```

该注解的 value 属性中使用@HttpConstrint 注解定义了可访问本 Servlet 的角色,在 httpMethodConstraints 属性中使用 HttpMethodConstraint 指定了 GET 方法,但没有指定 rolesAllowed 属性。因此,该 Servlet 可以被任何用户通过 GET 方法访问,但其他的方法只能是具有 manager 角色的用户访问。

再看下面注解示例代码：

```
@ServletSecurity(
        value = @HttpConstraint(rolesAllowed = "member"),
        httpMethodConstraints = {@HttpMethodConstraint(value = "POST",
        emptyRoleSemantic = ServletSecurity.EmptyRoleSemantic.DENY)}
)
```

该注解允许所有具有 member 角色的用户使用 POST 之外的方法访问该 Servlet。@HttpMethodConstraint 注解的 emptyRoleSemantic 属性设置为 EmptyRoleSemantic. DENY 表示拒绝用户访问。

本 章 小 结

本章讨论了如何建立安全的 Web 应用程序。Servlet 规范定义了 4 种验证用户的机制：BASIC、CLIENT-CERT、FORM 和 DIGEST。验证机制是在应用程序的部署描述文件(web. xml)中定义的。验证就是检验用户是谁,授权是检查用户能做什么。

本章重点讨论了如何在部署描述文件中配置安全性来实现声明式的安全,也讨论了如何实现程序式的安全性问题。

思考与练习

1. 假如你要进入一栋大楼，需要向保卫人员出示有关证件，这属于哪方面的安全问题？(　　)

A. 授权　　B. 数据保密性　　C. 身份验证　　D. 数据完整性

2. 在4种验证用户的机制中，安全性最高的是(　　)。

A. HTTP Basic 验证　　B. HTTP Digest 验证

C. HTTPS Client 验证　　D. HTTP FORM-based 验证

3. 下面哪一条正确地定义了数据完整性？(　　)

A. 它保证信息只能被某些用户访问

B. 它保证信息在服务器上以加密的形式保存

C. 它保证信息在客户和服务器之间传输时不被无意的用户读取

D. 它保证信息在客户和服务器之间传输时不被修改

4. 在 Web 应用程序部署描述文件中下面哪个元素用来指定验证机制？(　　)

A. security-constraint　　B. auth-constraint

C. login-config　　D. web-resource-collection

5. 下面哪三个元素用来定义安全约束？只选择是< security-constraint >元素直接子元素的元素。(　　)

A. login-config　　B. role-name

C. role　　D. transport-guarantee

E. user-data-constraint　　F. auth-constraint

G. authorization-constraint　　H. web-resource-collection

6. 在下面哪两个 web. xml 文件片段能正确标识 sales 目录下所有 HTML 文件？(　　)

A.
```
<web-resource-collection>
    <web-resource-name>reports</web-resource-name>
    <url-pattern>/sales/*.html</url-pattern>
</web-resource-collection>
```

B.
```
<resource-collection>
    <web-resource-name>reports</web-resource-name>
    <url-pattern>/sales/*.html</url-pattern>
</resource-collection>
```

C.
```
<resource-collection>
    <resource-name>reports</resource-name>
    <url-pattern>/sales/*.html</url-pattern>
</resource-collection>
```

D.
```
<web-resource-collection>
    <web-resource-name>reports</web-resource-name>
    <url-pattern>/sales/*.html</url-pattern>
```

```
        <http-method>GET</http-method>
    </web-resource-collection>
```

7. 下面关于验证机制的叙述哪两个是正确的?(　　)

   A. HTTP Basic 验证传输的用户名和密码是以明文传输的

   B. HTTP Basic 验证使用 HTML 表单获得用户名和口令

   C. Basic 和 FORM 机制验证的传输方法是相同的

   D. Basic 和 FORM 机制获得用户名和口令的方法是相同的

8. 假设 Web 应用程序要采用基于表单的验证机制,下面是登录页面的部分代码和 web.xml 文件的部分代码,请在方框中填上正确的内容。

登录页面代码如下:

```
Please input your name and password:
<form method = "post" action = [      ]>
  <input type = "text" name = [      ] >
  <input type = "password" name = "j_password" >
  <input type = "submit" value = "Enter" >
</form>
```

web.xml 文件代码如下:

```
<login-config>
  <auth-method>[      ]</auth-method>
  <form-login-config>
    <[      ]>/loginPage.jsp<[      ]>
    <form-error-page>/errorPage.jsp</form-error-page>
</form-login-config>
</login-config>
```

9. 关于未验证的用户,下面哪两个叙述是正确的?(　　)

   A. HttpServletRequest.getUserPrincipal()返回 null

   B. HttpServletRequest.getUserPrincipal()抛出 SecurityException 异常

   C. HttpServletRequest.isUserInRole(rolename)返回 false

   D. HttpServletRequest.getRemoteUser()抛出 SecurityException 异常

10. 假设一个 Servlet 使用下面注解标注,下面的描述哪个是正确的?(　　)

```
@ServletSecurity(
    value = @HttpConstraint(rolesAllowed = "manager"),
    httpMethodConstraints = {@HttpMethodConstraint(value = "GET")}
)
```

   A. 只有具有 manager 角色的用户通过 GET 方法访问该 Servlet

   B. 只用用户名为 manager 的用户可通过 GET 方法访问 Servlet

   C. 有 manager 角色的用户不能用 GET 方法访问 Servlet

   D. 除 manager 外的所有用户都不能用 GET 方法访问 Servlet

11. 试比较 Web 应用程序的声明式的安全性与编程式的安全性有何异同。

第 10 章　AJAX 技术基础

本章目标

- 了解什么是 AJAX 及相关技术；
- 掌握 XMLHttpRequest 对象的属性和方法；
- 熟悉 AJAX 的交互模式；
- 掌握使用 DOM 和 JavaScript 编辑动态页面；
- 熟练掌握 AJAX 的常用应用。

AJAX 技术是一种客户端技术，它实现客户浏览器与服务器的异步交互。在异步交互中，客户使用 XMLHttpRequest 对象发送请求并获得服务器的响应，AJAX 可以在不刷新整个页面的情况下用 JavaScript 操作 DOM 以实现页面动态更新。

本章主要介绍什么是 AJAX 及相关技术；AJAX 异步通信的工作原理；AJAX 的主要应用等。通过本章的学习，读者应该学会使用 AJAX 开发具有更大交互性和更丰富用户体验的 Web 应用。

10.1　AJAX 技术概述

2005 年 Web 2.0 成为人们关注的焦点。Web 2.0 代表的是一个新的网络阶段，它本身并没有明确的标准来进行描述，一般将促成这个阶段的各种技术和相关产品服务统称为 Web 2.0。伴随着 Web 2.0 的诞生，互联网进入了一个更加开放、交互性更强、由用户决定内容并参与共同建设的可读写网络阶段。

10.1.1　AJAX 的定义

AJAX 是 Asynchronous JavaScript and XML 的缩写，含义是异步 JavaScript 与 XML。该术语最早是由 Jesse James Garrett 创造的。2005 年 2 月，他在一篇名为 *AJAX:A New Approach to Web Application*（AJAX：Web 应用的一种新方法）中提出了这个术语并讨论了如何消除胖客户应用和瘦客户应用之间的界限。

我们知道，Web 应用使用 HTTP 协议，它通过请求/响应机制为客户提供服务。当客户发出一个请求时，服务器把整个页面发送给客户。如果一个页面中只有一小部分内容需要修改，服务器仍然发送整个页面，也就是需要完全页面刷新。这样就需要占用更多的网络资源，响应时间也较长。AJAX 技术就是为了解决这个问题而产生的，使用该技术如果只需更新页面中一小部分内容,只需部分刷新页面即可。

10.1.2 AJAX 相关技术简介

AJAX 不仅仅只包含异步 JavaScript 和 XML,它实际上是包含多种技术的一个综合技术,其中包括 HTML、CSS、JavaScript 脚本、DOM、XML、XSTL 以及最重要的 XMLHttpRequest 对象。实际上,AJAX 是包含允许浏览器与服务器异步通信的所有技术。

开发人员可以使用 HTML 和 CSS 实现数据信息的统一化、标准化显示;使用 DOM 实现浏览器丰富的动态显示效果;使用 XML 和 XSTL 进行浏览器和服务器的数据交换和处理;使用 XMLHttpRequest 实现客户与服务器之间的异步请求和响应;使用 JavaScript 脚本语言对所有数据进行处理。

为了让读者对 AJAX 有一个简要的了解,下面概括介绍一下 XML 和 XMLHttpRequest 对象。

1. XML 与 XSL

XML(eXtensible Markup Language)称为可扩展的标记语言。它是在 SGML (Standard Generalized Markup Language)和 HTML 的基础上发展起来的。XML 吸取了两者的优点,克服了 SGML 过于复杂和 HTML 局限性等缺点。目前 XML 已成为网上数据交换的标准。

XSL(eXtensible Stylesheet Language)称为可扩展的样式单语言,它是一种用来转换 XML 文档结构的语言。使用 XSL 可以从一个 XML 文档中提取信息,并使用该信息创建另一个 XML 文档。

下面是一个简单的 XML 文档,它描述了一个图书馆中图书和杂志的信息,其中包括两本图书和一本杂志。

程序 10.1 library.xml

```
<?xml version = "1.0" encoding = "utf - 8" standalone = "no"?>
<library>
  <books>
    <book id = "101">
      <name>Java 编程思想(第 4 版)</name>
      <author> Bruce Eckel </author>
      <year> 2007.06 </year>
      <price> 88.50 </price>
    </book>
    <book id = "102">
      <name>数据库系统概论</name>
      <author>王珊</author>
      <author>萨师瑄</author>
      <year> 2006.5 </year>
      <price> 33.80 </price>
    </book>
  </books>
  <magazines>
```

```
    <magazine>
      <name>计算机应用研究</name>
      <year no="1">2004</year>
      <volume>21</volume>
      <total>147</total>
    </magazine>
  </magazines>
</library>
```

可以看到,该文档是自解释的。文档第一行是 XML 文档的声明。所有信息都包含在一个根元素<library>中,其中又包含两个子元素<books>和<magazines>,每个子元素还有子元素,元素还可以有属性。

该文档以文本文件保存,扩展名为.xml。该文档本身包含数据,可以使用程序处理这些数据并以希望的格式显示。也可以使用浏览器显示 XML 文档,浏览器有一个内置的解释器可以解析和显示 XML 文档。如果 XML 文档语法正确,浏览器将以层次索引列表的形式显示。关于 XML 文档的详细语法与使用,请参考有关文献。

2. XMLHttpRequest

XMLHttpRequest 是浏览器中定义的对象,它是 AJAX 技术中的核心对象。通过 JavaScript 脚本可以创建 XMLHttpRequest 对象。XMLHttpRequest 对象定义了若干属性和方法,通过这些属性和方法就可以向服务器发出异步请求和处理响应结果。再结合上面的技术就可以实现在不刷新整个页面的情况下更新页面数据,从而实现更丰富的用户体验。

10.2 XMLHttpRequest 对象

XMLHttpRequest 对象提供了浏览器与服务器之间的异步通信。使用 XMLHttpRequest 对象,客户可以直接从 Web 服务器检索数据,或向 Web 服务器提交 XML 数据而不需要刷新整个页面。XML 数据在客户端使用 DOM 与 XSLT 转换成 HTML。

10.2.1 创建 XMLHttpRequest 对象

在使用 XMLHttpRequest 对象发送请求和处理响应之前,必须先用 JavaScript 创建一个 XMLHttpRequest 对象。大多数浏览器(如 Firefox、Safari 和 Opera 等)都将 XMLHttpRequest 实现为一个本地对象,而低版本的 IE 浏览器把 XMLHttpRequest 实现为一个 ActiveX 对象,因此在创建 XMLHttpRequest 对象时应先检查浏览器是否支持 XMLHttpRequest 对象。如果浏览器支持 XMLHttpRequest 对象,就创建它,否则,就创建 ActiveXObject 对象。

下面代码展示了如何通过跨浏览器的 JavaScript 脚本创建 XMLHttpRequest 对象。

```
var xmlHttp;
function createXMLHttpRequest() {
    if (window.XMLHttpRequest) {
        xmlHttp = new XMLHttpRequest();
```

```
        }else{
            xmlHttp = new ActiveXObject("Microsoft.XMLHTTP");
        }
    }
```

上述代码可首先定义一个全局变量 xmlHttp 用来保存这个 XMLHttpRequest 的引用。接下来在 createXMLHttpRequest 函数中完成创建 XMLHttpRequest 实例的工作。对 window. XMLHttpRequest 的调用可能返回一个对象或 null,如果返回对象,则 if 条件为 true,如果返回 null,则 if 条件为 false,以此来决定浏览器是否支持 XMLHttpRequest 控件,从而也可判断是否是低版本的 IE 浏览器(实际上从 IE7 开始才支持 XMLHttpRequest),如果是,则通过实例化一个 ActiveXObject 的新实例来创建 XMLHttpRequest 对象。

10.2.2 XMLHttpRequest 的属性

XMLHttpRequest 对象通过各种属性和方法为客户提供服务。表 10-1 所示是该对象的常用属性。

表 10-1 XMLHttpRequest 对象的属性

属 性 名	说 明
onreadystatechange	为异步请求设置事件处理程序。每当 XMLHttpRequest 对象的状态改变时都会触发这个事件处理器,通常会调用一个 JavaScript 函数
readyState	该属性表示请求的状态。它可有下面几个不同的值: 0: 未初始化; 1: 正在加载; 2: 已加载; 3: 交互中; 4: 完成
responseText	检索服务器响应,并表示为文本
responseXML	检索服务器响应,并表示为 XML DOM 对象
status	检索服务器的 HTTP 状态码。如 404 表示 Not Found,200 表示 OK
statusText	检索服务器的 HTTP 状态码的文本
responseBody	检索响应体。该属性是 IE 7 及以后版本的 window 对象,但不是 W3C 的规范

通过上述这些属性,在 JavaScript 脚本中可以判断请求对象的状态、设置事件处理程序、检索服务器响应等。

10.2.3 XMLHttpRequest 的方法

表 10-2 所示是 XMLHttpRequest 对象的常用方法。

表 10-2 XMLHttpRequest 对象的常用方法

方 法 名	说 明
abort()	取消当前 HTTP 请求
getAllResponseHeaders()	返回所有的请求头。如果 readyState 属性的值不是 3 或 4,将返回 null
getResponseHeader (string header)	返回指定的响应头。如果 readyState 属性的值不是 3 或 4,将返回 null

续表

方 法 名	说 明
open(string method, string url, boolean asych, string username, string password)	打开一个 HTTP 请求,但还没有发送请求。调用 open()将 readyState 属性设置为 1,responseText、responseXML、status 和 statusText 属性设置为初始值。在 open()中需要指定使用的 HTTP 方法(GET、POST 或 PUT)和服务器的 URL(相对或绝对)。另外,还可以传递一个 Boolean 值,指示这个调用是异步的还是同步的。默认值为 true,表示请求是异步的。如果这个参数是 false,浏览器就会等待,直到从服务器返回响应为止。username 和 password 指定服务器端验证的用户名和密码,后三个参数是可选的
send(data)	向服务器发送 HTTP 请求并检索响应。数据可以是字符串、无符号字节数组或 XML DOM 对象等。发送的数据是可选的,其值可以为 null。根据 open()中 asych 参数的值不同,send()可以是同步的,也可以是异步的。如果是同步的,send()只有在接收到全部响应才返回,如果是异步的,该方法立即返回。在调用 send()后,readyState 属性被设置为 2,当请求完成时,readyState 属性被设置为 4
setRequestHeaders (string header, string value)	设置请求的 HTTP 头。header 为请求头名,value 为请求头的值

10.2.4 一个简单的示例

下面是一个简单的 HTML 页面。其中有一个按钮,当单击该按钮时将向服务器发送一个异步请求。服务器将发回一个简单的静态文本文件作为响应。在处理这个响应时,会在警告窗口中显示该文本文件的内容。

程序 10.2 simpleRequest.html

```
<!DOCTYPE html>
<html>
<head>
<meta charset = "UTF-8">
<title>Simple XMLHttpRequest</title>
<script type = "text/javascript">
  var xmlHttp;
  function createXMLHttpRequest() {
    if (window.XMLHttpRequest) {
         xmlHttp = new XMLHttpRequest();
     }else{
        xmlHttp = new ActiveXObject("Microsoft.XMLHTTP");
    }
}

function startRequest() {
     createXMLHttpRequest();
     xmlHttp.onreadystatechange = handleStateChange;
     xmlHttp.open("GET", "simpleResponse.xml", true);
     xmlHttp.send(null);
```

```
    }
    function handleStateChange() {
        if(xmlHttp.readyState == 4) {
            if(xmlHttp.status == 200) {
                alert("服务器返回: " + xmlHttp.responseText);
            }
        }
    }
</script>
</head>
<body>
<form action = "#">
    <input type = "button" value = "开始异步请求"
          onclick = "startRequest();"/>
</form>
</body>
</html>
```

在与 simpleRequest. html 同一个目录下建立一个名为 simpleResponse. xml 的文件，内容为"Hello from the server!"。

执行该 HTML 页面，单击其上的按钮会打开一个警告框，其中显示 simpleResponse. xml 文件的内容。

10.2.5　AJAX 的交互模式

图 10.1 说明了 AJAX 应用中标准的交互模式。

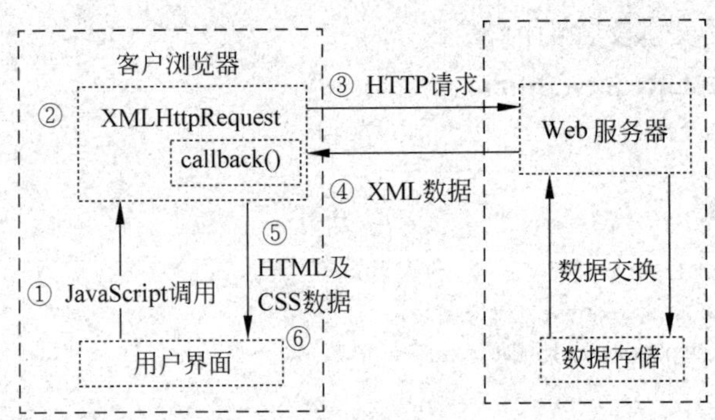

图 10.1　AJAX 的工作原理

AJAX 应用的交互模式与 Web 客户的标准的请求/响应方法有一定区别。下面以程序 10.1 为例说明其具体过程。

1. 客户触发事件

一个客户事件触发一个 AJAX 事件，客户事件从简单的 onchange 事件到某个特定的用户动作，很多这样的事件都能触发 AJAX 事件。例如：

```
<input type = "button" value = "开始异步请求"
onclick = "startRequest();"/>
```

这里，当用户单击按钮时，将触发 onclick 事件，程序调用 startRequest()函数。

2. 创建 XMLHttpRequest 对象

在 startRequest()函数中通过调用 createXMLHttpRequest()函数创建了 XMLHttpRequest 对象,代码如下:

```
var xmlHttp;
function createXMLHttpRequest() {
    if (window.XMLHttpRequest) {
        xmlHttp = new XMLHttpRequest();
    }else{
        xmlHttp = new ActiveXObject("Microsoft.XMLHTTP");
    }
}
```

3. 向服务器发出请求

在向服务器发出请求之前,应该通过 XMLHttpRequest 对象的 onreadystatechange 属性设置回调函数。当 XMLHttpRequest 对象的内部状态改变时就会调用回调函数,因此回调函数是处理响应的地方。

```
function startRequest() {
    createXMLHttpRequest();
    xmlHttp.onreadystatechange = handleStateChange;
    xmlHttp.open("GET", "simpleResponse.xml", true);
    xmlHttp.send(null);
}
```

接下来通过调用 XMLHttpRequest 对象的 open()打开一个 HTTP 请求,在该方法中需要指定请求的 HTTP 方法(GET 方法或 POST 方法)以及请求的资源,这里分别为 GET 方法和 simpleResponse.xml 文件。请求的资源也可以是动态资源,如 Servlet、CGI 脚本或任何服务器端技术等。

调用 XMLHttpRequest 对象的 send()将请求发送到指定的目标资源。send()接收一个参数,通常是一个字符串或 DOM 对象。这个参数作为请求体的一部分发送到目标 URL。当向 send()提供参数时,要确保 open()中指定的 HTTP 方法为 POST。如果使用 POST 方法,则需要设置 XMLHttpRequest 对象的 Content-Type 首部,如下所示:

```
xmlHttp.setRequestHeader("Content-Type","application/x-www-form-urlencoded");
```

如果没有数据作为请求体的一部分发送,该参数应指定为 null。

4. 服务器处理请求并返回响应

如果请求的是静态资源,服务器将返回该资源。如果请求的是动态资源,服务器将执行动态资源,这可能需要访问数据库甚至是另一个系统,然后向用户返回响应。

XMLHttpRequest 对象提供了两个访问服务器响应的属性。一个属性是 responseText,它将响应提供为一个字符串。另一个属性是 responseXML,它将响应提供为一个 XML 对象。

程序 10.2 就是使用 responseText 属性来访问服务器响应的,并将响应内容显示在警告框中。

由于 XMLHttpRequest 对象只能处理 text/html 类型的结果,所以如果请求的是动态资源(如 Servlet),需要将 Content-Type 响应头设置为 text/xml,另外,为了避免浏览器在

本地缓存结果,需要将 Cache-Control 响应头设置为 no-cache,如下所示:

```
response.setHeader("Cache - Control","no - cache");
```


5. 通过回调函数处理结果

通过回调函数可以对响应结果进行处理。在回调函数中首先应该检查 XMLHttpRequest 对象的 readyState 属性和 status 属性的值。当 readyState 属性值为 4、status 属性的值为 200 时表示响应完成,这时才能使用 XMLHttpRequest 对象的 responseText 或 responseXML 检索请求结果。例如,下面是程序 10.2 中的回调函数:

```
function handleStateChange() {
    if(xmlHttp.readyState == 4) {
        if(xmlHttp.status == 200) {
            alert("The server replied with: " + xmlHttp.responseText);
        }
    }
}
```

6. 更新 HTML DOM 对象

客户使用新的数据更新 HTML DOM 页面表示元素。JavaScript 脚本可以使用 DOM API 获得 HTML 的每个元素的引用。一般方法是使用 document.getElementById ("userIdMessage"),这里,userIdMessage 是 HTML 文档一个元素的 id 属性值。有了元素的引用,JavaScript 就可以修改元素的属性、修改元素的 style 属性或者添加、删除、修改子元素。修改元素内容的一个常用方法是设置元素的 innerHTML 属性值。

10.2.6 使用 innerHTML 属性创建动态内容

如果结合 HTML 元素的 innerHTML 属性,XMLHttpRequest 对象的 responseText 属性就会变得更有用。innerHTML 属性是一个非标准的属性,最早在 IE 中实现,后来也为其他许多流行的浏览器所采用。innerHTML 属性是一个简单的字符串,表示一组开始标记和结束标记之间的内容。

下面的例子使用 XMLHttpRequest 对象的 responseText 属性和 HTML 元素的 innerHTML 属性实现生成 HTML 内容。

程序 10.3 innerHTML.html

```
<!DOCTYPE html>
<html>
<head>
<meta charset = "UTF - 8">
<title>学生查询</title>
<script type = "text/javascript">
  var xmlHttp;
  function createXMLHttpRequest() {
    if (window.XMLHttpRequest) {
         xmlHttp = new XMLHttpRequest();
     }else{
        xmlHttp = new ActiveXObject("Microsoft.XMLHTTP");
     }
  }
```

```
function startRequest() {
    createXMLHttpRequest();
    xmlHttp.onreadystatechange = handleStateChange;
    xmlHttp.open("GET", "innerHTML.xml", true);
    xmlHttp.send(null);
}

function handleStateChange() {
    if(xmlHttp.readyState == 4) {
        if(xmlHttp.status == 200) {
            document.getElementById("results").innerHTML =
                xmlHttp.responseText;
        }
    }
}
</script>
</head>
<body>
    <form action = "#">
        <input type = "button" value = "查询学生"
                onclick = "startRequest();"/>
    </form>
    <div id = "results"></div>
</body>
</html>
```

程序中通过 document 对象的 getElementById()返回 id 为 results 块的对象，然后将该元素的 innerHTML 属性的值设置为 XMLHttpRequest 对象的 responseText 的值。

下面的 XML 文件 innerHTML.xml 是客户要请求和返回的文件。

程序 10.4　innerHTML.xml

```
<?xml version = "1.0" encoding = "utf-8"?>
<table border = "1">
  <tbody>
    <tr><td>学号</td><td>姓名</td><td>性别</td><td>年龄</td></tr>
    <tr><td>20120101</td><td>Li Ming</td><td>男</td><td>19</td></tr>
    <tr><td>20120102</td><td>Wang Xiaoming</td><td>女</td><td>20</td></tr>
    <tr><td>20120103</td><td>刘浩</td><td>男</td><td>18</td></tr>
  </tbody>
</table>
```

访问 innerHTML.html 页面，单击“查询学生”按钮，运行结果如图 10.2 所示。

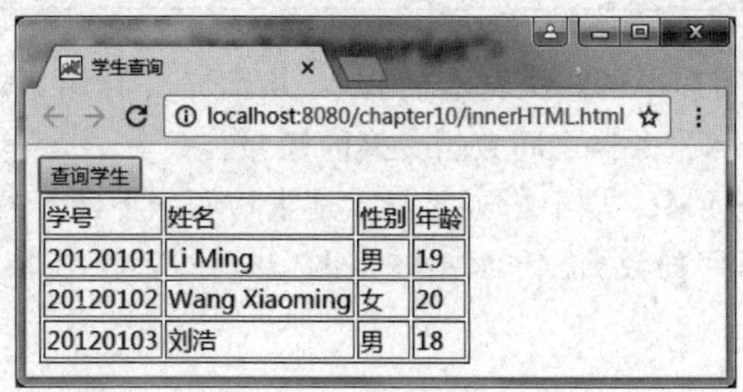

图 10.2　innerHTML.html 页面的运行结果

10.3 DOM 和 JavaScript

10.3.1 DOM 的概念

DOM(Document Object Model)指的是文档对象模型,它是 W3C 的一个规范,可以用一种独立于平台和语言的方式访问和修改文档的内容和结构。DOM 是面向 HTML 和 XML 文档的 API,为文档提供了结构化表示,并定义了如何通过脚本来访问文档结构。文档中的每个元素都是 DOM 的一部分。在 HTML 页面中通常使用 JavaScript 脚本语言来访问 DOM。

10.3.2 DOM 与 JavaScript

DOM 与 JavaScript 很容易混淆。DOM 是面向 HTML 和 XML 文档的 API,为文档提供了结构化的表示,并定义了如何通过脚本来访问文档结构。

DOM 独立于具体的编程语言,通常通过 JavaScript 访问 DOM,不过并不严格要求这样,可以使用任何脚本语言来访问 DOM,这要归功于 DOM 一致的 API。表 10-3 列出了 DOM 元素的一些常用属性,表 10-4 列出了一些常用方法。

表 10-3 用于处理 XML 文档的 DOM 元素属性

属 性 名	说 明
childNodes	返回当前元素所有子元素的数组
firstChild	返回当前元素的第一个下级子元素
lastChild	返回当前元素的最后一个子元素
nextSibling	返回紧跟在当前元素后面的元素
previousSibling	返回紧邻当前元素之前的元素
nodeValue	返回节点值
parentNode	返回元素的父节点

表 10-4 遍历 XML 文档的 DOM 元素方法

方 法 名	说 明
getElementById(id)	返回文档中由 id 指定的元素
getElementsByTagName(name)	返回当前元素中指定标记名的子元素的数组
hasChildNodes()	返回一个布尔值,指示元素是否有子元素
getAttribute(name)	返回指定名称的元素的属性值

有了 DOM,就能编写简单的跨浏览器的脚本,从而充分利用 XML 的强大功能和灵活性,将 XML 作为浏览器和服务器之间数据交换的媒介。

程序 10.5 是一个 HTML 文档,它通过异步请求访问服务器上的 XML 文档,然后对其解析,通过警告框显示返回的数据。页面中包括两个按钮,一个查看图书信息,一个查看杂志信息。

程序 10.5 parseXML.html

```
<!DOCTYPE html>
<html>
<head>
<meta charset="UTF-8">
<title>Parseing XML Response with DOM</title>
<script type="text/javascript">
  var xmlHttp;
  var requestType = "";
  function createXMLHttpRequest() {
    if (window.XMLHttpRequest) {
         xmlHttp = new XMLHttpRequest();
     }else{
        xmlHttp = new ActiveXObject("Microsoft.XMLHTTP");
    }
}

function startRequest(requestedList) {
    requestType = requestedList;
    createXMLHttpRequest();
    xmlHttp.onreadystatechange = handleStateChange;
    xmlHttp.open("GET", "library.xml", true);
    xmlHttp.send(null);
}

function handleStateChange() {
    if(xmlHttp.readyState == 4) {
        if(xmlHttp.status == 200) {
           if(requestType == "books"){
             listBooks();
           }
           else if(requestType == "magazines"){
             listMagazines();
           }
        }
    }
}

function listBooks(){
  var xmlDoc = xmlHttp.responseXML;
  var bookNode = xmlDoc.getElementsByTagName("books")[0];
  var allBook = bookNode.getElementsByTagName("book");
  outputList("All Books",allBook);
}

function listMagazines(){
  var xmlDoc = xmlHttp.responseXML;
  var magazineNode = xmlDoc.getElementsByTagName("magazines")[0];
  var allMagazine = magazineNode.getElementsByTagName("magazine");
  outputList("All Magazines",allMagazine);
```

```
}

function outputList(title, items){
  var out = title;
  var currentItem = null;
  for(var i = 0; i< items.length; i++){
    currentItem = items[i];
    out = out + "\n - " + currentItem.childNodes[0].firstChild.nodeValue;
  }
  alert(out);
}
</script>
</head>
<body>
   <h4>XML 文档解析</h4>
   <form action = "#">
        <input type = "button" value = "查看图书"
            onclick = "startRequest('books');"/>
        <input type = "button" value = "查看杂志"
            onclick = "startRequest('magazines');"/>
   </form>
</body>
</html>
```

访问该页面,单击“查看图书”按钮,运行结果如图 10.3 所示。

图 10.3　访问服务器的 XML 文档

该程序中使用 XMLHttpRequest 对象的 responseXML 属性将结果获取为 XML 文档,然后使用 DOM 方法遍历 XML 文档中的元素。

在 listBooks()函数中,首先创建了一个名为 xmlDoc 的局部变量,并将它初始化为服务器返回的 XML 文档。利用 XML 文档的 getElementsByTagName()获取文档中所有标记名为 book 的元素数组。接下来调用 outputList()函数,并在警告框中显示这些元素。

listMagzines()函数与 listBooks()函数类似,它获得所有 magazines 元素的数组。

10.3.3　使用 DOM 动态编辑页面

目前 Web 已不仅仅是为用户提供静态页面了,它也能提供动态页面,并且已经成为一个应用开发平台。随着最终用户越来越习惯于使用基于 Web 的应用,他们需要一种更丰富的用户体验。用户不再满足于完全的页面刷新,即每次在页面上编辑一些数据时页面都会完全刷新。用户希望立即看到结果,而不是等待与服务器进行完整的往返通信。

页面的完全刷新,不仅用户不满意,而且还会浪费服务器上的宝贵处理时间,因为页面刷新需要重新构建整个页面的内容,而且会不必要地使用网络带宽来传输刷新的页面。最好的解决办法是根据需要修改页面上已有的内容。如果页面上大多数数据没有改变,则不应该刷新整个页面,只需要修改有变化的部分即可。

要实现上述功能就可以使用 DOM 和 JavaScript 成熟的技术。当前的浏览器都使用 DOM 来表示 Web 页面内容,使用 JavaScript 可以很容易访问页面元素。这就可以利用这两种技术实现在浏览器中动态创建内容。

表 10-5 列出了用于动态创建内容的 DOM 属性和方法。

表 10-5 动态创建内容的 DOM 属性和方法

属性/方法	说 明
document. createElement(tagName)	创建由 tagName 指定的元素
document. createTextNode(text)	创建一个包含静态文本的节点
<element>. appendChild(childNode)	将指定的节点添加到当前元素的子节点列表,作为一个新的子节点
<element>. getAttribute(name)	获得元素中 name 属性的值
<element>. setAttribute(name, value)	设置元素中 name 属性的值
<element>. insertBefore(newNode, targetNode)	将节点 newNode 作为当前元素的子节点插入到 targetNode 元素的前面
<element>. removeAttribute(name)	从元素中删除属性
<element>. removeChild(childNode)	从元素中删除子元素
<element>. replaceChild(newNode, oldNode)	用 newNode 节点替换 oldNode 节点
<element>. hasChildNodes()	返回一个布尔值,判断该元素是否有子元素

下面的例子展示了如何使用 DOM 和 JavaScript 来动态创建内容。本例仍然使用程序 10.5 的 library. xml 文件,运行结果如图 10.4 所示。单击不同按钮,从 XML 文件中查询图书和杂志信息,并动态构建表格显示数据。

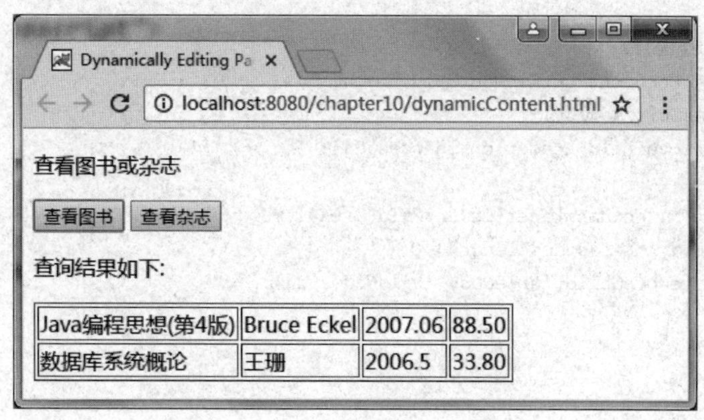

图 10.4 动态创建页面内容

HTML 文件的代码如程序 10.6 所示。

程序 10.6 dynamicContent.html

```
<!DOCTYPE html>
<html>
<head>
<meta charset="UTF-8">
<title>Dynamically Editing Page Content</title>
<script type="text/javascript">
  var xmlHttp;
  var requestType = "";

  function createXMLHttpRequest() {
    if (window.XMLHttpRequest) {
         xmlHttp = new XMLHttpRequest();
     }else{
        xmlHttp = new ActiveXObject("Microsoft.XMLHTTP");
    }
}

function startSearch(requestedList) {
    requestType = requestedList;
    createXMLHttpRequest();
    xmlHttp.onreadystatechange = handleStateChange;
    xmlHttp.open("GET", "library.xml", true);
    xmlHttp.send(null);
}

function handleStateChange() {
    if(xmlHttp.readyState == 4) {
        if(xmlHttp.status == 200) {
           clearResults();
           parseResults();
        }
    }
}

function clearResults(){
  var header = document.getElementById("header");
  if(header.hasChildNodes()){
     header.removeChild(header.childNodes[0]);
  }
  var tableBody = document.getElementById("resultsBody");
  while(tableBody.childNodes.length > 0){
    tableBody.removeChild(tableBody.childNodes[0]);
  }
}

function parseResults(){
    var results = xmlHttp.responseXML;
    var items = null;
    var item = null;
```

```
    var books = null;
    var magazines = null;

    if(requestType == "books"){
      books = results.getElementsByTagName("books");
      items = books[0].getElementsByTagName("book");
      for(var i = 0; i < items.length; i++){
          item = items[i];
          name = item.getElementsByTagName("name")[0].firstChild.nodeValue;
          author = item.getElementsByTagName("author")[0]
                   .firstChild.nodeValue;
          year = item.getElementsByTagName("year")[0].firstChild.nodeValue;
          price = item.getElementsByTagName("price")[0]
                   .firstChild.nodeValue;
          addTableRow(name,author,year,price);
      }
    } else if(requestType == "magazines"){
      magazines = results.getElementsByTagName("magazines");
      items = magazines[0].getElementsByTagName("magazine");
      for(var i = 0; i < items.length; i++){
          item = items[i];
          name = item.getElementsByTagName("name")[0].firstChild.nodeValue;
          year = item.getElementsByTagName("year")[0].firstChild.nodeValue;
          volume = item.getElementsByTagName("volume")[0]
                   .firstChild.nodeValue;
          total = item.getElementsByTagName("total")[0]
                   .firstChild.nodeValue;
          addTableRow(name,year,volume,total);
      }
    }

    var header = document.createElement("p");
    var headerText = document.createTextNode("查询结果如下:");
    header.appendChild(headerText);
    document.getElementById("header").appendChild(header);
    document.getElementById("resultsTable").setAttribute("border","1");
}

function addTableRow(p1,p2,p3,p4){
   var row = document.createElement("tr");
   var cell = createCellWithText(p1);
   row.appendChild(cell);
   cell = createCellWithText(p2);
   row.appendChild(cell);
   cell = createCellWithText(p3);
   row.appendChild(cell);
   cell = createCellWithText(p4);
   row.appendChild(cell);
   document.getElementById("resultsBody").appendChild(row);
}
```

```
function createCellWithText(text){
  var cell = document.createElement("td");
  var textNode = document.createTextNode(text);
  cell.appendChild(textNode);
  return cell;
}
</script>
</head>
<body>
<p>查看图书或杂志</p>
<form action = "#">
   <input type = "button" value = "查看图书"
          onclick = "startSearch('books');"/>
   <input type = "button" value = "查看杂志"
          onclick = "startSearch('magazines');"/>
</form>
<span id = "header"></span>
<table id = "resultsTable" border = "0">
     <tbody id = "resultsBody"></tbody>
</table>
</body>
</html>
```


10.3.4 发送请求参数

客户向服务器发送的请求可以带请求参数。对于不同的 HTTP 方法,请求参数的传递有些不同。采用 GET 方法发送的请求,请求参数作为“名/值”对放在 URL 中传递。资源 URL 后面有一个问号(?),问号后面就是“名/值”对。“名/值”对采用 name=value 的形式,多个“名/值”对之间用与号(&)分隔。下面是一个例子:

```
http://localhost:8080/helloweb/login?name = Adam&birthday = 1988 - 09 - 08
```

采用 POST 方法发送的请求,参数的格式与 GET 请求相同,只不过参数串是在请求体中发送的。一般情况下,使用 POST 方法发送参数是通过表单实现的,即在< form >元素中将 method 属性值指定为“post”。

使用 XMLHttpRequest 对象也可以发送参数,并且可以使用 GET 方法或 POST 方法发送请求参数。但需要开发人员利用 JavaScript 创建查询串,其中包含的数据作为请求的一部分发送给服务器。不论使用的 GET 方法还是 POST 方法,创建查询串的技术是一样的。唯一的区别是,当使用 GET 发送请求时,查询串会追加到请求 URL 中,而使用 POST 发送请求时,则在调用 XMLHttpRequest 对象的 send()时发送查询串。

10.4 AJAX 的常用应用

AJAX 技术在 Web 应用开发中有很多应用,本节通过一些例子介绍几种常见的应用,其中包括数据验证、动态加载列表框、创建工具提示、动态更新 Web 页面等。

在这些例子中,使用 Java Servlet 作为服务器端组件,服务器端组件也可以使用其他服务器端技术(如.NET、Ruby、Perl、PHP 等)编写。

10.4.1 表单数据验证

数据验证包括客户端验证和服务器端验证。客户端验证通常使用 JavaScript 编写,它只能在客户端验证用户在表单中输入的数据。这种验证不需要与服务器交换数据。服务器端验证需要与服务器交换数据。在 AJAX 技术出现之前,实现服务器端验证必须提交整个页面才能验证数据。使用 AJAX 实现验证就不受这个限制,并且可以为用户提供更好的交互性的体验。下面介绍一个常见的注册用户名的验证。

程序 10.7 是一个 HTML 文件,它包含一个标准文本框,接收用户输入的注册用户名,单击“检测”按钮向服务器发送请求。

程序 10.7 register.html

```
<!DOCTYPE html>
<html>
<head>
<meta charset="UTF-8">
<title>Using AJAX for validation</title>
<script type="text/javascript">
 var xmlHttp;
 function createXMLHttpRequest() {
    if (window.XMLHttpRequest) {
        xmlHttp = new XMLHttpRequest();
     }else{
        xmlHttp = new ActiveXObject("Microsoft.XMLHTTP");
    }
}

  function validate() {
    createXMLHttpRequest();
    var username = document.getElementById("username");
    var url = "validation.do?username=" + escape(username.value);
    xmlHttp.open("GET", url, true);
    xmlHttp.onreadystatechange = handleStateChange;
    xmlHttp.send(null);
  }

  function handleStateChange() {
    if(xmlHttp.readyState == 4){
      if(xmlHttp.status == 200){
        var message = xmlHttp.responseXML.
          getElementsByTagName("message")[0].firstChild.data;
        var messageArea = document.getElementById("results");
        messageArea.innerHTML = "<p>" + message + "</p>";
      }
    }
  }
 </script>
</head>
```

```
<body>
    <p>AJAX 数据验证示例</p>
    用户名: <input type="text" size="10" id="username"/>
    <input type="button" value="检测" onclick="validate();">
    <div id="results"></div>
</body>
</html>
```

程序中通过 onclick 事件触发验证方法 validate()。在该方法中首先得到用户名,然后构造一个 URL 并向服务器的 ValidationServlet 发送请求。在回调方法中通过 XMLHttpRequest 对象的 responseXML 返回验证的结果信息。

服务器端的代码也很简单,它是通过 Servlet 实现验证功能的,代码如下。

程序 10.8 ValidationServlet.java

```
package ajax.demo;
import java.io.*;
import javax.servlet.*;
import javax.servlet.http.*;
import javax.servlet.annotation.WebServlet;

@WebServlet(name = "validationServlet", urlPatterns = { "/validation.do" })
public class ValidationServlet extends HttpServlet{
  public void doGet(HttpServletRequest request,
         HttpServletResponse response)
                throws ServletException,IOException{
    response.setContentType("text/xml;charset=UTF-8");
    response.setHeader("Cache-Control","no-cache");

    String username = request.getParameter("username");
    String message = "用户名可以使用!";
    PrintWriter out = response.getWriter();
    //这里的验证非常简单,实际应用可与数据库中的用户名比较
    if(username.equals("hacker")){
      message = "用户名已被占用!";
    }
    out.println("<response>");
    out.println("<message>" + message + "</message>");
    out.println("</response>");
  }
}
```

访问 register.html 页面,在文本框中输入"hacker",单击"检测"按钮,运行结果如图 10.5 所示。

10.4.2 动态加载列表框

在 Web 应用开发中经常需要动态构建列表框的内容。如果要求在动态构建列表框时不刷新整个页面,早期的办法是使用隐藏数据。这种方法在数据量比较大时不适用。使用 AJAX 技术就可以很容易实现动态加载列表框。

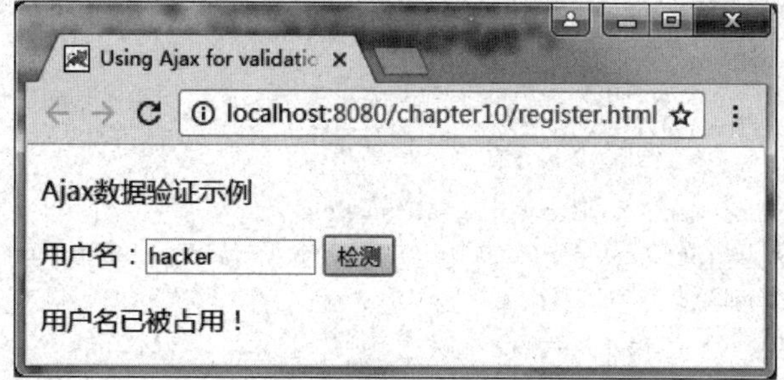

图 10.5　数据验证示例

程序 10.9　dynamicList.html

```
<!DOCTYPE html>
<html>
<head>
<meta charset="UTF-8">
<title>Dynamically Filling Lists</title>
<script type="text/javascript">
 var xmlHttp;
 function createXMLHttpRequest() {
     if (window.XMLHttpRequest) {
        xmlHttp = new XMLHttpRequest();
      }else{
        xmlHttp = new ActiveXObject("Microsoft.XMLHTTP");
     }
}
function refreshNameList() {
    var syear = document.getElementById("syear").value;
    var sclass = document.getElementById("sclass").value;
    if(sclass == "" || syear == "") {
       clearNameList();
       return;
    }
    var url = "refreshNameList.do?"
              + createQueryString(sclass, syear) + "&ts=" + new Date().getTime();
    createXMLHttpRequest();
    xmlHttp.onreadystatechange = handleStateChange;
    xmlHttp.open("GET", url, true);
    xmlHttp.send(null);
}
function handleStateChange(){
  if(xmlHttp.readyState == 4){
     if(xmlHttp.status == 200){
        updateNameList();
     }
  }
}
function createQueryString(sclass, syear) {
    var queryString = "sclass=" + sclass + "&syear=" + syear;
```

```
        return queryString;
    }

    function updateNameList() {
        clearNameList();
        var snames = document.getElementById("snames");
        var results = xmlHttp.responseXML.getElementsByTagName("sname");
        var option = null;
        for(var i = 0; i < results.length; i++) {
            option = document.createElement("option");
            option.appendChild
             (document.createTextNode(results[i].firstChild.nodeValue));
            snames.appendChild(option);
        }
    }

    function clearNameList() {
        var snames = document.getElementById("snames");
        while(snames.childNodes.length > 0) {
            snames.removeChild(snames.childNodes[0]);
        }
    }
    </script>
    </head>
    <body>
     <h4>请选择入学年份和班级</h4>
     <form action = "#">
        入学年份:
        <select id = "syear" onchange = "refreshNameList();">
            <option value = "">请选择</option>
            <option value = "2018">2018</option>
            <option value = "2019">2019</option>
        </select>
        班级:
        <select id = "sclass" onchange = "refreshNameList();">
            <option value = "">请选择</option>
            <option value = "class1">一班</option>
            <option value = "class2">二班</option>
        </select>
        <br/><br/>
        姓名:<br/>
        <select id = "snames" size = "6" style = "width:270px;">
        </select>
     </form>
    </body>
    </html>
```

页面运行结果如图 10.6 所示。从列表框中选择入学年份和班级,浏览器就会向服务器发出异步请求。请求带两个参数,其中包含入学年份和班级值,最后在文本区中显示学生姓名。

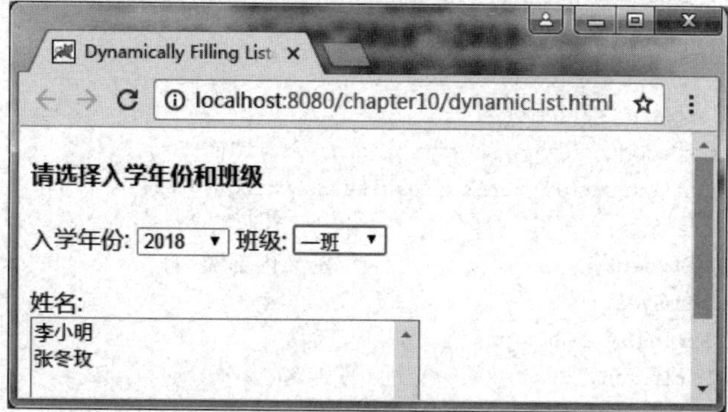

图 10.6　动态加载列表框

程序 10.10　RefreshNameServlet.java

```
package ajax.demo;
import java.io.*;
import java.util.ArrayList;
import java.util.List;
import javax.servlet.*;
import javax.servlet.http.*;
import javax.servlet.annotation.WebServlet;

@WebServlet(name = "refreshServlet", urlPatterns = {"/refreshNameList.do" })
public class RefreshNameServlet extends HttpServlet {
    private List<Student> students =
                    new ArrayList<Student>();
    public void init() throws ServletException {
      students.add(new Student(2018, "class1", "李小明"));
      students.add(new Student(2018, "class1", "张冬玫"));
      students.add(new Student(2018, "class2", "赵亮"));
      students.add(new Student(2018, "class2", "王强"));
      students.add(new Student(2018, "class2", "孙文"));
      students.add(new Student(2019, "class1", "Micheal Jordon"));
      students.add(new Student(2019, "class1", "Henry Smith"));
      students.add(new Student(2019, "class2", "Joeory Bush"));
      students.add(new Student(2019, "class2", "Karta"));
      students.add(new Student(2019, "class2", "Luews"));
    }

    protected void doGet(HttpServletRequest request,
                    HttpServletResponse response)
                throws ServletException, IOException {
        int syear = Integer.parseInt(request.getParameter("syear"));
        String sclass = request.getParameter("sclass");
        StringBuffer results = new StringBuffer("<snames>");
        for(Student stud:students) {
            if(syear == stud.syear && stud.sclass.equals(sclass)){
                results.append("<sname>");
                results.append(stud.sname);
```

```
                results.append("</sname>");
            }
        }
        results.append("</snames>");
        response.setContentType("text/xml;charset = UTF - 8");
        response.getWriter().println(results.toString());
    }
    private class Student{                         //定义内部类
        private int syear;                         //入学年份
        private String sclass;                     //班级
        private String sname;                      //姓名
        public Student(int syear, String sclass, String sname) {
            this.syear = syear;
            this.sclass = sclass;
            this.sname = sname;
        }
    }
}
```

该 Servlet 从浏览器接收到请求,并确定入学年份和班级,然后从 List 对象中查找学生并添加到响应 XML 数据串中。通常,服务器是从数据库中检索数据。

10.4.3 创建工具提示

很多应用程序中都带有工具提示功能,如在 Word 环境中将鼠标指向一个工具按钮,我们可以看到提示信息。使用 AJAX 技术也可以在 Web 页面中实现类似的功能。如在图 10.7 中当鼠标指针指向某个图片时,显示提示信息如图 10.7 所示。

图 10.7　AJAX 工具提示

下面的例子实现了简单的工具提示功能。

程序 10.11　toolTip.html

```
<!DOCTYPE html>
<html>
<head>
<meta charset = "UTF - 8">
<title>AJAX Tool Tip</title>
<script type = "text/javascript">
  var xmlHttp;
```

```
var dataDiv;
var dataTable;
var dataTableBody;
var offsetEl;
function createXMLHttpRequest() {
    if (window.XMLHttpRequest) {
        xmlHttp = new XMLHttpRequest();
    }else{
        xmlHttp = new ActiveXObject("Microsoft.XMLHTTP");
    }
}

function initVars() {
    dataTableBody = document.getElementById("dogDataBody");
    dataTable = document.getElementById("dogData");
    dataDiv = document.getElementById("popup");
}

function getDogData(element) {
    initVars();
    createXMLHttpRequest();
    offsetEl = element;
    var url = "toolTip.do?key=" + escape(element.id);
    xmlHttp.open("GET", url, true);
    xmlHttp.onreadystatechange = handleStateChange;
    xmlHttp.send(null);
}

function handleStateChange () {
    if (xmlHttp.readyState == 4) {
        if (xmlHttp.status == 200) {
            setData(xmlHttp.responseXML);
        }
    }
}

function setData(dogData) {
    clearData();
    setOffsets();
    var desc =
        dogData.getElementsByTagName("description")[0].firstChild.data;
    var row = createRow(desc);
    dataTableBody.appendChild(row);
}

function createRow(data) {
    var row, cell, txtNode;
    row = document.createElement("tr");
    cell = document.createElement("td");
    cell.setAttribute("bgcolor", "#FFFAFA");
    cell.setAttribute("border", "0");
```

```
        txtNode = document.createTextNode(data);
        cell.appendChild(txtNode);
        row.appendChild(cell);
        return row;
    }

    function setOffsets() {
        var top = offsetEl.offsetHeight;
        var left = calculateOffsetLeft(offsetEl);
        dataDiv.style.border = "blue 1px solid";
        dataDiv.style.left = left + 20 + "px";
        dataDiv.style.top = top + 50 + "px";
    }

    function calculateOffsetLeft(field) {
        var offset = 0;
        while(field) {
           offset += field["offsetLeft"];
           field = field.offsetParent;
        }
        return offset;
    }

    function clearData() {
        var ind = dataTableBody.childNodes.length;
        for (var i = ind - 1; i >= 0 ; i-- ) {
           dataTableBody.removeChild(dataTableBody.childNodes[i]);
         }
        dataDiv.style.border = "none";
    }
    </script>
    </head>
    <body>
        <h4>AJAX 工具提示示例</h4>
        <table id="dogs" bgcolor="#FFFAFA" border="1"
                        cellspacing="0" cellpadding="2">
            <tbody>
                <tr><td id="dog1" onmouseover="getDogData(this);"
                            onmouseout="clearData();">
                <img src="images/dog0.jpg" width="128" height="96" /></td>
                <td id="dog2" onmouseover="getDogData(this);"
                            onmouseout="clearData();">
                <img src="images/dog1.jpg" width="128" height="96" /></td>
                <td id="dog3" onmouseover="getDogData(this);"
                            onmouseout="clearData();">
                <img src="images/dog2.jpg" width="128" height="96" /></td></tr>
            </tbody>
```

```
    </table>
    <div style="position:absolute;" id="popup">
        <table id="dogData" bgcolor="#FFFAFA" border="0"
                                    cellspacing="2" cellpadding="2"/>
            <tbody id="dogDataBody"></tbody>
        </table>
    </div>
  </body>
</html>
```

上述代码中的 setOffsets()函数通过访问 DOM 来生成一个准确的偏移量,并用这个偏移量来放置动态内容。

程序 10.12　ToolTipServlet.java

```
package ajax.demo;
import java.io.*;
import java.util.HashMap;
import java.util.Map;
import javax.servlet.*;
import javax.servlet.http.*;
import javax.servlet.annotation.WebServlet;

@WebServlet(name ="tooltipServlet", urlPatterns={"/toolTip.do" })
public class ToolTipServlet extends HttpServlet {
    private Map<String,String> dogs = new HashMap<String,String>();
    public void init(ServletConfig config) throws ServletException {
        dogs.put("dog1", "It is a dog!");
        dogs.put("dog2", "It is a lovely dog!");
        dogs.put("dog3", "It is a very lovely dog!");
    }

    protected void doGet(HttpServletRequest request,
                         HttpServletResponse response)
                         throws ServletException, IOException {
        String key = request.getParameter("key");
        String data = dogs.get(key);
        PrintWriter out = response.getWriter();
        response.setContentType("text/xml;charset=UTF-8");
        response.setHeader("Cache-Control", "no-cache");
        out.println("<response>");
        out.println("<description>" + data + "</description>");
        out.println("</response>");
        out.close();
    }
}
```

本程序关于 dog 的描述信息在 init()中使用 Map 对象存放。在实际产品环境下,信息可能从数据库中获得。

本章小结

本章介绍了 AJAX 技术在 Web 开发中的应用。XMLHttpRequest 对象是 AJAX 技术的核心,它提供了 Web 应用程序与服务器之间的异步通信。使用 XMLHttpRequest 对象,客户可以直接从 Web 服务器检索数据,或向 Web 服务器提交 XML 数据而不需要刷新整个页面。

本章介绍了几种常见的应用,其中包括表单数据验证、动态加载列表框、创建工具提示、动态更新 Web 页面等。另外使用 AJAX 技术还可以实现读取响应首部、显示进度条、创建自动刷新页面、自动完成、访问 Web 服务等功能。

思考与练习

1. 什么是 AJAX? 它主要实现什么功能?
2. 如何创建 XMLHttpRequest 对象?
3. 调用 XMLHttpRequest 对象的哪个方法向服务器发出异步请求?(　　)

   A. send()　　　　B. open()

   C. getRequestHeader()　　　　D. abort()
4. 使用 XMLHttpRequest 对象的哪个属性可以得到从服务器返回的 XML 数据?(　　)

   A. responseText　　　　B. responseXML

   C. responseBody　　　　D. statusTex
5. 若返回文档中由 id 指定的元素,应该使用文档对象 element 的什么方法?(　　)

   A. getElementByTagName()　　　　B. getElementById()

   C. getAttribute()　　　　D. hasChildNodes()

第 11 章　Struts 2 框架基础

本章目标

- 了解 Struts 2 框架的组成及开发步骤;
- 掌握动作类的创建方法;
- 掌握在配置文件中如何配置动作类;
- 了解 Struts 2 的 OGNL;
- 掌握 Struts 2 常用标签的使用;
- 学会如何进行输入校验;
- 了解 Struts 2 的国际化处理方法;

Struts 2 是一个基于 MVC 设计模式的 Web 应用框架,它已成为十分流行的构建、部署和维护动态的、可扩展的 Web 应用框架技术。本章首先介绍 Struts 2 框架组成与环境构建,然后介绍 Struts 2 应用开发步骤、动作类、配置文件,OGNL 与标签库、输入校验与国际化。

11.1　Struts 2 框架概述

Apache Struts 是用于开发 Java Web 应用程序的开源框架。最早由 Craig R. McClanahan 开发,2002 年由 Apache 软件基金会接管。Struts 提供了 Web 应用开发的优秀框架,是世界上应用最广泛的 MVC 框架。然而,随着 Web 应用开发需求的日益增长,Struts 已不能满足需要,修改 Struts 框架成为必要。因此,Apache Struts 小组和另一个 Java EE 框架 WebWork 联手共同开发一个更高级的框架 Struts 2。

Struts 2 结合了 Struts 和 WebWork 的共同优点,对开发者更友好,具有支持 AJAX、快速开发和可扩展等特性。Struts 2 并不是 Struts 的简单升级,可以说 Struts 2 是一个既新又不新的 MVC 框架。说其新是因为相对于 Struts 而言,Struts 2 从设计思想到框架结构都是全新的,与 Struts 有非常大的区别。而说其不新,是因为 Struts 2 并不是一个完全新开发的 MVC 框架,而是在 WebWork 的基础上转化而来的。

Struts 2 的设计思想和核心架构与 WebWork 是完全一致的,同时它又吸收了 Struts 的一些优点。也就是说,Struts 2 是集 WebWork 和 Struts 两者设计思想之优点而设计出来的新一代 MVC 框架。

11.1.1 Struts 2 框架的组成

Struts 2 框架实现了 MVC 设计模式。其中,模型(Model)表示业务和数据库代码,视图(View)表示页面设计代码,控制器(Controller)表示导航代码。所有这些使 Struts 2 成为构建 Java Web 应用的基本框架。

Struts 2 框架是基于 MVC 设计模式的 Web 应用开发框架,它主要包括控制器、Action 对象、视图 JSP 页面和配置文件等,如图 11.1 所示。

- 控制器:控制器由核心过滤器 StrutsPrepareAndExecuteFilter、若干拦截器和 Action 组件实现。
- 模型:模型由 JavaBeans 或 JOPO 实现,它可实现业务逻辑。
- 视图:通常由 JSP 页面实现,也可以由 Velocity Template、FreeMarker 或其他表示层技术实现。
- 配置文件:Struts 2 框架提供一个名为 struts. xml 配置文件,使用它来配置应用程序中的组件。
- Struts 2 标签:Struts 2 提供了一个功能强大的标签库,该库提供了大量标签,使用这些标签可以简化 JSP 页面的开发。

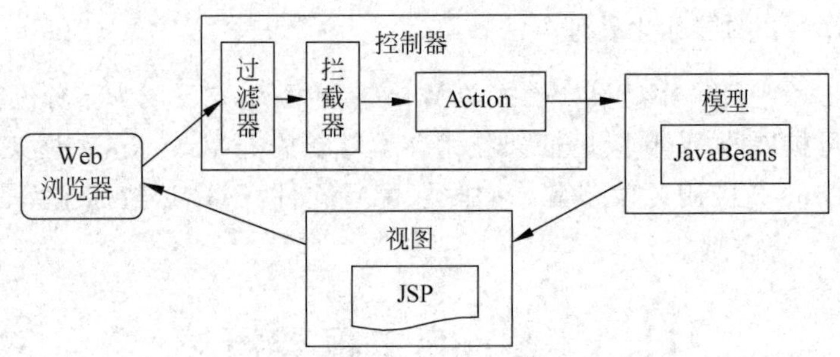

图 11.1 Struts 2 的 MVC 架构

在控制器组件、业务逻辑组件以及视图组件之间没有代码上的联系,它们之间的关系都是在配置文件 struts. xml 中声明的,这就保证了 Web 应用程序的可移植性和可维护性。

11.1.2 Struts 2 开发环境的构建

开发 Struts 2 应用程序必须安装 Struts 2 库文件,并且进行必要的配置。

1. 下载 Struts 2 库文件

可以到 Apache Struts Web 站点下载库文件包,地址如下:

```
http://struts.apache.org/downloads.html
```

目前的最新版本是 2.5.13。该下载页面提供了多个下载文件,假设这里下载的是 struts-2.5.13-all. zip,它是完整发布软件包,其中包括所有的库文件、示例应用程序、API 文档和源代码。将该文件解压到一个临时目录中,其中 lib 目录中存放的是 Struts 2 的所有库文件,将下面几个 JAR 文件复制到 WEB-INF\lib 目录中,它们是 Struts 2 应用的最基本库文件。

```
commons-fileupload-1.3.3.jar
commons-io-2.5.jar
commons-lang3-3.6.jar
freemarker-2.3.23.jar
javassist-3.20.0-GA.jar
log4j-api-2.8.2.jar
log4j-core-2.8.2.jar
ognl-3.1.15.jar
struts2-core-2.5.13.jar
```

如果要实现其他功能,需要将相关的库文件添加到 WEB-INF\lib 目录中。

2. 在 web.xml 中添加过滤器

要使 Web 应用程序支持 Struts 2 功能,需要在 web.xml 文件中声明一个核心过滤器类和映射,代码如下：

```
<filter>
    <filter-name>struts2</filter-name>
    <filter-class>
        org.apache.struts2.dispatcher.filter.StrutsPrepareAndExecuteFilter
    </filter-class>
</filter>
<filter-mapping>
     <filter-name>struts2</filter-name>
     <url-pattern>/*</url-pattern>
</filter-mapping>
```

注意,这里的<url-pattern>元素值为"/*",表示 Struts 2 过滤器将应用到该应用程序的所有请求 URL 上。

3. 创建 struts.xml 配置文件

Struts 2 的每个应用程序都有一个配置文件 struts.xml,该文件用来指定动作关联的类、执行的方法以及执行结果对应的视图等。在开发环境下配置文件应保存在 src 目录中,Web 应用打包后保存在 WEB-INF\classes 目录中。下面是 struts.xml 文件的基本结构。

```
<?xml version="1.0" encoding="UTF-8"?>
<!DOCTYPE struts PUBLIC
        "-//Apache Software Foundation//DTD Struts Configuration 2.5//EN"
        "http://struts.apache.org/dtds/struts-2.5.dtd">

<struts>
    <constant name="struts.devMode" value="true" />
    <package name="basicstruts2" extends="struts-default" namespace="/">
        <action name="index">
            <result>/index.jsp</result>
        </action>
    </package>
</struts>
```

配置文件的根元素是<struts>,其中包含<constant>元素、<package>元素的定义。<constant>元素用来定义一些常量。<package>元素用来定义一个包,在<package>元素中通过< action >子元素定义每个动作以及结果。上述文件中的< action >定义告诉 Struts 2,如果请求 URL 以 index. action 结尾,将浏览器重定向到 index. jsp 文件。

11.1.3 Struts 2 应用的开发步骤

开发 Struts 2 应用程序大致需要 3 个基本步骤。创建 Action 动作类;创建结果视图;修改配置文件 struts. xml。

1. 创建 Action 动作类

在 Struts 中一切活动都是从用户触发动作开始的,用户触发动作有多种方式:在浏览器的地址栏中输入一个 URL,单击页面的一个链接,填写表单并单击"提交"按钮。所有这些操作都可以触发一个动作。

动作类的任务就是处理用户动作,在 Struts 2 中充当控制器。当发生一个用户动作时,请求将经由过滤器发送到一个 Action 动作类。Struts 将根据配置文件 struts. xml 中的信息确定要执行哪个 Action 对象的哪个方法。通常是调用 Action 对象的 execute()执行业务逻辑或数据访问逻辑,Action 类执行后根据结果选择一个资源发送给客户。资源可以是视图页面,也可能是 PDF 文件、Excel 电子表格等。

2. 创建视图页面

视图用来响应用户请求、输出处理结果。通常 Struts 使用 RequestDispatcher 的 forward()转发请求,有时也使用响应对象 response 的 sendRedirect()重定向请求。视图通常使用 JSP 页面实现。

3. 修改 struts. xml 配置文件

该文件主要用来建立动作 Action 类与视图的映射。当客户请求 URL 与某个动作名匹配时,Struts 将使用 struts. xml 文件中的映射处理请求。动作映射在 struts. xml 文件中使用< action >标签定义。在该文件中为每个动作定义一个映射,Struts 根据动作名确定执行哪个 Action 类,根据 Action 类的执行结果确定请求转发到哪个视图页面。

11.1.4 一个简单的应用程序

假设创建一个向客户发送一条消息的应用程序,应完成下面三步:①创建一个 Action 类(控制器)执行某种操作。②创建一个 JSP 页面(视图)表示消息。③在 struts. xml 文件中建立 Action 类与视图的映射。

1. 创建 Action 动作类

该应用的动作是用户单击 HTML 页面中的超链接向 Web 服务器发送一个请求。动作类的 execute()被执行并返回 SUCCESS 结果。Struts 根据该结果返回一个视图页面(本例中是 hellouser. jsp)。

下面是 HelloUserAction 类的定义。

程序 11.1 HelloUserAction. java

```
package com.action;
import com.opensymphony.xwork2.ActionSupport;

public class HelloUserAction extends ActionSupport {
```

```
    private String message;                    //动作属性
    public String getMessage() {
        return message;
    }
    public void setMessage(String message) {
        this.message = message;
    }
    @Override
    public String execute() throws Exception {
        setMessage("Hello Struts User");
        return SUCCESS;
    }
}
```

动作类通常实现 Action 接口或继承 ActionSupport 类。该动作类声明了一个 String 类型的成员 message 用来存放数据,并且为该变量定义了 setter 和 getter 方法。程序还覆盖了 execute(),在其中调用 setMessage()设置 message 属性值,然后返回字符串常量 SUCCESS。该常量继承自 Action 接口。

2. 创建视图页面

用户动作是通过 index.jsp 页面的超链接触发的,index.jsp 页面的定义如下。

程序 11.2　index.jsp

```
<%@ page contentType="text/html; charset=UTF-8"
           pageEncoding="UTF-8"%>
<%@ taglib prefix="s" uri="/struts-tags" %>
<html>
<head><title>Basic Struts 2 Application - Welcome</title>
</head>
<body>
  <h3>Welcome To Struts 2!</h3>
  <p><a href="<s:url action='hello'/>">Hello User</a></p>
</body>
</html>
```

该页面中使用了 Struts 的<s:url>标签。要使用 Struts 的标签,应该使用 taglib 指令导入标签库:

```
<%@ taglib prefix="s" uri="/struts-tags" %>
```

该指令指定了 Struts 标签的 prefix 和 uri 属性值。Struts 标签以前缀"s"开头,如<s:url>标签用来产生一个 URL,它的 action 属性用来指定动作名,这里是 hello。当用户单击该链接时将向容器发送 hello.action 请求动作。

创建下面的 JSP 页面 hellouser.jsp 来显示 HelloUserAction 动作类的 message 属性值,代码如下。

程序 11.3　hellouser.jsp

```
<%@ page contentType="text/html; charset=UTF-8"
           pageEncoding="UTF-8"%>
<%@ taglib prefix="s" uri="/struts-tags" %>
```

```
<html>
<head><title>Hello User!</title></head>
<body>
    <h2><s:property value = "message" /></h2>
</body>
</html>
```

页面中<s:property>标签显示 HelloUserAction 动作类的 message 属性值。通过在 value 属性中的 message 告诉 Struts 框架调用动作类的 getMessage()。

3. 修改 struts.xml 配置文件

struts.xml 文件用来配置请求动作、Actiton 类和结果视图之间的联系。它通过映射告诉 Struts 2 使用哪个 Action 类响应用户的动作，执行哪个方法，根据方法返回的字符串调用哪个视图。

编辑 struts.xml 文件，在<package>元素中添加<action>定义。

```
<action name = "hello" class = "com.action.HelloUserAction"
        method = "execute">
      <result name = "success">/hellouser.jsp</result>
</action>
```

这里，在<package>元素中添加一个<action>动作元素，名为 hello。当客户请求 URL 为 hello.action 时，将执行 HelloUserAction 类的 execute()，如果方法返回 SUCCESS，控制将转到/hellouser.jsp 视图页面。

4. 程序的运行

访问 index.jsp 页面，当用户单击该页面中的 Hello User 链接时，请求转发到 hello.action 动作，Struts 将执行 HelloUserAction 类的 execute()，在该方法返回 SUCCESS 字符串后，框架将执行 hellouser.jsp 页面，显示结果如图 11.2 所示。

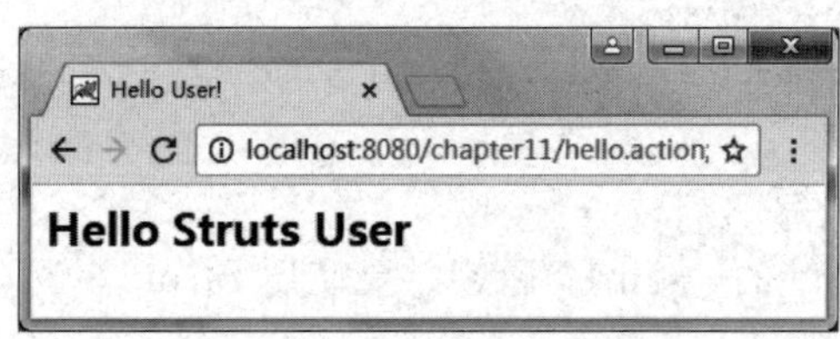

图 11.2　hellouser.jsp 页面的显示结果

5. 程序的执行过程

访问 index.jsp 页面，当用户单击该页面中的 Hello User 链接时，浏览器向服务器发送 http://localhost:8080/chapter11/hello.action 请求。

(1) 容器接收对资源 hello.action 的请求，根据 web.xml 文件的配置将所有请求转发到 org.apache.struts2.dispatcher.ng.filter.StrutsPrepareAndExecteFilter 过滤类，该类对象是进入框架的入口点。

(2) Struts 框架在 struts.xml 文件中查找名为 hello 的动作映射，发现该映射对应于 HelloUserAction 类，Struts 实例化该类，然后调用其 execute()。

(3) 在 execute()中调用 setMessage()设置 message 属性值并返回 SUCCESS。框架检

查 struts. xml 文件中的动作映射，并告诉容器执行结果页面 hellouscr. jsp。

(4) 在处理 hellouser. jsp 页面时，标签< s:property value＝" message" />将调用 HelloUserAction 对象的 getMessage()，返回 message 的值，将响应发送给浏览器。

6. 显示个性化信息

上面程序显示的信息是固定的。假设在 index. jsp 页面中通过表单提供用户名信息，在 hellouser. jsp 页面中显示用户名。可按下列步骤修改程序。

在 index. jsp 页面中添加下面的表单标签：

```
<s:form action = "hello">
    <s:textfield name = "userName" label = "用户名" />
    <s:submit value = "提交" />
</s:form>
```

< s:form >标签用来产生 HTML 的表单标签，< s:textfield >>标签用来产生 HTML 的文本域，< s:submit >标签用来产生提交按钮控件。注意，< s:form >标签的 action 属性值是"hello"，当用户单击"提交"按钮时 Struts 将执行 hello. action 动作。< s:textfield >标签的 name 属性值是"userName"，该表单域的值将被发送到 Action(HelloUserAction)对象。如果希望动作对象能自动接收表单域的值，动作类必须定义一个名为 userName 的成员变量和一个名为 setUserName( ) 的 public 方法，Action 对象会自动接收表单域的值。在 HelloUserAction 类中添加下面代码：

```
private String userName;
public String getUserName() {
    return userName;
}
public void setUserName(String userName) {
    this.userName = userName;
}
```

我们知道 message 成员用来存储显示的信息。因此，把下列代码加到 HelloUserAction 类的 execute()设置 message 属性值：

```
if (userName != null) {
    setMessage(getMessage() + " " + userName);
}
```

访问 index. jsp 页面，在用户名文本框中输入"张大海"，单击"提交"按钮，显示页面如图 11. 3 所示。

图 11. 3　hellouser. jsp 页面的显示结果

提示：在 Struts 2 应用程序中，如果修改了某些类的定义，再次访问应用程序时，修改可能没有反映出来，此时需要重新启动 Tomcat 服务器。

11.1.5 动作类

应用程序可以完成的每个操作都称为一个动作。例如，单击一个超链接是一个动作，在表单中输入数据后单击“提交”按钮也是一个动作。创建和处理各种动作是 Struts 2 开发中最重要的任务。有些动作很简单，例如把控制权转交给一个 JSP 页面，而有些动作需要进行一些逻辑处理，这些逻辑需要写在动作类里。

处理这些动作使用动作类。动作类其实质就是 Java 类，它们可以有属性和方法，但必须遵守下面规则。

- 每个属性都应定义 getter 方法和 setter 方法。动作属性的名字必须遵守与 JavaBeans 属性名相同的命名规则。动作的属性可以是任意类型。
- 动作类必须有一个不带参数的构造方法。如果没有提供构造方法，Java 编译器会自动提供一个默认构造方法。
- 每个动作类至少有一个方法供 Struts 2 在执行这个动作时调用。
- 一个动作类可以包含多个动作方法。在这种情况下，动作类可以为不同的动作提供不同的方法。例如，一个名为 RegisterAction 的动作类可以有 login()和 logout()，并让它们分别对应 user_login 和 user_logout 动作。

1. Action 接口

在 Struts 2 中定义了一个 com. opensymphony. xwork2. Action 接口，所有的动作类都可以实现该接口，该接口中定义了 5 个常量和一个 execute()，如下所示：

```
package com.opensymphony.xwork2;
public interface Action {
    public final static String SUCCESS = "success";
    public final static String ERROR = "error";
    public final static String INPUT = "input";
    public final static String LOGIN = "login";
    public final static String NONE = "none";
    public String execute() throws Exception;
}
```

这几个常量的含义如下。

- SUCCESS：表示动作执行成功并应该把结果视图显示给用户。
- ERROR：表示动作执行不成功并应该把报错视图显示给用户。
- INPUT：表示输入校验失败并应该把获取用户输入的表单重新显示给用户。
- LOGIN：表示动作没有执行(因为用户没有登录)并应该把登录视图显示给用户。
- NONE：表示动作执行成功但不应该把任何结果视图显示给用户。

接口中定义的 execute()是实现动作的逻辑。该方法返回一个字符串，并可抛出异常。若动作类实现了该接口，则必须实现该方法。

2. ActionSupport 类

编写动作类通常继承 ActionSupport 类，它是 Action 接口的实现类，该类还实现了

Validateable 接口、TextProvider 等接口。该接口定义的主要代码如下：

```
package com.opensymphony.xwork2;
public class ActionSupport implements Action, Validateable, ValidationAware,
        TextProvider, LocaleProvider, Serializable {
    protected static Logger LOG =
        LoggerFactory.getLogger(ActionSupport.class);
    private final ValidationAwareSupport validationAware =
        new ValidationAwareSupport();
    private transient TextProvider textProvider;
    private Container container;
    //设置校验错误的方法
    public void setActionErrors(Collection<String> errorMessages) {
        validationAware.setActionErrors(errorMessages);
    }
    //返回校验错误的方法
    public Collection<String> getActionErrors() {
        return validationAware.getActionErrors();
    }
    //设置和返回动作消息的方法
    public void setActionMessages(Collection<String> messages) {
        validationAware.setActionMessages(messages);
    }
    public Collection<String> getActionMessages() {
        return validationAware.getActionMessages();
    }
    …
    //设置和返回表单域错误信息
    public void setFieldErrors(Map<String, List<String>> errorMap) {
        validationAware.setFieldErrors(errorMap);
    }
    public Map<String, List<String>> getFieldErrors() {
        return validationAware.getFieldErrors();
    }
    //控制 Locale 相关信息
    public Locale getLocale() {
        ActionContext ctx = ActionContext.getContext();
        if (ctx != null) {
            return ctx.getLocale();
        } else {
            if (LOG.isDebugEnabled()) {
        LOG.debug("Action context not initialized");
            }
            return null;
        }
    }
    //返回国际化信息的方法
    public String getText(String aTextName) {
        return getTextProvider().getText(aTextName);
    }
    public String getText(String aTextName, String defaultValue) {
```

```
        return getTextProvider().getText(aTextName, defaultValue);
    }
    public String getText(String aTextName, List<?> args) {
        return getTextProvider().getText(aTextName, args);
    }
    public String getText(String key, String[] args) {
        return getTextProvider().getText(key, args);
    }
    public String getText(String key, String defaultValue, String[] args) {
        return getTextProvider().getText(key, defaultValue, args);
    }
    //用于访问国际化资源包的方法
    public ResourceBundle getTexts() {
        return getTextProvider().getTexts();
    }
    public ResourceBundle getTexts(String aBundleName) {
        return getTextProvider().getTexts(aBundleName);
    }
    //添加错误消息
    public void addActionError(String anErrorMessage) {
        validationAware.addActionError(anErrorMessage);
    }
    public void addActionMessage(String aMessage) {
        validationAware.addActionMessage(aMessage);
    }
    //添加字段校验失败错误的消息
    public void addFieldError(String fieldName, String errorMessage) {
        validationAware.addFieldError(fieldName, errorMessage);
    }
    //默认的 input 方法,直接返回 INPUT 字符串
    public String input() throws Exception {
        return INPUT;
    }
    public String doDefault() throws Exception {
        return SUCCESS;
    }
    //默认的处理用户请求的方法,直接返回 SUCCESS 字符串
    public String execute() throws Exception {
        return SUCCESS;
    }
    …
    //清除所有错误消息的方法
    public void clearFieldErrors() {
        validationAware.clearFieldErrors();
    }
    //包含空的输入校验方法
    public void validate() {
    }
    …
}
```

实际上，ActionSupport 类是 Struts 2 的默认动作处理类，即如果配置的 Action 没有指定 class 属性，系统自动使用 ActionSupport 类作为动作处理类。

在 Struts 2 中，动作类不一定必须实现 Action 接口，任何普通的 Java 对象（Plain Old Java Objects，POJO）只要定义 execute()就可以作为动作类使用。类如果没有实现 Action 接口，Struts 2 框架将使用反射机制查找执行的方法。如果没有提供 execute()并且在配置文件中又没有指定其他方法，框架将抛出异常。

下面的 MyAction 类是最简单的动作类。

```
public class MyAction {
   public String execute() throws Exception {
         //执行某些操作
         return "success";
   }
}
```

注意，MyAction 类没有实现任何接口和扩展任何类。动作执行将调用这里的 execute()，该方法不带参数，返回一个 String 对象。

11.1.6 配置文件

配置文件 struts.xml 主要用来建立动作 Action 类与视图的映射。该文件根元素是 < struts >，允许出现在< struts >和</struts >之间的直接子元素包括 package、constant、bean 和 include，这些元素还可包含若干子元素。如果要了解该文件可以定义哪些元素，可以查看该文件的 DTD。struts.xml 文件 DTD 的完整定义在 struts2-core-*VERSION*.jar 文件中，文件名为 struts-2.5.dtd。

下面对其中几个比较重要的元素进行讨论。

1. package 元素

< package >元素用来把动作组织成不同的包（package）。一个典型的 struts.xml 文件可以有一个或多个包，package 元素的常用属性如表 11-1 所示。

表 11-1 package 元素的常用属性

属性名	是否必需	说　明
name	是	指定该包的名称，其他包可使用此名称引用该包
extends	否	指定当前包继承哪一个已经定义的包
namespace	否	为这个包指定一个 URL 映射地址
abstract	否	指定当前包为抽象的，即该包中不能包含 action 的定义

package 元素的作用是对配置的信息进行逻辑分组。使用该元素可以将具有类似特征的 action 等配置信息定义为一个逻辑配置单元，这样可以避免重复定义。在 package 中可以配置的信息包括 action、result 和 interceptor 等。

package 元素的一个最大优点是可以像类定义一样支持继承和覆盖。在定义新 package 时，可以使用 extends 属性来指定新定义的 package 继承自某个已经存在的 package。如果在定义新的 package 时对一些设置没有定义，就会使用父 package 中的设置。如果定义了设置就会覆盖父 package 中的设置。

Struts 2 对配置文件内容的解析是按照自上而下的顺序进行的,因此被继承的 package 一定要在继承的 package 前面定义。

```
<package name = "example" namespace = "/example" extends = "default">
    <action name = "HelloWorld" class = "example.HelloWorld">
        <result>/example/HelloWorld.jsp</result>
    </action>
    <action name = "Login_*" method = "{1}" class = "example.Login">
        <result name = "input">/example/Login.jsp</result>
        <result type = "redirectAction">Menu</result>
    </action>
    <action name = "*" class = "example.ExampleSupport">
        <result>/example/{1}.jsp</result>
    </action>
</package>
```

每个< package >元素必须有一个 name 属性。namespace 属性是可选的,若没有给出该属性,则以“/”作为默认值。如果 namespace 属性有一个非默认值,要调用这个包中的动作,必须把这个命名空间添加到有关的 URI 字符串中。例如,如果要调用的动作包含在默认命名空间的某个包里,需要使用如下的 URI:

/context/actionName.action

如果要调用的动作包含在非默认命名空间的某个包里,需要使用如下的 URI:

/context/namespace/actionName.action

< package >元素通常需要对在 struts-default.xml 文件中定义的 struts-default 包进行扩展。这样,包中的动作就可以使用 struts-default.xml 文件中注册的结果类型和拦截器了。

2. action 元素

< action >元素是< package >元素的子元素,用于定义一个动作。每个动作都必须有一个名字,动作名应该反映动作的含义,该元素的常用属性如表 11-2 所示。

表 11-2　action 元素的常用属性

属性名	是否必需	说　明
name	是	指定动作名称
class	否	指定动作完整类名,默认为 ActionSupport 类
method	否	指定执行动作的方法名,默认为 execute()

如果动作有与之对应的动作类,则必须使用 class 属性指定动作类的完整名称。此外,还可以指定执行动作类的哪个方法,下面是一个例子。

```
<action name = "Product_save" class = "com.action.Product" method = "save">
```

如果给出了 class 属性但没有给出 method 属性,动作方法的名字将默认为 execute()。下面两个 action 元素的含义是等价的。

```
<action name = "Emp_save"
        class = "com.action.EmployeeAction" method = "execute">
<action name = "Emp_save" class = "com.action.EmployeeAction">
```

动作可以没有与之对应的动作类，下面是一个最简单的< action >元素：

```
<action name = "MyAction">
```

如果某个动作没有与之对应的动作类，Struts 将使用 ActionSupport 类的实例作为默认的实例。

3. result 元素

< result >元素是< action >元素的子元素，它用来指定结果类型，即定义在动作完成后将控制权转到哪里。< result >元素对应动作方法的返回值。动作方法在不同的情况下可能会返回不同的值，所以，一个< action >元素可能会有多个< result >元素，每个对应着动作方法的一种返回值。例如，若某个方法有"success"和"input"两种返回值，就必须提供两个< result >元素。例如，下面的< action >元素包含两个< result >元素。

```
<action name = "Product_save" class = "com.action.Product" method = "save">
   <result name = "success" type = "dispatcher">
     /jsp/Confirm.jsp
   </result>
   <result name = "input" type = "dispatcher">
     /jsp/Product.jsp
   </result>
</action>
```

第一种结果是在 save()返回 success 时将控制转到 Confirm.jsp 页面。第二种结果是在 save()返回 input 时将控制转到 Product.jsp，即显示输入页面。< result >元素的 type 属性用来指定结果类型，这里是 dispatcher。

如果省略< result >元素的 name 属性，其默认值是 success，如果省略了 type 属性，默认结果类型是 Dispatcher，下面两个< result >元素的含义是相同的。

```
<result name = "success" type = "dispatcher">/jsp/Confirm.jsp </result>
<result>/jsp/Confirm.jsp </result>
```

提示：如果某个方法返回了一个值而这个值没有与之匹配的< result >元素，Struts 将尝试在< global-results >元素下为它寻找一个匹配结果。如果在< global-results >元素下也没有找到适当的< result >元素，Struts 将抛出一个异常。

4. global-results 元素

一个< package >元素可以包含一个< global-results >元素，其中包含一些通用的结果。如果某个动作在它的动作声明中不能找到一个匹配的结果，它将搜索< global-results >元素(如果有这个元素的话)。

下面是< global-results >元素的一个例子。

```
<global - results>
   <result name = "error">/jsp/GenericErrorPage.jsp </result>
   <result name = "login" type = "redirect - action"> login.jsp </result>
```

```
</global-results>
```

5. constant 元素

<constant>元素用来定义常量或覆盖 default. properties 文件中定义的常量。使用该元素,程序员可以不必再去创建一个 struts. properties 文件。该元素有两个必需的属性:name 和 value。name 属性用来指定常量名,value 属性用来指定常量值。

例如,struts. DevMode 常量值决定 Struts 应用程序是否处于开发模式。在默认情况下,这个常量设置为 false,即不在开发模式下。如下所示的<constant>元素将把 struts. DevMode 项设置为 true。

```
<constant name = "struts.DevMode" value = "true">
```

6. include 元素

<include>元素用于包含其他的 Struts 2 配置文件。这样,通过<include>元素就可以轻松地把 Struts 2 的配置文件分解为多个文件。<include>元素是<struts>的直接子元素,下面是一个例子。

```
<struts>
    <include file = "module-1.xml" />
    <include file = "example.xml" />
</struts>
```

这里,被包含的文件必须和 struts. xml 文件一样具有一个 DOCTYPE 元素和一个<struts>根元素,下面是 example. xml 文件的内容。

```
<?xml version = "1.0" encoding = "UTF-8" ?>
<!DOCTYPE struts PUBLIC
        "-//Apache Software Foundation//DTD Struts Configuration 2.0//EN"
        "http://struts.apache.org/dtds/struts-2.0.dtd">
<struts>
    <package name = "example" namespace = "/example" extends = "default">
        <action name = "HelloWorld" class = "example.HelloWorld">
            <result>/example/HelloWorld.jsp</result>
        </action>
        <action name = "Login_*" method = "{1}" class = "example.Login">
            <result name = "input">/example/Login.jsp</result>
            <result type = "redirectAction">Menu</result>
        </action>
    </package>
</struts>
```

11.1.7 模型驱动和属性驱动

Struts 2 提供了两种 Action 驱动模式:模型驱动(model-driven)和属性驱动(property-driven)。模型驱动的 Action 在执行过程中使用一个单独的值对象作为请求参数的载体,这个值对象通常是 JavaBeans,这个 JavaBeans 不需要继承任何接口,它只是普通的 Java 类,此时该值对象充当模型部分。如果在系统开发之前就已经存在 JavaBeans 类,就可以采用模型驱动的方法来设计 Action,这样可以充分利用现有的代码。

属性驱动的 Action 在执行过程中不需要单独的对象存储参数值，参数值通过 Action 类的成员来存储。当然在 Action 类中要为这些成员定义 setter 和 getter 方法。

Struts 2 提供了一种更加明显的模型驱动的方法，就是让 Action 类实现 ModelDriven 接口，这个接口有一个方法：Object getModel()，用这个方法返回模型对象就可以了。

11.2 OGNL

OGNL(Object-Graph Navigation Language)称为对象-图导航语言，它是一种简单的、功能强大的表达式语言。使用 OGNL 表达式语言可以访问存储在 ValueStack 和 ActionContext 中的数据。下面首先介绍 ValueStack 和 ActionContext 的概念，然后介绍如何使用 OGNL 表达式访问其中的对象。

11.2.1 ValueStack 栈

对应用程序的每一个动作，Struts 在执行相应的动作方法前会先创建一个 ValueStack 对象，称为值栈。ValueStack 用来保存该动作对象及其属性。在对动作进行处理的过程中，拦截器需要访问 ValueStack，视图也要访问 ValueStack 才能显示动作和其他信息。

在 ValueStack 栈的内部有两个逻辑组成部分，分别是 Object Stack 和 Stack Context，如图 11.4 所示。Struts 2 将把动作和相关对象压入 Object Stack，把各种映射关系(Map 类型的对象)存入 Stack Context。在 JSP 页面中可以使用 OGNL 访问 Object Stack 和 Stack Context 中的对象。

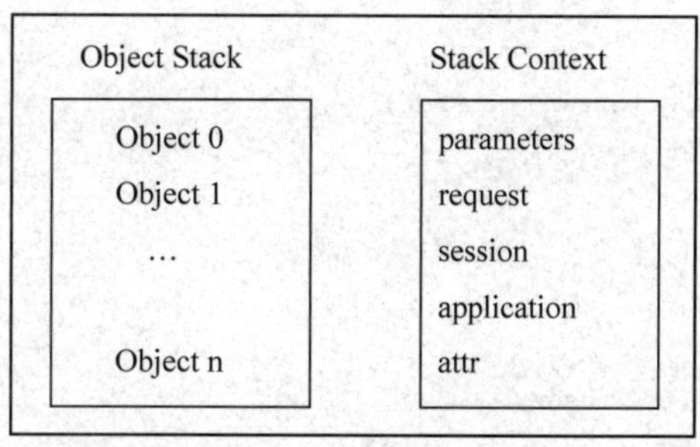

图 11.4　ValueStack 栈示意图

11.2.2 读取 Object Stack 中对象的属性

要访问 Object Stack 中对象的属性，可以使用以下几种形式之一：

```
object.propertyName
object['propertyName']
object["propertyName"]
```

这里的 object 为 Struts 的一个动作对象，propertyName 为该对象的属性名。Object Stack 中的对象可以通过一个从 0 开始的下标引用。例如，栈顶元素用[0]来引用，它下面的对象用[1]引用。若栈顶动作对象有一个 message 属性，则可以用下面形式引用：

```
[0].message
[0]["message"]
[0]['message']
```


Struts 的 OGNL 有一个重要特征：如果在指定的对象中找不到指定的属性，则到指定对象的下一个对象中继续搜索。例如，如果栈顶对象没有 message 属性，上面的表达式将在 Object Stack 栈中后续对象中继续搜索，直到找到这个属性或是到达栈的底部。

如果从栈顶对象开始搜索，则可以省略下标部分。例如，[0]. message 可直接写成 message 的形式。还可以使用下面的语法访问动作类的 getMessage()：

```
<s:property value = "getMessage()"/>
```

为了说明如何访问不同类型的属性，本节定义了 SampleAction 动作类，如下所示。

程序 11.4　SampleAction. java

```
package com.action;
import com.model.User;

public class SampleAction {
    private String message;
    private User user = new User();
    {
        user.setUsername("王小明");        //初始化块
    }
    public String getMessage(){
       return message;
    }
    public void setMessage(String message){
       this.message = message;
    }
    public User getUser() {
       return user;
   }
    public void setUser(User user) {
       this.user = user;
    }
    public String execute() {
       setMessage("世界,你好!");
       return "success";
    }
}
```

在 struts. xml 文件中使用下面< action >元素定义动作：

```
<action name = "sample" class = "com.action.SampleAction"
        method = "execute">
        <result name = "success">/sample.jsp</result>
</action>
```

在 index. jsp 页面中添加下面代码定义一个超链接引发 sample 动作：

```
<p><a href = "<s:url action = 'sample'/>"> Sample JSP </a></p>
```

程序 11.5　sample.jsp

```
<%@ page contentType = "text/html; charset = UTF - 8" %>
<%@ taglib prefix = "s" uri = "/struts - tags" %>
<html>
<head><title> Sample JSP </title></head>
<body>
  <p> OGNL 示例!</p>
  <b>[0].user.username:</b><s:property value = "[0].user.username"/><br>
  <b> user.username:</b><s:property value = "user.username"/><br>
  <b> message:</b><s:property value = "[0]['message']"/><br>
  <b> getMessage():</b><s:property value = "getMessage()"/><br>
  <s:debug />
</body>
</html>
```

页面的运行结果如图 11.5 所示。

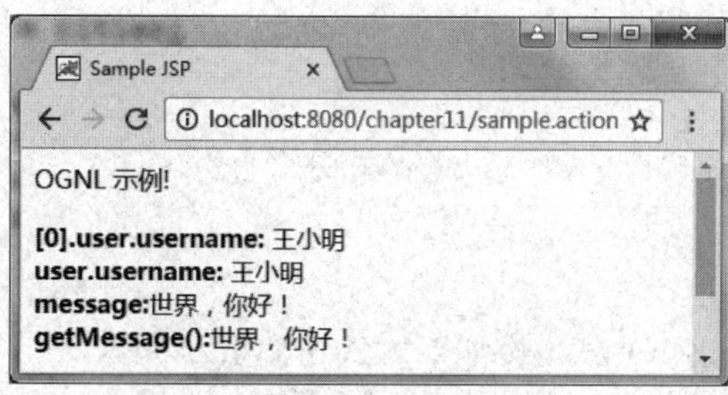

图 11.5　访问动作的属性和方法

11.2.3　读取 Stack Context 中对象的属性

Stack Context 中包含下列对象：application、session、request、parameters、attr。这些对象的类型都是 Map，可在其中存储“键/值”对数据。其中，application 中包含当前应用的 Servlet 上下文属性，session 中包含当前会话级属性，request 中包含当前请求级属性，parameters 中包含当前请求的请求参数，attr 用于在 request、session 和 application 作用域中查找指定的属性。

要访问 Stack Context 中的对象需要给 OGNL 表达式加上一个前缀字符“#”，“#”相当于 ActionContext.getContext()，可以使用以下几种形式之一：

```
#object.propertyName
#object['propertyName']
#object["propertyName"]
```

这里 object 为上述 5 个对象之一，propertyName 为对象中的属性名。例如：

```
<s:property value = "#application.userName"/>
```

将输出应用作用域(application)中存储的名为 userName 的属性值，该表达式相当于调用

application. getAttribute("userName")。

```
<s:property value="#parameters.id[0]"/>
```


将输出名为 id 请求参数的值,该表达式相当于调用 request. getParameter("id")。

attr 用于按 request、session、application 顺序查找指定属性,# attr. userName 相当于按顺序在以上三个作用域中查找 userName 属性,直到找到为止。

11.2.4 使用 OGNL 访问数组元素

若动作类 SampleAction 中声明一个 String 数组属性,在 JSP 页面中可以使用 <s:property>标签访问。下面代码定义了 cities 数组,在 execute()中对其初始化。

```
private String[] cities;
public String[] getCities() {
    return cities;
}
public void setCities(String[] cities) {
    this.cities = cities;
}
public String execute() {
    cities = new String[]{"北京","上海","天津","重庆"};
    return "success";
}
```

在 JSP 页面中可以使用 OGNL 按如下方式访问数组元素。

```
<b>cities :</b><s:property value="cities"/><br>
<b>cities.length :</b><s:property value="cities.length"/><br>
<b>cities[0] :</b><s:property value="cities[0]"/><br>
<b>top.cities :</b><s:property value="top.cities"/><br>
```

上述代码运行结果如图 11.6 所示。

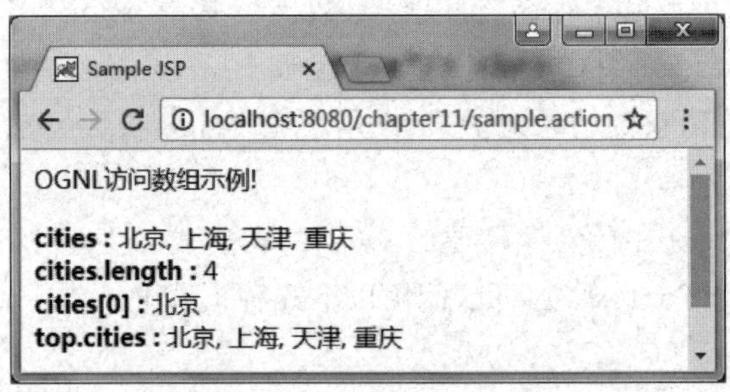

图 11.6 访问数组类型的属性

由于对象存储在 ValueStack 栈的顶部,可以使用[0]表示法访问数组对象。如果对象存储在从顶端开始的第二个位置,可以使用[1]的形式。也可以使用 top 关键字访问数组对象,它返回 ValueStack 栈的顶部元素。

11.2.5 使用 OGNL 访问 List 类型的属性

有些属性是 java.util.List 类型，可以像读取其他类型属性那样读取它们。这种 List 对象的各个元素是字符串，以逗号分隔，并带有方括号。

在 SampleAction 类中创建一个 ArrayList 对象并在 JSP 页面中使用 OGNL 访问它。

```
private List<String> fruitList = new ArrayList<String>();
{
    fruitList.add("苹果");
    fruitList.add("橘子");
    fruitList.add("香蕉");
}
public String execute(){
    return "success";
}
```

在 JSP 页面中可以使用 OGNL 按如下方式访问 ArrayList 的元素。

```
<b>fruitList:</b><s:property value="fruitList"/><br>
<b>fruitList.size:</b><s:property value="fruitList.size"/><br>
<b>fruitList[0]:</b><s:property value="fruitList[0]"/><br>
```

11.2.6 使用 OGNL 访问 Map 类型的属性

下面来看如何使用 OGNL 访问 Map 属性。在 SampleAction 类中定义一个 HashMap 类型属性，如下所示：

```
private Map<String,String> countryMap = new HashMap<String,String>();
{
    countryMap.put("China", "北京");
    countryMap.put("American", "纽约");
    countryMap.put("Australia", "堪培拉");
}
public String execute(){
    return "success";
}
```

在 JSP 页面中可以使用 OGNL 按如下方式访问 Map 的元素。

```
<b>countryMap:</b><s:property value="countryMap"/><br>
<b>countryMap.size:</b><s:property value="countryMap.size"/><br>
<b>countryMap[1]:</b><s:property value="countryMap['China']"/><br>
```

11.3 Struts 2 常用标签

Struts 2 框架提供了一个标签库，使用这些标签很容易地在页面中动态访问数据，创建动态响应。有些标签模仿标准的 HTML 标签，还有些标签用于创建非标准的控件。

Struts 2 的标签可以分为两大类：通用标签和用户界面(UI)标签。通用标签又分为控制标签和数据标签,UI 标签分为表单标签和非表单标签。标签分类如表 11-3 所示。

表 11-3　Struts 2 的常用标签

标签分类		标　　签
通用标签	数据标签	a、action、bean、date、debug、i18n、include、param、push、set、text、url、property
	控制标签	if、elseif、else、append、generator、iterator、merge、sort、subset
UI 标签	表单标签	checkbox、checkboxlist、combobox、doubleselect、file、form、hidden、label、optiontransferselect、optgroup、password、radio、reset、select、submit、textarea、textfield、token、updownselect
	非表单标签	actionerror、actionmessage、component、fielderror、table
	AJAX 标签	a、autocompleter、datetimepicker、div、head、submit、tabbedPanel、tree、treenode

控制标签主要用来进行流程控制,数据标签用来输出或显示数据。UI 标签主要用来在 HTML 页面中显示数据。

关于 Struts 2 标签的定义,可以查看其 TLD 文件,该文件位于 struts2-core-*VERSION*.jar 的 META-INF 目录中,文件名为 struts-tags.tld。

11.3.1　常用数据标签

1. <s:property>标签

<s:property>标签用于在页面中输出一个动作属性值,它的属性如表 11-4 所示,所有的属性都是可选的。

表 11-4　<s:property>标签的属性

属性名	类　　型	默认值	说　　明
value	String	来自栈顶元素	将要显示的值
default	String		没有给出 value 属性时显示的默认值
escape	boolean	True	是否要对 HTML 特殊字符进行转义

例如,下面标签将输出 customerId 动作属性的值。

```
<s:property value = "customerId" />
```

下面这个<s:property>标签将输出会话作用域中名为 userName 的属性值。

```
<s:property value = "#session.userName" />
```

如果没有给出 value 属性,将输出 ValueStack 栈顶对象的值。默认情况下,<s:property>标签在输出一个值之前会对其中的 HTML 特殊字符进行转义,常见字符及转义序列如表 11-5 所示。

表 11-5　HTML 特殊字符转义序列

字符	转义序列	字符	转义序列
"	"	&	&
<	<	>	>

通常，EL 语言可以提供更简洁的语法。例如，下面的 EL 表达式同样可以输出 customerId 动作属性的值。

```
${customerId}
```

2. <s:param>标签

<s:param>标签用于把一个参数传递给包含它的标签(如<s:bean>、<s:url>等)。它有两个属性：name 和 value。name 的值为参数名，value 的值为参数值。

在使用 value 属性给出值时，可以不使用"%{"和"}"，Struts 都将对其求值。例如，下面两个<s:param>标签是等价的，它们都是返回 userName 动作属性的值。

```
<s:param name = "userName" value = "userName" />
<s:param name = "userName" value = "%{userName}" />
```

如果要传递一个 String 类型的字符串作为参数值，必须把它用单引号括起来。例如：

```
<s:param name = "empName" value = "'John Smith'"></s:param>
```

也可以将 value 属性值写在<s:param>标签的开始标签和结束标签之间，如下所示：

```
<s:param name = "empName">John Smith</s:param>
```

使用这种写法可以为参数传递一个 EL 表达式的值。例如，下面的代码将把当前主机名传递给 host 参数：

```
<s:param name = "host">${header.host}</s:param>
```

3. <s:bean>标签

<s:bean>标签用于创建 JavaBean 实例，并把它压入 ValueStack 栈的 Stack Context 子栈。这个标签的功能与 JSP 的<jsp:useBean>动作很相似，<s:bean>标签的属性如表 11-6 所示。

表 11-6　<s:bean>标签的属性

属性名	类型	说明
name	String	将创建的 JavaBean 的完全限定类名
var	String	用来引用被压入 Context Map 栈的 JavaBean 的变量

下面定义一个 Converter 用来实现摄氏温度和华氏温度的相互转换。在 beanTag.jsp 页面中使用<s:bean>标签对其进行实例化。

程序 11.6　Converter.java

```
package com.model;
public class Converter{
    private double celcius;
    private double fahrenheit;
    public double getCelcius(){
        return (fahrenheit - 32) * 5 / 9;
    }
```

```
    public void setCelcius(double celcius){
        this.celcius = celcius;
    }
    public double getFahrenheit(){
        return celcius * 9 / 5 + 32;
    }
    public void setFahrenheit(double fahrenheit){
        this.fahrenheit = fahrenheit;
    }
}
```

下面的 beanTag. jsp 页面中使用了< s:bean >和< s:param >标签。

程序 11.7　beanTag. jsp

```
<%@ page contentType="text/html; charset=utf-8" pageEncoding="utf-8"%>
<%@ taglib prefix="s" uri="/struts-tags" %>
<html>
<head><title>Bean Tag Example!</title></head>
<body>
 <p>Bean Tag Example</p>
 <s:bean name="com.model.Converter" var="converter">
     <s:param name="celcius">37</s:param>
 </s:bean>
  37&deg;C=<s:property value="#converter.fahrenheit"/>&deg;F
</body>
</html>
```

< s:bean >标签实例化 com. model. Converter 类，该标签指定了 id 属性，它把 bean 实例放到栈的 Context 中。< s:bean >标签体包含一个< s:param >标签，用来调用 setCelcius()设置 celcius 属性值。< s:property >标签通过调用 # converter. fahrenheit 返回 fahrenheit 属性值。

该页面运行结果如图 11.7 所示。

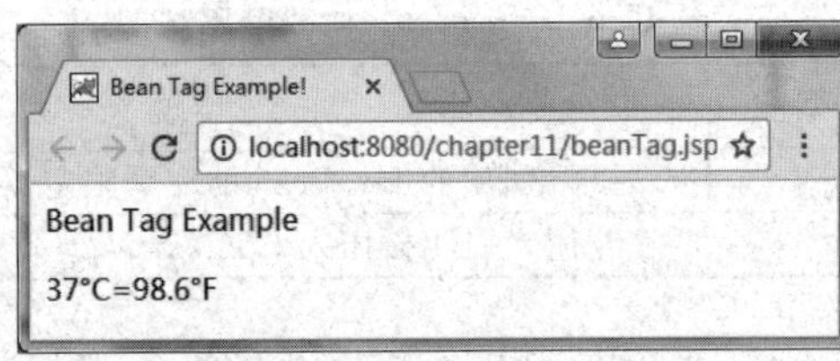

图 11.7　beanTag. jsp 页面的运行结果

为执行 beanTag. jsp 页面，创建一个 TagAction 动作类，然后在 struts. xml 文件中添加下面代码：

```
<action name="tagdemo" class="com.action.TagAction"
          method="execute">
     <result name="success">/beanTag.jsp</result>
</action>
```

4. <s:set>标签

<s:set>标签用来在指定作用域中定义一个属性并为其赋值，然后将其存储到 Stack Context 中。当需要将一个复杂表达式赋给变量，以后每次引用该表达式则非常有用。<s:set>标签的属性如表 11-7 所示。

表 11-7 <s:set>标签的属性

属性名	类型	默认值	说明
name	String		将被创建的属性键
value	String		该键所引用的对象
scope	String	default	目标变量的作用域。可取值包括 application、session、request、page 和 default

下面代码使用<s:set>标签定义了一个 popLanguage 变量并赋值，然后访问该变量。name 属性指定变量名，value 属性指定变量值。

```
<s:set name="popLanguage" value="%{'Java'}"scope="session"/>
Popular Language is: <s:property value="#session.popLanguage"/>
```

5. <s:push>标签

<s:push>标签与<s:set>标签类似，区别是<s:push>标签把一个对象压入 ValueStack 而不是 Stack Context。<s:push>标签的另一个特殊的地方是，它的起始标签把一个对象压入栈，结束标签将弹出该对象。<s:push>标签只有一个 value 属性，它指定将被压入 ValueStack 栈中的值。

假设有一名为 Employee 的 JavaBean 类，该类有 name 和 age 两个属性。在 JSP 中可使用下列代码创建一个 bean 实例并将其压入 ValueStack。

```
<s:bean name="com.model.Employee" var="empBean">
   姓名: <s:property value="#empBean.name"/><br/>
   年龄: <s:property value="#empBean.age"/>
</s:bean>
<hr/>
<s:push value="#empBean">
   姓名: <s:property value="name"/><br/>
   年龄: <s:property value="age"/>
</s:push>
```

6. <s:url>标签

<s:url>标签用来创建一个超链接，指向其他 Web 资源，尤其是本应用程序的资源。例如：

```
<p><a href="<s:url action='hello'/>">Hello World</a></p>
```

该标签通过 action 属性指定引用的资源。当程序运行时，将鼠标指向链接，可以看到链接的目标是 hello.action，它相对于 Web 应用程序的根目录。

在<s:url>标签内可以使用<s:param>标签为 URL 提供查询串。例如：

```
<s:url action="hello" var="helloLink">
```

```
    <s:param name = "userName"> Bruce Phillips </s:param>
</s:url>
<p><a href = "${helloLink}"> Hello Bruce Phillips </a></p>
```

这里,使用<s:param>为请求提供一个查询参数,userName 为参数名,标签内的值为参数值。注意,<s:url>标签的 var 属性的使用,它的值可以在后面代码中引用这里创建的 url 对象。

7. <s:action>标签

<s:action>标签用于在 JSP 页面中直接调用一个 Action。<s:action>标签的常用属性如表 11-8 所示。

表 11-8 <s:action>标签的属性

属性名	类型	默认值	说明
var	String		指定该属性,Action 将被放入 ValueStack 栈中
name	String		指定该标签调用的 Action 名称,无须.action 后缀
namespace	String		指定该标签调用的 Action 所在的 namespace
executeResult	boolean	false	指定是否将 Action 的处理结果页面包含到本页面
ignoreContextParams	boolean	false	指定是否将本页面的请求参数传递到调用的 Action,默认值为 false,即传入请求参数

通过指定 Action 的 name 属性和可选的 namespace 属性调用 Action。如果将 executeResult 属性值指定为 true,该标签还会把 Action 的处理结果(视图资源)包含到本页面中来。

8. <s:date>标签

<s:date>标签用来对一个 Date 对象进行格式化。用户可以通过 format 属性指定一种输出格式(如,dd/MM/yyyy hh:mm),该标签的常用属性如表 11-9 所示。

表 11-9 <s:date>标签的常用属性

属性名	类型	默认值	说明
name	String		指定要被格式化的日期值
format	String		该属性用于指定日期的格式
nice	boolean	false	指定是否输出指定日期和当前时刻的时差
var	String		指定该属性,格式化后的字符串将放入 Stack Context 中,并放入 requestScope

下面说明<s:date>标签的使用。首先在 Action 类中定义一个 Date 类型的属性,添加下面代码:

```
private Date currentDate;
public String execute() throws Exception{
    setCurrentDate(new Date());
    return SUCCESS;
}
```

在 JSP 页面中使用<s:date>标签输出时间信息:

```
<p><font color="#000080">Current Date Format</font></p>
 <table border="1" width="90%" bgcolor="ffffcc">
 <tr>
  <td width="50%"><b><font color="#000080">Date Format</font></b></td>
  <td width="50%"><b><font color="#000080">Date</font></b></td>
</tr>
<tr>
  <td width="50%">年-月-日</td>
  <td width="50%"><s:date name="currentDate" format="yyyy-MM-dd" /></td>
</tr>
<tr>
  <td width="50%">Month/Day/Year</td>
  <td width="50%"><s:date name="currentDate" format="MM/dd/yyyy" /></td>
</tr>
<tr>
  <td width="50%">Month/Day/Year</td>
  <td width="50%"><s:date name="currentDate" format="MM/dd/yy" /></td>
</tr>
<tr>
  <td width="50%">Month/Day/Year Hour<B>:</B>Minute<B>:</B>Second</td>
  <td width="50%"><s:date name="currentDate"
                           format="MM/dd/yy hh:mm:ss" /></td>
</tr>
<tr>
  <td width="50%">Nice Date (Current Date & Time)</td>
  <td width="50%"><s:date name="currentDate" nice="false" /></td>
</tr>
<tr>
  <td width="50%">Nice Date</td>
  <td width="50%"><s:date name="currentDate" nice="true" /></td>
</tr>
</table>
```

代码运行结果如图 11.8 所示。

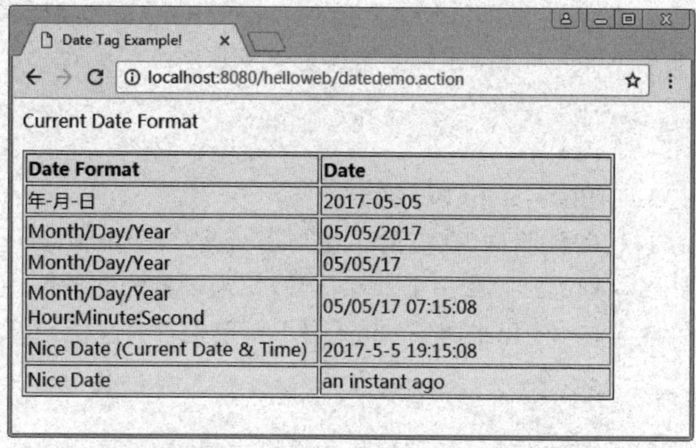

图 11.8　显示日期时间页面

9. <s:include>标签

<s:include>标签用于将一个 JSP 页面,或者一个 Servlet 的输出包含到本页面中。该标签只有一个必需的 value 属性,用于指定需要包含的 JSP 页面或 Servlet。

在<s:include>标签体中还可以使用<s:param>子标签为 JSP 页面或 Servlet 传递参数。

```
<p> Include Tag (Data Tags) Example!</p>
<s:include value = "included_file.jsp" />
<s:include value = "included_file.jsp">
    <s:param name = "title"> Hello,World!</s:param>
</s:include>
```

10. <s:debug>标签

使用<s:debug />标签将在页面中生成一个 Debug 链接,单击该链接可以显示 ValueStack 和 Stack Context 中有关信息,如图 11.9 所示。

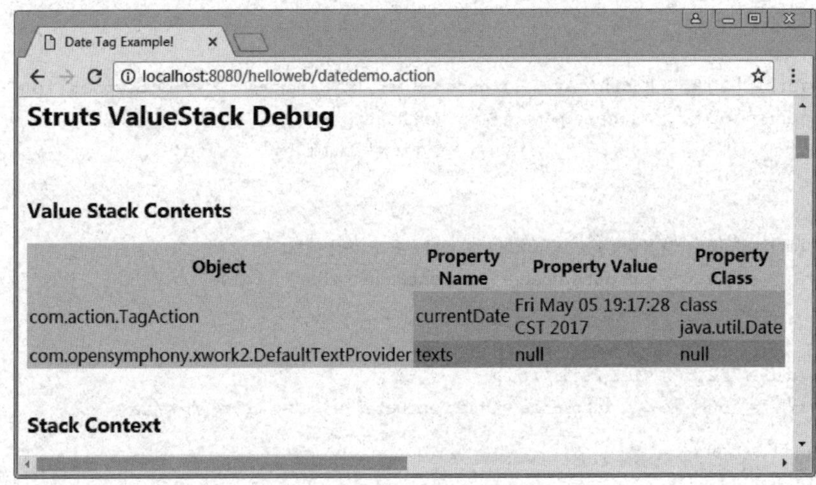

图 11.9 ValueStack 调试信息

在该页面中可以查看到值栈中的动作对象(如 TagAction)及其属性名(如 currentDate)和属性值。还可以查看 Stack Context 中的属性对象及其值。

11.3.2 控制标签

1. <s:if>、<s:else>和<s:elseif>标签

这 3 个标签用来进行条件测试,它们的用途与 Java 语言中的 if、else 和 else if 结构类似。<s:if>和<s:elseif>标签必须带一个 test 属性,用来设置测试条件。

例如,下面这个<s:if>标签用来测试 name 请求参数是否为空值 null。

```
<s:if test = "#parameters.name  == null">
```

而下面这个<s:if>标签先将 name 属性值的空格去掉,然后再测试是否为空串。

```
<s:if test = "name.trim()  ==  ''">
```

下面例子使用< s:if >标签测试会话属性 loggedIn 是否存在。若不存在显示一个登录表单,若存在显示欢迎信息。Action 动作类中代码如下:

```
private String username;
private String password;
//省略属性的 setter 和 getter 方法
public String execute(){
     if(username != null && username.length() > 0
            && password !=  null && password.length() > 0){
       ServletActionContext.getContext().
              getSession().put("loggedIn", true);
     }
     return SUCCESS;
}
```

在 JSP 页面中使用< s:if >标签:

```
<body>
  <s:if test = "#session.loggedIn  == null">
     <h3>请输入用户名和口令</h3>
     <s:form>
        <s:textfield name = "username" label = "用户名" />
        <s:password name = "password" label = "口令" />
        <s:submit value = "登录" />
     </s:form>
  </s:if>
  <s:else>
     Welcome <s:property value = "username" />
  </s:else>
</body>
```

2. < s:iterator >标签

< s:iterator >是最重要的控制标签,使用该标签可以遍历数组、Collection 或 Map 对象并把其中的每一个元素压入和弹出 ValueStack 栈,表 11-10 列出了< s:iterator >标签的属性。

表 11-10 < s:iterator >标签的属性

属性名	类型	说明
value	String	将被遍历的可遍历对象
status	IteratorStatus	存储当前的迭代状态对象
var	String	指定一个变量存放这个可遍历对象当前元素
id	String	功能同 var 属性

< s:iterator >标签在开始执行时,会先把 org.apache.struts2.views.jsp.IteratorStatus 类的一个实例压入 Stack Context,在每次遍历时更新它。可以定义一个 IteratorStatus 类型的变量赋给 status 属性。表 11-11 列出了 IteratorStatus 对象的属性。

表 11-11 IteratorStatus 对象的属性

属性名	类型	说明
index	int	每次遍历的下标值,从 0 开始
count	int	当前遍历的下标值
first	boolean	当前遍历的是否是第一个元素
last	boolean	当前遍历的是否是最后一个元素
even	boolean	如果 count 属性值是偶数,返回 true
odd	boolean	如果 count 属性值是奇数,返回 true
modulus	int	这个属性需要一个参数,它的返回值是 count 属性值除以输入参数的余数

下面的例子在 IteratorAction 动作类中定义了一个 List 属性和一个 Map 属性,并向其中添加了一些元素。iteratorTag.jsp 页面演示了如何使用< s:iterator >标签访问这些集合对象的元素。

程序 11.8 IteratorAction.java

```
package com.action;
import com.opensymphony.xwork2.ActionSupport;
import java.util.*;

public class IteratorAction extends ActionSupport{
    private List<String> fruit;
    private Map<String,String> country;
    public String execute()throws Exception{
        fruit = new ArrayList<String>();
        fruit.add("苹果");
        fruit.add("橘子");
        fruit.add("香蕉");
        fruit.add("草莓");
        country = new HashMap<String,String>();
        country.put("China", "北京");
        country.put("USA", "纽约");
        country.put("England", "伦敦");
        country.put("Russia", "莫斯科");
       return SUCCESS;
    }
    public List<String> getFruit(){
        return fruit;
    }
    public Map<String,String> getCountry(){
        return country;
    }
}
```

下面是 iteratorTag.jsp 页面代码。

程序 11.9 iteratorTag.jsp

```
<%@ page contentType="text/html; charset=UTF-8"
              pageEncoding="UTF-8" %>
```

```
<%@ taglib prefix = "s" uri = "/struts - tags" %>
<html>
<head><title>Iterator Tag Example!</title>
<style>
    table{
      padding:0px;
      margin:0px;
      border - collapse:collapse;
    }
    td,th{
      border:1px solid black;
      padding:5px;
      margin:0px;
    }
    .evenRow{
      background: #f8f8ff;
    }
    .oddRow{
      background: #efefef;
    }
</style>
</head>
<body>
  <h3><span style = "background - color: #FFFFcc">
      Iterator Tag Example!</span></h3>
  <s:iterator value = "fruit" status = "status">
     <s:property />
     <s:if test = "! #status.last">, </s:if>
     <s:else><br></s:else>
  </s:iterator>
  <table>
    <tr><th>国家名</th><th>首都</th>
    </tr>
    <s:iterator value = "country" status = "status">
    <s:if test = "#status.odd">
      <tr class = "oddRow">
    </s:if>
    <s:if test = "#status.even">
      <tr class = "evenRow">
    </s:if>
      <td><s:property value = "key" /></td>
      <td><s:property value = "value" /></td>
    </tr>
    </s:iterator>
  </table>
</body>
</html>
```


在 struts.xml 文件中添加下面动作定义的代码：

```
<action name = "iteratorTag" class = "com.action.IteratorAction">
```

```
  <result name="success">/iteratorTag.jsp</result>
</action>
```

请求 iteratorTag.action 动作,输出结果如图 11.10 所示。

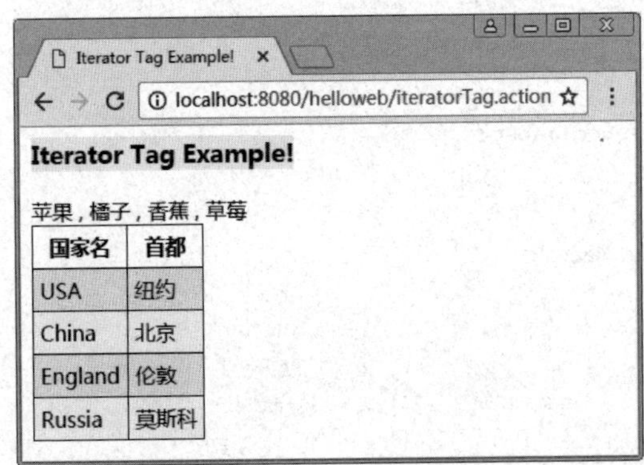

图 11.10　iteratorTag.jsp 页面的运行结果

<s:iterator>标签的 value 属性值也可以通过常量或使用<s:set>标签指定值,例如:

```
<s:iterator value="{'one','two','three','four'}">
  <s:property />
</s:iterator>

<s:set name="os" value="{'Windows','Linux','Solaries'}" />
<s:iterator value="#os" status="status">
  <s:property /><s:if test="!#status.last">,</s:if>
</s:iterator>
```

3. <s:append>标签

<s:append>标签用于将多个集合对象拼接起来,形成一个新的集合。这样就可以通过一个<s:iterator>标签实现对多个集合的迭代。

使用<s:append>标签需要指定一个 var 属性,该属性值用来存放拼接后生成的集合对象,新集合被放入 Stack Context 中。此外,<s:append>标签可以带多个<s:param>标签,每个<s:param>标签用来指定一个需要拼接的集合。子集合中的元素是以追加方式拼接的,即后面集合的元素追加到前面集合元素的后面。下面代码拼接了 3 个集合。

```
<!-- 定义一个集合对象 myList -->
<s:set var="myList" value="{'one','two','three'}" />
<!-- 拼接 3 个集合 -->
<s:append var="newList">
   <s:param value="{'Operating System','Data Structure',
                    'Java Programming'}" />
    <s:param value="#myList" />
    <s:param value="fruit" /><!-- 动作类的属性 -->
</s:append>
<table border="1" width="260">
   <s:iterator value="#newList" status="status" var="elem">
      <tr>
```

```
            <td><s:property value="#status.count" /></td>
            <td><s:property value="elem" /></td>
        </tr>
    </s:iterator>
</table>
```

这里,<s:param>子标签的 value 属性值可以是列表常量,也可以是使用<s:set>标签定义的 List,还可以是 Action 动作类的 List 属性等。

使用<s:append>标签还可以将多个 Map 对象拼接成一个新的 Map 对象,甚至还可以将一个 Map 对象和一个 List 对象拼接起来,这将得到一个新的 Map 对象。List 的元素将作为新的 Map 的 key 值,它们没有对应的 value 值。

4. <s:merge>标签

<s:merge>标签是将多个集合的元素合并,该标签与<s:append>标签类似。新集合的元素完全相同,但不同的是,<s:merge>标签是以交叉的方式合并集合元素的。

5. <s:generator>标签

<s:generator>标签可以将指定字符串按指定分隔符分隔成多个子串,临时生成的子串可以使用<s:iterator>标签迭代输出。可以这样理解:<s:generator>标签将一个字符串转换成 Iterator 集合。在该标签体内,生成的集合位于 ValueStack 的顶端,一旦该标签结束,该集合将被移出 ValueStack。

<s:generator>标签的作用有点类似于 String 类的 split(),但它比 split()的功能更强大。<s:generator>标签的常用属性如表 11-12 所示。

表 11-12 <s:generator>标签的常用属性

属性名	类型	说明
val	String	指定被解析的字符串
seperator	String	指定各元素之间的分隔符
count	Integer	可遍历对象最多能够容纳的元素个数
var	String	用来引用新生成的可遍历对象的变量
converter	Converter	指定一个转换器

下面代码给出了<s:generator>的基本用法。

```
<s:generator val="%{'三星,诺基亚,摩托罗拉,小米'}" separator=",">
    <ul>
        <s:iterator><li><s:property/></li></s:iterator>
    </ul>
</s:generator>
<s:generator val="%{'奥迪,丰田,宝马,比亚迪'}"
            separator="," id="cars" count="3">
</s:generator>
<s:iterator value="#attr.cars">
    <s:property />
</s:iterator>
```

6. <s:sort>标签

<s:sort>用来对一个可遍历对象中的元素进行排序,表 11-13 列出了它的属性。

表 11-13 <s:sort>标签的属性

属 性 名	类 型	默 认 值	说 明
comparator	java. util. Comparator		指定在排序过程中使用的比较器
source	String		将对之进行排序的可遍历对象
var	String		用来引用因排序而新生成的可遍历对象的变量

下面的例子在 SortTagAction 类中定义了一个 ArrayList 对象存放 Student 对象，一个 myComparator 的比较器对象，使用该对象对学生集合进行排序。

程序 11.10 SortTagAction. java

```
package com.action;
import com.opensymphony.xwork2.ActionSupport;
import java.util.*;

public class SortTagAction extends ActionSupport{
    private List<Student> students = null;
    private Comparator<Student> myComparator;          //比较器对象
    public String execute()throws Exception{
        students = new ArrayList<Student>();
        students.add(new Student(333,"张大海"));
        students.add(new Student(111,"李小雨"));
        students.add(new Student(888,"王天琼"));
       return SUCCESS;
    }
    public Comparator<Student> getMyComparator(){
       //一个匿名内部类,实现 Comparator 接口
       return new Comparator<Student>(){
           //实现 Comparator 接口必须实现 compare()
           public int compare(Student o1,Student o2){
             return o1.id - o2.id;
          }
       };
    }
    public List<Student> getStudents() {
        return students;
    }
    public void setStudents(List<Student> students) {
        this.students = students;
    }
    class Student{          //内部类定义
        private int id;
        private String name;
        Student(int id,String name){
            this.id = id;
            this.name = name;
        }
        public String toString(){
            return id + " " + name;
        }
    }
}
```

在 JSP 页面中使用< s:sort >标签对学生对象使用指定的比较器进行排序，结果可存入一个变量中，然后使用< s:iterator >标签迭代输出。

程序 11.11　sortDemo.jsp

```
<%@ page contentType = "text/html; charset = UTF - 8"
         pageEncoding = "UTF - 8" %>
<%@ taglib prefix = "s" uri = "/struts - tags"  %>
<html>
<head><title>Sort 标签示例</title></head>
<body>
<s:sort source = "students" var = "sortStudents"
        comparator = "myComparator" >
</s:sort>
<s:iterator value = "#attr.sortStudents" var = "s">
   <s:property /><br>
</s:iterator>
</body>
</html>
```

11.3.3　表单 UI 标签

表单 UI 标签主要用来在 HTML 页面中显示数据。UI 标签可以根据选定的主题自动生成 HTML 代码。默认情况下，使用 XHTML 主题，该主题使用表格定位表单元素。

1. 表单标签的公共属性

在 HTML 语言中，表单中的元素拥有一些通用的属性，如 id 属性、name 属性以及 JavaScript 中的事件等。与 HTML 中相同，Struts 2 提供的表单标签也存在通用的属性，而且这些属性比较多，表单标签的常用属性及说明如表 11-14 所示。

表 11-14　表单标签的常用属性及说明

属 性 名	数 据 类 型	说　明
name	String	指定 HTML 的 name 属性
value	String	指定表单元素的值
cssClass	String	用来呈现这个元素的 CSS 类
cssStyle	String	用来呈现这个元素的 CSS 样式
title	String	指定 HTML 的 title 属性
disabled	String	指定 HTML 的 disabled 属性
tabIndex	String	指定 HTML 的 tabindex 属性
label	String	指定一个表单元素在 xhtml 和 ajax 主题中的行标
labelPosition	String	指定一个表单元素在 xhtml 和 ajax 主题中的行标位置。可能取值为 top 和 left(默认值)
required	boolean	在 xhtml 主题中，这个属性表明是否要给当前行标加上一个星号 *
requiredposition	String	指定表单元素在 xhtml 和 ajax 主题中标签必须出现的位置。可能取值为 left 和 right(默认值)
theme	String	指定主题的名字
template	String	指定模板的名字

续表

属 性 名	数据类型	说 明
onclick	String	指定 JavaScript 的 onclick 属性
onmouseover	String	指定 JavaScript 的 onmouseover 属性
onchange	String	指定 JavaScript 的 onchange 属性
tooltip	String	指定浮动提示框的文本

2. <s:form>标签

<s:form>标签用来创建表单,它使得创建输入表单更容易。Struts 2 表单标签模拟普通的表单标签,每个<s:form>标签带有多个属性,action 属性用来指定动作。

3. <s:textfield>和<s:password>标签

<s:textfield>标签用来生成 HTML 的单行输入框,<s:password>标签用来生成 HTML 的口令输入框,这两个标签的公共属性如表 11-15 所示。

表 11-15 <s:textfield>标签和<s:password>标签的属性

属 性 名	类 型	说 明
maxlength	int	指定文本框能容纳的最大字符数
readonly	boolean	指定文本框的内容是否只读,默认为 false
size	int	指定文本框的大小

<s:password>标签比<s:textfield>标签多一个 showPassword 属性。该属性是布尔型,默认值为 false。它决定当输入的口令没能通过校验而被重新显示给用户时,是否把刚刚输入的口令显示出来。下面是一段简单的表单代码:

```
<s:form action = "login">
  <s:textfield name = "userName" label = "用户名" />
  <s:submit value = "提交" />
</s:form>
```

Struts 2 表单标签最终都转换成 HTML 标准标签。查看页面的源文件,<s:form>标签转换后的代码如下:

```
<form id = "login" name = "login" action = "login" method = "post">
<table class = "wwFormTable">
  <tr>
    <td class = "tdLabel">
        <label for = "login_userName" class = "label">用户名:</label>
    </td>
    <td><input type = "text" name = "userName"
               value = "" id = "login_userName"/>
    </td>
</tr>
<tr>
    <td colspan = "2">
      <div align = "right"><input type = "submit" id = "login_0" value = "提交"/>
      </div>
```

```
    </td>
</tr>
</table>
</form>
```

可以看到，<s:form>标签被转换成了 HTML 的表单标签，表单元素通过<table>标签存放在表格中。

UI 标签基于选择的主题自动生成 HTML 元素。默认使用 XHTML 主题，该主题使用表格定位表单元素。

4. <s:textarea>标签

<s:textarea>标签用来生成 HTML 的文本区，该标签的常用属性如表 11-16 所示。

表 11-16 <s:textarea>标签的常用属性

属性名	类型	默认值	说明
rows	integer		指定文本区的行数
cols	integer		指定文本区的列数
readonly	boolean	false	指定文本区内容是否只读
wrap	boolean		指定文本区内容是否回绕

例如，下面代码生成一个 8 行 35 列的文本区：

```
<s:textarea name = "description" label = "简历: "
            rows = "8" cols = "35" />
```

5. <s:submit>和<s:reset>标签

<s:submit>标签用来生成 HTML 的提交按钮。根据其 type 属性的值，这个标签可以有 3 种显示效果。下面是 type 属性的合法取值。

- input：把标签呈现为<input type ="submit" … />
- button：把标签呈现为<button type ="submit" … />
- image：把标签呈现为<input type ="image" … />

<s:reset>标签用来生成 HTML 的重置按钮。根据其 type 属性的值，这个标签可以有两种显示效果。下面是 type 属性的合法取值。

- input：把标签呈现为<input type ="reset" … />
- button：把标签呈现为<button type ="reset" … />

表 11-17 给出了<s:submit>标签和<s:reset>标签的常用属性。

表 11-17 <s:submit>标签和<s:reset>标签的常用属性

属性名	类型	说明
value	String	指定提交或重置按钮上显示的文字
action	String	指定 HTML 的 action 属性
method	String	指定 HTML 的 align 属性
type	String	指定按钮的屏幕显示类型，默认值为 input

下面是<s:submit>和<s:reset>的例子：

```
<s:submit value = "Login" />
<s:reset value = "重置" />
```

6. < s:checkbox >标签

< s:checkbox >标签用来生成 HTML 的复选框元素。该标签返回一个布尔值,若被选中返回 true,否则返回 false。

例如:

```
<s:checkbox name = "mailingList"
     label = "是否加入邮件列表?" />
```

< s:checkbox >标签还有一个非常有用的属性 fieldValue,它指定的值将在用户提交表单时作为被选中的实际值发送到服务器。fieldValue 属性可以用来发送一组复选框的被选中值。

7. < s:radio >标签

< s:radio >标签用来生成 HTML 的单选按钮组,单选按钮的个数与程序员通过该标签的 list 属性提供的选项个数相同。通常使用< s:radio >标签实现"多选一"的应用。

除了具有表单标签共同的属性外,< s:radio >标签还提供了如表 11-18 所示的常用属性。

表 11-18 < s:radio >标签的常用属性

属 性 名	类 型	说 明
list	String	指定选项来源的可遍历对象
listKey	String	指定选项值的对象属性
listValue	String	指定选项行标的对象属性

例如:

```
<s:radio name = "gender" label = "性别" list = "{'男','女'}" />
```

list、listKey 和 listValue 属性对< s:radio >标签、< s:combobox >标签、< s:select >标签、< s:checkboxlist >标签和< doubleselect >标签来说非常重要,因为它们可以帮助程序员更有效率地管理和获取这些标签的选项。

8. < s:checkboxlist >标签

< s:checkboxlist >标签将呈现为一组复选框,它的属性如表 11-19 所示。

表 11-19 < s:checkboxlist >标签的属性

属 性 名	类 型	默 认 值	说 明
list	String		指定选项来源的可遍历对象
listKey	String		指定选项值的对象属性
listValue	String		指定选项行标的对象属性

< s:checkboxlist >标签将被映射到一个字符串数组或一个基本类型的数组。如果它提供的复选框一个也没被选中,相应的属性将被赋值为一个空数组而不是空值。

下面的代码演示了< s:checkboxlist >标签的用法。

```
<s:checkboxlist name="language" list="langList"
                label="精通语言" />
```

<s:checkboxlist>标签所对应的底层属性是一个字符串数组 language,页面中被选中的选项存储在该数组中,所有选项由一个 List 对象构成。

9. <s:select>标签

<s:select>标签用来生成 HTML 的下拉列表框元素,它的属性如表 11-20 所示。

表 11-20 <s:select>标签的属性

属性名	类型	默认值	说明
list	String		指定选项来源的可遍历对象
listKey	String		指定选项值的对象属性
listValue	String		指定选项行标的对象属性
headerKey	String		指定选项列表中第一个选项的键
headerValue	String		指定选项列表中第一个选项的值
emptyOption	boolean	false	指定是否在标题下面插入一个空白选项
multiple	boolean	false	指定是否允许多重选择
size	integer		指定同时显示在页面中的选项个数

下面是<s:select>标签的一个例子:

```
<s:select name="city" list="cityList"
         listKey="cityId" listValue="cityName"
         headerKey="0" headerValue="城市" label="请选择城市" />
```

10. <s:combobox>标签

<s:combobox>标签用来生成一个文本框和一个组合框,用户可以在文本框中输入数据,如果从组合框中选择一个选项,将显示在文本框中,该标签的属性如表 11-21 所示。

表 11-21 <s:combobox>标签的属性

属性名	类型	默认值	说明
emptyOption	boolean	false	是否要在标题下面插入一个空白选项
headerKey	integer		headerValue 的键,默认值是-1
headerValue	String		用作标题的选项文本
list	String		选项来源的可遍历对象
listKey	String		指定选项值的对象属性
listValue	String		指定选项行标的对象属性
maxlength	String		HTML 的 maxlength 属性
readonly	boolean	false	被呈现的元素是否是只读的
size	integer		被呈现的元素的个数

与<s:select>标签不同,<s:combobox>标签提供的选项不需要键。另外,在用户提交表单时,被发送到服务器的是被选中的选项的行标而不是它的值。

例如,在 Action 类中定义一个 String 类型的属性 education 表示学历,在 JSP 页面中使用下列代码呈现一个文本框和一个组合框。

```
<s:combobox name = "education" label = "学历" size = "20"
            headerKey = " - 1" headerValue = "学历"
            list = "{'学士','硕士','博士'}" />
```


在组合框中可选择一个选项,选项将显示在文本框中,也可以在文本框中输入字符串,选择的选项或输入的字符串将存储在 education 属性中。

11.3.4 模板与主题

Struts 2 标签库的每一个 UI 标签都呈现为一个或多个 HTML 元素。Struts 2 允许我们选择这些元素以何种方式呈现。例如,在默认情况下,< s:form >标签将呈现为 HTML 的一个< form >元素和一个< table >元素。每一种输入标签(如 textfield、checkbox 和 submit)都将呈现为一个带标号的输入元素,这个输入元素将被包含在一个 tr 元素和一个 td 元素内。

默认情况下表单< s:form >标签被排版成表格的形式,但在某些场合,我们可能希望按照自己的想法来进行排版。例如,如果希望< s:textfield >元素呈现为一个单独的< input >标签,而不是一个包含在< tr >和< td >标签中的输入元素。

每种 UI 标签都有多种呈现模板(template)可供选择。例如,一种模板把< s:form >呈现为一个< form >元素和一个< table >元素,而另一种模板只把一个< s:form >标签呈现为一个表示元素,不增加< table >部分。这些模板是用 FreeMarker 编写的,但使用这些模板不需要熟悉 FreeMarker。

风格相近的模板被打包为一个主题(theme)。所谓主题就是为了让所有的 UI 标签能够产生同样的视觉效果而汇集到一起的一组模板。Struts 2 目前提供了 4 种主题。

- simple:该主题中的模板把 UI 标签转换成最简单的 HTML 元素,并且会忽视行标属性。例如,如果使用了这个主题,一个< s:form >标签将呈现为一个不带< table >元素的< form >元素,而一个< s:textfield >标签将呈现为一个不带任何修饰的< input >元素。
- xhtml:默认的主题。这个主题中的模板通过使用一个布局表提供了一种自动化的排版机制。
- css_xhtml:这个主题中的模板与 xhtml 主题中的模板类似,但它们使用 CSS 来进行布局和排版。
- ajax:这个主题中的模板以 xhtml 主题中的模板为基础,但增加了一些高级的 AJAX 功能。

这 4 种主题中的模板收录在 struts-core-VERSION. jar 文件中,位于 template 子目录下。

下面来看一下如何为 UI 标签设置一种主题。从前面例子中可以看到,如果没有为 UI 标签明确地指定一种主题,Struts 2 就将使用 xhtml 主题中的模板。为某个 UI 标签指定主题使用这个标签的 theme 属性。例如,下面< s:textfield >标签使用 simple 主题:

```
<s:textfield theme = "simple" name = "userId" />
```

在一个表单中,如果没有给出一个 UI 标签的 theme 属性,它将使用所在表单的主题。

例如,下面这些标签中,除最后一个< checkbox >标签使用 simple 主题外,其他的都将使用 css_xhtml 主题,因为表单的主题是 css_xhtml。

```
<s:form theme = "css_xhtml">
  <s:checkbox name = "daily" label = "Daily news alert" />
  <s:checkbox name = "weekly" label = "Weekly reports" />
  <s:checkbox theme = "simple" name = "monthly" label = "Monthly reviews"
        value = "true" disabled = "true" />
  <s:submit value = "提交" />
</s:form>
```

11.4 用户输入校验

一个健壮的 Web 应用程序必须确保用户输入是合法的。例如,在把用户输入的信息存入数据库之前通常需要进行一些检查以确保用户选择的口令达到一定长度(如不少于 6 个字符)、E-mail 地址是合法的、出生日期在合理的范围内等。通常需要编写有关代码实现输入数据校验,在 Struts 2 中有多种方法实现用户输入校验。

- 使用 Struts 2 校验框架。这种方法是基于 XML 的简单的校验方法,可以对用户输入数据自动校验,甚至可以使用相同的配置文件产生客户端脚本。
- 在 Action 类中执行校验。这是最强大和灵活的方法。Action 中的校验可以访问业务逻辑和数据库等。但是,这种校验可能需要在多个 Action 中重复代码,并要求自己编写校验规则。而且,需要手动将这些条件映射到输入页面。
- 使用注解实现校验。可以使用 Java 5 的注解功能定义校验规则,这种方法的好处是不用单独编写配置文件,所配置的内容和 Action 类放在一起,这样容易实现 Action 类中的内容和校验规则保持一致。
- 客户端校验。客户端校验通常是指通过浏览器支持的各种脚本来实现用户输入校验,这其中最经常使用的就是 JavaScript。在 Struts 2 中可以通过有关标签产生客户端 JavaScript 校验代码。

11.4.1 使用 Struts 2 校验框架

Struts 2 的校验框架是基于 XWork Validation Framework 的内建校验程序,它大大简化了输入校验工作。使用该校验框架不需要编程,程序员只要在一个 XML 文件中对校验程序应该如何工作进行声明就行了。需要声明的内容包括:哪些字段需要进行校验、在校验失败时把什么信息发送到浏览器。

假设需要编写一个注册页面,可能要求为用户输入定义下面的规则:

- 必须提供用户名和口令字段值,口令需 6~14 个字符。
- 必须提供一个合法的 E-mail 地址。
- 用户年龄必须在 16 到 60 之间。

使用 Struts 2 的校验框架需要在配置文件中指定校验的字段、校验器类型、错误消息等。配置文件名格式应该为< *Action-Class-Name* >-validation. xml,若要为 RegisterAction 动作类的属性进行校验,则配置文件名为 RegisterAction-validation. xml,该文件应保存在与动作类相同的目录中。

程序 11.12 RegisterAction-validation.xml

```
<?xml version = "1.0" encoding = "UTF - 8"?>
<! DOCTYPE validators PUBLIC
    " - //OpenSymphony Group//XWork Validator 1.0.2//EN"
    "http://www.opensymphony.com/xwork/xwork - validator - 1.0.2.dtd">
<validators>
    <field name = "user.username">
        <field - validator type = "requiredstring">
            <param name = "trim"> true </param>
            <message>用户名不能为空!</message>
        </field - validator>
    </field>
    <field name = "user.password">
        <field - validator type = "requiredstring" short - circuit = "true">
            <param name = "trim"> true </param>
            <message>口令不能为空!</message>
        </field - validator>
        <field - validator type = "stringlength">
            <param name = "minLength"> 6 </param>
            <param name = "maxLength"> 14 </param>
            <message>口令包含的字符在 6 到 14 个之间!</message>
        </field - validator>
    </field>
    <field name = "user.age">
        <field - validator type = "int">
            <param name = "min"> 16 </param>
            <param name = "max"> 60 </param>
          <message>用户年龄应在 16 到 60 之间!</message>
        </field - validator>
    </field>
    <field name = "user.email">
        <field - validator type = "required" short - circuit = "true">
            <message>邮箱地址必填!</message>
        </field - validator>
        <field - validator type = "email">
            <message>邮箱地址不合法!</message>
        </field - validator>
    </field>
</validators>
```

配置文件的根元素是< validators >,它可以包含多个< field >元素和< validator >元素。其中的每个< validator >元素用来表示一个普通校验程序,每个< field >元素用来校验一个字段,name 属性值对应表单的字段名。表单字段的校验器通过< field-validator >元素的 type 属性指定,其值指定一种验证类型,如"requiredstring"表示需要输入一个字符串,"email"表示 E-mail 地址必须合法。< message >元素用来指定校验失败显示的错误消息。

可以为一个字段定义多个校验器,如果前面的校验器失败,后面的校验器就没有必要执行,其校验错误信息也没有必要显示给客户,这可通过< field-validator >元素的 short-circuit

属性值指定为 true 来实现。

当输入校验失败后，Action 动作类自动返回"input"的结果，因此需要在 struts. xml 文件中配置"input"的结果，如下代码所示。

```
<action name = "Register" class = "com.action.RegisterAction"
        method = "register">
    <result name = "success">/success.jsp</result>
    <result name = "input">/register.jsp</result>
    <result name = "error">/error.jsp</result>
</action>
```

增加了上面的修改后，就为动作的各字段添加了校验规则，而且指定了校验失败后跳转到的 register. jsp 页面。接下来在 register. jsp 页面中添加<s:fielderror/>来输出错误提示。

当动作类执行时系统会自动加载配置文件，Struts 2 会自动根据用户请求进行校验，当输入数据不满足校验规则时，就会看到如图 11.11 所示的界面。

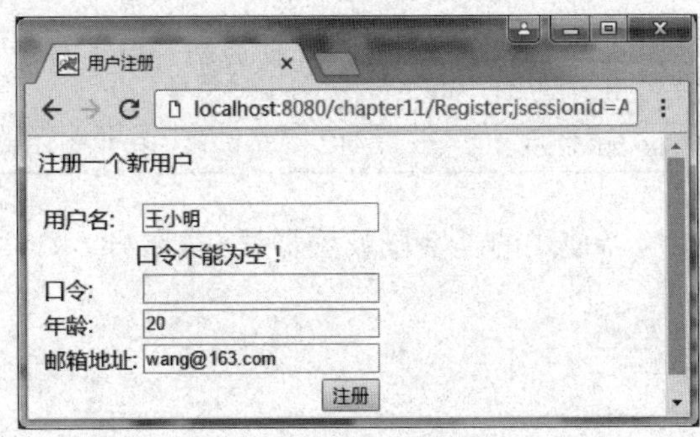

图 11.11 register. jsp 校验失败界面

Struts 2 提供了大量的内建校验器，这些内建的校验器可满足大部分应用的校验需求，开发者只需使用这些校验器即可。如果应用有特别复杂的校验需求，而且该校验有很好的复用性，开发者可以开发自己的校验器。

在 struts2-core-2.5.10.1.jar 中的 com\opensymphony\xwork2\validator\validators 路径下的 default. xml 文件中可以看到 Struts 2 的默认的校验器注册文件，里面定义了 Struts 2 所支持的全部校验器。表 11-22 列出了常用的内置校验器。

表 11-22 Struts 2 常用的内置校验器

校验器名称	实 现 类	说 明
conversion	ConversionErrorFieldValidator	转换校验器。用于检查对指定字段进行类型转换时是否发生错误
date	DateRangeFieldValidator	日期范围校验器。用于检查指定字段的日期是否在给定的范围内
double	DoubeRangeFieldValidator	浮点数范围校验器。用于检查指定字段的浮点数值是否在某个范围之内或之外
email	EmailValidator	邮件地址校验器。用于检查指定字段是否为一个合法的 E-mail 地址

续表

校验器名称	实 现 类	说 明
expression	ExpressionValidator	表达式校验器。用于检查某个表达式的值是否是 true
fieldexpression	FieldExpressionValidator	基于字段的表达式校验器。用于检查某个表达式的值是否是 true
int	IntRangeFieldValidator	整数范围校验器。用于检查指定字段的整数值是否在某个范围之内
regex	RegexFieldValidator	正则表达式校验器。用于检查指定字段是否与给定的正则表达式相匹配
required	RequiredFieldValidator	必填校验器。用于检查指定的字段是否为空
requiredstring	RequiredStringValidator	必填字符串校验器。用于检查指定字符串非空且字符串的长度大于 0
stringlength	StringLengthFieldValidator	字符串长度校验器。用于检查指定字符串的长度是否在某个范围之内
url	URLValidator	URL 校验器。用于检查指定字段是否为合法的 URL
visitor	VisitorFieldValidator	visitor 校验器。用于实现对复合属性的校验

上面文件中定义的校验器使用的是字段校验器语法，在 Struts 2 中还可以使用普通校验器的方法，如下所示：

```
<validators>
    <validator type="email">
        <param name="fieldName">user.email</param>
        <message>邮件地址不合法!</message>
    </validator>
</validators>
```

在上面的数据校验中，校验失败的提示信息通过硬编码的方式写在配置文件中，这显然不利于程序的国际化。在 Struts 2 中，数据的校验提示信息也可以实现国际化，这可通过为 <message>元素提供 key 属性来实现。例如，为 user.username 字段指定的校验规则可以使用 key 属性。

```
<field name="user.username">
    <field-validator type="requiredstring">
        <param name="trim">true</param>
        <message key="username.required" />
    </field-validator>
</field>
```

上述代码并未直接给出<message>元素的内容，而是指定了一个 key 属性，表明当 user.username 字段违反校验规则时，对应的提示信息是 key 为 username.required 的国际化消息。当然，必须在国际化的属性文件中定义有关的键和值。

11.4.2 使用客户端校验

11.4.1 节编写的校验代码是服务器端校验的，Struts 2 的校验框架还可实现客户端校验，即产生客户端的 JavaScript 代码校验表单数据。使用客户端校验非常简单，只要满足下面两个要求即可。①输入页面的表单元素使用 Struts 2 的标签生成。②在< s:form…/>元素增加 validate="true"属性。

将 JSP 页面进行了上述修改后即可实现客户端校验，这里使用的校验配置文件仍然是 RegisterAction-validator.xml。当输入数据校验失败时显示的页面与服务器端校验效果相同。Struts 2 将自动为 JSP 页面生成 JavaScript 校验代码并随响应数据一起发送到客户端。当在客户端打开页面时可以右击页面，从"查看源文件"中看到 JavaScript 校验代码。

注意，使用客户端校验并不支持所有的校验器。客户端校验仅支持下面的校验器：required、requiredstring、stringlength、regex、email、url、int 和 double 校验器。

11.4.3 编程实现校验

前面介绍的校验方法是声明性的，即先声明，后使用。要校验的字段、使用的校验器和校验失败显示的信息都在 XML 配置文件中声明。在某些场合，校验规则可能过于复杂，把它们写成一个声明性校验会非常复杂，因此 Struts 2 还提供了通过编程方式实现校验的功能。

Struts 2 提供了 com.opensymphony.xwork2.Validateable 接口，该接口只定义了 validate()。在动作类中可以实现该接口以提供编程校验功能。由于 ActionSupport 类已经实现了这个接口，所以如果动作类从 ActionSupport 类扩展而来，就可以直接覆盖 validate()。

下面例子说明如何通过覆盖 validate()实现复杂的校验。在注册程序中通常要求用户提供的口令具有一定的复杂度，例如要求口令至少包含一个数字、一个小写字母和一个大写字母才认为是一个强口令字，另外还可能要求口令字符串最少 6 个字符。

下面的 isPasswordStrong()返回一个口令串是否是强口令字，在 validate()中对口令串进行验证。

```
public boolean isPasswordStrong(String password){
    String lower = "abcdefghijklmnopqrstuvwxyz";
    String upper = "ABCDEFGHIJKLMNOPQRSTUVWXYZ";
    String digit = "0123456789";
    boolean ok1 = false,ok2 = false,ok3 = false;
    int length = password.length();
    char c = '\0';
    //检查口令串中的每个字符,看是否满足要求
    for(int i = 0;i < length;i++){
        if(ok1 && ok2 && ok3){
          break;
        }
        c = password.charAt(i);
        if(lower.indexOf(c)> - 1){                  //检查是否有小写字母
          ok1 = true;
```

```
            }
            if(upper.indexOf(c)>-1){                //检查是否有大写字母
              ok2 = true;
            }
            if(digit.indexOf(c)>-1){                //检查是否有数字字符
              ok3 = true;
            }
          }
          return (ok1 && ok2 && ok3);               //三个条件都满足
      }
      public void validate(){
        String password = getUser().getPassword();
        if(password.length()<6){
            addFieldError("user.password","口令长度必须 6 个字符以上!");
        }
        if(!isPasswordStrong(password)){
            addFieldError("user.password","口令强度不够!");
        }
    }
```

在 validate()中,如果某个字段不满足校验要求,可以使用 addFieldError()为指定字段添加校验失败信息。该方法从 ActionSupport 类继承,有两个参数,第一个是表单域名,第二个是显示的错误消息,方法调用如下:

```
addFieldError( "user.password", "口令强度不够!");
```

当用户在注册表单上单击提交按钮后,Struts 2 将用户输入的数据传输到 user 对象中,然后,系统首先执行 validate()。如果使用 addFieldError()添加了错误,系统不再继续执行 execute(),将直接返回“input”作为动作调用的结果。错误消息将在结果视图表单的 user.password 字段上方显示。

11.4.4 使用 Java 注解校验

在 com.opensymphony.xwork2.validator.annotations 包中定义了若干可实现输入校验的注解。例如,@Validations 注解指定动作类需要进行校验,@RequriedStringValidator 注解用来进行文本域的校验。

下面以登录应用程序为例说明使用 Java 注解进行输入校验。该应用的工作流程是:显示登录页面 login.jsp,用户输入用户名和口令后单击“登录”按钮,在 Action 类中执行校验,若用户输入正确的用户名和口令(admin/admin123),则显示登录成功页面 wlcome.jsp,否则返回登录页面并显示错误消息。

下面是动作类 LoginAction 的代码,它使用注解实现校验用户输入的用户名和口令值。

程序 11.13 LoginAction.java

```
package com.action;
import com.opensymphony.xwork2.ActionSupport;
import com.opensymphony.xwork2.validator.annotations.*;

@Validations
```

```java
public class LoginAction extends ActionSupport {
    private String username;
    private String password;
    public String execute() throws Exception{
        if (this.username.equals("admin")
                && this.password.equals("admin123")) {
            return "success";
        } else {
            addActionError("用户名或口令错误,请重新输入!");
            return "input";
        }
    }
    @RequiredStringValidator(message = "请输入用户名")
    public String getUsername() {
        return username;
    }
    public void setUsername(String username) {
        this.username = username;
    }
    @RequiredStringValidator(message = "请输入口令")
    public String getPassword() {
        return password;
    }
    public void setPassword(String password) {
        this.password = password;
    }
}
```

注意,上面的动作类包含两个字段,username 和 password,它们用来存放表单输入值。execute()用来校验用户,该例中只检查用户名和口令是否是 admin 和 admin123。

11.5　Struts 2 的国际化

在程序设计领域,人们把能够在不改写有关代码的前提下,让开发出来的应用程序能够支持多种语言的技术称为国际化技术。在 Web 开发中要实现国际化技术,就是要求当应用程序运行时能够根据客户端请求所来自的国家/地区、语言的不同而呈现不同的用户界面。例如,若请求来自一台中文操作系统的客户端计算机,则应用程序响应界面中的各种标签、错误提示和帮助信息均使用中文,如果客户端计算机是英文操作系统,则应用程序也能识别并自动以英文界面响应。

11.5.1　国际化(i18n)

引入国际化机制的目的在于提供更友好、自适应的用户界面,而并不改变程序的其他功能/业务逻辑。人们常用 i18n 这个词作为“国际化”的简称,其来源是英文单词 internationalization 的首末字母 i 和 n 以及它们之间有 18 个字符。

国际化是商业系统中不可或缺的一部分,无论学习什么 Web 框架,它都是必须掌握的技能。Struts 2 为开发人员实现软件产品的国际化提供了强有力的支持,开发人员只需要很少的工作就可以实现软件的国际化。

Struts 2 的国际化大致可分为页面的国际化、Action 的国际化以及 XML 的国际化。下面首先介绍属性文件,然后介绍 Struts 2 的国际化。

11.5.2 属性文件

属性文件(或称资源文件)是用来保存多语言的字符串信息的文件。Java 在实现软件的国际化时,采用了地区和语言两个因素来划分属性文件,也就是说,开发人员应该按照地区和语言来将字符串信息写到不同文件中。

1. 属性文件的格式

属性文件是纯文本文件,以行为单位,每行定义一个字符串资源,采用 key=value 的形式,key 表示键的名称,value 表示键的值。通常情况下,key 不应该重复。另外,在属性文件中,value 部分还可以定义一些占位符,用于标识资源信息中的动态部分,在运行时确定每个占位符的值,这样就可以方便地生成支持多语言的动态信息了。

2. 属性文件的命名

在 Struts 2 中,属性文件有不同级别,文件名也有不同的形式,但一般格式如下:

```
baseName_language_counrty.properties
```

这里,baseName 是基本名,可以是 Action 类名,也可以是 package,还可以是用户指定的名称。language 是语言代码,country 是国家代码,有的属性文件可以不指定语言和国家代码。语言代码为符合 ISO-639 标准的定义,用 2 个小写字母表示,如 zh 代表汉语、en 代表英语。国家代码由 ISO 3166 标准定义,用两个大写字母表示,如 CN 表示中国、US 表示美国。所有的属性文件的扩展名都为. properties。而主文件名应该能够标识出这个文件所包含的信息是哪个地区和语言的。

下面是为 LoginAction 类指定的属性文件:

```
LoginAction.properties
LoginAction_zh.properties
LoginAction_en_US.properties
```

第一个文件没有使用语言代码和国家代码,它将使用默认语言和国家。第二个指定了语言代码,第三个指定了语言和国家代码。

11.5.3 属性文件的级别

在 Struts 2 中,对属性文件采取分级管理的方式。总体上来说,属性文件可以分为以下三种类型:

- 全局属性文件。
- 包级别属性文件。
- Action 级别属性文件。

系统在查找属性文件时,查找顺序是从小范围到大范围,Action 级的属性文件优先级最高,然后是包级别的属性文件,最后是全局属性文件。

1. 全局属性文件

全局属性文件可以被 Struts 2 应用的所有 Action 和 JSP 页面使用。在 Eclipse 开发环境中全局属性文件应该保存在 src 目录中，在部署环境下该文件保存在 WEB-INF/classes 目录中，当 Struts 2 不能找到较低级别的属性文件时，将使用全局属性文件。

2. 包级别属性文件

包级别属性文件可以被一个包中的 Action 和 JSP 页面使用。包级别属性文件的 baseName 应该为 package。例如，package. properties 和 package_zh_CN. properties 是两个包级别的属性文件。包级别属性文件应该存放在包所在的目录中。

假设在 com. action 包中建立一个名为 package. properties 的属性文件，在其中添加下面一行：

```
greeting = 欢迎来到 Struts 2 精彩世界!
```

现在，任何由在 com. action 包中 Action 呈现的视图都可以使用< s:text >标签通过 greeting 属性名显示该键的值。例如，在 JSP 页面中可使用< s:text >标签显示 greeting 键的值：

```
< h1 >< s:text name = "greeting" /></h1 >
```

3. Action 级别属性文件

Action 级别属性文件仅被当前 Action 类引用。在 Struts 2 应用程序中可以为每个 Action 类关联一个消息属性文件，属性文件名与 Action 类名相同，扩展名为. properties。该属性文件必须存放在与 Action 类相同的包中。

11.5.4 Action 的国际化

Struts 2 为 Web 应用程序提供了内建的国际化支持。在 Struts 2 中可以在 Action 类中和 JSP 页面中使用属性文件，实现国际化。

在 Action 动作类中，只要其继承 ActionSupport 类就可以获得大部分的国际化的支持。ActionSupport 类实现了 com. opensymphony. xwork2. TextProvider 接口，该接口负责提供对各种资源包和它们的底层文本消息的访问机制。

在 TextProvider 接口中定义的 getText(String key)可以获得属性文件中某个键的值，getText()的参数为键名，结果为键值。在 Action 类的 execute()中可以使用该方法。

下面是 getText()的常用格式。

- public String getText(String key)：返回与键相关的消息。如果找不到消息，返回空值 null。
- public String getText(String key, String defaultValue)：返回与键相关的消息。如果找不到消息，返回 defaultValue 指定的默认值。
- public String getText(String key, String defaultValue,String[]args)：返回与键相关的消息，并使用给定的参数 args 的值填充占位符。如果找不到消息，返回 defaultValue 指定的默认值。该方法的第三个参数是 String 数组，也可以是字符串组成的 List。

下面代码说明了 getText()的使用。

```
    public String execute() throws Exception {
        String str1 = getText("label.hello");
        System.out.println(str1);
        //用第二个参数的值填充 label.hello 中的第一个占位符
        String str2 = getText("label.hello2",new String[]{"您好"});
        System.out.println(str2);
        //与上一种实现一样
        List<String> list = new ArrayList<String>();
        list.add("您好");
        String str3 = getText("label.hello3","大家好",list);
        System.out.println(str3);
        return SUCCESS;
    }
```

当调用 getText()时,Struts 2 将按下列顺序查找相关的属性文件,如果找不到,再向下查找。

(1) 动作类的属性文件。该文件的名字与动作类的名字相同,并且与动作类存放在同一个子目录中。

(2) 动作类所实现的接口的属性文件。例如,如果某个动作类实现了 Dummy 接口,对应于这个接口的默认属性文件就是 Dummy. properties。

(3) 动作类的父类的属性文件,然后是各个父类所实现的各个接口的属性文件。如果还没有找到该消息,则沿着类的继承树一直向上,直至到达 Object 类。

(4) 默认的包属性文件。如果动作类名为 com. demo. CustomerAction,则默认的包就是 com\demo 子目录中的 package. properties。

(5) 最后是全局属性文件。

11.5.5 JSP 页面国际化

在 JSP 页面中可以使用<s:text>标签和<s:i18n>标签输出国际化字符串。

1. <s:text>标签

<s:text>标签用来显示一条国际化消息,它是数据标签。它相当于从<s:property>标签中调用 getText(),<s:text>标签的属性如表 11-23 所示。

表 11-23 <s:text>标签的属性

属性名	数据类型	说明
name	String	用来检索消息的键
var	String	用来保存被压入 Stack Context 中值的变量名

例如,下面的<s:text>标签将输出与键 label. helloWorld 相关联的消息。

```
<s:text name="label.helloWorld"></s:text>
```

若使用<s:property>标签,使用下面的方法输出与键 label. helloWorld 相关联的值。

```
<s:property value="%{getText('label.helloWorld')}"/>
```

下面代码显示表单文本域,文本域的标题进行国际化。

```
<s:textfield name="name" key="label.helloWorld"/>
<s:textfield name="name" label="%{getText('label.helloWorld')}"/>
```

在使用<s:text>标签时如果给出了 var 属性，检索到的消息将被压入 ValueStack 栈的 Stack Context 子栈，而不是被输出。例如，下面代码将把与键 greetings 相关联的消息压入 Stack Context 子栈，并创建一个名为 message 的变量来引用该消息：

```
<s:text name="greeting" var="message" />
```

之后，我们就可以像下面这样使用<s:property>标签去访问这条消息了：

```
<s:property value="#message" />
```

可以使用<s:param>子标签向<s:text>标签传递参数。例如，假设在某个属性文件中有下面键的定义：

```
greetings=Hello {0}
```

我们就可以使用下面这个<s:text>标签来传递一个参数：

```
<s:text name="greeting">
   <s:param>Hacker</s:param>
</s:text>
```

这个标签将输出如下所示的消息：

```
HelloHacker
```

<s:text>标签的参数还可以是一个动态的值。例如，下面的代码将把 firstName 属性的值传递给<s:text>标签：

```
<s:text name="greetings">
    <s:param><s:property value="firstName" /></s:param>
</s:text>
```

2. <s:i18n>标签

<s:i18n>标签用于加载一个自定义的资源包。该标签只有一个 name 属性，用来指定要加载的资源包的完全限定名。

下面代码使用<s:i18n>标签输出国际化字符串，messageResource 为指定的资源文件名。例如：

```
<s:i18n name="messageResource">
    <s:text name="label.helloWorld"></s:text>
</s:i18n>
```

11.5.6 实例：全局属性文件应用

Struts 2 提供了多种加载属性文件的方法。最简单、最常用的就是加载全局属性文件，这种方法是通过配置常量实现的。这只需在 struts.xml(或 struts.properties)文件中配置 struts.custom.i18n.resources 常量即可，即将该常量的值指定为 baseName 的值。

假设系统需要加载的国际化属性文件的 baseName 为 messageResource，则我们可以在 struts. xml 文件中指定下面一行：

```
<!-- 指定属性文件的 baseName 为 messageResource -->
<constant name = "struts.custom.i18n.resources" value = "messageResource" />
```

或者在 struts. properties 文件中指定如下一行：

```
<!-- 指定属性文件的 baseName 为 messageResource -->
struts.custom.i18n.resources = messageResource
```

下面创建两个资源文件：

- messageResource_en_US. properties
- messageResource_zh_CN. properties

messageResource_en_US. properties 文件的内容如下：

```
label.hello = hello,{0}
label.helloWorld = Hello,World!
userName = username
userName.required = ${getText('userName')} is required
```

messageResource_zh_CN. properties 文件的内容如下：

```
label.hello = 你好,{0}
label.helloWorld = 你好,世界!
userName = 用户名
userName.required = ${getText('userName')}          //不能为空
```

在属性文件中可以包含参数占位符，它们用{0}、{1}等形式指定。这些参数占位符可以在执行 ActionSupport 类的 getText()时为其传递参数，也可以在使用<s:text>标签时使用<s:param>子标签为其传递参数。

本章小结

本章介绍了 Struts 2 框架基础知识，该框架实现了 MVC 体系结构，它通过提供一些类使用户很容易设计应用程序。它提供了一个核心控制器和一个 Struts 2 配置文件来管理所有的模型和视图。Struts 2 提供了一组自定义标签，使用这些标签可以很容易在页面中输出数据、设计表单元素等。使用 Struts 2 还可以方便地实现 Web 应用的表单数据校验、国际化等功能。

思考与练习

1. Struts 2 框架的核心过滤器类是(　　)。

   A. Action　　　　B. StrutsPrepareAndExecuteFilter

   C. ServletActionContext　　　　D. ActionSupport

2. 下面哪个常量不是在 Action 接口中声明的？(　　)

A. SUCCESS　　B. ERROR

C. INPUT　　D. LOGOUT

3. 下面哪个方法是在 Action 接口中声明的？(　　)

A. String lonin()　　B. String execute()

C. void register()　　D. String validate()

4. 要在 JSP 页面中使用 Struts 2 的标签，应该在页面中使用什么指令？(　　)

A. <% page taglib="/struts-tags" %>

B. <%@ taglib prefix="s" uri="/struts-tags" %>

C. <%@ taglib prefix="c" uri=" http://java.sun.com/jsp/jstl/core " %>

D. <%@ taglib prefix="/struts-tags " uri=" s" %>

5. 要访问 Stack Context 的 application 对象中的 userName 属性，下面哪个是正确的？(　　)

A. <s:property value="#application.userName" />

B. <s:property value="application.userName" />

C. <s:property value="${application.userName}" />

D. <s:property value="%{application.userName}" />

6. 下面哪个标签可以在集合对象上迭代？(　　)

A. <s:bean>　　B. <s:iterator>

C. <s:generator>　　D. <s:sort>

7. 表单 UI 标签默认使用的主题是(　　)。

A. simple　　B. css_xhtml

C. xhtml　　D. ajax

8. 下面哪种校验不能使用校验框架实现？(　　)

A. 限制一个字段的长度　　B. 指定口令包含的字符

C. E-mail 地址是否合法　　D. 日期数据是否合法

9. 说明在 Struts 2 框架中实现 MVC 的模型、视图和控制器都是使用什么组件实现的。

10. 试说明 Struts 2 的 struts.xml 文件的作用。

11. 在 JSP 页面中如何访问值栈中的动作属性？

12. 若要开发国际化的 Struts 2 应用，可以使用哪几种属性文件？

13. 如果属性文件中包含非西欧字符，应该如何转换？

14. 假设使用 Struts 2 的校验框架为 LoginAction 动作类定义校验规则，校验规则文件名应如何确定？

15. 简述用 Tiles 框架设计页面布局需要编写哪些文件？

第12章 Hibernate 框架基础

本章目标

- 了解什么是 ORM 以及数据持久化概念；
- 掌握 Hibernate 的体系结构和持久化对象的概念；
- 掌握 Hibernate 的常用 API 的使用；
- 掌握 Hibernate 的配置文件和映射文件的使用；
- 掌握 Hibernate 的关联映射、组件属性映射以及继承映射的方法；
- 掌握 Hibernate 的各种数据查询技术。

Hibernate 是一个开放源代码的对象/关系映射框架，它对 JDBC 进行了轻量级的封装，使得 Java 程序员可以用对象编程思维来操纵数据库。本章首先介绍 Hibernate 框架结构、常用核心 API、配置文件与映射文件，接下来介绍关联映射、继承映射等，最后重点介绍 Hibernate 的数据查询语言。

12.1 ORM 与 Hibernate

数据处理已成为当今计算机应用系统中的最主要功能，而数据的存储无疑是应用系统开发中最重要的工作之一。将数据保存到永久存储设备(磁盘或磁带)上的过程就是进行数据持久化的操作。

12.1.1 数据持久化与 ORM

Java 语言是面向对象的，Java 程序是通过对象表示数据的。而当今的数据库都是关系型数据库，通过表结构存储数据。这样在程序设计语言中的对象和关系数据库的数据表之间就存在不匹配的情况。如何将程序中的对象存储到数据表中，如何从数据表中取出数据构成程序中的对象，这就是对象与关系之间的映射问题，通常称为对象/关系映射(Object/Relation Mapping，ORM)。

使用 Java 的 JDBC 当然可以将程序中的对象数据取出，然后写入数据库，也可以将数据库中的数据取出，然后构建程序中使用的对象。但这种方法要求开发人员对 JDBC 的底层非常熟悉，并可以依据不同的需求来完成不同的功能。

简单地说，就是将 Java 对象与对象关系映射到关系型数据库的数据表与数据表之间的关系，Hibernate 提供了这个功能。Hibernate 可以应用在任何使用 JDBC 的场合，既可以在

Java 的客户端程序使用，也可以在 Servlet/JSP 的 Web 应用中使用。

目前，很少有 Java EE 应用会直接以 JDBC 的方式进行持久层访问，而是以 ORM 框架来进行持久层访问，在所有的 ORM 框架中，Hibernate 以其灵巧、轻便的封装赢得了广大开发者的青睐。

12.1.2 Hibernate 软件包简介

Hibernate 的第一个版本于 2001 年末发布，2003 年 6 月发布了 Hibernate 2，2005 年 3 月，Hibernate 3 正式发布，目前的最新版本是 Hibernate 5.2.10 版。

Hibernate 官方网站的网址为 http://www.hibernate.org/，从这个网站可以获得 Hibernate 所有发行包和关于 Hibernate 的详细信息。Hibernate 软件包包括 Hibernate ORM、Hibernate Search、Hibernate Validator、Hibernate OGM、Hibernate Tools 等，其中 Hibernate ORM 软件包包含了 Hibernate 的所有核心功能。

1. Hibernate 常用软件包

最新的 Hibernate 核心包文件名为 hibernate-release-5.2.12.Final.zip，将该文件解压到一个临时目录，其中包括 3 个目录：documentation、lib 和 project。

- documentation 目录中包含 Hibernate 的开发指南、DOC 文档等。
- lib 目录中包含 Hibernate 应用编译和运行时所依赖的类库。该目录还包含几个子目录，其中 required 目录中包含了开发 Hibernate 应用必需的库文件。其中 hibernate-core-5.2.12.Final.jar 文件是开发 Hibernate 应用的基础框架和核心 API。其他子目录中包含了可选的库文件，如实现数据库连接池的 c3p0-0.9.5.2.jar 包就存放在 optional/c3p0 目录中。
- project 目录中存放的是 Hibernate 项目的源文件。

2. 在 Eclipse 中添加 Hibernate 支持

在 Java Web 应用程序中要添加 Hibernate 的支持，需要将有关的库文件复制到 WEB-INF/lib 目录中，如果只需要 Hibernate 的基本支持，应将 Hibernate 软件包解压目录的 lib/requried 目录中的 JAR 文件复制到 WEB-INF/lib 目录中，这些文件如下：

antlr-2.7.7.jar
classmate-1.3.0.jar
dom4j-1.6.1.jar
hibernate-commons-annotations-5.0.1-Final.jar
hibernate-core-5.2.10.Final.jar
hibernate-jpa-2.1-api-1.0.0.Final.jar
jandex-2.0.3.Final.jar
javassist-3.20.0.GA. jar
jboss-logging-3.3.0.Final.jar
jboss-logging-3.3.0.Final.jar
jboss-transaction-api_1.2_spec-1.0.1.Final.jar

运行 Hibernate 应用程序可能还需要其他库文件，如数据库驱动程序库，应将这些库也添加到 WEB-INF/lib 目录中。

12.2 一个简单的 Hibernate 应用

本节将介绍如何使用 Hibernate 操作数据库，用一个对 Student 对象保存和读取的例子说明 Hibernate 的基本配置和使用。

12.2.1 编写配置文件

Hibernate 的配置文件主要用于配置数据库连接参数，例如，数据库驱动程序名、数据库 URL，以及用户名和密码等信息。这些信息对于所有的持久化类都是通用的，称这些信息为 Hibernate 配置信息。

Hibernate 配置文件使用 XML 格式，文件名为 hibernate.cfg.xml。下面的配置文件连接 MySQL 数据库，存放在 src 目录中。

程序 12.1 hibernate.cfg.xml

```
<?xml version='1.0' encoding='utf-8'?>
<!DOCTYPE hibernate-configuration PUBLIC
  "-//Hibernate/Hibernate Configuration DTD 3.0//EN"
  "http://www.hibernate.org/dtd/hibernate-configuration-3.0.dtd">
<hibernate-configuration>
   <session-factory>
    <!-- 指定数据库连接参数 -->
    <property name="connection.driver_class">
              com.mysql.cj.jdbc.Driver</property>
    <property name="connection.url">
              jdbc:mysql://127.0.0.1:3306/webstore
    </property>
    <property name="connection.username">root</property>
    <property name="connection.password">12345</property>
    <!-- 指定 JDBC 连接池 (use the built-in) -->
    <property name="connection.pool_size">1</property>
    <!-- 指定 SQL 方言 -->
    <property name="dialect">
        org.hibernate.dialect.MySQL5Dialect
    </property>
    <!-- 打开 Hibernate 自动会话上下文管理 -->
    <property name="current_session_context_class">thread</property>
    <!-- 关闭二级缓存 -->
    <property name="cache.provider_class">
        org.hibernate.cache.NoCacheProvider
    </property>
    <!-- 指定将所有执行的 SQL 语句回显到 stdout -->
    <property name="show_sql">true</property>
    <!-- 指定在启动时对表进行检查 -->
    <property name="hibernate.hbm2ddl.auto">validate</property>
    <!-- 指定映射文件，若有多个映射文件，使用多个 mapping 元素指定 -->
      <mapping resource="com/hibernate/Student.hbm.xml"/>
  </session-factory>
```

```
</hibernate-configuration>
```

配置文件的根元素是< hibernate-configuration >，其子元素< session-factory >用来定义一个数据库会话工厂，如果需要使用多个数据库，就需要使用多个< session-factory >元素定义，但通常把它们放在多个配置文件中。

< session-factory >元素的子元素< property >用来定义数据库连接信息，< mapping >子元素用来指定持久化类映射文件的相对路径。

提示：必须把数据库驱动程序添加到 WEB-INF/lib 目录中，程序才能正确运行。

12.2.2 准备数据库表

对象/关系映射是 Hibernate 的基础。在 Hibernate 中，持久化类是 Hibernate 操作的对象，它与数据库中的数据表相对应。因此，首先创建应用程序所需要的数据表。使用下面的 SQL 语句在 MySQL 的 webstore 数据库中创建一个 student 表。

```
CREATE TABLE student(
    id INTEGER AUTO_INCREMENT PRIMARY KEY,
    sno VARCHAR(8),
    sname VARCHAR(10),
    sage INTEGER,
    major VARCHAR(10) DEFAULT NULL
);
```

student 是一个简单的表，用于存放学生的信息，主键为 id，其类型为 INT 自动增长类型。

12.2.3 定义持久化类

在使用 Hibernate 之前，首先了解一下持久化类的概念。持久化类也叫实体类，是用来存储要与数据库交互的数据。持久化类的实例称为持久化对象(Persistent Object，PO)，其作用是完成对象持久化操作。简单地说，通过 PO 可以用面向对象的方式操作数据库，实现数据增、删、改操作。下面的 Student 类是一个持久化类。

程序 12.2 Student.java

```
package com.hibernate;
public class Student {
    private Integer id;
    private String sno;
    private String sname;
    private int sage;
    private String major;
    public Student() { }
    public Student(String sno, String sname, int sage,
                   String major){
        this.sno = sno;
        this.sname = sname;
        this.sage = sage;
        this.major = major;
```

```
    }
    //这里省略属性的 getter 和 setter 方法
}
```


可以看到 Student 类的定义符合 JavaBeans 规范,为每个属性定义了 setter 和 getter 方法,并且属性的访问权限都是 private。所有的持久化类都需要一个默认的构造方法,因为 Hibernate 将使用 Java 的反射机制来创建对象。如果没有定义默认构造方法,编译器将自动创建一个默认构造方法。

12.2.4 定义映射文件

Hibernate 的映射文件定义持久化类与数据表之间的映射关系,如数据表的主键生成策略、字段的类型、实体关联关系等。在 Hibernate 中,映射文件是 XML 文件,其命名规范是 *.hbm.xml。例如,为持久化类 Student 定义的映射文件名应为 Student.hbm.xml,保存在与 Student.java 相同的目录,内容如下。

程序 12.3 Student.hbm.xml

```
<?xml version = "1.0" encoding = "UTF - 8"?>
<!DOCTYPE hibernate - mapping PUBLIC
            " - //Hibernate/Hibernate Mapping DTD 3.0//EN"
  "http://hibernate.sourceforge.net/hibernate - mapping - 3.0.dtd">

<hibernate - mapping package = "com.hibernate">
    <class name = "Student" table = "student">
        <id name = "id" column = "id">
            <generator class = "identity" />
        </id>
        <property name = "sno" type = "string" column = "sno" />
        <property name = "sname" type = "string" column = "sname" />
        <property name = "sage" type = "integer" column = "sage" />
        <property name = "major" type = "string" column = "major" />
    </class>
</hibernate - mapping>
```

映射文件的根元素是<hibernate-mapping>,其 package 属性用来指定持久化类所在的包名。子元素<class>定义一个持久化类与数据表之间的映射,其中包括主键映射和属性映射。从映射文件可以看出,它在持久化类与数据表之间起着桥梁的作用,映射文件描述了持久化类与数据表之间的映射关系,同样也反映了数据表的结构等信息。使用映射文件可以自动建立数据表。

12.2.5 编写测试程序

使用 Hibernate 可以开发独立的 Java 应用程序。为了简单,本例只编写一个应用程序,在其 main()中完成启动 Hibernate,创建各种对象以及持久化操作。

程序 12.4 MainApp.java

```
package com.demo;
import org.hibernate.cfg.Configuration;
```

```java
import org.hibernate.SessionFactory;
import org.hibernate.Session;
import org.hibernate.Transaction;
import com.hibernate.Student;
public class MainApp {
    public static void main(String[] args) {
        //加载配置文件 hibernate.cfg.xml
        Configuration configuration = new Configuration().configure();
        //创建会话工厂对象
        SessionFactory factory = configuration.buildSessionFactory();
        //创建会话对象
        Session session = factory.openSession();
        //创建一个事务对象
        Transaction tx = session.beginTransaction();
        Student student = new Student();
        student.setSno("20120108");
        student.setSname("王小明");
        student.setSage(20);
        student.setMajor("计算机科学");
        session.save(student); //将 student 对象持久化到数据表中
        System.out.println("插入学生成功!");
        //从数据库中读取一个对象
        Student stud = (Student)session.get(Student.class, new Integer(1));
        System.out.println(stud.getSno() + "\n" + stud.getSname()
                        + "\n" + stud.getSage());
        tx.commit();                        //提交事务
        session.close();
        factory.close();
    }
}
```

在 main()方法中调用 Configuration 对象的 configure()读取配置文件,然后创建一个 SessionFactory 对象。SessionFactory 对象是一个重量级的对象,其创建过程比较耗时且占用资源,可以将其理解为一个生产 Session 的工厂,当需要 Session 对象时只需从此工厂中获取即可。

提示: 在 Hibernate 5 中,可以通过调用 Configuration 对象的 buildSessionFactory()方法创建 SessionFactory 会话工厂对象。

12.2.6 Hibernate 的自动建表技术

在 Hibernate 中,可以根据映射文件和配置文件自动创建数据表,具体实现方式有两种。

1. 通过配置文件自动建表

使用 Hibernate 配置文件进行自动建表,只需在配置文件中配置 hibernate.hbm2ddl.auto 属性即可,此方法简单实用。

```xml
<property name = "hibernate.hbm2ddl.auto"> create </property>
```

在 Hibernate 配置文件中,hibernate.hbm2ddl.auto 属性的取值可以有以下 4 种:

- create：每次创建 SessionFactory 时都重新创建数据表。如果数据表已经存在，则先将其删除。使用该选项要慎重！
- update：如果表不存在，则创建数据表；如果表存在，则检查表是否与映射文件匹配，当不匹配时，更新表信息。
- create-drop：先删除存在的表，然后再创建。当会话结束后再将表删除。
- validate：进行有效性检查，但不会创建或更新数据表。

在 Hibernate 框架的应用中，自动建表技术经常被用到，因为 Hibernate 对数据库操作进行了封装，符合 Java 面向对象的思维模式。当实体对象确定后，数据表也将被自动确定，从而为开发和测试提供了方便。

2. 手动导出数据表

手动导出数据表用到 org.hibernate.tool.hbm2ddl.SchemaExport 类，其 create()用于导出数据表。

```
package com.demo;
import org.hibernate.cfg.Configuration;
import org.hibernate.tool.hbm2ddl.SchemaExport;

public class ExportTables{
   public static void main(String[ ] args) {
      Configuration cfg = new Configuration().configure();
      SchemaExport export = new SchemaExport(cfg);
      export.create(true,true);
   }
}
```

create()有两个布尔型参数，其中第一个参数指定是否输出创建表所使用的 DDL 语句，第二个参数指定是否在数据库中真正创建数据表。

12.2.7 HibernateUtil 辅助类

辅助类用来完成启动 Hibernate 和创建会话工厂以及会话对象，下面的 HibernateUtil 类是一个辅助类。

程序 12.5 HibernateUtil.java

```
package com.util;
import org.hibernate.HibernateException;
import org.hibernate.Session;
import org.hibernate.SessionFactory;
import org.hibernate.cfg.Configuration;

public class HibernateUtil {
    private static SessionFactory factory;
    static{
      try{
          Configuration configuration = new Configuration().configure();
          factory = configuration.buildSessionFactory();
      }catch(HibernateException e){
```

```
            e.printStackTrace();
        }
    }
    //返回会话工厂对象
    public static SessionFactory getSessionFactory() {
        return factory;
    }
    //返回一个会话对象
    public static Session getSession() {
        Session session = null;
        if(factory != null)
            session = factory.openSession();
        return session;
    }
    //关闭指定的会话对象
    public static void closeSession(Session session){
        if(session != null){
            if(session.isOpen())
                session.close();
        }
    }
}
```

在 HibernateUtil 类的 static 初始化块中，创建一个 SessionFactory 对象。getSessionFactory()和 getSession()分别返回 SessionFactory 和 Session 对象，closeSession()用于关闭 Session 对象。

12.2.8 测试类的开发

下面的程序通过 HibernateUtil 类获得 Session 对象，并通过 beginTransaction()开始一个数据库事务，然后从数据库中读取一条记录，使用 update()修改。

下面程序实现向 Student 表中插入一行记录。

程序 12.6 StudentDemo.java

```
package com.demo;
import org.hibernate.Session;
import org.hibernate.Transaction;
import org.hibernate.HibernateException;
import com.hibernate.Student;
import com.util.HibernateUtil;

public class StudentDemo{
  public static void main(String[] args) {
    try{
      Session session = HibernateUtil.getSession();
      Transaction tx = session.beginTransaction();
      Student student =
            (Student)session.get(Student.class, new Integer(1));
      student.setSnaame("王晓明");
      session.update(student);            //更新修改后的记录
```

```
            tx.commit();                        //提交事务
            session.close();
        }catch(HibernateException he){
            he.printStackTrace();
        }
    }
}
```

程序执行后将修改 student 表中 id 值为 1 的记录的姓名。如果要输出 student 表中所有记录,可修改上述应用程序如下:

```
public static void main(String[] args) {
    try{
        Session session = HibernateUtil.getSession();
        Transaction tx = session.beginTransaction();
        //创建查询对象
        Query query = session.createQuery("from Student s");
        List<Student> students = (List<Student>)query.list();
        for (int i = 0; i < students.size(); i++) {
            Student student = (Student)students.get(i);
            System.out.println("学号:" + student.getStudentNo() +
                               "\t 姓名:" + student.getStudentName() +
                               "\t 年龄:" + student.getSage() +
                               "\t 专业: " + student.getMajor());
        }
        tx.commit();
        session.close();
    }catch(HibernateException he){
        he.printStackTrace();
    }
}
```

该段代码使用了 Hibernate 查询语言查询 student 表中数据,将其读取到 List 对象中,然后迭代该 List 得到每个学生信息。

12.3 Hibernate 框架结构

12.3.1 Hibernate 的体系结构

Hibernate 作为对象/关系映射框架,它通过配置文件定义数据库连接参数,通过映射文件把 Java 持久化对象 PO 映射到数据库表中。然后通过操作 PO,实现对数据表的数据进行插入、删除、修改和查询等操作。Hibernate 的概要结构和详细结构如图 12.1 和图 12.2 所示。

Persistent Object 是持久化对象,是要写入持久存储设备的对象。Hibernate 配置文件 hibernate.cfg.xml 主要用来配置数据库的连接参数。在一般情况下,该文件是 Hibernate 的默认配置文件。Hibernate 映射文件 *Xxx*.hbm.xml 用来把持久化类和数据表、PO 的属性与表的字段一一映射起来,它是 Hibernate 的核心文件。

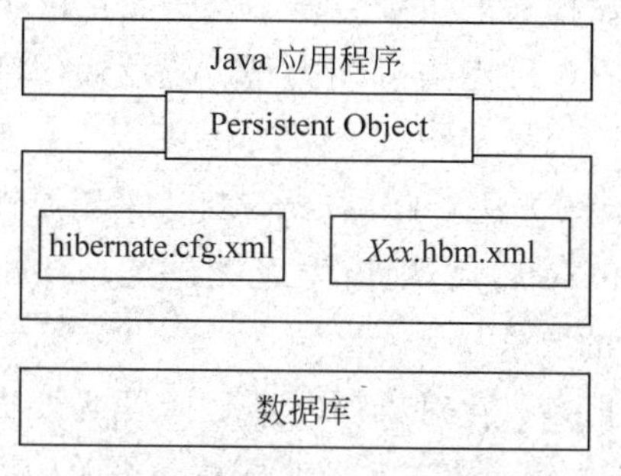

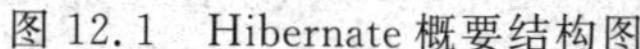
图 12.1　Hibernate 概要结构图

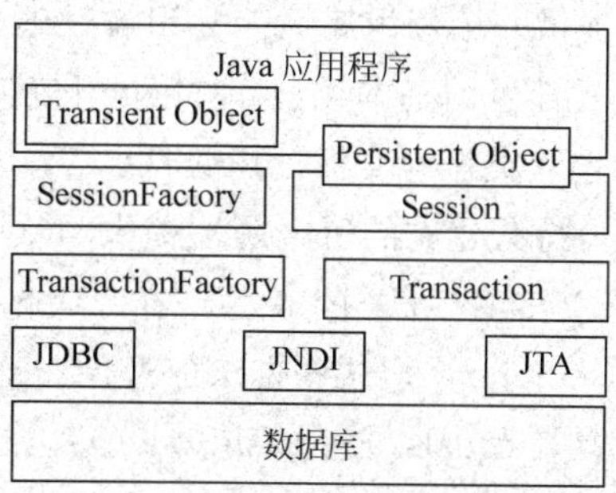

图 12.2　Hibernate 详细结构图

Hibernate 的运行过程如图 12.3 所示。应用程序首先创建 Configuration 对象，该对象读取 Hibernate 配置文件和映射文件的信息，并用这些信息创建一个 SessionFactory 会话工厂对象，然后从 SessionFactory 对象生成 Session 会话对象，并用 Session 对象生成 Transaction 事务对象。最后，通过 Session 对象的 save()、get()、load()、update()和 delete()等方法对 PO 进行操作，Transaction 对象将把这些操作结果提交到数据库中。如果要进行查询，可以通过 Session 对象生成一个 Query 对象，然后调用 Query 对象的 list()或 iterate()执行查询操作，在返回的 List 对象或 Iterator 对象上迭代，即可访问数据库数据。

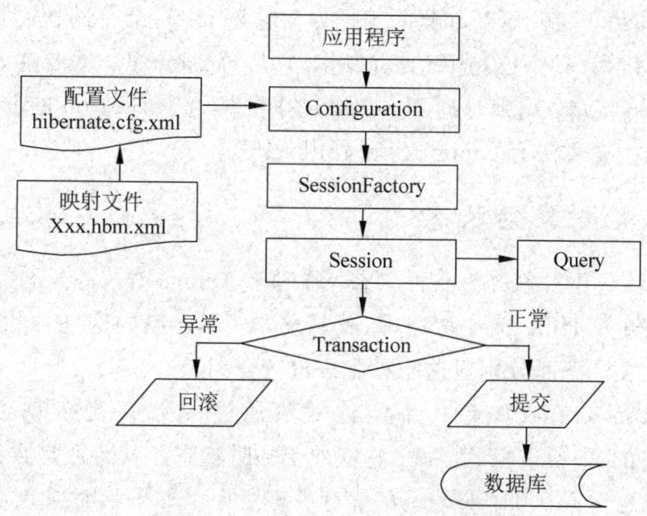

图 12.3　Hibernate 应用的运行过程

12.3.2　理解持久化对象

持久化类是一种轻量级的持久化对象，它通常与关系数据库中的表对应，每个持久化对象与表中的一行对应。Hibernate 中的 PO 完全采用普通 Java 对象(Plain Old Java Object, POJO)来作为持久化对象使用，PO 的属性与数据表中的字段相匹配。

虽然 Hibernate 对持久化类没有太多的要求，但应遵循下面规则。

- 提供一个默认的构造方法。持久化类应该提供一个默认的构造方法，以便 Hibernate 用它来创建实例，构造方法的访问修饰符至少应该是包可访问的。

- 提供一个标识属性。标识属性通常映射数据表的主键字段。这个属性的类型可以是任意的基本类型、基本类型包装类、字符串类型或日期类型。建议使用基本类型包装类作为实体标识属性。
- 为持久化类的每个属性提供 setter 和 getter 方法。Hibernate 默认采用属性方式来访问持久化类的属性。若持久化类有 salary 属性,则该类应该定义 getSalary()和 setSalary(),这些方法应遵循 JavaBeans 的要求。
- 覆盖 equals()和 hashCode()。如果需要把持久化对象存入 Set 中(当需要进行关联映射时,推荐这样做),则应该覆盖这两个方法。覆盖这两个方法最简单的方法是比较两个对象标识符的值。如果值相等,则两个对象对应于数据库的同一行,因此它们是相等的。但是注意,对采用自动生成标识值的对象不能使用这种方法。

12.3.3 Hibernate 的核心组件

除配置文件、映射文件和持久化对象之外,Hibernate 还包括下面的组件。

- Configuration 类:用来读取 Hibernate 配置文件,并生成 SessionFactory 对象。
- SessionFactory 接口:创建 Session 实例的工厂。
- Session 接口:用来操作 PO,它通过 get()、load()、save()、update()和 delete()实现对 PO 的加载、保存、更新和删除等操作。它是 Hibernate 的核心接口。
- Query 接口:用来对 PO 进行查询操作,它从 Session 的 createQuery()生成。
- Transaction 接口:用来管理 Hibernate 的事务,它从 Session 的 beginTransaction()生成,它的主要方法有 commit()和 rollback()。

12.3.4 持久化对象的状态

Hibernate 的持久化对象分为三种状态:临时态(transient)、持久态(persistent)和脱管态(detached)。在开发 Hibernate 程序中,需要充分理解对象的这三种状态,才能更好地进行 Hibernate 的开发。下面分别对这三种状态进行介绍。

- 临时态(transient):如果一个实体对象通过 new 关键字创建,但还没有纳入 Hibernate 的 Session 管理之中,它就处于临时状态。其特征是数据库中没有与之匹配的数据,也没有在 Hibernate 的缓存管理之中。如果临时对象在程序中没有被引用,则将被垃圾回收器回收。
- 持久态(persistent):当一个临时对象与 Session 关联,如执行 save()等,它就成为持久化对象。处于该状态的对象在数据库中有与之匹配的数据,在 Hibernate 缓存的管理之内。当持久对象有任何的改变时,Hibernate 在更新缓存时对其进行更新。如果实例从持久态变成了临时态,Hibernate 同样会对其进行删除操作,不需要手动检查脏数据。
- 脱管态(detached):当 Session 关闭后持久对象变成脱管状态,其特征是在数据库中有与之匹配的数据,但并不处于 Session 的管理之下。

12.4 Hibernate 核心 API

在前面的例子中，已经使用过一部分 Hibernate 的 API 了，本节的目的是使读者对 Hibernate 的 API 有一个更全面的了解，下面列出了 Hibernate 的核心 API。

- org. hibernate. cfg. Configuration
- org. hibernate. SessionFactory
- org. hibernate. Session
- org. hibernate. Transaction
- org. hibernate. query. Query
- org. hibernate. Criteria
- org. hibernate. ScrollableResults
- org. hibernate. Hibernate
- org. hibernate. HibernateException
- org. hibernate. expression. Expressiom

12.4.1 Configuration 类

Configuration 类负责管理 Hibernate 的配置信息。Hibernate 运行时需要获取一些底层实现的基本信息，如数据库驱动程序类、数据库的 URL 等。这些信息定义在 Hibernate 的配置文件 hibernate. cfg. xml 中。调用 Configuration 类的 configure()将加载配置文件，代码如下：

```
Configuration config = new Configuration().configure();
```

执行该语句时，Hibernate 会自动在 WEB-INF/classes 目录中搜寻 hibernate. cfg. xml，如果该文件存在，则将该文件的内容加载到内存中，不存在则抛出异常。

Configuration 类的 configure()还支持带参数的访问形式，可以指定配置文件的位置，例如：

```
File file = new File("D:\\cfg\\hibernateCfg.xml");
Configuration config = new Configuration().configure(file);
```

Configuration 类还提供了一系列方法来定制 Hibernate 配置文件的加载过程，可以让应用更加灵活。

12.4.2 SessionFactory 接口

SessionFactory 是会话工厂对象，它负责创建 Session 实例。SessionFactory 对象需要通过 Configuration 创建：

```
private static SessionFactory factory;
static{
  try{
     Configuration configuration = new Configuration().configure();
```

```
        factory = configuration.buildSessionFactory();
    }catch(HibernateException e){
        e.printStackTrace();
    }
}
```

Configuration 对象会根据当前的 hibernate.cfg.xml 配置文件信息，生成 SessionFactory 对象，该对象一旦构造完毕，即被赋予特定的配置信息，以后配置的改变不会影响到该 SessionFactory 对象。

当客户端发送一个请求时，应从 SessionFactory 创建一个 Session 对象来处理客户请求。SessionFactory 是线程安全的，可以被多线程调用以生成 Session 对象。构造 SessionFactory 对象很耗费资源，所以一般情况下一个应用只初始化一个 SessionFactory 对象，为不同的线程提供 Session。

12.4.3 Session 接口

Session 对象是应用程序与数据库之间的一个会话，它是 Hibernate 的核心对象，相当于 JDBC 中的 Connection 对象，它是持久层操作的基础。持久化对象的生命周期、数据库的存取和事务的管理都与 Session 息息相关。

使用 SessionFactory 对象的 openSession()创建 Session 对象。

```
Session session = factory.openSession();
```

Session 接口定义了 save()、load()、update()、delete()等方法分别实现持久化对象的保存、加载、修改和删除等操作。这种持久化操作是受 Session 控制的，即通过 Session 对象来完成这些操作。

1. save()方法

save()方法用来将临时对象持久化到数据库中，对象将从临时状态变为持久状态。格式如下：

```
Serializable save(Object object) throws HibernateException
```

该方法将一个 PO 的属性取出放入 PreparedStatement 语句中，然后向数据库中插入一条记录(或多条记录，如果有级联)。例如，下面的代码把一个新建的 Student 对象持久化到数据库中：

```
Student stud = new Student();
stud.setStudentNo("20120101");
…
session.save(stud);
```

在调用 save()方法时，Hibernate 并不立即执行 SQL 语句，而是等到清理完缓存时才执行。如果在调用 save()后又修改了 stud 的属性，则 Hibernate 将发出一条 INSERT 语句和一条 UPDATE 语句来完成持久化操作，如下代码所示：

```
Student stud = new Student();
stud.setStudentNo("20120101");
stud.setStudentName("王小明");
```

```
session.save(stud);
stud.setName("张大海");
//事务提交,关闭 Session
```

当对象在持久状态时,它一直位于 Session 的缓存中,对它的任何操作在事务提交时都将同步保存到数据库中。

2. get()方法

get()方法用来返回一个持久化类的实例,格式如下:

```
public Object get(Class clazz, Serializable id)
```

clazz 是持久化类型,id 是对象的主键值。以下代码取得主键 id 值为 22 的一个 Student 对象。

```
Student stud = (Student)session.get(Student.class,new Integer(22));
```

get()方法的执行顺序如下:

- 首先通过 id 值在 Session 一级缓存中查找对象,如果存在此 id 主键值的对象,直接将其返回。
- 否则,在 SessionFactory 二级缓存中查找,找到后将其返回。
- 如果在一级缓存和二级缓存中都不能找到指定的对象,则从数据库加载拥有此 id 的对象。

因此,get()方法并不总是向数据库发送 SQL 语句,只有缓存中无此对象时,才向数据库发送 SQL 语句以取得数据。

3. load()方法

load()方法也是通过标识符得到指定类的持久化对象实例,其一般格式为:

```
Object load(Class clazz, Serializable id) throws HibernateException
```

返回给定的实体类和标识符的持久化实例。该方法与 get()方法具有相同的格式,但二者有区别。

- 当记录不存在时,get()方法返回 null,load()抛出 HibernateException 异常。
- load()可以返回实体的代理实例。而 get()永远都直接返回实体类。
- load()可以充分利用 Hibernate 的内部缓存和二级缓存中现有数据,而 get()仅在 Hibernate 内部缓存中进行数据查找,如果在内部缓存中没有找到对应的数据,那么将直接执行 SQL 语句进行数据查询,并生成相应的实体对象。

4. update()方法

update()方法用来更新托管对象,格式如下:

```
void update(Object object) throws HibernateException
```

这里,object 为脱管实例,调用该方法将其更新为持久实例。如果配置文件设置了 cascade="save-update",调用该方法将级联更新有关的实例。

```
… //打开 Session,开启事务
stud = (Student)seesion.get(Student.class,new Integer(20120101));
stud.setStudentName("李明月");
session.update(stud);
```

```
… //关闭 Session,提交事务
```

5. saveOrUpdate()方法

在实际应用中,Web 程序员可能不知道一个对象是临时对象还是脱管对象,而对临时对象使用 update()方法是不对的,对脱管对象使用 save()方法也是不对的。这时可以使用 saveOrUpdate()方法,格式如下:

```
void saveOrUpdate(Object object) throws HibernateException
```

saveOrUpdate()兼具 save()和 update()方法的功能,对于传入的对象,saveOrUpdate()首先判断该对象是临时对象还是托管对象,然后调用合适的方法。如果传入的是临时对象,则调用 save(),如果传入的是托管对象,将调用 update()。

6. delete()方法

delete()方法用于从数据库中删除一个持久实例,格式如下:

```
void delete(Object object) throws HibernateException
```

参数对象可以是与事务相关的持久实例,也可以是临时实例。如果关联设置了 cascade="delete",该方法将级联删除相关的对象。

Session 接口还定义了创建 Query 对象方法、生成 Transaction 对象方法以及管理 Session 的方法等。

12.4.4 Transaction 接口

org.hibernate.Transaction 对象表示数据库事务,它的运行与 Session 接口有关,可调用 Session 的 beginTransaction()生成一个 Transaction 实例,如下代码所示:

```
Transaction tx = session.beginTransaction();
```

Transaction 接口的常用方法如下:

- public void begin():开始事务。
- public void commit():提交事务。
- public void rollback():回滚事务。
- public boolean wasCommited():返回事务是否已提交。
- public boolean wasRolledBack():返回事务是否已回滚。

一个 Session 实例可以与多个 Transaction 实例相关联,但一个特定的 Session 实例在任何时候必须至少与一个未提交的 Transaction 实例相关联。

12.4.5 Query 接口

org.hibernate.query.Query 接口主要用来创建 HQL 查询对象。HQL 是 Hibernate 提供的一种功能强大的查询语言。通过 Session 的 createQuery()获得 Query 实例,格式如下:

```
Query createQuery(String queryString)
```

参数 queryString 是一个 HQL 字符串,可以是 SELECT 查询语句,也可以 DELETE 等更新语句。该方法返回一个 Query 对象,使用该查询对象可以查询数据库。

```
Query query = session.createQuery("from Student");        //生成一个 Query 实例
```

创建了 Query 对象后,就可以调用 Query 接口的 list()、iterate()或 executeUpdate()执行查询或更新操作。

下面介绍 Query 接口中的常用方法。

1. list()和 iterate()方法

list()返回一个 List 对象,如果结果集是多个,则返回一个 Object[]对象数组。iterate()返回一个 Iterator 对象,如果结果集是多个,则返回一个 Object[]对象数组。

```
Query query = session.createQuery("from Student s where s.sage > ?");
query.setInteger(0,20);          //设置参数值
List<Student> list = query.list();
for(int i = 0; i < list.size(); i++){
    Student stud = (Student)list.get(i);
    System.out.println(stud.getStudentName());
}
```

2. executeUpdate()方法

Query 的 executeUpdate()用于执行 HQL 的更新和删除语句,它常用于批量更新和批量删除,格式如下:

```
int executeUpdate() throws HibernateException
```

返回值为更新或删除的行数。

```
Query query = session.createQuery("delete from Student");
query.executeUpdate();
```

3. setFirstResult()和 setMaxResults()方法

Query 接口还提供了 setFirstResult()和 setMaxResults()两个方法,它们分别用来设置返回结果的第一行和最大行数,格式如下。

- Query setFirstResult(int firstResult):设置要返回的第一行。如果没有设置,将从结果集的第 0 行开始。
- Query setMaxResults(int maxResults):设置返回的最大行数。如果没有设置,返回的结果数没有限制。

4. uniqueResult()方法

uniqueResult()返回该查询对象的一个实例,如果查询无结果返回 null,格式如下:

```
Object uniqueResult() throws HibernateException
```

12.5 配置文件详解

Hibernate 配置文件用来配置 Hibernate 运行的各种信息,在 Hibernate 应用开始运行时要读取配置文件信息。配置文件可以使用属性文件的格式,文件名为 hibernate.properies,也可以使用 XML 文件格式,文件名为 hibernate.cfg.xml,在 Hibernate 系统中使

用后者比较方便一些。例如可以在 hibernate. cfg. xml 中定义要用到的 Xxx. hbm. xml 映射文件列表，而用 hibernate. properies 则需要在程序中以硬编码方式定义。在一般情况下，hibernate. cfg. xml 是 Hibernate 的默认配置文件。下面对这两种格式的 Hibernate 配置文件分别进行介绍。

12.5.1 hibernate. properties

在 Hibernate 的 project\etc 目录中有一个 hibernate. properties 样例文件，该文件是属性文件，其中定义了各种配置参数，但每个配置参数前面使用了"#"注释符号。当我们需要使用 hibernate. properties 文件时，修改该样例文件即可，把该文件复制到应用的类路径下(CLASSPATH)，然后将需要的配置项前面的"#"注释符去掉即可。下面是该文件中的一个片段，用来定义数据库连接参数。

```
## PostgreSQL
#hibernate.dialect org.hibernate.dialect.PostgreSQLDialect
#hibernate.connection.driver_class org.postgresql.Driver
#hibernate.connection.url jdbc:postgresql:template1
#hibernate.connection.username pg
#hibernate.connection.password pg
```

从上述代码可以看到，hibernate. properties 文件采用"属性名/值"对的形式定义参数。例如，hibernate. connection. driver_class 属性名表示数据库驱动程序类名，org. postgresql. Driver 表示其值。

12.5.2 hibernate. cfg. xml

在 Hibernate 解压目录的 project\etc 目录中也有一个 hibernate. cfg. xml 文件，它可作为配置文件模板，内容如下：

```
<!DOCTYPE hibernate-configuration PUBLIC
    "-//Hibernate/Hibernate Configuration DTD 3.0//EN"
    "http://www.hibernate.org/dtd/hibernate-configuration-3.0.dtd">

<hibernate-configuration>
    <session-factory name="foo">
        <property name="show_sql">true</property>
        <mapping resource="org/hibernate/Simple.hbm.xml"/>
        <class-cache
            class="org.hibernate.test.legacy.Simple"
            region="Simple"
            usage="read-write"/>
    </session-factory>
</hibernate-configuration>
```

配置文件的根元素是< hibernate-configuration >，其子元素< session-factory >用来定义一个数据库会话工厂，如果需要使用多个数据库，就需要使用多个< session-factory >元素定义，但通常把它们放在多个配置文件中。

< session-factory >元素的子元素< property >用来定义数据库连接信息，< mapping >子

元素用来指定持久化类映射文件的相对路径。

1. 数据库连接配置

Hibernate 支持两种数据库连接方式：JDBC 和 JNDI 方式。

使用基本 JDBC 连接数据库，需要指定数据库驱动程序、URL、用户名和密码等属性值，如表 12-1 所示。

表 12-1 JDBC 配置属性

name 属性值	说　明
connection. driver_class	设置数据库驱动程序类名
connection. url	设置数据库连接的 URL
connection. username	设置连接数据库使用的用户名
connection. password	设置连接数据库使用的密码
dialect	指定连接数据库使用的 Hibernate 方言

2. 数据库方言配置

Hibernate 底层仍然使用 SQL 语句执行数据库操作，虽然所有关系型数据库都支持标准的 SQL，但不同数据库的 SQL 还是有一些语法差异，因此 Hibernate 使用数据库方言来识别这些差异。一旦为 Hibernate 设置了合适的数据库方言，Hibernate 就可以自动处理数据库访问所存在的差异，不同数据库所使用的方言如表 12-2 所示。

表 12-2 常用数据库的方言

数据库名	方　言
DB2	org. hibernate. dialect. DB2Dialect
PostgreSQL	org. hibernate. dialect. PostgreSQLDialect
MySQL5	org. hibernate. dialect. MySQL5Dialect
Oracle11g	org. hibernate. dialect. Oracle10gDialect
Sybase	org. hibernate. dialect. SybaseASE15Dialect
Microsoft SQL Server 2008	org. hibernate. dialect. SQLServer2008Dialect
Pointbase	org. hibernate. dialect. PointbaseDialect

3. 连接池配置

使用数据库连接池技术可以明显提高数据库应用的效率。Hibernate 提供了 JDBC 连接池功能，它是通过 hibernate. connection. pool_size 属性指定的，这是 Hibernate 自带的连接池的配置参数。

然而，在 Hibernate 开发中经常使用第三方提供的数据库连接池技术，如 c3p0 连接池。要使用 c3p0 连接池，需要将 Hibernate 解压目录 lib\optional\c3p0 中的两个 jar 文件添加到 WEB-INF\lib 目录中。

在配置文件中使用下面代码配置 c3p0 连接池。

```
<! -- 配置最大连接数 -->
<property name = "hibernate.c3p0.max_size"> 100 </property>
<! -- 配置最小连接数 -->
```

```
<property name = "hibernate.c3p0.min_size"> 5 </property>
<! -- 配置连接的超时时间,如果超过这个时间会抛出异常,单位为毫秒 -->
<property name = "hibernate.c3p0.timeout"> 5000 </property>
<! -- 配置最大的 PreparedStatement 的数量 -->
<property name = "hibernate.c3p0.max_statement"> 100 </property>
<! -- 配置每隔多少秒检查连接池中的空闲连接,单位为秒 -->
<property name = "hibernate.c3p0.idle_test"> 120 </property>
<! -- 配置当连接池中连接用完后,C3P0 一次分配的新的连接数 -->
<property name = "hibernate.c3p0.acquire_increment"> 2 </property>
<! -- 配置是否每次都验证连接是否可用 -->
<property name = "hibernate.c3p0.validate"> false </property>
```

4. 其他常用属性配置

在配置文件中还可以配置许多其他属性,如 JNDI 数据源的连接属性、Hibernate 事务属性、二级缓存相关属性以及外连接抓取属性等。表 12-3 给出了其他一些常用属性。

表 12-3 其他常用的属性配置

属 性 名	说 明
hibernate. show_sql	是否在控制台显示 Hibernate 生成的 SQL 语句,值为 true 或 false
hibernate. format_sql	是否将 SQL 语句转换成格式良好的 SQL,值为 true 或 false
hibernate. use_sql_comments	是否在 Hibernate 生成的 SQL 语句中添加有助于调试的注释
hibernate. jdbc. fetch_size	指定 JDBC 抓取数量的大小,它接收一个整数值,其实质是调用 Statement. setFetchSize()
hibernate. jdbc. batch_size	指定 Hibernate 使用 JDBC 的批量更新大小,它接收一个整数值,建议取 5～30 之间的值
hibernate. connection. autocommit	设置是否自动提交。通常不建议打开自动提交
hibernate. bhm2ddl. auto	设置当创建 SessionFactory 时,是否根据映射文件自动建立数据库表。该属性取值可以为 create、update 和 create-drop 等

12.6 映射文件详解

Hibernate 的映射文件把一个 PO 与一个数据表映射起来。每个持久化类都应该有一个映射文件。下面是 Student. hbm. xml 映射文件的部分内容:

```
<hibernate - mapping package = "com.hibernate">
    <class name = "Student" table = "student">
    <id name = "id" column = "id">
            <generator class = "identity" />
    </id>
    <property name = "studentNo" type = "long" column = "student_no" />
    <property name = "studentName" type = "string" column = "student_name" />
    <property name = "sage" type = "integer" column = "sage" />
    <property name = "major" type = "string" column = "major" />
    <set name = "courses" table = "student_course" cascade = "all">
        <key column = "student_id" />
        <many - to - many column = "course_id" class = "com.hibernate.Course" />
      </set>
    <one - to - one name = "card" class = "com.hibernate.Card"
```

```
                cascade = "all" fetch = "join"/>
      < many - to - one name = "department" class = "com.hibernate.Department"
                  cascade = "all" outer - join = "auto"
                  column = "dept_id"/>
      </class >
   </hibernate - mapping >
```

下面详细介绍映射文件的各元素。

(1) < hibernate-mapping >元素

该元素是映射文件的根元素，其他元素嵌入在< hibernate-mapping >元素内，其常用属性主要有 package 属性，用于指定包名。

(2) < class >元素

< class >元素用于指定持久化类和数据表的映射。name 属性指定持久化类名，table 属性指定表名。如果缺省该属性，使用类名作为表名。

(3) < id >元素

< id >元素声明了一个标识符属性，例如在上述映射文件中的< id >元素如下：

```
< id name = "id" column = "id">
    < generator class = "identity" />
</id >
```

name="id"表示使用 Student 类的 id 属性作为对象标识符，它与 student 表的 id 字段对应。同时告诉 Hibernate 使用 Student 类的 getId()和 setId()访问这个属性。

(4) < generator >元素

< generator >元素是< id >元素的一个子元素，它用来指定标识符的生成策略(即如何产生标识符值)。它有一个 class 属性，用来指定一个 Java 类的名字，该类用来为该持久化类的实例生成唯一的标识，所以也叫做生成器(generator)。Hibernate 提供了多种内置的生成器，表 12-4 给出了生成器的名称。

表 12-4　常见的主键生成策略

主键生成器	说　明
increment	为 long，short 或者 int 类型生成唯一标识。只有在没有其他进程往同一张表中插入数据时才能使用，在集群下不要使用
identity	对 DB2，MySQL，MS SQL Server，Sybase 和 HypersonicSQL 的内置标识字段提供支持。返回的标识符是 long，short 或者 int 类型
sequence	在 DB2、PostgreSQL、Oracle 等提供序列的数据库中使用。返回的标识属性值是 long、short 或 int 类型
seqhilo	使用一个高/低位算法来生成 long，short 或者 int 类型的标识符，给定一个数据库序列(sequence)的名字
native	根据底层数据库的能力选择 identity、sequence 或者 hilo 中的一个
assigned	让应用程序在调用 save()之前为对象分配一个标识符。这是< generator >元素没有指定时的默认生成策略
foreign	使用另外一个相关联的对象的标识符。它通常与< one-to-one >联合使用
sequence-identity	一种特别的序列生成策略，它使用数据库序列来生成实际值，但将它和 JDBC3 的 getGeneratedKeys 结合在一起，使得在插入语句执行的时候就返回生成的值

(5) <property>元素

<property>元素用来映射实体类的普通属性,通过该元素能够详细地对数据表的字段进行描述。<property>元素的常用配置属性及说明如表 12-5 所示。

表 12-5 <property>元素的常用属性

属 性 名	说 明
name	指定持久化类中的属性名称
column	指定数据表中的字段名称
type	指定数据表中的字段类型,这里指 Hibernate 映射类型
not-null	指定数据表字段的非空属性,它是一个布尔值
length	指定数据表中的字段长度
unique	指定数据表字段值是否唯一,它是一个布尔值
lazy	设置延迟加载

注意:在实际开发中,可以省略 column 及 type 属性的配置,此时 Hibernate 默认使用持久化类中属性名及属性类型映射数据表中的字段。但要注意,当持久化类中的属性名与数据库 SQL 关键字相同时(如 sum、group 等),应该使用 column 属性指定具体的字段名称以示区分。

从映射文件可以看出,它在持久化类与数据库之间起着桥梁的作用,映射文件的建立描述了持久化类与数据表之间的映射关系,同样也告诉了 Hibernate 数据表的结构等信息。

12.7 关联映射

在一个应用系统中,数据库可能有多个数据表,这些表之间具有一定的引用关系,反映到实体中就是实体之间的关联。

12.7.1 实体关联类型

在关系数据库中,实体与实体之间的联系有一对一、一对多、多对一和多对多 4 种类型。在 Hibernate 中实体类之间也存在这 4 种关联类型。

- 一对一:一个实体实例与其他实体的单个实例相关联。例如,一个人(Person)只有一个身份证(IDCard),人和身份证之间就是一对一关联。
- 一对多:一个实体实例与其他实体的多个实例相关联。例如,在订单系统中,一个订单(Order)和订单项(OrderItem)具有一对多的关联。
- 多对一:一个实体的多个实例与其他实体的单个实例相关联。这种情况和一对多的情况相反。在人力资源管理系统中,员工(Employee)和部门(Department)之间就是多对一的关联。
- 多对多:实体 A 的一个实例与实体 B 的多个实例相关联,反之,实体 B 的一个实例与实体 A 的多个实例相关联。例如,在大学里,一门课程(Course)有多个学生(Student)选修,一名学生可以选修多门课程。因此,学生和课程之间具有多对多的关联。

12.7.2　单向关联和双向关联

实体关联的方向可以是单向的(unidirectional)或双向的(bidirectional)。

在单向关联中,只有一个实体具有引用相关联实体的字段。例如,OrderItem 具有一个标识 Product 的字段,但是 Product 则没有引用 OrderItem 的字段。换句话说,通过 OrderItem 可以知道 Product,但是通过 Product 并不能知道是哪个 OrderItem 实例引用它。

在双向关联中,每个实体都具有一个引用相关联实体的字段。通过关联字段,实体类的代码可以访问与它相关的对象。例如,如果 Order 知道它具有哪些 OrderItem 实例,而且如果 OrderItem 知道它属于哪个 Order,则它们具有一种双向关联。

12.7.3　关联方向与查询

HQL 查询语言的查询通常会跨关系进行导航。关联的方向决定了查询能否从某个实体导航到另外的实体。例如,如果从 Department 实体到 Student 实体具有单向关联,则可以从 Department 导航到 Student,反之不能。但如果这两个实体具有双向关联,则也可以从 Student 实体导航到 Department 实体。

12.7.4　一对多关联映射

具有关联关系的实体需要通过映射文件映射。下面主要讨论一对多关联映射、一对一关联映射和多对多关联映射。

一对多关联最常见,例如一个部门(Department)有多个员工(Employee)就是典型的一对多联系,如图 12.4 所示。在实际编写程序时,一对多关联有两种实现方式:单向关联和双向关联。单向一对多关联只需在一方配置映射,而双向一对多关联需要在关联的双方进行映射。下面以部门(Department)和员工(Employee)为例说明如何进行一对多关联的映射。

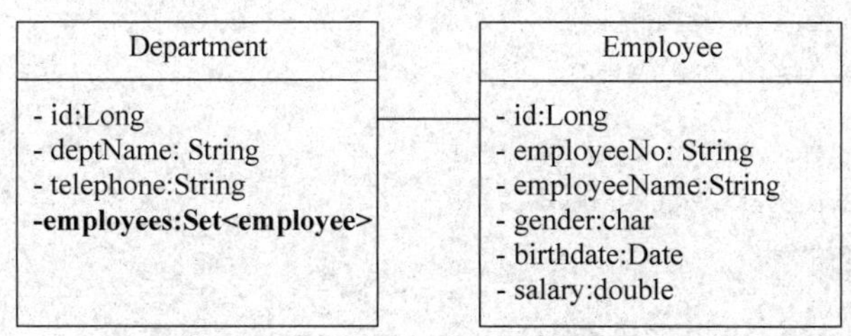

图 12.4　Department 与 Employee 之间的关联

1. 单向关联

为了让两个持久类支持一对多的关联,需要在"一"方的实体类中增加一个属性,该属性引用"多"方关联的实体。具体来说,就是在 Department 类中增加一个 Set < Employee >类型的属性,并且为该属性定义 setter 和 getter 方法。

下面是 Employee 类的定义:

```
package com.entity;
import java.util.*;
```

```
public class Employee{
    private Long id;
    private String employeeNo;
    private String employeeName;
    private char gender;
    private Calendar birthdate;
    private double salary;
    public Employee(){ }
    public Employee(String employeeNo, String employeeName, char gender,
                Calendar birthdate,double salary) {
      this.employeeNo = employeeNo;
      this.employeeName = employeeName;
      this.gender = gender;
      this.birthdate = birthdate;
      this.salary = salary;
  }
    //各属性的 setter 和 getter 方法
}
```

下面是 Department 类的定义：

```
package com.entity;
import java.util.*;
public class Department {
    private Long id;
    private String deptName;
    private String telephone;
    private Set<Employee> employees;        //引用员工的集合属性
    public Department(){}                   //默认构造方法
    public Department(String deptName, String telephone,
                    Set<Employee> employees){
       this.deptName = deptName;
       this.telephone = telephone;
       this.employees = employees;
    }
    //employees 属性的 getter 和 setter 方法
    public Set<Employee> getEmployees(){
       return employees;
    }
    public void setEmployees(Set<Employee> employees){
       this.employees = employees;
    }
    //省略其他属性的 getter 和 setter 方法
}
```

在 Department 类中定义了一个 Set 类型的属性 employees，并且为该属性定义了 setter 和 getter 方法。有了这个属性，才能保证从“一”方访问到“多”方。

对于单向的一对多关联只需在“一”方实体类的映射文件中使用<one-to-many>元素进行配置，即只需配置 Department 的映射文件 Department.bhm.xml，如下所示：

```
<?xml version="1.0" encoding="UTF-8"?>
```

```
<!DOCTYPE hibernate-mapping PUBLIC
            "-//Hibernate/Hibernate Mapping DTD 3.0//EN"
  "http://hibernate.sourceforge.net/hibernate-mapping-3.0.dtd">

<hibernate-mapping package="com.entity">
  <class name="Department" table="department" lazy="true">
    <id name="id" column="id">
          <generator class="identity" />
    </id>
    <property name="deptName" type="string" column="dept_name" />
    <property name="telephone" type="string" column="telephone" />
      <set name="employees" table="employee"
           lazy="false" inverse="false"
           cascade="all" sort="unsorted">
           <key column="dept_id"/> <!—关联表(多方)的外键名 -->
           <one-to-many class="com.entity.Employee" />
      </set>
    </class>
</hibernate-mapping>
```

在上述映射文件中，<class>元素的 lazy 属性设置为 true，表示数据延迟加载，如果 lazy 属性设置为 false 表示数据立即加载。下面对立即加载和延迟加载这两个概念进行说明。

立即加载：表示当 Hibernate 从数据库中取得数据组装好一个对象（如 Department 对象），会立即再从数据库中取出此对象所关联的对象的数据组装对象（如 Employee 对象）。

延迟加载：表示当 Hibernate 从数据库中取得数据组装好一个对象（如 Department 对象），不会立即再从数据库中取出此对象所关联的对象的数据组装对象（如 Employee 对象），而是等到需要时，才会从数据库中取得数据组装关联对象。

映射文件中的<set>元素用来描述 Set 类型字段 employees，该元素的各属性含义如下：

- name：指定字段名。本例中字段名为 employees，其类型为 java.util.Set。
- table：指定关联的表名，本例为 employee 表。
- lazy：指定是否延迟加载，false 表示立即加载。
- inverse：用于表示双向关联中被动的一端。inverse 值为 false 的一方负责维护关联关系。
- cascade：指定级联关系。cascade＝all 表示所有情况下均进行级联操作，即包含 save-update 和 delete 操作。
- sort：指定排序关系，其可选值为 unsorted（不排序）、natural（自然排序）、comparatorClass（由实现 Comparator 接口的类指定排序算法）。
- <key>子元素的 column 属性指定关联表（本例为 employee 表）的外键（dept_id）。
- <one-to-many>子元素的 class 属性指定关联类的名字。

在 hibernate.cfg.xml 文件中加入下面配置映射文件的代码：

```
<mapping resource="com/entity/Employee.hbm.xml"/>
<mapping resource="com/entity/Department.hbm.xml"/>
```

下面代码创建了一个 Department 对象 depart 和两个 Employee 对象,并将它们持久化到数据库表中。

```
Session session = HibernateUtil.getSession();
Transaction tx = session.beginTransaction();
Employee emp1 = new Employee("901","王小明",'M',
                new GregorianCalendar(1972,11,20),3500.00),
         emp2 = new Employee("902","张大海",'F',
                new GregorianCalendar(1989,5,14),4800.00);
Set<Employee> employees = new HashSet<Employee>();
employees.add(emp1);
employees.add(emp2);
Department depart = new Department("软件开发部","3400222",employees);
session.save(depart);
tx.commit();
```

上述代码执行后在 department 表中插入一条记录,在 employee 表中插入两条记录。对于单向的一对多关联,查询时只能从一方导航到多方,如下所示:

```
String query_str = "from Department d inner join d.employees e";
Query query = session.createQuery(query_str);
 List list = query.list();
 for(int i = 0; i < list.size(); i++){
    Object obj[] = (Object[])list.get(i);
    Department dept = (Department)obj[0]; //dept 是数组中第一个对象
    Employee emp = (Employee)obj[1];      //emp 是数组中第二个对象
    System.out.println(dept.getDeptName() + ":" + emp.getEmployeeName());
 }
```

2. 双向关联

如果要设置一对多双向关联,需在"多"方的类(如 Employee)中添加访问"一"方对象的属性和 setter 及 getter 方法。例如,如果要设置 Department 和 Employee 的双向关联,需在 Employee 类中添加下面代码:

```
private Department department;
public Department getDepartment(){
    return this.department;
}
public void setDepartment(Department department){
    this.department = department;
}
```

在"多"方的映射文件 Employee.hbm.xml 中使用<many-to-one>元素定义多对一关联。代码如下:

```
<many-to-one name="department" class="com.entity.Department"
             cascade="all" outer-join="auto" column="dept_id"/>
```

此外,还需要把 Department.bhm.xml 中的<set>元素的 inverse 属性值设置为 true,如下所示:

```
<set name = "employees" table = "employee"
        lazy = "false" inverse = "true"
        cascade = "all" sort = "unsorted">
        <key column = "dept_id"/>
        <one - to - many class = "com.entity.Employee" />
</set>
```

下面代码实现了从 Employee 和 Department 实体类查询的功能,这里用到了实体连接的功能,它是从"多"方导航到"一"方。

```
Session session  =  HibernateUtil.getSession();
Transaction tx  =  session.beginTransaction();
Department depart  =  new Department();
depart.setDeptName("财务部");
depart.setTelephone("112233");
Employee emp1  =  new Employee("901","王小明",'男',
                       new GregorianCalendar(1972,0,20),3500.00),
         emp2  =  new Employee("902","张大海",'女',
                       new GregorianCalendar(1989,11,14),4800.00);
emp1.setDepartment(depart);
emp2.setDepartment(depart);
session.save(emp1);
session.save(emp2);
//查询员工及部门信息
String queryString  =  "from Employee e inner join e.department d";
Query query  =  session.createQuery(queryString);
List list  = query.list();
for(int i  =  0; i < list.size(); i ++){
   Object obj[]  = (Object[])list.get(i);
   Employee emp  =  (Employee)obj[0];          //emp 是数组中第一个对象
   Department dept  =  (Department)obj[1];  //dept 是数组中第二个对象
   System.out.println(dept.getDeptName() +  " : "  + emp.getEmployeeName());
}
```

12.7.5 一对一关联映射

一对一关联在实际应用中也比较常见,例如学生(Student)与学生的校园卡(Card)之间就具有一对一的关联关系,如图 12.5 所示。一对一关联也分为单向的和双向的,它需要在映射文件中使用< one-to-one >元素映射。另外,一对一关联关系在 Hibernate 中的实现有两种方式:主键关联和外键关联。

1. 主键关联

主键关联是指关联的两个实体共享一个主键值,即主键值相同。例如,Student 和 Card 是一对一关系,它们在数据库中对应的表分别是 student 和 card。两个关联的实体在表中具有相同的主键值,这个主键值可由 student 表生成,也可由 card 表生成。在另一个表中要引用已经生成的主键值需要通过映射文件中使用主键的 foreign 生成机制。

为了建立 Student 和 Card 之间的双向一对一关联,首先在 Student 类和 Card 类中添加引用对方对象的属性及 setter 和 getter 方法。

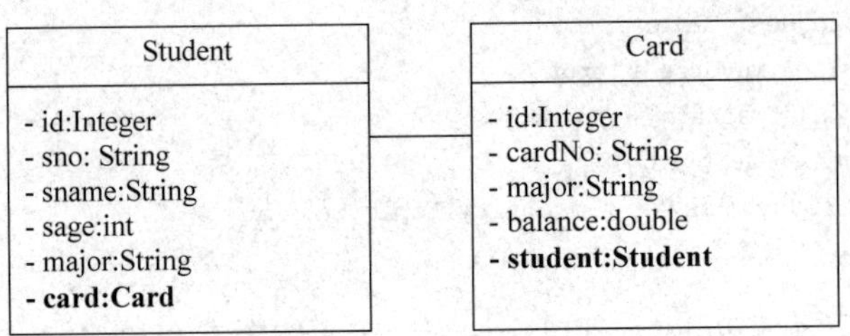

图 12.5　Student 与 Card 之间的关联

在 Student 类中添加下面代码。

```
private Card card;                              //一个 Card 类型的属性
public Card getCard(){
   return this.card;
}
public void setCard(Card card){
   this.card = card;
}
```

在 Card 类中添加下面代码。

```
private Student student;                        //一个 Student 类型的属性
public Student getStudent (){
   return this.student;
}
public void setStudent (Student student){
   this. student = student;
}
```

接下来,在 Student 类的映射文件 Student. hbm. xml 的< class >元素中添加< one-to-one >元素,如下所示。

```
<one-to-one name="card" class="com.entity.Card"
            cascade="all" fetch="join"/>
```

这里,< one-to-one >元素的 cascade 属性值 all 表示当保存、更新当前对象时,级联保存、更新所关联的对象。

< one-to-one >元素的 fetch 属性的可选值有 join 和 select。当 fetch 属性值设置为 join 时,表示连接抓取(join fetching): Hibernate 通过在 SELECT 语句中使用 outer join(外连接)来获得对象的关联实例或集合。当 fetch 属性值设置为 select 时,表示查询抓取(select fetching): Hibernate 需要另外发送一条 SELECT 语句抓取当前对象的关联实例或集合。

为了实现双向关联,在 Card 类的映射文件 Card. hbm. xml 的< class >元素中也需要添加< one-to-one >元素,如下所示:

```
<hibernate-mapping package="com.entity">
   <class name="Card" table="card" lazy="true">
   <id name="id" column="id">
      <generator class="foreign">
         <param name="property"> student </param>
```

```
            </generator>
        </id>
        <property name = "cardNo" type = "string" column = "cardNo" />
        <property name = "major" type = "string" column = "major" />
        <property name = "balance" type = "double" column = "balance" />
        <one - to - one name = "student" class = "com.entity.Student"
                constrained = "true" />
        </class>
    </hibernate - mapping>
```

在 hibernate.cfg.xml 文件中加入下面配置映射文件的代码：

```
<mapping resource = "com/entity/Student.hbm.xml"/>
<mapping resource = "com/entity/Card.hbm.xml"/>
```

编写下面的测试代码：

```
Session session = HibernateUtil.getSession();
Transaction tx = session.beginTransaction();
Student student = new Student(
        20120101,"Akbar Housein",20,"电子商务");
Card card = new Card("110101","电子商务",1500.00);
student.setCard(card);
card.setStudent(student);
session.save(student);                    //持久化学生对象
tx.commit();
```

执行上述代码，查看 student 和 card 表可以看到其中各插入一条记录，且它们的 id 字段值相同。

2. 外键关联

一对一的外键关联是指两个实体各自有自己的主键，但其中一个实体用外键引用另一个实体。例如，Student 实体对应表的主键是 id，Card 实体对应表的主键是 id，设在 card 表中还有一个 studentId 属性，它引用 student 表的 id 列，在 card 表中 studentId 就是外键。

一对一关联实际是多对一关联的特例，因此在外键所在的实体的映射文件中使用 <many-to-one>元素来建立关联。

若仍建立双向关联，则 Student.hbm.xml 无须修改，修改后的 Card.hbm.xml 如下：

```
<hibernate - mapping package = "com.entity">
    <class name = "Card" table = "card" lazy = "true">
    <id name = "id" column = "id">
        <generator class = "identity"> <!-- 这里不再是 foreign 了 -->
            <param name = "property"> student </param>
        </generator>
    </id>
    <property name = "cardNo" type = "long" column = "cardNo" />
    <property name = "major" type = "string" column = "major" />
    <property name = "balance" type = "double" column = "balance" />
    <many - to - one name = "student" class = "com.entity.Student"
            column = "studentId" unique = "true" />
    </class>
```

```
</hibernate-mapping>
```

由于 Card 实体有其自己的主键，所以这里的主键生成器类指定为 identity 而不再是 foreign。为了建立外键关联，Card. hbm. xml 文件中使用< many-to-one >元素，name 属性指定外键关联对象的字段，class 属性指定外键关联对象的类，column 属性指定表中外键的字段名，unique 属性表示使用 DDL 为外键字段生成一个唯一约束。

当将< many-to-one >元素的 unique 属性值指定为 true 时，多对一的关联实际上变成了一对一的关联。

12.7.6 多对多关联映射

学生(Student)实体和课程(Course)实体是最典型的多对多关联。可以设置单向的多对多关联，也可以设置双向的多对多关联。本节主要讲解设置双向的多对多关联。在映射多对多关联时，需要另外使用一个连接表，如图 12.6 所示。

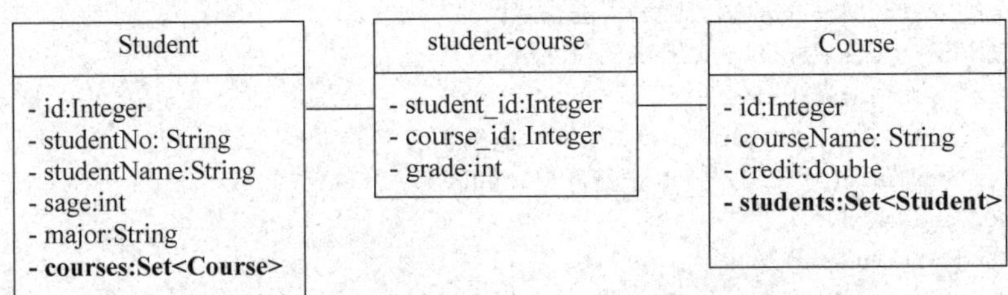

图 12.6 Student 与 Course 之间的关联

下面是连接表的定义：

```
CREATE TABLE student_course (
    student_id INT NOT NULL,
    course_id INT NOT NULL,
    grade INT DEFAULT 0,
    CONSTRAINT sc_pkey PRIMARY KEY (student_id, course_id)
)
```

下面在两个实体 Student 和 Course 上建立多对多的关联。我们知道，一名学生可以选多门课程，一门课程可以被多名学生选。对于双向的多对多关联，要求关联的双方实体类都使用 Set 集合属性，两端都增加集合属性的 setter 和 getter 方法。

在 Student 类中增加的代码如下：

```
private Set < Course > courses = new HashSet < Course >();
public void setCourses(Set < Course > courses){
   this.courses = courses;
}
public Set < Course > getCourses(){
   return courses;
}
```

下面是课程类 Course 的定义：

```
package com.entity;
```

```
import java.util.Set;
import java.util.HashSet;
public class Course{
    private Integer id;
    private String courseName;
    private double ccredit;
    private Set < Student > students  =  new HashSet < Student >();

    public Course() {
    }
    public Course(String courseName,double ccredit) {
        this.courseName  =  courseName;
        this.ccredit  =  ccredit;
    }
    public Integer getId() {
        return id;
    }
    public void setId(nteger id) {
        this.id  =  id;
    }
    public String getCourseName() {
        return this.courseName;
    }
    public void setCourseName(String courseName) {
        this.courseName  =  courseName;
    }
    public double getCcredit() {
        return this.ccredit;
    }
    public void setCcredit(double ccredit) {
        this.ccredit  =  ccredit;
    }
    public void setStudents(Set < Student > students){
        this. students  =  students;
    }
    public Set < Student > getStudents(){
        return students;
    }
}
```

对于双向多对多关联，需要在两端实体类的映射文件中都使用< set >元素定义集合属性并在其中使用< many-to-many >元素进行多对多映射。

在 Student. hbm. xml 文件中添加下面代码：

```
< set name = "courses" table = "student_course" cascade = "all">
    < key column = "student_id" />
    < many - to - many column = "course_id" class = "Course" />
</set >
```

为 Course 类创建一个映射文件 Course. hbm. xml，如下所示：

```
<hibernate-mapping package="com.entity">
    <class name="Course" table="course">
        <id name="id" column="id">
            <generator class="identity" />
        </id>
        <property name="courseName" type="string" column="course_name" />
        <property name="ccredit" type="double" column="ccredit" />
      <set name="students" table="student_course" cascade="all">
            <key column="course_id" />
            <many-to-many column="student_id" class="Student" />
      </set>
    </class>
</hibernate-mapping>
```

将映射文件添加到配置文件 hibernate.cfg.xml 中：

```
<mapping resource="com/entity/Course.hbm.xml"/>
```

从上面的映射可以看到，在双向多对多关联的两边都需要指定连接表的表名(student_course)，外键列的列名(student_id 和 course_id)。<key>子元素用来指定本持久化类的外键，<many-to-many>的 column 属性用来指定连接表中的外键名。

下面代码创建了三门课程对象，然后创建两个学生对象并将它们持久化到数据库中。

```
Session session = HibernateUtil.getSession();
Transaction tx = session.beginTransaction();
Student student1 = new Student(20120101,"王小明",18,"计算机科学"),
        student2 = new Student(20120102,"李大海",20,"电子商务");
Course course1 = new Course("数据结构",4),
      course2 = new Course("操作系统",3),
      course3 = new Course("数据库原理",3.5);
Set<Course> courses1 = new HashSet<Course>();
courses.add(course1);
courses.add(course2);
student1.setCourses(courses1);                 //student1 选 2 门课
Set<Course> courses2 = new HashSet<Course>();
courses2.add(course1);
courses2.add(course2);
courses2.add(course3);
student2.setCourses(courses2);                 //student2 选 3 门课
session.save(student1);
session.save(student2);
tx.commit();
```

1. 添加关联关系

现在要求为一名学生增加选修一门课程“数据库原理”，可以先得到学生对象，然后得到该学生选课集合，最后在该集合中增加一门课程，代码如下：

```
Student student = (Student)session.createQuery(
    "from Student s where s.sname='王小明'").uniqueResult();
Course course = new Course("数据库原理",3.5);
student.getCourses().add(course);
```

```
session.save(student);
```

如果要增加的课程已在数据表中存在,可以使用下列代码得到课程对象:

```
Course course = (Course)session.createQuery(
    "from Course c where c.courseName = 'Database Principle'")
.uniqueResult();
```

2. 删除关联关系

删除关联关系比较简单,直接调用对象集合的 remove()删除不要的对象即可。例如,要删除学生"王小明"选修的"数据结构"和"操作系统"两门课程,代码如下:

```
Student student = (Student)session.createQuery(
    "from Student s where s.studentName = '王小明'").uniqueResult();
Course course1 = (Course)session.createQuery(
    "from Course c where c.courseName = '数据结构'").uniqueResult();
Course course2 = (Course)session.createQuery(
    "from Course c where c.courseName = '操作系统'").uniqueResult();
student.getCourses().remove(course1);
student.getCourses().remove(course2);
session.save(student);
```

运行上述代码,将从数据表 student_course 中删除两条记录,但 student 表和 course 表并没有任何变化。

12.8 组件属性映射

如果持久化类的属性不是基本数据类型,也不是字符串、日期等标量类型的变量,而是一个复合类型的对象,这样的属性称为组件属性。例如,对 Person 类可能有个 address 属性,它的类型是 Address。

Address 类的主要代码如下:

```
public class Address {
   private String city;
   private String street;
   private String zipcode;
   public Address(){}                          //默认构造方法
   public Address(String city, String street, String zipcode) {
     this.city = city;
     this.street = street;
     this.zipcode = zipcode;
   }
   //这里省略了属性的 setter 和 getter 方法
}
```

Person 类的主要代码如下。

```
public class Person {
   private Long id;
   private String name;
```

```
    private int age;
    private Address address;
    public Person(){}
    public Person(Long id, String name, int age,Address address) {
        this.id = id;
        this.name = name;
        this.age = age;
        this.address = address;
    }
        public Address getAddress() {
            return address;
    }
     public void setAddress(Address address) {
        this.address = address;
     }
    //这里省略了属性的 setter 和 getter 方法
}
```

Person 类的 address 属性是组件属性。显然，在数据表中不能使用一个普通的列存储 Address 对象，因此不能直接使用< property >元素映射。为了映射组件属性，Hibernate 提供了< component >元素，用 name 属性指定要映射的组件属性名，用 class 属性指定组件类名。

Person. . hbm. xml 映射文件的主要代码如下：

```
<hibernate-mapping package="com.hibernate">
  <class name="Person" table="person">
    <id name="id" type="java.lang.Long" column="person_id">
      <generator class="identity" />
    </id>
    <property name="name" type="string" column="person_name" length="20"/>
    <property name="age" type="integer" column="person_age" />
    <component name="address" class="Address">
      <property name="city" />
      <property name="street" />
      <property name="zipcode" />
    </component>
  </class>
</hibernate-mapping>
```

如果组件类型的属性是基本数据类型、String 类型、日期类型时，使用< property >元素进行映射。如果组件类的属性又是另一个组件类，或者是 List、Set、Map 等类型的集合属性，则需要在< component >元素中再次使用< component >子元素或< set >、< list >、< map >等子元素进行映射。

将映射文件 Person. hbm. xml 添加到配置文件 hibernate. cfg. xml 中：

```
<mapping resource="com/hibernate/Person.hbm.xml"/>
```

执行下列代码将在 person 表中插入一行记录，该记录包括 Person 类中的属性和 Address 类中的属性。

```
Session session = HibernateUtil.getSession();
Transaction tx = session.beginTransaction();
Person person = new Person();
Address address = new Address("北京","前门外大街 15 号","110011");
person.setName("王小明");
person.setAge(20);
person.setAddress(address);
session.save(person);
tx.commit();
```

在 person 表中插入的数据如图 12.7 所示。

person_id [PK] bigint	person_nam character va	person_age integer	city character va	street character va	zipcode character va
1	王小明	20	北京	前门外大街1	110011

图 12.7　person 表的数据

12.9　继承映射

继承和多态是面向对象程序设计语言的两个最基本的概念。Hibernate 为具有继承关系的类也提供了映射的方法。例如,Person 类、Employee 类和 Student 类之间就具有继承关系,如图 12.8 所示。

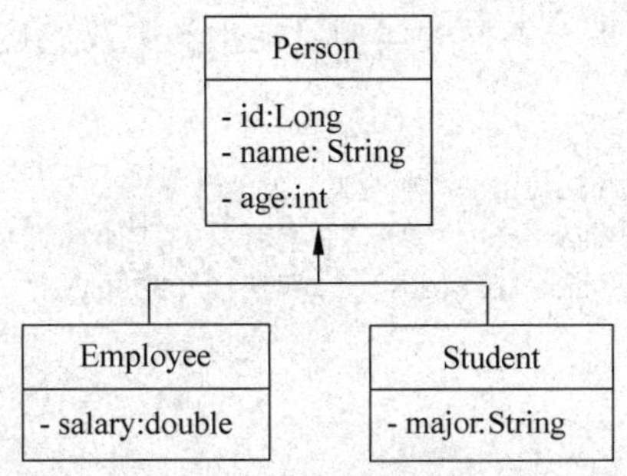

图 12.8　类的继承关系图

Hibernate 实现对象的继承映射主要有三种方式:所有类映射成一张表,每个子类映射成一张表,每个具体子类映射成一张表,在实际应用中可根据需要进行选择。

12.9.1　所有类映射成一张表

这种映射策略是将整个继承树的所有实例都保存在一个数据库表中。对上述的继承关系就是将 Person 实例、Employee 实例和 Student 实例都保存在同一个表中。为了在一个表内区分哪一行是 Employee、哪一行是 Student,就需要为表增加一列,该列称为判别者(discriminator)列。

在这种映射策略下,使用< discriminator >元素指定判别者列,使用< subclass >元素指定子类及其属性。

下面是映射文件 Person.bhm.xml 的主要内容:

```
<hibernate-mapping package="com.entity">
    <class name="Person" table="person"
        discriminator-value="PERSON">
    <id name="id" type="java.lang.Long">
        <column name="id"/>
        <generator class="identity" />
    </id>
    <discriminator column="person_type" type="string" />
    <property name="name" type="string" column="person_name" />
    <property name="age" type="integer" column="person_age" />

    <subclass name="Employee" discriminator-value="EMP">
      <property name="salary" type="double">
          <column name="salary" />
      </property>
    </subclass>
    <subclass name="Student" discriminator-value="STUD">
      <property name="major" type="java.lang.String">
          <column name="major" />
      </property>
     </subclass>
    </class>
</hibernate-mapping>
```

在该映射文件中,指定了一个判别者列,列名为 person_type,对不同的实例,在表中将插入不同的值,通过该值可以区分不同的实例。在主类中我们使用下面代码创建 3 个对象,然后把它们持久化到数据表中。

```
Person p = new Person(new Long(101),"王小明",25);
Student stud = new Student(new Long(102),"李大海",23,"计算机科学");
Employee emp = new Employee(new Long(301),"刘明",24,3800);
session.save(p);
session.save(stud);
session.save(emp);
```

代码执行后,person 数据表内容如图 12.9 所示。

id [PK] bigseria	person_type character vary	person_name character vary	person_age integer	salary double preci	major character va
1	PERSON	王小明	25		
2	STUD	李大海	23		计算机科学
3	EMP	刘明	24	3800	

图 12.9 person 根据表的内容

说明:采用这种映射策略不需要在配置文件 hibernate.cfg.xml 中指定 Student.hbm.xml 和 Employee.hbm.xml 映射文件。

12.9.2 每个子类映射成一张表

采用每个子类映射一张表的策略使用< joined-subclass >标记,父类实例保存在父类表中,子类实例则由父类表和子类表共同存储。对于子类中属于父类的属性存储在父类表中。使用这种映射策略不需要使用判别者列,但需要为每个子类使用 key 元素映射共有主键,该主键的列表必须与父类标识属性的列名相同。但如果继承树的深度很深,查询一个子类实例时,可能需要跨越多个表。

使用< joined-subclass >映射策略的映射文件 Person. bhm. xml 的具体内容如下:

```
<hibernate-mapping package="com.entity">
    <class name="Person" table="person">
    <id name="id" type="java.lang.Long">
        <column name="person_id"/>
        <generator class="identity" />
    </id>
    <property name="name" type="string" column="person_name" />
    <property name="age" type="integer" column="person_age" />

    <joined-subclass name="Employee" table="employee">
        <key column="person_id" />
        <property name="salary" type="double">
            <column name="salary" />
        </property>
    </joined-subclass>
    <joined-subclass name="Student" table="student">
        <key column="person_id" />
        <property name="major" type="java.lang.String">
            <column name="major" />
        </property>
     </joined-subclass>
    </class>
</hibernate-mapping>
```

该映射文件中使用< joined-subclass >为每个子类指定了映射,name 属性指定了子类,table 属性指定映射的表,使用< key >元素指定映射父类中的键字段。

同样执行上节的持久化三个实例的代码,在数据库中将创建三个表:person 表、emplyee 表和 student 表,这三个表的内容如图 12.10~图 12.12 所示。

person_id [PK] bigseria	person_nam character va	person_age integer
1	王小明	25
2	李大海	23
3	刘明	24

图 12.10 person 表的内容

person_id [PK] bigint	salary double preci
3	3800

图 12.11 employee 表的内容

person_id [PK] bigint	major character va
2	计算机科学

图 12.12 student 表的内容

12.9.3 每个具体类映射成一张表

采用每个具体类映射一张表使用< union-subclass >标记。采用这种映射策略,父类实例的数据保存在父表中,子类实例的数据仅保存在子表中。由于子类具有的属性比父类多,所以子类表的字段要比父类表的字段多。

在这种映射策略下,既不需要使用判别者列,也不需要< key >元素来映射共有主键。如果单从数据库来看,几乎难以看出它们存在继承关系。

采用< union-subclass >标记的继承映射文件代码如下:

```
<hibernate-mapping package="com.entity">
  <class name="Person" abstract="true" >
    <id name="id" type="java.lang.Long" column="person_id">
      <generator class="assigned" />
    </id>
    <property name="name" type="string" column="person_name" length="20"/>
    <property name="age" type="integer" column="person_age" />

    <union-subclass name="Employee" table="employee">
      <property name="salary" type="double">
        <column name="salary" />
      </property>
    </union-subclass>
    <union-subclass name="Student" table="student">
      <property name="major" type="java.lang.String" >
        <column name="major" length="30"/>
      </property>
    </union-subclass>
  </class>
</hibernate-mapping>
```

假设将 Person 类定义为抽象类,Employee 类和 Student 类定义为具体子类。对抽象类无须指定其映射的表,但其属性都需要指定相应的列名。对于每个子类,使用< union-subclass >来定义,需要指明子类映射的表及子类的字段。

在主类中假设执行下面代码:

```
Student stud = new Student(new Long(102),"李大海",23,"计算机科学");
Student stud2 = new Student(new Long(101),"王小明",22,"电子商务");
Employee emp = new Employee(new Long(301),"刘明",24,3800);
session.save(stud2);
session.save(stud);
session.save(emp);
```

将在 student 表中插入两条记录,在 employee 表中插入一条记录,这两个表的前三个字段名相同,最后一个字段是子类属性生成的字段,表的内容如图 12.13 和图 12.14 所示。

person_id [PK] bigint	person_name character vary	person_age integer	major character va
101	王小明	22	电子商务
102	李大海	23	计算机科学

图 12.13 student 表的内容

可以看到,在这种映射策略下,不同持久化类实例保存在不同的表中,因此在加载实例时不会出现跨多个表取数据的情况。这种方式存储数据更符合数据库设计的原则。

person_id [PK] bigint	person_name character vary	person_age integer	salary double preci
301	刘明	24	3800

图 12.14 employee 表的内容

12.10 Hibernate 数据查询

数据查询是 Hibernate 的最常见操作。Hibernate 提供了多种查询方法：HQL、条件查询、本地 SQL 查询和命名查询等。

12.10.1 HQL 查询概述

HQL(Hibernate Query Language)称为 Hibernate 查询语言，它是 Hibernate 提供的一种功能强大的查询语言。HQL 与 SQL 类似，用来执行对数据库的查询。当在程序中使用 HQL 时，它将自动产生 SQL 语句并对底层数据库查询。HQL 使用类和属性代替表和字段。HQL 功能非常强大，它支持多态、关联，并且比 SQL 简洁。

一个 HQL 查询语句可能包含下面元素：子句、聚集函数和子查询。子句包括 from 子句、select 子句、where 子句、order by 子句和 group by 子句等。聚集函数包括 avg()、sum()、min()、max()和 count()等。子查询是嵌套在另一个查询中的查询，如果底层数据库支持子查询，则 Hibernate 将支持子查询。

HQL 查询结果是 Query 实例，每个 Query 实例对应一个查询对象。使用 HQL 查询的一般步骤如下：

(1) 获取 Session 对象。

(2) 编写 HQL 语句。

(3) 以 HQL 语句作为参数，调用 Session 对象的 createQuery()创建 Query 对象。

(4) 如果 HQL 语句包含动态参数，则调用 Query 的 setXxx()设置参数值。

(5) 调用 Query 对象的 list()或 iterate()返回查询结果列表(持久化实体集)。

12.10.2 查询结果处理

调用 Session 对象的 createQuery()返回一个 Query 对象，在该对象上迭代可以返回结果对象。有两种方法处理查询结果：在 Query 实例上调用 list()返回 List 对象和调用 iterate()返回 Iterator 对象。

下面代码说明如何使用 list()返回 List 对象，然后通过其 get()检索每个 Student 持久类实例。

```
String query_str = "from Student as s";
Query query = session.createQuery(query_str);
List<Student> list = query.list();
for(int i = 0; i < list.size(); i ++){
    Student stud = (Student)list.get(i);
    System.out.println("学号: " + stud.getSno());
```

```
        System.out.println("姓名: " + stud.getSname());
    }
```

下面代码说明如何使用 iterate()返回 Iterator 对象,然后在其上迭代获得每个 Student 持久类的实例。


```
    Query query = session.createQuery(query_str);
    for(Iterator<Student> it = query.iterate();it.hasNext();){
        Student stud = (Student)it.next();
        System.out.println("学号: " + stud.getSno());
        System.out.println("姓名: " + stud.getSname());
    }
```

12.10.3 HQL 的 from 子句

from 子句是最简单的 HQL 语句,也是最基本的 HQL 语句。from 关键字后紧跟持久化类的类名,例如:

```
from Student
```

表示从 Student 持久化类中选出全部实例,实际是从数据库中查询 student 表中所有记录。除 Java 类名和属性名称外,HQL 语句对大小写不敏感,所以上面语句中 from 和 FROM 是相同的,但是 Student 和 student 就不同了。通常,在 from 中为持久化类名指定一个别名,例如:

```
from Student as s
```

命名别名时,as 关键字是可选的,但为了增加可读性,建议保留。

from 子句后面还可出现多个持久化类,此时将产生一个笛卡儿积或多表连接,但实际上这种用法很少使用。当需要多表连接时,可以考虑使用隐式连接或显式连接。

12.10.4 HQL 的 select 子句

有时并不需要得到对象的所有属性,这时可以使用 select 子句指定要查询的属性,例如:

```
select s.studentName from Student s
```

下面代码说明如何执行该语句:

```
String query_str = "select s.sname from Student s";
Query query = session.createQuery(query_str);
List<String> list = query.list();
for(int i = 0; i < list.size(); i ++){
    String sname = (String)list.get(i);
    System.out.println("姓名: " + sname);
}
```

如果要查询两个以上的属性,查询结果会以对象数组的方式返回,如下代码所示:

```
String query_str =
```

```
        "select s.sno,s.sname,s.major from Student s";
Query query = session.createQuery(query_str);
List<Object[]> list = query.list();
for(int i = 0; i<list.size(); i++){
   Object obj[] = (Object[])list.get(i);
   System.out.println("学号：" + obj[0]);
   System.out.println("姓名：" + obj[1]);
   System.out.println("专业：" + obj[2]);
}
```

在使用属性查询时，由于返回对象数组，操作和理解都不太方便。如果将一个对象数组中的所有成员都封装成一个对象就方便多了。下面的代码将查询结果进行了实例化。

```
String query_str = "select new Student(s.sno,s.snname,s.major)
                    from Student s";
Query query = session.createQuery(query_str);
List<Student> list = query.list();
for(int i = 0; i<list.size(); i++){
   Student stud = (Student)list.get(i);
   System.out.println("学号：" + stud.getSno());
   System.out.println("姓名：" + stud.getSname());
   System.out.println("专业：" + stud.getMajor());
}
```

要正确运行以上程序，还需要在 Student 类中添加一个如下的构造方法：

```
public Student(int sno,String sname,String major){
  this.sno = sno;
  this.sname = sname;
  this.major = major;
}
```

可以使用 distinct 去除重复数据：

```
select distinct s.sage from Student as s
```

12.10.5 HQL 的聚集函数

可以在 HQL 的查询中使用聚集函数。HQL 支持的聚集函数与 SQL 完全相同，有如下 5 个。

- count()：统计查询对象的数量。
- avg()：计算属性的平均值。
- sum()：计算属性的总和。
- min()：统计属性值的最小值。
- max()：统计属性值的最大值。

例如，要得到 Student 实例的数量，可使用如下语句。

```
select count( * ) from Student
```

要得到全体 Student 实例的平均年龄，可使用如下语句。

```
String hql = "select avg(s.sage) from Student as s";
Query query = session.createQuery(hql);
List list = query.list();
System.out.println("平均年龄: " + list.get(0));
```


12.10.6 HQL 的 where 子句

在 HQL 的查询语句中可以使用 where 子句筛选查询结果,缩小查询范围。如果没有为持久化实例指定别名,可以直接使用属性名来引用属性,例如:

```
from Student where sname like 'Akaba%'
```

上面的 HQL 语句与下面的语句效果相同。

```
from Student as s where s.sname like 'Akaba%'
```

在 where 子句中可以使用各种运算符和函数构成复杂的表达式,常用的运算符如下:

- 数学运算符:+、-、*、/等。
- 比较运算符:=、>=、<=、>、<、!=、like 等。
- 逻辑运算符:not、and、or 等。
- 字符串连接符:||,它实现两个字符串连接。其用法是 value1||value2。
- 集合运算符:in、not in、between、is null、is not null、is empty、is not empty、member of、not member of 等。

在 where 子句中可以使用的函数包括:

- 算术函数:abs()、sqrt()、sign()、sin()等。
- SQL 标量函数:substring()、trim()、lower()、upper()、length()等。
- 时间操作函数:current_date()、current_time()、current_timestamp()、hour()、minute()、second()、day()、month()、year()等。

下面语句查询有一名员工年龄为 22 岁,其所在部门的信息。

```
from Department d where 22 = any(select s.age from d.employees e)
```

12.10.7 HQL 的 order by 子句

HQL 查询语句返回的结果可以根据类的属性进行排序。例如:

```
from Student as s order by s.sage
```

可以使用 asc 或 desc 指定按升序或按降序排序,例如:

```
from Student as s order by s.sno asc, s.sage desc
```

如果没有指定排序规则,默认采用升序规则。

12.10.8 HQL 的 group by 子句

与 SQL 语言一样,在 HQL 查询语句中可以使用 group by 子句对查询结果分组。类似于 SQL 的规则,出现在 select 后的属性,要么出现在聚集函数中,要么出现在 group by 的属性列表中。另外还可以使用 having 子句对分组结果过滤。

请看下面示例：

```
select s.gender, avg(s.sage) from Student as s
group by s.gender having avg(s.sage) > 20
```

与 SQL 规则相同，having 子句必须与 group by 子句配合使用，不能单独使用。

12.10.9 带参数的查询

如果 HQL 查询语句中带有参数，则在执行查询语句之前需要设置参数。如果使用的是命名参数，应该使用 setParameter()设置，如果使用的是占位符(?)，则应该使用 setXxx()设置，常用方法如下。

- Query setParameter(String name, Object val) throws HibernateException：将指定的对象值绑定到指定名称的参数上。
- Query setParameter(int position, Object val) throws HibernateException：将指定的对象值绑定到指定位置的参数上。
- Query setInteger(String name, int val) throws HibernateException：将指定的整数值 val 绑定到指定名称的参数上。
- Query setInteger(String name, int val) throws HibernateException：将指定的整数值 val 绑定到指定名称的参数上。

关于设置参数的方法还有 setBinary()、setByte()、setBoolean()、setCharacer()、setFloat()、setDouble()、setDate()、setEntity()等，这些方法的具体使用请参阅 Hibernate API 文档。值得注意的是，大多数方法都有两种格式，一种是通过名称为指定的参数赋值，一种是 JDBC 风格的通过问号为指定的参数赋值。

使用名称指定参数，然后使用 setParameter()为指定的参数赋值，例如：

```
Query query = session.createQuery("from Student s
              where s.sage > :age");       //用名称指定一个参数
query.setParameter("age" , 20);
```

Hibernate 也支持 JDBC 风格的查询参数，即使用问号(?)作为占位符，然后使用 Query 接口的 set*Xxx*()设置参数值。例如：

```
Query query = session.createQuery("from Student s
              where s.sage > ?");          //用?指定一个参数
query.setInteger(0, 20);
```

12.10.10 关联和连接

如果程序使用的数据来自多个表，可以使用 SQL 语句的连接查询。在 Hibernate 中则使用关联映射来处理底层数据表之间的连接。一旦我们建立了正确的关联映射后，就可利用 Hibernate 的关联来进行连接。

HQL 支持两种关联连接形式：显式(explicit)连接和隐式(implicit)连接。

显式连接需要使用 join 关键字，这与 SQL 连接表类似。HQL 所支持的连接类型借鉴了 SQL99 的多表连接,具体支持如下几种连接方式。

- inner join,内连接,可简写成 join。
- left outer join,左外连接,可简写成 left join。
- right outer join,右外连接,可简写成 right join。
- full outer join,全外连接,可简写成 full join。

下面代码查询各 Department 情况以及该系 Student 情况,代码如下:

```
String query_str = "from Department d inner join d.students s";
Query query = session.createQuery(query_str);
List<Object[]> list = query.list();
for(int i = 0; i < list.size(); i ++){
    Object obj[] = (Object[])list.get(i);
    Department dept = (Department)obj[0];  //dept 是数组中第一个对象
    Student stud = (Student)obj[1];         //stud 是数组中第二个对象
    System.out.println(stud.getStudentName() + " 系:" + dept.getDeptName());
}
```

隐式连接不需要使用 join 关键字,仅需使用“点号”来引用相关实体。隐式连接可使用在任何 HQL 语句中,但在最终的 SQL 语句中仍以 inner join 的方式出现。下面代码查询其部门名以“软件”开头的员工信息。

```
from Employee as emp where emp.department.deptName like '软件%'
```

12.11 其他查询技术

除 HQL 外,Hibernate 还提供了其他查询技术,包括条件查询、本地 SQL 查询以及命名查询等。

12.11.1 条件查询

当查询数据时,人们通常需要设置查询条件。在 SQL 和 HQL 语句中,查询条件常常放在 where 子句中。此外,Hibernate 还支持条件查询(Criteria Query),这种查询是把查询条件封装为一个 org. hibernate. Criteria 对象。在实际应用中,使用 Session 的 createCriteria()构建 Criteria 对象,然后把具体的查询条件通过 Criteria 的 add()加入到 Criteria 实例中,最后调用 Criteria 的 list()返回查询结果。

在 org. hibernate. criterion. Restrictions 类中定义了指定条件的方法,常用方法如表 12-6 所示。

表 12-6 Restrictions 类定义的常用方法

方 法	说 明
Restrictions. eq()	equal,=
Restrictions. allEq()	参数为 Map 对象,使用 key/value 进行多个等于的比较,相当于多个 Restrictions. eq()的效果
Restrictions. gt()	greater than,>

续表

方　　法	说　　明
Restrictions.lt()	less than,<
Restrictions.le()	less equal,<=
Restrictions.between()	对应 SQL 的 between 子句
Restrictions.like()	对应 SQL 的 like 子句
Restrictions.in()	对应 SQL 的 in 子句
Restrictions.and()	and 关系
Restrictions.or()	or 关系
Restrictions.isNull()	判断属性是否为空,为空返回 true,否则返回 false
Restrictions.isNotNull()	与 Restrictions.isNull()相反
Order.asc()	根据传入的字段进行升序排序
Order.desc()	根据传入的字段进行降序排序

下面代码查询姓"王"的年龄小于 20 的学生信息。

```
Criteria crit = session.createCriteria(Student.class);
crit.add(Restrictions.like("sname","王%"));
crit.add(Restrictions.gt("sage",20));
crit.addOrder(Order.desc("sage"));          //按年龄降序排序
List<Student> list = crit.list();
Student student = (Student)list.get(0);
System.out.println(student.getSname());
System.out.println(student.getSage());
```

这里在 Criteria 对象上添加两个条件,这两个条件是"与"的关系。结果集按年龄降序排序。注意,这里添加排序方法使用 Criteria 的 addOrder()。上面查询与下面的查询等价:

```
from Student as s where s.sname like '王%'and s.sage > 20
order by s.sage desc
```

对于使用 like 方法进行模式匹配,还可以使用 org.hibernate.criterion.MatchMode 类中的常量来指定匹配方式。

- MatchMode.EXACT,字符串精确匹配,相当于"like 'value'"。
- MatchMode.ANYWHERE,字符串在中间位置,相当于"like '%value%'"。
- MatchMode.START,字符串在最前面位置,相当于"like 'value%'"。
- MatchMode.END,字符串在最后面的位置,相当于"like '%value'"。

上面查询中模式匹配的行可以写成如下形式:

```
crit.add(Restrictions.like("sname","王",MatchMode.START));
```

12.11.2 本地 SQL 查询

本地 SQL 查询(Native SQL Query)是指直接使用数据库管理系统(如 PostgreSQL)提供的 SQL 语句进行查询,这样做对于把原来使用 SQL/JDBC 的程序迁移到 Hibernate 的应用很有帮助。Hibernate 允许用户使用本地 SQL 完成所有的 CREATE、UPDATE、

DELETE 和 SELECT 操作。

本地 SQL 查询是通过 SQLQuery 接口控制的,它是 Query 的子接口,通过调用 Session 对象的 createSQLQuery()获得,格式如下:

```
SQLQuery createSQLQuery(String queryString)
```

这里参数 queryString 应该是一个 SQL 查询串,返回一个 SQLQuery 接口对象。

下面代码查询年龄大于 16 的学生信息。

```
String sql = "SELECT s.* FROM student s WHERE s.sage > 16";
SQLQuery sqlQuery = session.createSQLQuery(sql);
sqlQuery.addEntity("s",Student.class);
List<Student> list = sqlQuery.list();
for(int i = 0; i < list.size();i++){
   Student stud = (Student)list.get(i);
   System.out.println(stud.getSname() + ":" + stud.getSage());
}
```

createSQLQuery()利用传入的 sql 参数创建一个 SQLQuery 实例。使用这个方法时,还需要传入查询的实体类,这要使用 SQLQuery 的 addEntity(),该方法是将实体类与别名联系在一起,格式如下:

```
public SQLQuery addEntity(String alias, Class entityClass)
```

这里 alias 用来指定表的别名,entityClass 用来指定实体类。

Hibernate 还支持将查询结果转换成多个实体。这要求在 SQL 串中为不同数据表指定不同别名,并调用 addEntity()将不同数据表转换为不同实体。

```
String sql = "SELECT s.*,d.* FROM student s,department d WHERE
            s.dept_id = d.id";
SQLQuery sqlQuery = session.createSQLQuery(sql)
         .addEntity("s",Student.class)
         .addEntity("d",Department.class);
List list = sqlQuery.list();
for(int i = 0; i < list.size();i++){
      Object []objs = (Object[])list.get(i);
      Student stud = (Student)objs[0];
      Department dept = (Department)objs[1];
      System.out.println(stud.getSname() + " "
                    + dept.getDeptName());
}
```

12.11.3 命名查询

Hibernate 还支持将 HQL 查询语句写在映射文件 *.hbm.xml 中,而不是直接写在程序中。这样在需要修改 HQL 时非常方便。在映射文件中使用<query>子元素来定义一个命名查询,然后在程序中就可以通过名称来指定查询。

```
<query name = "queryAllStudent">
```

```
        from Student s
</query>
```

每个< query >子元素定义一个命名查询，查询名称通过 name 属性指定。在映射文件中定义了查询名后，在程序中就可以使用 Session 接口的 getNamedQuery(String name)创建一个 Query 对象，之后就与使用普通的 HQL 一样通过调用 Query 对象的 list()执行查询了。

```
Query query = session.getNamedQuery("queryAllStudent");
List<Student> studs = query.list();
```

12.12 实例：用户注册/登录系统

本节实现一个注册/登录系统。按照 MVC 设计模式，可以将应用组件分成：模型层包括存放用户信息的 User 类，持久层使用 Hibernate 实现，控制层使用 Action 动作类，表示层包括 JSP 页面。

12.12.1 定义持久化类

为了封装用户数据，定义一个简单的 User 类，它是持久化类，代码如下：

程序 12.7 User.java

```
package com.model;
public class User{
    private Long id;
    private String username;
    private String password;
    private int age;
    private String email;

    //这里省略了属性的 getter 方法和 setter 方法
    @Override
    public String toString(){
        return "用户名:" + getUsername() + "口令:" + getPassword()
            + "年龄:" + getAge() + " Email:" + getEmail();
    }
}
```

注意，模型类必须定义一个默认构造方法，该类为每个属性定义 setter 和 getter 方法外，还覆盖了 toString()。

12.12.2 持久层实现

用户数据存放在一个名为 user 的数据表中，该表有 username、password、age 和 email 字段。

```
CREATE TABLE user(
    id BIGINT AUTO_INCREMENT PRIMARY KEY,
```

```
    username VARCHAR(20),
    password VARCHAR(8) NOT NULL,
    age INTEGER,
    email VARCHAR(30) UNIQUE);
```


这里持久层实现使用 Hibernate,需将库文件添加到 WEB-INF/lib 目录中,User 类的映射文件 User. hbm. xml 如下。

程序 12.8　User. hbm. xml

```
<?xml version="1.0" encoding="UTF-8"?>
<!DOCTYPE hibernate-mapping PUBLIC
        "-//Hibernate/Hibernate Mapping DTD 3.0//EN"
"http://hibernate.sourceforge.net/hibernate-mapping-3.0.dtd">

<hibernate-mapping package="com.model">
    <class name="User" table="user">
      <id name="id" column="id">
          <generator class="identity" />
      </id>
      <property name="username" type="string" column="username" />
      <property name="password" type="string" column="password" />
      <property name="age" type="integer" column="age" />
      <property name="email" type="string" column="email" />
    </class>
</hibernate-mapping>
```

在配置文件 hibernate. cfg. xml 中增加下面一行:

```
<mapping resource="com/model/User.hbm.xml"/>
```

12.12.3　定义 Action 动作类

Action 类的一个重要任务就是处理用户表单输入的数据,然后使处理的结果对视图页面可用。下面的 RegisterAction. java 程序是一个动作类。在该类中声明了一个 User 类型的属性 user,并为该属性定义了 setter 方法和 getter 方法。user 对象与 JSP 页面表单域使用的 user 名匹配。

程序 12.9　RegisterAction. java

```
package com.action;
import com.model.User;
import com.util.HibernateUtil;
import com.opensymphony.xwork2.ActionSupport;
import org.hibernate.Session;
import org.hibernate.Transaction;
import org.hibernate.query.Query;
import java.util.List;

public class RegisterAction extends ActionSupport {
    private User user;
```

```
    public User getUser() {
        return user;
    }
    public void setUser(User user) {
        this.user = user;
    }
    @Override
    public String execute() throws Exception {
        return SUCCESS;
    }
    public String register() throws Exception {
        try{
          Session session = HibernateUtil.getSession();
          Transaction tx = session.beginTransaction();
          session.save(user);              //将 user 对象持久化到数据表中
          tx.commit();
          return SUCCESS;
        }catch(Exception e){
           e.printStackTrace();
           HibernateUtil.getSession().close();
           return ERROR;
        }
     }

     public String login() throws Exception {
        try{
            Session session = HibernateUtil.getSession();
            Transaction tx = session.beginTransaction();
            Query query = session.createQuery(
                        "from User where username = :uname");
            query.setParameter("uname", user.getUsername());
            List list = query.list();
            tx.commit();
            if(list.size() == 1){
                return SUCCESS;
            }else
                return ERROR;
          }catch(Exception e){
             e.printStackTrace();
             HibernateUtil.getSession().close();
             return ERROR;
          }
    }
}
```

当表单提交时,Struts 动作类首先使用 User 类的默认构造方法创建 user 属性对象,然后用表单域的值填充该 user 对象的每个属性,这个过程发生在 execute()执行之前。

该类定义了 register()和 login(),分别用来处理注册和登录动作。

12.12.4 创建结果视图

为了将表单数据收集到 User 对象中,定义下面的页面 register.jsp,其中包含一个表单用来接收用户输入数据。

程序 12.10 register.jsp

```
<%@ page contentType="text/html; charset=UTF-8"
         pageEncoding="UTF-8" %>
<%@ taglib prefix="s" uri="/struts-tags" %>
<html>
<head><title>用户注册</title></head>
<body>
<p>注册一个新用户</p>
<s:form action="Register">
    <s:actionerror /><s:fielderror />
    <s:textfield name="user.username" label="用户名" />
    <s:password name="user.password" label="口令" />
    <s:textfield name="user.age" label="年龄" />
    <s:textfield name="user.email" label ="邮箱地址"/>
    <s:submit value="注册"/>
</s:form>
</body>
</html>
```

当用户单击“提交”按钮时系统执行 Register 动作,将表单数据提交给动作对象,因此需要在 struts.xml 文件中定义动作名称。注意,4 个输入域的 name 属性值对应于 User 类的 4 个属性,这里用对象名 user 来引用 4 个属性。当创建 Action 类处理该表单时,必须在 Action 类中指定该对象。

name 属性值使用完整名称 user.username,它将告诉 Struts 2 使用表单输入值作为参数调用 user 对象的 setUsername()设置该属性值。

我们为 User 类的每个字段都提供了一个输入域。注意,User 类的 age 属性的类型是 int,其他属性的类型是 String。在 Struts 2 中,当调用 user 对象的 setAge()时,Struts 2 会自动将用户输入的 String 对象(如"25")转换成整数 25。

页面中的<s:actionerror />和<s:fielderror />标签用来显示动作错误和域校验的错误。该应用程序还包括登录页面 login.jsp 用来显示用户登录信息,代码如下。

程序 12.11 login.jsp

```
<%@ page contentType="text/html; charset=UTF-8"
         pageEncoding="UTF-8" %>
<%@ taglib prefix="s" uri="/struts-tags" %>
<html>
<head><title>登录页面</title></head>
<body>
<p>请输入用户名和密码: </p>
<s:form action="Login">
  <s:textfield name="user.username" label="用户名"
      tooltip="输入用户名" labelposition="left" />
```

```
    <s:password name="user.password" label="密码"
        tooltip="输入密码" labelposition="left" />
    <s:submit value="登录" align="center" />
  </s:form>
  </body>
  </html>
```

success.jsp 是注册成功显示的页面，代码如下。

程序 12.12　success.jsp

```
<%@ taglib prefix="s" uri="/struts-tags" %>
<%@ page contentType="text/html; charset=UTF-8"
    pageEncoding="UTF-8" %>
<html>
<head><title>注册成功页面</title></head>
<body>
  <p>注册成功!</p>
  <s:property value="user" />
  <p><a href="<s:url action='index' />" >返回 首页</a></p>
</body>
</html>
```

该页面通过<s:property>标签显示 user 对象的信息，它将调用 User 类的 toString()输出结果。

welcome.jsp 页面用于显示登录成功欢迎消息，代码如下。

程序 12.13　welcome.jsp

```
<%@ page contentType="text/html;charset=UTF-8"
    pageEncoding="UTF-8" %>
<html>
<head><title>登录成功</title></head>
<body>
    <p align="center"><font color="#000080" size="5">
      欢迎登录本系统</font></p>
</body>
</html>
```

12.12.5　修改 struts.xml 配置文件

在 struts.xml 文件中定义动作名称、Action 类和结果视图页面之间的关系。在 struts.xml 文件添加下面代码：

```
<action name="registerInput">
        <result>/register.jsp</result>
</action>
<action name="loginInput">
        <result>/login.jsp</result>
</action>
<action name="Register" class="com.action.RegisterAction"
            method="register">
```

```
        <result name = "success">/success.jsp</result>
        <result name = "error">/error.jsp</result>
</action>
<action name = "Login" class = "com.action.RegisterAction"
        method = "login">
    <result name = "success">/welcome.jsp</result>
    <result name = "error">/error.jsp</result>
</action>
```

该定义告诉 Struts 2 当请求 Register 动作时将执行 RegisterAction 类的 register()。若该方法返回 SUCCESS，将把 welcome.jsp 页面发送给浏览器，若返回 ERROR，将把 error.jsp 页面发送给浏览器。

12.12.6 运行应用程序

在 index.jsp 页面中添加下列代码定义两个动作 registerInput 和 loginInput，这两个动作都执行 execute()，然后转到结果视图 register.jsp 和 login.jsp 页面。

```
<p><a href = "<s:url action = 'registerInput' />">用户注册</a></p>
<p><a href = "<s:url action = 'loginInput' />">用户登录</a></p>
```

在 index.jsp 页面中单击“用户注册”链接，打开 register.jsp 页面，如图 12.15 所示。在该页面中输入用户信息，单击“注册”按钮，则显示如图 12.16 所示的页面。

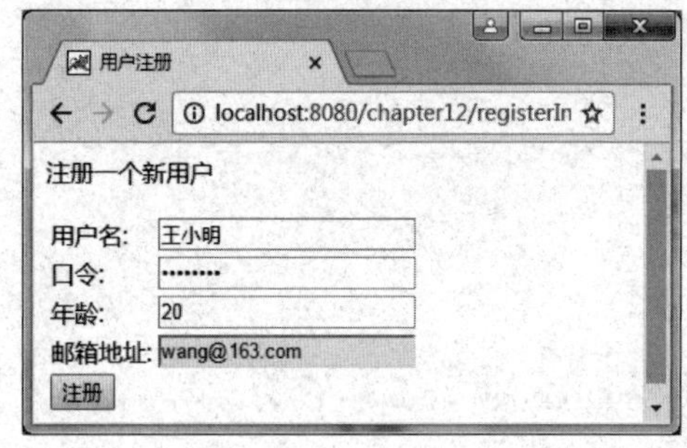

图 12.15 register.jsp 页面的运行结果

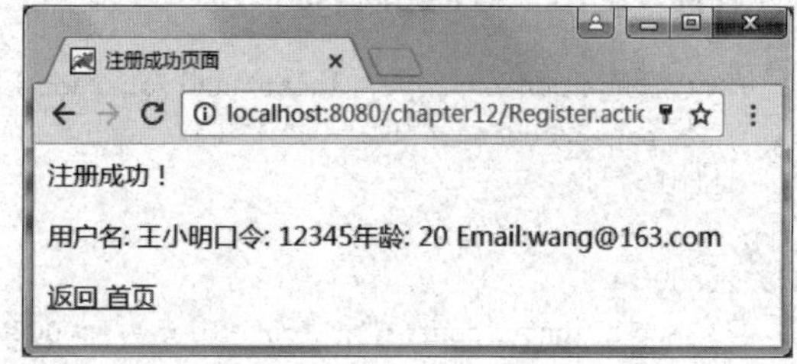

图 12.16 welcome.jsp 页面的运行结果

成功注册一用户后，可用该用户名和口令登录。说明：该注册应用没有考虑用户重名的问题。

本 章 小 结

Hibernate 是轻量级的 O/R 映射框架，它用来实现应用程序的持久化功能。本章首先介绍 Hibernate 的框架结构、核心组件和运行机制，接下来介绍了映射文件和配置文件，之后详细讨论了关联映射、组件映射和继承映射，最后介绍 Hibernate 数据查询语言 HQL 的使用、条件查询、本地 SQL 查询以及命名查询等。

思考与练习

1. 什么是 ORM？它要解决什么问题？

2. Hibernate 映射文件的作用是(　　)。

A. 定义数据库连接参数

B. 建立持久化类和数据表之间的对应关系

C. 创建持久化类

D. 自动建立数据库表

3. Hibernate 的配置文件的主要作用是什么？

4. 在 Hibernate 中一个持久化类对象可能处于三种状态之一，下面哪个是不正确的？(　　)

A. 持久状态　　B. 临时状态　　C. 固定状态　　D. 脱管状态

5. 假设有一个 Student 持久化类，它的映射文件名是(　　)。

A. Student. mapping. xml　　B. Student. hnm. xml

C. hibernate. properties　　D. hibernate. cfg. xml

6. 要让 Hibernate 自动创建数据表，应在配置文件中如何设置？

7. 若建立两个持久化类的双向关联，需要(　　)。

A. 在一方添加多方关联的属性

B. 在多方添加一方关联的属性

C. 在一方和多方都添加对方的属性

D. 不需要在某一方添加对象的属性

8. 在 Hibernate 的继承映射中有三种实现方式，不包括下面哪一种？(　　)

A. 所有类映射成一张表　　B. 每个子类映射成一张表

C. 每个具体子类映射成一张表　　D. 只将超类映射成一张表

9. HQL 支持带参数的查询语句，下面哪个是正确的？(　　)

A. HQL 只支持命名参数　　B. HQL 只支持占位符(?)参数

C. HQL 支持命名参数和占位符参数　　D. HQL 不支持动态参数

10. 如果使用 Hibernate 命名查询，SQL 语句应该定义在(　　)文件中。

A. 持久化类文件　　B. *. hbm. xml 映射文件

C. hibernate. properties　　D. hibernate. cfg. xml

第13章 Spring 框架基础

本章目标

- 了解 Spring 框架；
- 掌握 Spring IoC 容器的概念；
- 掌握依赖注入的概念；
- 学会 Spring JDBC 的开发；
- 掌握 Spring 与 Struts 2 和 Hibernate 5 的整合；
- 能够开发基于 SSH 的应用程序。

Spring 是目前最流行的轻量级 Java EE 开发框架，该框架以强大的功能和卓越的性能受到了众多开发人员的喜爱。本章首先介绍 Spring 框架的基本概念，然后重点介绍 Spring 容器和依赖注入概念，接下来介绍 Spring 的数据库开发，最后介绍 Spring 与 Struts 2 和 Hibernate 5 的整合以及一个会员管理系统实例。

13.1 Spring 框架概述

Spring 是一个轻量级的、非侵入式的 IoC 容器以及 AOP 框架。Spring 支持 JPA、Hibernate、Web 服务、AJAX、Struts、JSF 以及许多其他框架。Spring MVC 组件可以用来开发基于 MVC 的 Web 应用程序。Spring 框架提供了许多使企业应用开发更容易的特征。经过多年的发展，Spring 现已经发展成为 Java EE 开发中最重要的框架之一。

13.1.1 Spring 框架概述

传统的 Java EE 应用开发效率很低，即使使用了 Web 框架开发技术也很难提高开发效率。例如，即使开发者使用 Struts 2 框架完成 MVC 模式开发，而在数据持久层使用 Hibernate 框架技术，开发者也很难将这两者进行彻底分离。在进行 MVC 模式开发时总要考虑对数据持久层的依赖，在想要获取业务逻辑层组件时总要对其进行引用，以及在编写业务逻辑组件的时候总能看到重复出现的日志输出、事务控制等代码，这些都严重拖累了 Java EE 应用的开发效率，也导致了业务逻辑组件的臃肿和混乱。

随着 Spring 框架的出现这些问题都得到了极大的改善。Spring 框架致力于 Java EE 应用的各层的解决方案。虽然 Spring 框架为 Java EE 应用的各层都提供解决方案，但它并非要取代其他各层中表现优异的 Web 框架。开发者在进行 MVC 模式开发时表示层仍然使用 Struts 2，持久层仍然使用 Hibernate 提供的方案，Spring 所做的工作就是将这些优秀的框架完美地对接起来，使得 Web 框架开发成为一个整体，极大降低 Java EE 应用各层之间的耦合度。

13.1.2 Spring 框架模块

Spring 框架由 20 多个模块组成，可分成下面几部分：核心容器(Core Container)，数据访问/集成模块（Data Access/Integration），Web 模块，AOP（Aspect Oriented Programming），Instrumentation，Test。

图 13.1 显示了 Spring 框架的所有模块。

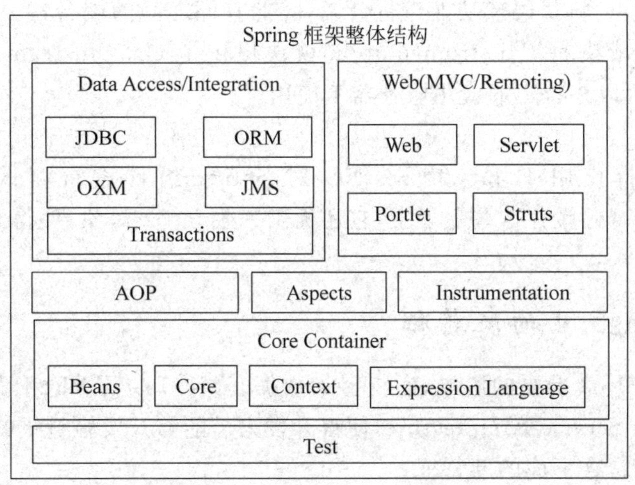

图 13.1　Spring 框架组成模块

1. 核心容器

位于 Spring 结构图最底层的是其核心容器(Core Container)，它由 Beans、Core、Context 和 Expression Language 模块组成。Spring 的其他模块都是建立在核心容器之上的。Beans 和 Core 模块实现了 Spring 框架的基本功能，规定了创建、配置和管理 Bean 的方式，提供了控制反转(IoC)和依赖注入(DI)的特性。

核心容器中的主要组件是 BeanFactory，它是工厂模式的实现，JavaBean 的管理就由它负责。BeanFactory 类通过 IoC 将应用程序的配置及依赖规范与实际的应用程序代码分离。

Context 模块建立在 Beans 和 Core 模块之上，该模块向 Spring 框架提供了上下文的信息。它扩展了 BeanFactory，添加了对国际化的支持，提供了资源加载和校验等功能。Expression Language 模块提供了一种强大的表达式语言来访问和操纵运行时对象。

2. 数据访问/集成模块

数据访问/集成模块由 JDBC、ORM、OXM、JMS 和 Transaction 这几个模块组成。Spring 的 JDBC 模块对数据库访问过程进行了封装，提供了一个 JDBC 的抽象层。这样就大大减少了开发过程中对数据库操作代码的编写。

ORM 模块为主流的对象/关系映射 API 提供了集成层，这些对象/关系映射 API 包括 Hibernate、iBatis、JPA 和 JDO。该模块可以将 O/R 映射框架与 Spring 提供的特性进行组合来使用。OXM 模块为 Object/XML 映射的实现提供了一个抽象层。JMS 模块包含发布和订阅消息的特性。Transaction 模块提供了对声明式事务和编程事务的支持。

3. Web 模块

Web 模块包括 Web、Servlet、Portlet 和 Struts 等几个模块。Web 模块提供了基本的面向 Web 的集成功能,还包括 Spring 的远程支持中与 Web 相关的部分。Servlet 模块提供了 Spring 的 Web 应用的模型-视图-控制器(MVC)实现。Portlet 模块提供了一个在 portlet 环境中使用的 MVC 实现。Struts 模块提供了对 Struts 的支持。

4. AOP 和 Instrumentation 模块

AOP 模块提供了一个符合 AOP 联盟标准的面向切面编程的实现,使用该模块可以定义方法拦截器和切点,将代码按功能进行分离,降低它们之间的耦合性。Aspects 模块提供了对 AspectJ 的集成支持。Instrumentation 模块提供了 class instrumentation 的支持和 classloader 实现,可以在特定的应用服务器上使用。

5. Test 模块

Test 模块支持使用 JUnit 和 TestNG 对 Spring 组件进行测试,它提供一致的 ApplicationContexts 并缓存这些上下文,它还提供一些 mock 对象,使得开发者可以独立地测试代码。

13.1.3 Spring5.0 的新特征

Spring 框架 5 是最重要的版本,它支持大数据、云计算以及 REST 开发。它支持微服务体系结构(Micro Service Architecture)使得开发人员能够开发轻量级的服务。

Spring 框架 5 包含下面的新特征:

- 支持 Java 8。Spring 5 完全支持 Java 8 的新特征,包括 Lambda 表达式、新的日期-时间 API 等。
- 完全支持 HTML 5 和 WebSocket。使用 Spring 5 可以开发满足 WebSocket 规范的应用。
- 注解驱动的编程模型。Spring 5 使开发人员可以开发使用自定义组合注解的应用程序并支持 Spring 表达式语言。
- 完全支持 Java EE 7 规范。可在应用程序中使用 JMS 2.0、JTA 1.2、JPA 2.1 等特征。
- 在 Spring 5 框架中删除了过时的包和方法,可以使用 Spring 5 的新的 API。
- Spring5 核心容器的改变。如添加了 @Description 注解、@Conditional 注解、@Ordered 注解以及自定义注解等。
- 在 Spring 5 框架中添加了许多新的单元测试和集成测试功能,这可帮助开发人员开发更好的代码。

13.1.4 Spring 的下载与安装

有两种方式下载 Spring 框架,如果使用 Maven 构建应用程序,可以从下面地址下载软件包。

```
http://projects.spring.io/spring-framework/
```

当然，如果不熟悉 Maven，可以仅下载 ZIP 文件，地址如下：

```
http://repo.spring.io/release/org/springframework/spring/
```

Spring 目前的稳定版本是 5.0.1 版，本书的代码都是基于该版本测试通过，建议读者也下载该版本的 Spring。下载的文件名为 spring-framework-5.0.1.RELEASE-dist.zip，将该文件解压到一个临时目录，得到如下几个文件夹。

- docs：包含 Spring 的相关 API 文档。
- libs：包含 Spring 的 JAR 包，源代码的 JAR 文件等。
- schema：包含 Spring 分模块的项目源代码，每个 JAR 包对应一个分模块的项目源代码。

要使 Web 项目具有 Spring 功能，只需将 Spring 的解压目录 libs 中的全部 JAR 文件复制到 Web 应用的 WEB-INF/lib 目录中即可。

注意，Spring 应用在运行时需要记录日志，通常使用 Log4j 框架的 commons-logging 包，可以到 http://commons.apache.org/下载，将下载文件解压出的 commons-logging-1.2.jar 文件添加到 Web 应用的 WEB-INF/lib 目录。

提示：在 Struts 2 框架的 lib 目录中也可以找到 commons-logging-1.2.jar 文件，把它复制到 Web 应用的 WEB-INF/lib 目录即可。

为了方便程序的调试，可以在项目中加入 Eclipse 自带的测试插件 JUnit。右击项目名，选择 Build Path→Configure Build Path，在 Add Libraries 对话框中选择 JUnit，在下一对话框中选择 JUnit 4。

13.2 Spring IoC 容器

Spring 框架的核心机制是依赖注入，它提供了框架的重要功能，包括依赖注入和 Bean 的生命周期管理功能。核心容器提供 Spring 框架的基本功能。核心容器的主要组件是 BeanFactory，它是工厂模式的实现。BeanFactory 使用控制反转(IoC)模式将应用程序的配置和依赖性规范与实际的应用程序代码分开。

13.2.1 Spring 容器概述

Spring 是一个轻量级容器，它为管理对象之间的依赖关系提供了基础功能。在 Spring 框架中有两种容器：

- BeanFactory
- ApplicationContext

BeanFactory 由 org.springframework.beans.factory.BeanFactory 接口定义，是基本的依赖注入容器，提供完整的依赖注入服务支持。

ApplicationContext 由 org.springframework.context.ApplicationContext 接口定义，它是 BeanFactory 的子接口，也被称为应用上下文。BeanFactory 提供了 Spring 的配置框架和基本功能，ApplicationContext 则添加了更多的企业级功能。

此外，Spring 还提供了 BeanFactory 和 ApplicationContext 的几个实现类，它们也都称

为 Spring 容器。

13.2.2 ApplicationContext 及其工作原理

BeanFactory 在 Spring 中的作用至关重要,它实际上是一个用于配置和管理 Java 类的内部接口。顾名思义,BeanFactory 就是一个管理 Bean 的工厂,它负责初始化各种 Bean,并调用它们的生命周期方法。

BeanFactory 接口中定义的方法有如下几种。

- boolean containBean(String name): 判断容器是否包含 id 为 name 的 Bean 定义。
- Object getBean(String name): 返回容器中 id 为 name 的 Bean 实例。
- Object getBean(String name,Class requiredType): 返回容器中 id 为 name,并且类型为 requiredType 的 Bean 实例。
- Class getType(String name): 返回容器中 id 为 name 的 Bean 实例的类型。

ApplicationContext 与 BeanFactory 相比,除了创建、配置和管理 Bean 外,还提供了更多的附加功能,如对国际化的支持等。ApplicationContext 接口有三个实现类。

- ClassPathXmlApplicationContext: 从类加载路径下的 XML 文件中获取上下文定义信息,创建 ApplicationContext 实例。
- FileSystemXmlApplicationContext: 从文件系统的 XML 文件中获取上下文定义信息,创建 ApplicationContext 实例。
- XmlWebApplicationContext: 从 Web 系统中的 XML 文件中获取上下文定义信息,创建 ApplicationContext 实例。

下面代码使用 ClassPathXmlApplicationContext 创建一个 ApplicationContext 实例:

```
ApplicationContext context =
        new ClassPathXmlApplicationContext("src/beans.xml");
```

下面代码使用 FileSystemXmlApplicationContext 创建一个 ApplicationContext 实例:

```
ApplicationContext context =
        new FileSystemXmlApplicationContext("src/beans.xml");
```

有了 Spring 容器之后,业务对象之间的依赖关系就可以通过容器完成。不管使用哪种容器,都需要将 Bean 之间的关系告诉 Spring 框架,这需要使用 XML 文件配置 Bean 之间的依赖关系。

13.3 依赖注入

依赖注入是 Spring 框架的核心特征,其主要目的是降低程序对象之间的耦合度。应用依赖注入,当程序中一个对象需要另一个对象时,由容器来创建。

13.3.1 理解依赖注入

在传统的程序设计过程中,当某个 Java 实例(调用者)需要另一个 Java 实例(被调用者)时,通常由调用者来创建被调用者的实例。而在依赖注入模式下,创建被调用者的工作不再由调用者完成，而是由 Spring 容器来完成，然后注入给调用者，这称为依赖注入。

为了理解依赖注入，下面通过人(Person)开汽车(Car)的例子说明依赖注入的运行机制。在传统的程序设计模式下，如果调用者需要一辆汽车(在 Java 中这辆汽车是一个对象)，那么调用者就需要自己“构造”出一辆汽车(通常使用 new 调用 Car 类的构造方法)。假设要为 Person 类定义一个 driveCar()方法，就需要创建一个 Car 对象，如下所示。

程序 13.1　Car.java

```
package com.beans;
public class Car {
    private int speed;                          //表示速度
    //speed 属性的 setter 方法和 getter 方法
    public int getSpeed(){
        return speed;
    }
    public void setSpeed(int speed){
        this.speed = speed;
    }
    public void start(){
        System.out.println("The car is started.");
    }
    public void run(){
        System.out.println("The car is running at " + speed + " km/h.");
    }
}
```

该类定义了一个 speed 属性表示车的速度，另外定义了 start()方法表示启动汽车，run()方法输出车的速度。

程序 13.2　Person.java

```
package com.beans;
public class Person{
    private String name;
    private int age;
    public String getName() {
      return name;
    }
    public void setName(String name) {
       this.name = name;
    }
    public int getAge() {
      return age;
    }
    public void setAge(int age) {
       this.age = age;
    }
    public void sayHello(){
      System.out.println("Hello,My name is " + name );
    }
    public void driveCar(){
```

```
        Car car = new Car();                    //调用者自己构造一个 Car 对象
        car.start();
        car.setSpeed(100);
        car.run();
    }
}
```

driveCar()方法表示,一个人要驾驶汽车就需要创建一个 Car 对象,这就是说 Person 类依赖一个 Car 类。要使程序正确运行需要在 driveCar()方法中使用 new 运算符创建一个汽车对象。这样,Person 类和 Car 类之间的关系就是依赖关系,Person 类依赖 Car 类。

这种设计方法看起来很自然,这在项目中对象比较少时没有什么问题,但当项目中包含大量对象时,这种对象间的依赖关系就会变得复杂起来,代码之间的这种紧密耦合就会给代码的测试和重构造成极大的困难。

在 Spring 中,通过依赖注入的方式调用者只需完成较少的工作。当调用者需要一个汽车对象时,可以由 Spring 容器来创建该汽车对象并将其注入到调用对象中。

13.3.2 依赖注入的实现方式

Spring 的依赖注入通常有两种方式实现。

- 设值注入:Spring 容器使用属性的 setter 方法来注入被依赖的实例。
- 构造注入:Spring 容器使用构造方法来注入被依赖的实例。

1. 设值注入

设值注入是指 Spring 容器通过调用者类的 setter 方法把所依赖的实例注入。例如在 Person 类中定义一个 Car 类型的成员,然后定义一个 setter 方法就可以注入 Car 对象。

```
private Car car;
//该方法就是设值注入方法
public void setCar(Car car) {
     this.car = car;
}
public void driveCar(){
    //此处不需调用者用 new 创建所依赖的实例
    car.start();
    car.setSpeed(100);
    car.run();
}
```

在 Spring 项目的 src/applicationContext.xml 配置文件中添加 Bean 的定义,对设值注入的属性使用<property>元素配置,下面文件配置了 Car 和 Person 两个 Bean,代码如下:

```
<?xml version = "1.0" encoding = "UTF - 8"?>
<beans xmlns = "http://www.springframework.org/schema/beans"
       xmlns:xsi = "http://www.w3.org/2001/XMLSchema - instance"
       xsi:schemaLocation = " http://www.springframework.org/schema/beans
       http://www.springframework.org/schema/beans/spring - beans - 4.3.xsd">
   <bean id = "car" class = "com.beans.Car">
       <property name = "speed" value = "0"></property>
   </bean>
```

```
    <bean id = "person" class = "com.beans.Person">
        <property name = "name" value = "李小明"></property>
        <property name = "age" value = "20"></property>
        <!-- 为 person 对象设值注入 car 对象 -->
        <property name = "car" ref = "car"></property>
    </bean>
</beans>
```

这里首先配置了 Car 类的一个 Bean 实例，然后在配置 Person 类的 car 属性时，使用了 <property>元素的 ref 属性引用 Car 类的一个实例。

2. 构造方法注入

构造方法注入是指 Spring 容器通过调用者类的构造方法把所依赖的实例注入。基于构造方法的注入需要通过为调用者类定义带参数的构造方法实现，每个参数代表一个依赖。

例如，在 Person 类中可以定义如下的构造方法：

```
public Person(Car car){
    this.car = car;
}
```

在 Spring 配置文件 src/applicationContext.xml 中，对构造注入的属性使用 <constructor-arg>元素配置，下面文件配置了 Car 和 Person 两个 Bean，代码如下：

```
<bean id = "car" class = "com.beans.Car">
    <property name = "speed" value = "0"></property>
</bean>
<bean id = "person" class = "spring.demo.Person">
    <property name = "name" value = "李小明"></property>
    <property name = "age" value = "20"></property>
    <!-- 为 person 对象构造方法注入 car 对象 -->
    <constructor-arg ref = "car" />
</bean>
```

使用构造方法可以注入多个值，例如：

```
public Person(String name, int age, Car car){
    this.name = name;
    this.age = age;
    this.car = car;
}
```

在 Spring 配置文件 src/applicationContext.xml 中，对构造方法注入的每个参数使用 <constructor-arg>元素配置，通过其 index 属性指定参数的序号，如下所示：

```
<bean id = "person" class = "spring.demo.Person">
    <!-- 为 Person 实例构造方法的每个参数注入值 -->
    <constructor-arg index = "0" value = "李小明" />
    <constructor-arg index = "1" value = "20"></property>
    <constructor-arg index = "2" ref = "car" />
</bean>
```

设值注入和构造方法注入是目前主流的依赖注入实现模式，这两种方法各有优点，也各有缺点。Spring 框架对这两种依赖注入方法都提供了良好的支持,这也为开发人员提供了更多的选择。那么在使用 Spring 开发应用程序时应该选择哪一种注入方式呢?就一般项目开发来说,应该以设值注入为主,辅之以构造方法注入作为补充,可以达到最佳的开发效率。

下面的应用程序 Application 的功能是先初始化 Spring 容器,该容器是 Spring 应用的核心,它负责管理容器中的 Java 组件。

程序 13.3　Application.java

```
package com.demo;
import org.springframework.context.ApplicationContext;
import org.springframework.context.support.FileSystemXmlApplicationContext;
import com.beans.Person;
public class Application{
    public static void main(String[] args) {
      //创建一个 Spring 容器
      ApplicationContext context = new FileSystemXmlApplicationContext(
                "src/applicationContext.xml");
      //从容器中检索 person 对象
      Person person = (Person)context.getBean("person");
      person.sayHello();
      person.driveCar();
    }
}
```

程序中首先通过配置文件实例化一个 Spring 容器,ApplicationContext 对象就是 Spring 容器。然后通过容器的 getBean()方法从容器中检索 person,最后调用它的 sayHello()方法输出 person 的 name 和 age 属性值,调用 driveCar()方法输出有关信息。执行该应用程序,在控制台输出结果如下:

```
Hello,My name is 李小明
The car is started.
The car is running at 100 km/h.
```

程序中并不是使用 Person 类的构造方法创建 person 对象,而是调用容器的 getBean()方法返回一个 Person 实例。

13.4　Spring JDBC 开发

使用 Spring 的 DAO 可使我们很容易使用数据访问技术,如 JDBC、Hibernate、JPA 或 JDO 等技术访问数据库。

Spring 中对 JDBC 的支持将大大简化对数据库的操作步骤,这样可以让我们从烦琐的数据库操作中解脱出来,将更多的精力投入到业务逻辑当中。

13.4.1　Spring 对 JDBC 支持概述

Spring 框架对 JDBC 的封装采用的是模板设计模式,它通过不同类型的模板来执行相

应的数据库操作，原始的 JDBC 中一些可以重复使用的代码都在模板中实现，这样可以极大地简化数据库的开发，还可以避免在开发中常犯的错误。

Spring 框架提供的 JDBC 支持由 4 个包组成，分别是 core（核心包）、object（对象包）、dataSource（数据源包）和 support（支持包）。org. springframework. jdbc. core. JdbcTemplate 类包含于核心包中。作为 Spring JDBC 的核心，JdbcTemplate 类中定义了所有数据库操作的基本方法。JdbcTemplate 类继承了 JdbcAccessor 类，同时实现了 JdbcOperations 接口。

JdbcTemplate 类的直接父类 org. springframework. jdbc. support. JdbcAccessor 类为子类提供了一些访问数据库时使用的公共属性。例如，DataSource 是数据源属性，通过它可以获得数据库连接对象。

org. springframework. jdbc. core. JdbcOperations 接口定义了在 JdbcTemplate 类中可以使用的操作集合，其中包括查询、更新、添加和删除等操作。

13.4.2 配置数据源

不管使用哪种 Spring DAO 都需要配置一个数据源的引用。Spring 提供了在 Spring 上下文中配置数据源 Bean 的多种方式，包括：

- 通过 JDBC 驱动程序定义的数据源。
- 通过 JNDI 查找的数据源。
- 连接池的数据源。

在 Spring 中，通过 JDBC 驱动定义数据源是最简单的配置方式。Spring 提供了两种数据源对象供选择，它们位于 org. springframework. jdbc. datasource 包中。

- DriverManagerDataSource，在每个连接请求时都返回一个新建的连接，但它提供的连接没有进行池化管理。
- SingleConnectionDataSource，在每个连接请求时都会返回同一个连接。

下面代码配置一个 DriverManagerDataSource 数据源 dataSource，它连接到 MySQL 的 webstore 数据库。

```
<bean id = "dataSource"
    class = "org.springframework.jdbc.datasource.DriverManagerDataSource">
        <property name = "driverClassName"
                value = "com.mysql.cj.jdbc.Driver" />
        <property name = "url"
                value = "jdbc:mysql://localhost:3306/webstore" />
        <property name = "username" value = "root" />
        <property name = "password" value = "12345" />
</bean>
```

提示： 由于这两个数据源都没有进行池化管理，所以不建议在产品环境中使用。

这里定义了一个数据源 Bean，该数据源连接到 MySQL 数据库。dataSource 的类型是 org. springframework. jdbc. datasource. DriverManagerDataSource，这里需要指定创建该数据源的 driverClassName 属性、url 属性、username 属性和 password 属性。

Spring 框架提供了多种数据源类，可以使用 Spring 提供的 DriverManagerDataSource

类,还可以使用第三方的数据源,如 C3P0 的 ComboPooledDataSource 数据源类。使用 C3P0 数据源实现,需将 Hibernate 的 lib\optional\c3p0 目录中的 JAR 文件添加到 Web 应用的 WEB-INF\lib 目录中。

13.4.3 使用 JDBC 模板操作数据库

Spring 框架对 JDBC 的封装采用的是模板设计模式,它使用不同类型的模板来执行相应的数据库操作。Spring 对 JDBC 支持的核心是 JdbcTemplate 类,JdbcTemplate 类提供了所有对数据库操作的功能,我们可以使用它完成对数据库的增加、删除、查询和更新等操作。

首先在配置文件中定义一个 JdbcTemplate 类型的 Bean。

```
<!-- 配置 jdbcTemplate -->
<bean id= "jdbcTemplate"
    class="org.springframework.jdbc.core.JdbcTemplate">
     <!-- 使用构造方法注入 dataSource -->
     <constructor-arg>
        <ref bean="dataSource"></ref>
     </constructor-arg>
</bean>
```

jdbcTemplate 对应的是 JdbcTemplate 类,为该 Bean 注入一个 dataSource 对象。可以使用构造方法注入,也可以使用设值注入,如下使用设值注入。

```
<property name="dataSource" ref="dataSource"/>
```

进行了上述配置后,在应用程序中就可以通过 Spring 容器得到 JdbcTemplate 对象,使用它就可以操作数据库。下面程序查询并输出数据库表 products 中的数据。

程序 13.4 JdbcTemplateDemo.java

```
package com.demo;
import java.util.List;
import java.util.Map;
import org.springframework.context.ApplicationContext;
import org.springframework.context.support.
       FileSystemXmlApplicationContext;
import org.springframework.jdbc.core.JdbcTemplate;

public class JdbcTemplateDemo{
    public static void main(String[] args) {
        ApplicationContext context = new FileSystemXmlApplicationContext
              ("src/applicationContext.xml");
        //获取 jdbcTemplate 实例
         JdbcTemplate template =
              (JdbcTemplate)context.getBean("jdbcTemplate");
        String sql = "SELECT * FROM products";
        //执行查询返回结果集
        List<Map<String,Object>> list = template.queryForList(sql);
        //循环打印结果集
        for(int i = 0; i<list.size();i++)
```

```
                System.out.println(list.get(i).toString());
        }
    }
```

程序通过调用 JdbcTemplate 的 queryForList()方法查询数据库,它返回一个 List 对象,其元素是 Map 对象。执行该程序可以输出 products 表中的数据记录。

ApplicaitonContext 对象是 Spring 框架的装配工厂,它负责按相应的配置自动创建有关对象。FileSystemXmlApplicationContext 接收的参数是 XML 配置文件的名称,表示在文件系统中查找 XML 文件。因为 XML 文件是可以拆分管理的,可以将一个庞大的 XML 文件拆分成若干个较小的 XML 文件,所以 FileSystemXmlApplicationContext 接收的参数还可以是数组的形式。

使用 ApplicaitonContext 对象的 getBean()方法就可以获得需要的对象,通过指定 Bean 对象的 id 属性值即可。例如,getBean("jdbcTemplate")就可返回 id 值 jdbcTemplate 的 Bean 对象,并且该 Bean 已经将 dataSource 注入其中了,这样我们对数据库操作时,进行一次配置即可,不需要每次操作都输入用户名和密码。

上面示例中我们用到了 JdbcTemplate 类的 queryForList()方法进行查询操作,此外,JdbcTemplate 类还提供了大量的其他方法,这些方法可以完成几乎所有数据库的操作。下面就介绍 JdbcTemplate 类中的常用方法。

13.4.4 JdbcTemplate 类的常用方法

JdbcTemplate 接口提供了大量的更新和查询数据库的方法。

1. 查询方法 query()

JdbcTemplate 接口定义了大量的查询方法,如 query()、queryForList()和 queryForObject()等,使用这些方法可以完成对数据库的各种查询操作。

- T query(String, ResultSetExtractor<T>):String 参数表示要执行的查询语句,ResultSetExtractor 是回调接口,用于检索结果集并作为方法返回值。
- T query(String, PreparedStatementSetter, ResultSetExtractor<T>):该方法可执行带参数的 SQL 查询语句,使用 PreparedStatementSetter 设置参数值。
- T query(PreparedStatementCreator, PreparedStatementSetter, ResultSetExtractor<T>):该方法使用参数 PreparedStatementCreator 构建带参数的 SQL 查询语句。

下面代码采用 ResultSetExtractor 回调接口查询 products 表数据。ResultSetExtractor 接口中定义了 extractData()方法,它用于从查询语句的结果集中检索数据、组装数据并返回。该接口的定义如下:

```
public interface ResultSetExtractor{
    Object extractData(ResultSet rs) throws SQLException,DataAccessException
}
```

下面代码通过执行带 ResultSetExtractor 接口的 query()方法查询 products 表中数据。

```
String sql = "select * from products";
List productList = (List)jdbcTemplate.query(sql, new ResultSetExtractor(){
        public Object extractData(ResultSet rs)
```

```
            throws SQLException,DataAccessException{
              List products = new ArrayList();
              while(rs.next()){
                 Product product = new Product();
                 product.setId(rs.getInt("id"));
                 product.setPname(rs.getString("pname"));
                 product.setBrand(rs.getString("brand"));
                 product.setPrice(rs.getDouble("price"));
                 product.setStock(rs.getInt("stock"));
        }
       return products;
}});
```

2. 更新方法 update()

JdbcTemplate 接口还定义了多个 update()方法实现数据的插入、修改和删除。下面是几个常用的方法。

- int update(String):该方法是最简单的 update()方法,它直接执行传入的 String 参数语句并返回受影响的行数。
- int update(PreparedStatementCreator):执行带参数的 PreparedStatement 语句,返回受影响的行数。
- int update(String, PreparedStatementSetter):执行带参数的 PreparedStatement 语句,参数通过 PreparedStatementSetter 设置,返回受影响的行数。

下面代码向 products 表中插入一条记录。

```
ApplicationContext context = new ClassPathXmlApplicationContext
           ("applicationContext.xml");
//获取 jdbcTemplate 实例
JdbcTemplate template =
           (JdbcTemplate)context.getBean("jdbcTemplate");
String sql = "INSERT INTO products VALUES(?,?,?,?,?)";
int id = 108;
String pname = "Galaxy Note 7 手机";
String brand = "三星";
double price = 3500;
int stock = 10;
//执行更新语句
int n = template.update(sql, new PreparedStatementSetter(){
    public void setValues(PreparedStatement pstmt) throws SQLException{
        pstmt.setInt(1,id);
        pstmt.setString(2,pname);
        pstmt.setString(3,brand);
        pstmt.setDouble(4,price);
        pstmt.setInt(5,stock);
    }
    });
if(n!= 0)
    System.out.println("成功插入记录!");
```

修改操作和删除操作与插入操作类似,只不过把 INSERT 语句换成 UPDATE 语句或

DELETE 语句。

3. 执行 DDL 语句 execute()

如果要执行 SQL 的 DDL 语句(如 CREATE),则需要使用 execute()方法,它的格式如下所示。

- void execute(String):执行 String 参数指定的 SQL 语句。

执行下面代码将在数据库中创建 student 表。

```
ApplicationContext context = new ClassPathXmlApplicationContext
                    ("applicationContext.xml");
//获取 jdbcTemplate 实例
JdbcTemplate template = (JdbcTemplate)context.getBean("jdbcTemplate");
String sql = "CREATE TABLE student (id character(5),name varchar(20))";
template.execute(sql);
```

13.4.5 构建不依赖于 Spring 的 Hibernate 代码

由于 Hibernate 4 已经完全实现其自己的事务管理,所以 Spring 4 中已经不提供 HibernatedDaoSupport 和 HibernateTemplete 的支持了,使用它们将发生冲突,应该用 Hibernate 原始的方式操作数据库。

Spring 对 Hibernate 的支持是提供了一个上下文 Session,这是 Hibernate 本身所提供的保证每个事务使用同一 Session 的方案。在 Hibernate 中获取 Session 对象的标准方式是使用 SessionFactory 接口的实现类,除了一些其他的任务外,SessionFactory 主要负责 Hibernate Session 的打开、关闭以及管理。

在 Spring 中,要通过 Spring 的某一个 Hibernate Session 工厂 Bean 来获取 Hibernate 的 SessionFactory。可以在应用程序的 Spring 上下文中,像配置其他 Bean 那样来配置 Hibernate Session 工厂。

在配置 Hibernate Session 工厂 Bean 的时候,可以通过 XML 文件或通过注解来配置。如果使用 XML 文件定义对象与数据库之间的映射,那么需要在 Spring 中配置 LocalSessionFactoryBean:

```
<bean id = "sessionFactory"

        class = "org.springframework.orm.hibernate4.LocalSessionFactoryBean">
        <property name = "dataSource" ref = "dataSource" />
        <property name = "mappingResources">
            <list>
                <value>Member.hbm.xml</value>
            </list>
        </property>
        <property name = "hibernateProperties">
            <props>
                <prop key = "hibernate.dialect">org.hibernate.dialect.MySQL5Dialect
            </prop>
            <prop key = "current_session_context_class">thread</prop>
            </props>
```

```
        </property>
    </bean>
```


在配置 LocalSessionFactoryBean 时，我们指定了 3 个属性。属性 dataSource 装配了一个 DataSource Bean 引用。属性 mappingResources 装配了一个或多个 Hibernate 映射文件，在这些文件中定义了应用程序的持久化策略。最后，hibernateProperties 属性配置了 Hibernate 如何进行操作的细节。

下面代码定义了 MemberDAOImpl 类，实现了 MemberDAO 接口，该类演示了通过构造方法注入 sessionFactory 实例。

```
public class MemberDAOImpl implements MemberDAO{
    private SessionFactory sessionFactory;
    @Autowired
    public MemberDAOImpl(SessionFactory sessionFactory){
      this.sessionFactory = sessionFactory;
    }
      //使用 SessionFactory 对象返回 Session 对象
      private Session currentSession(){
         return sessionFactory.openSession();
      }
      //添加会员
      public void add(Member member){
        Session session = null;
      try{
        session = currentSession();
        Transaction tx = session.beginTransaction();
        session.save(member);
        tx.commit();
      }catch(HibernateException e){
        e.printStackTrace();
      }finally{
        session.close();
      }
   }
   //修改会员
   public void update(Member member){
      Session session = null;
      try{
        session = currentSession();
        Transaction tx = session.beginTransaction();
        session.update(member);
        tx.commit();
      }catch(HibernateException e){
        e.printStackTrace();
      }finally{
        session.close();
    }
}
```

程序通过@Autowired 注解可以让 Spring 自动将一个 SessionFactory 注入到

MemberDAOImpl 的 sessionFactory 属性中。接下来，在 currentSession()方法中，使用这个 sessionFactory 来获取当前事务的 Session。

13.5 Spring 整合 Struts 2 和 Hibernate 5

目前最流行的开源的 Web 应用开发技术为 Struts2 框架、Spring 框架以及 Hibernate 框架的整合框架 SSH。SSH 整合框架也是一个分层式开发架构，它在 Java EE 多层模型的基础上对每一层又进行了细分，划分出 4 层结构，分别是视图层(JSP)、业务控制层(Action)、业务逻辑层(Service)、数据持久层(DAO)，如图 13.2 所示。

1. 视图层

视图层是系统与用户的交互层，是系统面向用户的唯一接口。视图层的基本组件通常是 JSP 页面或者 HTML 页面，以及嵌入其中的 Action 表单，用于收集用户数据和向用户展示结果信息，完成用户与系统之间的交互。视图层在 MVC 模式中对应着视图(View)。

2. 业务控制层

业务控制层是 Struts 2 框架的核心所在，在 MVC 模式中对应控制器(Controller)。它负责过滤和拦截所有来自表示层的请求，按规则对所有请求进行分析和转发，并在得到业务逻辑组件处理结果之后，更新视图层，返回响应结果。业务控制层的核心组件由核心控制器 StrutsPrepareAndExecuteFilter 和一系列 Action 类以及拦截器(Interceptor)组成。核心控制器是一个过滤器，它负责拦截所有 HTTP 请求，对请求进行分析，并转发到特定的 Action 类中，交给其处理。拦截器也是 Struts2 框架的核心组件，它与过滤器不同在于，拦截器只能拦截由核心控制器分发的 Action 请求，并能对 Action 请求中的数据做出预处理，再交给指定 Action 类处理。

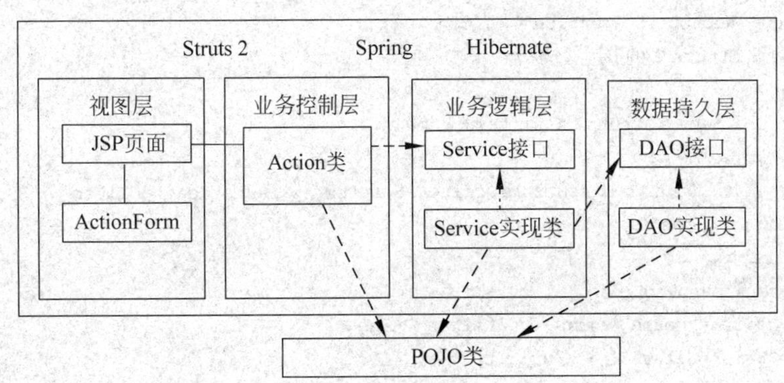

图 13.2　SSH 分层结构图

3. 业务逻辑层

业务逻辑层由业务逻辑组件组成，是系统的核心，处于中心位置，在 MVC 模式中对应模型(Model)。业务逻辑层组件提供了系统所有业务逻辑所需的方法。业务逻辑组件向上由控制层的 Action 类调用；向下业务逻辑组件调用数据持久层接口，将数据交由数据持久层进行持久化操作。业务逻辑组件的管理完全交由 Spring 容器，即业务逻辑组件的实例化，注入以及生命周期管理都不需要开发人员予以干涉，这样就极大地解耦了控制层对于业务逻辑层的依赖。

4. 数据持久层

数据持久层由 DAO 对象、POJO 类和 POJO 类的映射配置文件组成。映射配置文件是 POJO 类与数据库关系表之间的桥梁,也是 Hibernate 底层实现持久化的基础,配置文件实现了 POJO 类的属性到关系表字段的映射,以及 POJO 类之间引用关系到表间关系的映射,使得开发人员直接通过访问 POJO 对象就能访问数据表。数据访问对象提供对 POJO 对象的基本创建、查询、修改和删除等操作。Hibernate 实现数据持久层,为业务逻辑层提供数据存取方法,实现对数据库数据的增删改查操作。

13.5.1 配置自动启动 Spring 容器

对使用 Spring 的 Web 应用,无须手动创建 Spring 容器,而是通过配置文件声明式地创建 Spring 容器。具体方法是在 web. xml 文件中配置创建 Spring 容器。Spring 提供了 ContextLoaderListener,该监听器实现了 ServletContextListener 接口,它在 Web 应用程序启动时被触发。该监听器在创建时会自动查找 WEB-INF/下的 applicationContext. xml 文件,因此,如果只有一个配置文件,且文件名为 applicationContext. xml 文件,则只需在 web. xml 文件中配置 ContextLoaderListener 监听器即可,如下所示。

程序 13.5 web. xml

```
<?xml version = "1.0" encoding = "UTF - 8"?>
< web - app xmlns:xsi = "http://www.w3.org/2001/XMLSchema - instance"
        xmlns = "http://java.sun.com/xml/ns/javaee"
        xmlns:web = "http://java.sun.com/xml/ns/javaee/web - app_2_5.xsd"
        xsi:schemaLocation = "http://java.sun.com/xml/ns/javaee
        http://java.sun.com/xml/ns/javaee/web - app_3_0.xsd"
       id = "WebApp_ID" version = "3.0">
  <! -- 配置 Struts 2 的核心过滤器 -->
  < filter >
    < filter - name > struts2 </filter - name >
    < filter - class >
    org.apache.struts2.dispatcher.filter.StrutsPrepareAndExecuteFilter
    </filter - class >
    </filter >
    < filter - mapping >
        < filter - name > struts2 </filter - name >
        < url - pattern >/ * </url - pattern >
    </filter - mapping >
  <! -- 使用 ContextLoaderListener 初始化 Spring 容器 -->
  < listener >
    < listener - class >
          org.springframework.web.context.ContextLoaderListener
      </listener - class >
  </listener >
    …
</web - app >
```

如果有多个配置文件需要载入,则应该使用< context-param >元素指定配置文件的文件名,ContextLoaderListener 加载时,会查找名为 contextConfigLocation 的初始化参数。

```
<!-- 指定多个配置文件 -->
<context-param>
    <param-name>contextConfigLocation</param-name>
      <!-- 多个配置文件之间用逗号(,)隔开 -->
    <param-value>/WEB-INF/daoContext.xml,WEB-INF/applicationContext.xml
    </param-value>
</context-param>
```

经过了上述配置后,当 Web 应用程序启动时读取 web.xml 文件,然后创建 Spring 容器,之后根据配置文件内容装配 Bean 实例。

13.5.2 Spring 整合 Struts 2

Spring 整合 Struts 2 的目的是将 Struts 2 中的 Action 的实例化工作交由 Spring 容器统一管理,同时使 Struts 2 中的 Action 的实例能够访问 Spring 提供的业务逻辑资源。而 Spring 容器所具有的依赖注入优势也可以充分发挥出来。

在 Struts 2 应用程序中,它的核心控制器首先拦截到用户请求,然后将请求转发给相应的 Action 处理,在此过程中,Struts 2 负责创建 Action 实例,并调用其 execute()方法。

Web 应用集成了 Spring 框架后,就可以由 Spring 容器创建 Action 实例。这个工作由 Struts 2 提供的 Spring 插件完成。

在 Struts 2 的库 lib 中可以找到 struts2-spring-plugin-2.5.10.jar,为了将 Struts 2 与 Spring 进行整合开发,首先将该 jar 包复制到 WEB-INF\lib 目录下。

修改 Struts 2 配置文件 struts.xml,在其中进行常量配置,将 ObjectFactory 设置为 spring,代码如下:

```
<?xml version="1.0" encoding="UTF-8"?>
<!DOCTYPE struts PUBLIC
        "-//Apache Software Foundation//DTD Struts Configuration 2.5//EN"
        "http://struts.apache.org/dtds/struts-2.5.dtd">
<struts>
      <!-- 将 Struts 2 默认的 objectFactory 设置为 spring -->
    <constant name="struts.objectFactory" value="spring" />
                <constant name="struts.devMode" value="true" />
    <package name="default" namespace="/" extends="struts-default">
        <action name="index">
            <result>/index.jsp</result>
        </action>
    </package>
</struts>
```

13.5.3 Spring 整合 Hibernate 5

在单独使用 Hibernate 时,需要使用 hibernate.cfg.xml 文件配置 DataSource 和 SessionFactory。Spring 与 Hibernate 集成后,DataSource 和 SessionFactory 的配置就不需要使用 hibernate.cfg.xml 文件了,而使用 Spring 的配置文件 applicationContext.xml

配置。

下面是在 Spring 的配置文件 WEB-INF\applicationContext. xml 中配置 DataSource 和 SessionFactory 实例。

程序 13.6 applicationContext. xml

```
<?xml version="1.0" encoding="UTF-8"?>
<beans xmlns="http://www.springframework.org/schema/beans"
      xmlns:xsi="http://www.w3.org/2001/XMLSchema-instance"
      xmlns:context="http://www.springframework.org/schema/context"
      xsi:schemaLocation="http://www.springframework.org/schema/beans
      http://www.springframework.org/schema/beans/spring-beans-3.0.xsd
      http://www.springframework.org/schema/context
http://www.springframework.org/schema/context/spring-context-3.0.xsd">
      <!--定义数据源 Bean,使用 C3P0 数据源实现-->
      <bean id="dataSource"
                class="com.mchange.v2.c3p0.ComboPooledDataSource"
                destroy-method="close">
        <property name="driverClass" value="com.mysql.jdbc.Driver" />
        <property name="jdbcUrl"
                value="jdbc:mysql://localhost:3306/webstore?
                  useUnicode=true&amp;characterEncoding=UTF-8"/>
        <property name="user" value="root" />
        <property name="password" value="12345" />
        <property name="maxPoolSize" value="40" />
        <property name="minPoolSize" value="1" />
        <property name="initialPoolSize" value="1" />
        <property name="maxIdleTime" value="20" />
     </bean>
     <!--定义 Hibernate 的 SessionFactory-->
     <bean id="sessionFactory"
     class="org.springframework.orm.hibernate5.LocalSessionFactoryBean">
       <property name="dataSource" ref="dataSource"/>
        <property name="mappingResources">
            <list>
                <value>com/entity/Member.hbm.xml</value>
            </list>
       </property>
       <!--设置 Hibernate 的属性-->
      <property name="hibernateProperties">
        <props>
            <prop key="hibernate.show_sql">true</prop>
            <prop key="hibernate.hbm2ddl.auto">update</prop>
               <prop key="hibernate.temp.use_jdbc_metadata_defaults">false</prop>
            <prop key="hibernate.current_session_context_class">
org.springframework.orm.hibernate5.SpringSessionContext</prop>
            <prop key="hibernate.dialect">org.hibernate.dialect.MySQL5Dialect</prop>
       </props>
      </property>
     </bean>
</beans>
```

在 Spring 集成 Hibernate 的过程中主要是配置 dataSource 和 sessionFactpry。其中，dataSource 主要是配置数据库的连接属性，本例配置的数据源是 C3P0 数据源的实现。配置的会话工厂 sessionFactory 主要是用来管理 Hibernate 的配置。完成 sessionFactory 配置后，便可以将 sessionFactory 注入到其他 Bean 中，如注入 DAO 组件中。当 DAO 组件获得 sessionFactory 的引用后，就可以实现对数据库的访问。

13.6 基于 SSH 会员管理系统

本节将整合 Spring 5、Struts 2 和 Hibernate 5 实现一个会员管理系统，该系统可以实现对会员的注册、登录、删除和修改等功能。

该系统的架构可以分为下面几层。

- 表示层：由多个 JSP 页面组成。
- 业务控制层：使用 Struts 2 框架的 Action 实现。
- 业务逻辑层：通过业务逻辑组件构成。
- DAO 层：由 DAO 组件构成。
- Hibernate 持久层：使用 Hibernate 5 框架。
- 数据库层：使用 MySQL 数据库来存储系统数据。

13.6.1 构建 SSH 开发环境

首先按下列步骤构建 SSH 开发环境。

(1) 在 Eclipse 中新建一个项目 chapter13，然后在 WEB-INF/lib 中添加 Struts 2、Hibernate 5 和 Spring 5 的库文件。(请参阅 11.1.2 节，12.1.2 节，13.1.4 节内容。)

(2) 在 web.xml 文件中配置 Struts 2 的核心过滤器和自动启动 Spring 容器(参见 13.5.1 节)。

(3) 完成 Spring 5 与 Struts 2 的整合(参见 13.5.2 节内容)。

(4) 完成 Spring 5 与 Hibernate 5 的整合(参见 13.5.3 节内容)。

13.6.2 数据库层的实现

本会员管理系统负责维护会员信息，系统只需要一个会员表。使用 MySQL 的 webstore 数据库存储会员表 members，创建该表的 SQL 语句如下：

```
CREATE TABLE members(
  id BIGINT AUTO_INCREMENT PRIMARY KEY,            -- 会员 ID
  name VARCHAR(30) NOT NULL,                       -- 会员名
  password VARCHAR(10),                            -- 口令
  address VARCHAR(20) ,                            -- 会员地址
  email VARCHAR(20) ,                              -- 邮箱
  level INTEGER                                    -- 会员等级
);
```

13.6.3 Hibernate 持久层设计

Hibernate 持久层设计包括两部分内容，一是定义系统中用到的持久化类；二是为持久

化类编写映射文件。

1. 创建持久化类

创建 Member 类,包括属性 id、name、password、address、email 和 level,它们对应于数据库 members 表的字段,代码如下。

程序 13.7　Member.java

```
package com.entity;
public class Member{
   private long id;                                          //会员标识
   private String name;                                      //会员名
   private String password;                                  //会员口令
   private String address;                                   //会员地址
   private String email;                                     //会员 E-mail
   private int level;                                        //会员级别
   public Member() {}
   public Member(String name, String password, String address,
                String email, int level) {
     this.name = name;
     this.password = password;
     this.address = address;
     this.email = email;
     this.level = level;
   }
    //这里省略各属性的 setter 方法和 getter 方法
}
```

2. 创建映射文件

映射文件用来建立持久化类的属性和数据表的字段之间的映射关系,Member 类的映射文件 Member.hbm.xml 如下,保存在与持久化类相同的目录中。

```
<?xml version = "1.0" encoding = "UTF-8"?>
<!DOCTYPE hibernate-mapping PUBLIC
            "-//Hibernate/Hibernate Mapping DTD 3.0//EN"
     "http://hibernate.sourceforge.net/hibernate-mapping-3.0.dtd">
 <hibernate-mapping package = "com.entity">
<class name = "Member" table = "members">
    <id name = "id" column = "id">
           <generator class = "identity" />
    </id>
    <property name = "name" type = "java.lang.String" column = "name" />
    <property name = "password" type = "java.lang.String" column = "password" />
    <property name = "address" type = "java.lang.String" column = "address" />
    <property name = "email" type = "java.lang.String" column = "email" />
    <property name = "level" type = "int" column = "level" />
  </class>
</hibernate-mapping>
```

13.6.4　DAO 层设计

DAO 层设计包括 SessionFactory 的配置、DAO 接口的创建以及 DAO 接口的实现类。

由于与 Spring 框架进行了整合，因此 Hibernate 中的 SessionFactory 可交由 Spring 进行管理，在 WEB-INF\applicationContext. xml 中配置。

1. 创建 DAO 接口

创建 MemberDAO 接口，在该接口中定义 6 个方法，可以实现添加会员、修改会员、删除会员、按姓名和口令查找会员、按 id 查找会员及查找全部会员。

程序 13.8　MemberDAO. java

```
package com.dao;
import java.util.List;
import com.entity.Member;
public interface MemberDAO{
    public void add(Member member);                              //添加会员
    public void update(Member member);                           //更新会员
    public void delete(long id);                                 //删除会员
    public Member findByName(String name,String password);  //查找会员
    public Member findById(long id);                             //按 id 查找会员
    public List<Member> findAll();                               //查找全部会员
}
```

2. 创建 DAO 实现类

定义 MemberDAOImpl 类，该类实现了 MemberDAO 接口，代码如下。

程序 13.9　MemberDAOImpl. java

```
package com.dao;
import org.hibernate.HibernateException;
import org.hibernate.query.Query;
import org.hibernate.Session;
import org.hibernate.SessionFactory;
import org.hibernate.Transaction;
import com.entity.Member;

public class MemberDAOImpl implements MemberDAO{
    private SessionFactory sessionFactory;
    //构造方法注入 sessionFactory 对象
    public MemberDAOImpl(SessionFactory sessionFactory){
        this.sessionFactory = sessionFactory;
    }
    //使用 SessionFactory 对象返回 Session 对象
    private Session currentSession(){
        return sessionFactory.openSession();
    }
    //添加会员
    public void add(Member member){
        Session session = null;
        try{
            session = currentSession();
            Transaction tx = session.beginTransaction();
            session.save(member);
            tx.commit();
```

```
    }catch(HibernateException e){
        e.printStackTrace();
    }finally{
        session.close();
    }
}
//修改会员
public void update(Member member){
    Session session = null;
    try{
        session = currentSession();
        Transaction tx = session.beginTransaction();
        session.update(member);
        tx.commit();
    }catch(HibernateException e){
        e.printStackTrace();
    }finally{
        session.close();
    }
}
//删除会员
public void delete(long id){
    Session session = null;
    try{
        session = currentSession();
        Transaction tx = session.beginTransaction();
        //根据 id 从数据库加载会员对象
        Member mb = (Member)session.get(Member.class, id);
        session.delete(mb);                                    //删除会员
        tx.commit();
      }catch(HibernateException e){
        e.printStackTrace();
      }finally{
        session.close();
      }
}
//按姓名和口令查找会员
public Member findByName(String name,String password){
    Session session = null;
    Member result = null;
    try{
        session = currentSession();
        Transaction tx = session.beginTransaction();
        String hsql = "from Member m where m.name = :mname
                        and m.password = :mpassword";
        Query query = session.createQuery(hsql);
        //设置命名参数值
          query.setParameter("mname",name);
        query.setParameter ("mpassword",password);
        result = (Member)query.uniqueResult();              //返回唯一结果
        tx.commit();
```

```
        }catch(HibernateException e){
            e.printStackTrace();
        }finally{
            session.close();
        }
        return result;
    }
    //按 id 查找会员
    public Member findById(long id){
    Session session = null;
        Member result = null;
    try{
        session = currentSession();
        Transaction tx = session.beginTransaction();
        String hsql = "from Member m where m.id = :id";
        Query query = session.createQuery(hsql);
        query.setParameter("id", id);
        result = (Member)query.uniqueResult();              //返回唯一结果
        tx.commit();
    }catch(HibernateException e){
        e.printStackTrace();
    }finally{
        session.close();
    }
  return result;
  }
  //查找全部会员
  public List<Member> findAll(){
   Session session = null;
   List<Member> list = null;
   try{
     session = currentSession();
     Transaction tx = session.beginTransaction();
       String hsql = "from Member";
     Query query = session.createQuery(hsql);
     list = query.list();
     tx.commit();
   }catch(HibernateException e){
     e.printStackTrace();
   }finally{
     session.close();
   }
     return list;
    }
  }
```

程序定义了 sessionFactory 对象并通过构造方法注入，在 currentSession()方法中通过 SessionFactory 对象的 getCurrentSession()方法返回 Session 对象，调用该对象的方法操作数据库或返回查询结果。

13.6.5 业务逻辑层设计

业务逻辑层设计包含两部分,一是创建业务逻辑组件接口;二是创建业务逻辑组件实现类。

1. 业务逻辑组件接口

创建一个 MemberService 接口,定义添加会员、更新会员、删除会员、按姓名或 id 查找及查找全部会员等方法。

程序 13.10 MemberService.java

```
package com.service;
import java.util.List;
import com.entity.Member;
public interface MemberService{
    public void add(Member member);                                          //添加会员
    public void update(Member member);                                       //更新会员
    public void delete(long id);                                             //删除会员
    public Member findByName(String name,String password);   //查找会员
    public Member findById(long id);                                         //按 id 查找会员
        public List<Member> findAll();                                       //查找全部会员
}
```

2. 业务逻辑组件实现类

创建 MemberServiceImpl 类,它实现 MemberService 接口。在 MemberServiceImpl 类中通过调用 DAO 组件来实现业务逻辑操作。

程序 13.11 MemberServiceImpl.java

```
package com.service;
import java.util.List;
import com.entity.Member;
import com.dao.MemberDAO;
public class MemberServiceImpl implements MemberService{
    private MemberDAO memberDao;
    //设值注入 DAO 对象
    public void setMemberDao(MemberDAO memberDao){
        this.memberDao = memberDao;
    }
    //添加会员
    public void add(Member member){
      //如果表中不包含该会员,则添加该会员
        if(memberDao.findById(member.getId()) == null)
          memberDao.add(member);
    }
    //更新会员
    public void update(Member member){
        //如果表中存在该会员,则更新该会员
         if(memberDao.findById(member.getId())!= null)
            memberDao.update(member);
    }
```

```
    //删除会员
    public void delete(long id){
        //如果表中存在该会员,则删除该会员
        if(memberDao.findById(id)!= null)
            memberDao.delete(id);
    }
    //按姓名查找会员
    public Member findByName(String name,String password){
        return memberDao.findByName(name,password);
    }
    //按 id 查找会员
    public Member findById(long id){
        return memberDao.findById(id);
    }
    //查找全部会员
    public List<Member> findAll(){
        return memberDao.findAll();
    }
}
```

在 applicationContext.xml 中定义 MemberDAOImpl 和 MemberServiceImpl:

```
<bean id="memberDao" class="com.dao.MemberDAOImpl">
        <!-- 构造方法注入会话工厂组件 sessionFactory -->
      <constructor-arg><ref bean="sessionFactory"></ref></constructor-arg>
  </bean>
<bean id="memberService" class="com.service.MemberServiceImpl">
     <!-- 设值注入 DAO 组件 -->
     <property name="memberDao" ref="memberDao" />
</bean>
```

13.6.6 会员注册功能实现

该部分包含一个 JSP 页面和一个 Action 控制器。JSP 页面 register.jsp 接收用户注册信息,注册成功后控制转到显示会员页面。RegisterAction 动作类负责接收用户提交的信息,并将其存储到数据库中。

1. 会员注册动作控制器

下面的 MemberRegisterAction 类实现会员注册功能。

程序 13.12 MemberRegisterAction.java

```
package com.action;
import com.entity.Member;
import com.service.MemberService;
import com.opensymphony.xwork2.ActionSupport;
public class MemberRegisterAction extends ActionSupport{
     private Member member;
     private MemberService memberService;
     public void setMember(Member member){
         this.member = member;
     }
```

```
    public Member getMember(){
        return member;
    }
    //注入业务逻辑组件
    public void setMemberService(MemberService memberService){
        this.memberService = memberService;
    }
    public String execute(){
        memberService.add(member);
        return SUCCESS;
    }
}
```

2. 会员注册页面

会员注册页面 register.jsp 包含一个表单,用来输入会员信息,代码如下。

程序 13.13 register.jsp

```
<%@ page contentType="text/html; charset=UTF-8" pageEncoding="UTF-8"%>
<%@ taglib prefix="s" uri="/struts-tags"%>
<html>
<head><title>会员注册页面</title>
</head>
<body>
 <s:form action="memberRegister" method="post">
  <h4>欢迎注册会员</h4>
  <s:property value="exception.message" />
  <s:textfield name="member.name" label ="会员姓名"
     tooltip="输入姓名!" required="true"></s:textfield>
   <s:password name="member.password" label ="会员口令"
     tooltip="输入密码!"></s:password>
   <s:textfield name="member.address" label ="会员地址"></s:textfield>
   <s:textfield name="member.email" label ="会员邮箱"></s:textfield>
   <s:textfield name="member.level" label ="会员级别"></s:textfield>
   <s:submit value="提交" />
   </s:form>
</body>
</html>
```

3. 配置 Action 控制器

在 SSH 集成环境中由 Spring 来管理 Action 对象,因此要在 applicationContext.xml 中配置 MemberRegisterAction,并为其注入业务逻辑组件,代码如下:

```
<bean id="memberRegisterAction" class="com.action.MemberRegisterAction">
    <!-- 设值注入业务逻辑组件 -->
    <property name="memberService" ref="memberService"></property>
</bean>
```

在 struts.xml 文件中配置 MemberRegisterAction 动作对象,并定义结果与资源关系,代码如下:

```
<action name="memberRegister" class="memberRegisterAction">
```

```
    <result name = "success" type = "redirectAction">/memberQuery</result>
</action>
```

这里，class 属性值是 Spring 定义的 Bean，当 execute()方法返回 SUCCESS 时，控制转到另一个动作 memberQuery，而不是一个视图。

在浏览器地址栏输入 http://localhost:8080/chapter13/memberRegister.action 访问动作类，结果转到 register.jsp 注册页面，在其中填入会员注册信息，如图 13.3 所示，单击"提交"按钮，注册成功控制最终转到 displayAll.jsp 页面。

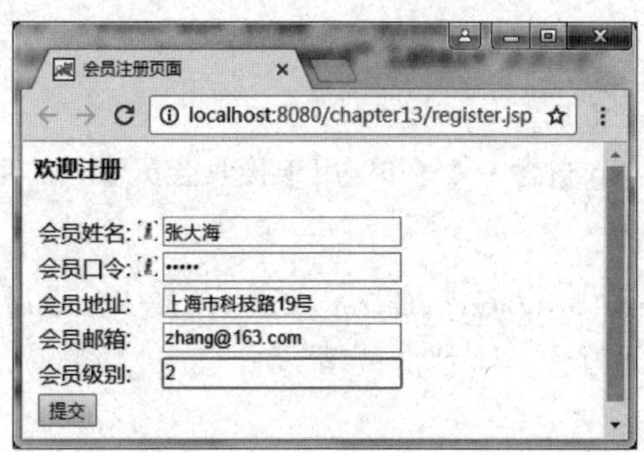

图 13.3　会员注册页面

13.6.7　会员登录功能实现

该部分包括用户登录 JSP 页面和会员登录控制器 MemberLoginAction。

1. 会员登录动作控制器

会员登录控制器 MemberLoginAction 负责检查会员信息，如果数据库中存在该会员信息，则允许登录，返回登录成功页面，否则返回 register.jsp 输入页面。

程序 13.14　MemberLoginAction.java

```
package com.action;
import com.entity.Member;
import com.service.MemberService;
import com.opensymphony.xwork2.ActionSupport;
public class MemberLoginAction extends ActionSupport{
    private Member member;
    private MemberService memberService;
    public Member getMember() {
    return member;
}
public void setMember(Member member) {
    this.member = member;
}
    //注入业务逻辑组件
    public void setMemberService(MemberService memberService){
       this.memberService = memberService;
    }
    public String execute(){
```

```
        //根据会员名和口令查找会员
        Member mb =
             memberService.findByName(member.getName(),member.getPassword());
        //如果找到说明是合法会员,否则转到注册页面
        if(mb != null)
             return SUCCESS;
        else
             return ERROR;
    }
}
```

2. 会员登录页面

会员登录页面 login.jsp 包含一个表单,用于接收会员输入的用户名和口令。

程序 13.15　login.jsp

```
<%@ page contentType = "text/html; charset = UTF - 8" pageEncoding = "UTF - 8" %>
<%@ taglib prefix = "s" uri = "/struts - tags" %>
<html>
<head>
<title>会员登录</title>
</head>
<body>
   <s:form action = "memberLogin" method = "post">
    <s:textfield name = "member.name" label = "会员姓名"></s:textfield>
    <s:password name = "member.password" label = "会员口令"></s:password>
    <s:submit value = "提交"></s:submit>
   </s:form>
</body>
</html>
```

3. 配置 Action 控制器

在 applicationContext.xml 中配置 MemberLoginAction,并为其注入业务逻辑组件,代码如下:

```
<bean id = "memberLoginAction" class = "com.action.MemberLoginAction">
    <! -- 设值注入业务逻辑组件 -->
    <property name = "memberService" ref = "memberService"></property>
</bean>
```

在 struts.xml 文件中配置 MemberLoginAction 动作对象,并定义结果与资源关系,代码如下:

```
<action name = "memberLogin" class = "memberLoginAction">
    <result name = "success">/welcome.jsp </result >
    <result name = "error">/register.jsp </result >
</action>
```

访问会员登录页面 login.jsp,如图 13.4 所示,输入会员姓名和口令,如果是合法会员则显示 welcome.jsp 页面,否则,控制转到注册页面。

图 13.4　会员登录页面

13.6.8　查询所有会员功能实现

该部分包含两个主要文件,一是会员查询信息控制器 MemberQueryAction,二是显示全部会员信息页面 displayAll.jsp。

1. 查询会员动作控制器

程序 13.16　MemberQueryAction.java

```
package com.action;
import com.entity.Member;
import com.service.MemberService;
import com.opensymphony.xwork2.ActionSupport;
import java.util.List;
import org.apache.struts2.ServletActionContext;
public class MemberQueryAction extends ActionSupport{
    private MemberService memberService;
    //注入业务逻辑组件
    public void setMemberService(MemberService memberService){
        this.memberService = memberService;
    }
    public String execute(){
         List<Member> list = memberService.findAll();
         //将所有会员信息存入 request 作用域中
        ServletActionContext.getRequest().setAttribute("memberList",list);
        return SUCCESS;
    }
}
```

2. 显示所有会员信息页面

创建 displayAll.jsp 页面,在该页面中显示全部会员的信息。页面中为每条会员记录提供了“删除”和“修改”链接,单击链接将执行相应的动作删除和修改会员。

程序 13.17　displayAll.jsp

```
<%@ page contentType="text/html; charset=UTF-8" pageEncoding="UTF-8"%>
<%@ taglib prefix="s" uri="/struts-tags"%>
<html>
<head><title>显示会员信息</title></head>
<body>
  <h4>会员信息</h4>
  <table border='1'>
    <tr><td>会员 id</td><td>会员名</td><td>密码</td><td>地址</td>
```

```
        <td>邮箱</td><td>级别</td><td>删除</td><td>修改</td>
    </tr>
    <!—对集合元素迭代 -->
     <s:iterator value = "#request.memberList" var = "mb">
     <tr>
     <td><s:property value = "#mb.id" /></td>
     <td><s:property value = "#mb.name" /></td>
     <td><s:property value = "#mb.password" /></td>
     <td><s:property value = "#mb.address" /></td>
     <td><s:property value = "#mb.email" /></td>
     <td><s:property value = "#mb.level" /></td>
     <td>
     <a href = "<s:url action = "memberDelete">
             <s:param name = "id"><s:property value = "#mb.id" /></s:param>
         </s:url>">删除 </a>
     </td>
     <td>
     <a href = "<s:url action = "memberShow">
             <s:param name = "id"><s:property value = "#mb.id" /></s:param>
         </s:url>">修改</a>
     </td></tr>
     </s:iterator>
     </table>
     <a href = "register.jsp">返回注册页面</a>
</body>
</html>
```

页面中的两个<s:param>标签是<s:url>的子标签,作用是为链接的动作提供一个请求参数,参数名为 id,值为会员的 id 值,该值传递给 memberDelete 动作和 memberShow 动作。

3. 配置 Action 控制器

在 applicationContext.xml 中配置 MemberQueryAction,并为其注入业务逻辑组件,代码如下:

```
<bean id = "memberQueryAction" class = "com.action.MemberQueryAction">
    <property name = "memberService" ref = "memberService"></property>
</bean>
```

在 struts.xml 文件中配置 MemberQueryAction 动作对象,并定义结果与资源关系,代码如下:

```
<action name = "memberQuery" class = "memberQueryAction">
      <result name = "success">/displayAll.jsp</result>
</action>
```

请求 memberQuery.action 动作,将执行会员查询操作,结果通过 displayAll.jsp 页面显示,如图 13.5 所示。

13.6.9 删除会员功能实现

实现删除会员功能需要定义一个删除会员控制器 MemberDeleteAction,该控制器接收

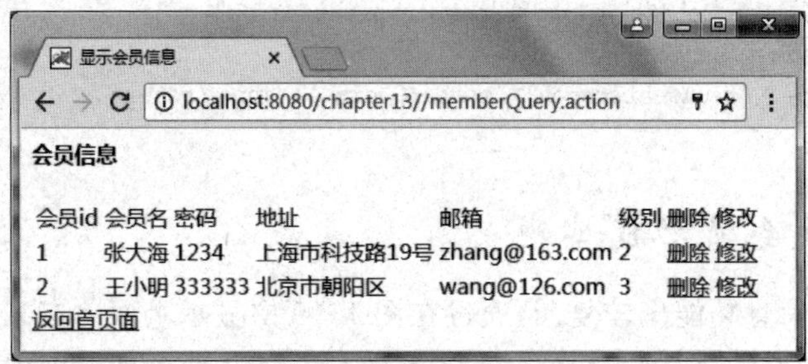

图 13.5 显示所有会员页面

会员 ID,并调用业务逻辑中的删除会员方法以实现删除特定 ID 的会员。

1. 删除会员动作控制器

控制器 MemberDeleteAction 负责接收显示所有会员页面传递的会员 ID,通过调用业务逻辑组件的 delete()方法删除会员,代码如下。

程序 13.18 MemberDeleteAction.java

```
package com.action;
import com.service.MemberService;
import com.opensymphony.xwork2.ActionSupport;
public class MemberDeleteAction extends ActionSupport{
    private MemberService memberService;
    //注入业务逻辑组件
    public void setMemberService(MemberService memberService){
       this.memberService = memberService;
    }
    private long id;
    public long getId(){
      return id;
    }
    public void setId(long id){
      this.id = id;
    }
    public String execute(){
        memberService.delete(getId());                  //删除指定 id 的会员
        return SUCCESS;
   }
}
```

2. 配置 Action 控制器

在 applicationContext.xml 中配置 MemberDeleteAction,并为其注入业务逻辑组件,代码如下:

```
<bean id = "memberDeleteAction" class = "com.action.MemberDeleteAction">
     <property name = "memberService" ref = "memberService"></property>
</bean>
```

在 struts.xml 文件中配置 MemberDeleteAction 动作对象,并定义结果与资源关系,代码如下:

```
<action name = "memberDelete" class = "memberDeleteAction">
    <result name = "success"
        type = "redirectAction">/memberQuery.action</result>
</action>
```


13.6.10 修改会员功能实现

实现修改会员信息功能比较复杂，通过在图 13.5 中显示页面单击某个会员的“修改”链接，首先需要把要修改的会员信息显示出来，修改后再持久化到数据库中。

1. 修改会员动作控制器

控制器 MemberUpdateAction 的 showMember()方法负责接收显示会员页面传递的会员 id，查找到该会员对象，然后将控制转到 update.jsp 页面显示该会员信息，如图 13.6 所示。execute()方法负责更新会员信息。

程序 13.19 MemberUpdateAction.java

```
package com.action;
import com.entity.Member;
import com.service.MemberService;
import com.opensymphony.xwork2.ActionSupport;
public class MemberUpdateAction extends ActionSupport{
    private MemberService memberService;
    private Member member;
    //用于接收从显示会员信息页面传递来的 id
    private long id;
    //注入业务逻辑组件
    public void setMemberService(MemberService memberService){
        this.memberService = memberService;
    }
    public Member getMember(){
        return member;
    }
    public void setMember(Member member){
        this.member = member;
    }
    public long getId() {
        return id;
    }
    public void setId(long id) {
        this.id = id;
    }
    //根据会员 id 查找会员
    public String showMember(){
        Member mb = memberService.findById(getId());
        setMember(mb);
        return SUCCESS;
    }
    public String execute(){
        //执行会员更新操作
        memberService.update(member);
```

```
        return SUCCESS;
    }
}
```

2. 修改会员信息页面

新建修改用户信息页面 update.jsp，该页面显示要修改的会员信息，代码如下。

程序 13.20　update.jsp

```
<%@ page contentType = "text/html; charset = UTF - 8" pageEncoding = "UTF - 8" %>
<%@ taglib prefix = "s" uri = "/struts - tags" %>
<html>
<head>
<meta http - equiv = "Content - Type" content = "text/html; charset = UTF - 8">
<title>修改会员信息</title>
</head>
<body>
    <s:form action = "memberUpdate" method = "post">
    <h4>修改会员信息</h4>
    <s:actionerror />
     <s:hidden name = "member.id" value = " %{member.id}"></s:hidden>
            <s:textfield name = "member.name" label = "会员姓名" required = "true">
     </s:textfield>
     <s:textfield name = "member.password" label = "会员口令"></s:textfield>
     <s:textfield name = "member.address" label = "会员地址"></s:textfield>
    <s:textfield name = "member.email" label = "会员邮箱"></s:textfield>
     <s:textfield name = "member.level" label = "会员级别"></s:textfield>
     <s:submit value = "提交" />
     </s:form>
    </body>
</html>
```

不允许修改会员 id，但需要将会员 id 传递给更新会员动作，所以页面使用隐藏表单域标签<s:hidden>接收显示会员页面传递来的会员 id，在 update.jsp 页面提交时再传递给更新会员的动作 memberUpdate。

3. 配置 Action 控制器

在 applicationContext.xml 中配置 MemberUpdateAction，并为其注入业务逻辑组件，代码如下：

```
<bean id = "memberUpdateAction" class = "com.action.MemberUpdateAction">
      <!-- 设值注入业务逻辑组件 -->
    <property name = "memberService" ref = "memberService"></property>
</bean>
```

在 struts.xml 文件中配置 memberUpdate 动作对象，并定义结果与资源关系，代码如下：

```
<action name = "memberShow" class = "memberUpdateAction" method = "showMember">
        <result name = "success">/update.jsp</result>
</action>
<action name = "memberUpdate" class = "memberUpdateAction">
```

```
        <result name = "success" type = "redirectAction">/memberQuery</result>
    </action>
```

在图 13.5 显示所有会员页面中单击“修改”链接,进入如图 13.6 所示的 update.jsp 页面,显示要修改的会员信息,修改后单击“提交”按钮即将修改结果保存到数据库中,控制转到显示所有会员页面。

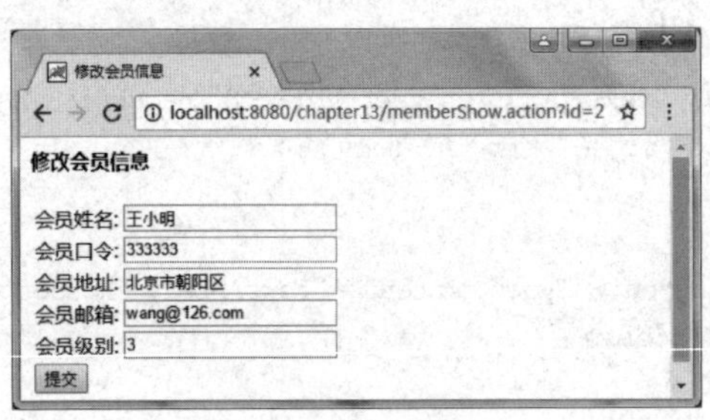

图 13.6 修改会员信息页面

本 章 小 结

本章介绍了流行的轻量级 Java EE 开发框架 Spring 核心概念,该框架可以大大提高 Web 应用开发效率。Spring 框架由 20 多个模块组成,最新的 Spring 5.0 版增加了许多新特征。

本章重点介绍了 Spring 容器和依赖注入的概念及实现方式,还介绍了 Spring JDBC 的开发技术,最后介绍了 Spring 与 Struts 2 和 Hibernate 4 的整合技术。

思考与练习

1. 如何理解 Spring 容器的概念? 在 Spring 框架中有哪两种容器? 在应用程序中如何创建容器?

2. 如何理解 Spring 的依赖注入? 实现依赖注入主要有哪两种方式?

3. 如果在 Spring 的配置文件中要配置一个数据源 Bean,需要指定哪 4 个参数?

4. Spring 与 Struts 2 整合后,原来 Struts 2 的 Action 类由谁创建?(　　)

A. 仍由 Struts 2 框架创建　　　　B. 由 Spring 容器创建

C. 由应用程序创建　　　　　　　D. 不需要创建

5. Spring 与 Hibernate 整合后,不需要在 hibernate.cfg.xml 文件中配置 DataSource 和 SessionFactory 对象,应该在哪里配置?

参考文献

[1] 沈泽刚，秦玉平．Java Web 编程技术[M]．2 版．北京：清华大学出版社，2014．

[2] 沈泽刚，王海波．Java Web 应用开发与案例教程[M]．北京：机械工业出版社，2015．

[3] Budi Kurniawan，[美]Paul Deck. Servlet、JSP 和 Spring MVC 初学指南[M]．北京：中国工信出版集团，2016．

[4] 疯狂软件．Spring+MyBatis 企业应用实战[M]北京：电子工业出版社，2017．

[5] 李刚．轻量级 Java EE 企业应用实战-Struts 2+Spring 3+Hibernate 整合开发[M]．3 版．北京：电子工业出版社，2011．

[6] 贾蓓，镇明敏，杜磊．Java Web 整合开发实战[M]．北京：清华大学出版社，2013．

[7] Bryan Basham，Kathy Sierra，Bert Bates. Head First Servlets & JSP[M]．苏钰函，林剑译．北京：中国电力出版社，2006．

[8] Marty Hall，Larry Brown. Servlet 与 JSP 核心编程[M]．2 版．赵学良译．北京：清华大学出版社，2004．

[9] 张洪伟．Tomcat Web 开发及整合应用[M]．北京：清华大学出版社，2006．

[10] 柳永坡．JSP 应用开发技术[M]．北京：人民邮电出版社，2005．

[11] Ryan Asleson，Nathaniel T. Ajax 基础教程[M]．Schutta，金灵译．北京：人民邮电出版社，2006．

[12] [加]Budi Kurniawan，深入浅出 Struts 2[M]．杨涛，王建桥，等译．北京：人民邮电出版社，2009．

[13] Budi Kurniawan. Servlet & JSP：A Tutorial，Second Edition. Brainsoftware. com，2017．

图书资源支持

感谢您一直以来对清华版图书的支持和爱护。为了配合本书的使用，本书提供配套的资源，有需求的读者请扫描下方的"书圈"微信公众号二维码，在图书专区下载，也可以拨打电话或发送电子邮件咨询。

如果您在使用本书的过程中遇到了什么问题，或者有相关图书出版计划，也请您发邮件告诉我们，以便我们更好地为您服务。

我们的联系方式：

地　　址：北京海淀区双清路学研大厦 A 座 707

邮　　编：100084

电　　话：010－62770175－4604

资源下载：http://www.tup.com.cn

电子邮件：weijj@tup.tsinghua.edu.cn

QQ：883604（请写明您的单位和姓名）

资源下载、样书申请

书圈

用微信扫一扫右边的二维码，即可关注清华大学出版社公众号"书圈"。